MSC.Marc 有限元分析及其激光焊接过程实现

占小红　陈火红　著

清华大学出版社
北京

内 容 简 介

本书针对 MSC.Marc 软件的使用与操作,从有限元法的基本原理定义和发展历史、MSC.Marc 软件的介绍以及具体工程问题的仿真分析方法,对有限元分析基础理论及软件进行了基础入门指导。通过结合一系列的工程应用案例,系统地讲解了 MSC.Marc 软件在工程领域的数值模拟分析。

本书适合于材料加工、焊接技术与工程和结构工程领域的高校教师和研究生以及工程技术人员等阅读和参考。希望通过本书让读者了解并掌握有限元仿真分析的基本原理,熟练运用 MSC.Marc 软件,并能够将仿真软件与日常焊接工程问题相结合,优化并提高工程案例中问题的解决效率。

图书在版编目(CIP)数据

MSC.Marc 有限元分析及其激光焊接过程实现 / 占小红,陈火红著. -- 北京:清华大学出版社,2025.4. -- ISBN 978-7-302-68976-8

Ⅰ.TG456.7;O241.82-39

中国国家版本馆 CIP 数据核字第 2025ZP9256 号

责任编辑:鲁永芳
封面设计:陈国熙
责任校对:欧 洋
责任印制:刘海龙

出版发行:清华大学出版社
　　　　网　　　址:https://www.tup.com.cn,https://www.wqxuetang.com
　　　　地　　　址:北京清华大学学研大厦 A 座　　　邮　　编:100084
　　　　社 总 机:010-83470000　　　　　　　　　邮　　购:010-62786544
　　　　投稿与读者服务:010-62776969,c-service@tup.tsinghua.edu.cn
　　　　质量反馈:010-62772015,zhiliang@tup.tsinghua.edu.cn
印 装 者:小森印刷(天津)有限公司
经　　销:全国新华书店
开　　本:185mm×260mm　　印　张:19.75　　　　　字　　数:476 千字
版　　次:2025 年 6 月第 1 版　　　　　　　　　　印　　次:2025 年 6 月第 1 次印刷
定　　价:108.00 元

产品编号:105377-01

作为材料加工领域的一个重要分支,激光焊接是一个涉及多学科、多物理场的复杂过程。虽然焊接科研工作者借助现代分析测试手段对激光焊接过程有了一定的认识,但是仍然存在大量的未知现象有待进一步厘清和探索。近年来,随着数值模拟技术与软件工程的发展,越来越多的通用商业有限元模拟软件在焊接领域得到了应用。MSC. Marc 是国际上功能最强大的大型有限元软件之一,其基于位移法的有限元程序在非线性方面具有强大的功能。其拥有能够真实反映材料加工过程的生死单元技术与本构模型,并提供多种焊接热源模型,能够准确灵活地对真实焊接过程中的工程应用问题进行模拟计算。

本书针对 MSC. Marc 软件的使用与操作,从有限元法的基本原理定义和发展历史、MSC. Marc 软件的介绍以及具体工程问题的仿真分析方法,对有限元分析基础理论及软件进行了基础入门指导。通过结合一系列的工程应用案例,本书将系统地讲解 MSC. Marc 在工程领域的数值模拟分析。本书共分为三部分,即有限元分析基础理论篇、软件基础入门篇和焊接与材料加工应用篇,共计 9 章内容。

本书的内容安排如下。

本书第一部分主要介绍有限元法基础理论、弹性力学和热传导学基本问题,本部分为有限元分析基础理论篇,包括第 1~3 章。

第 1 章是有限元法概述,主要从有限元法的发展历史角度切入,详细介绍有限元的由来及其内在含义,说明有限元法的特有优势,有限元分析的一般步骤,有限元作为研究和设计工具在解决科学研究、工程计算、工程设计问题的应用范围以及未来发展趋势。

第 2 章通过基本假设、基本概念、基本方程三个方面对有限元分析中不可回避的弹性力学问题进行处理及讨论,介绍弹性力学中的能量原理和平面问题,提出弹性理论的解题方法和基本求解步骤。这对读者充分理解和掌握有限元分析中弹性力学及基本物理方程和一般内在原理是非常重要的。

第 3 章介绍有限元分析中热传导问题的基本方程及求解原理,读者将从变分法和加权余量法对有限元解法原理有更好的理解。

本书第二部分主要讲解 MSC. Marc 软件的基本功能、特点和入门教程,本部分为软件基础入门篇,包括第 4 章和第 5 章。

第 4 章是 MSC. Marc 有限元分析软件的整体介绍,软件简介重点从主要模块、安装目录和帮助文件三个方面说明,核心讲解 MSC. Marc 的主要功能分析模块、焊接和材料加工过程中的建模分析流程与常用文件,以及软件的接口功能。通过阅读此部分,读者能够快速了解软件的基本功能。

第 5 章是为满足首次使用 MSC. Marc 的读者了解有限元分析问题一般处理和求解过

程而编写的,读者将从商业软件对基本科学与工程问题的基本求解过程中有所受益。更为重要的是,本章为读者指出了 MSC.Marc 的前后处理功能模块和平板对接电弧焊接热过程逐步求解的知识。与现有的许多 MSC.Marc 有限元分析书籍相比,本书第 5 章是特别安排的。

本书第三部分对焊接与增材结构分析领域的焊接热循环问题、焊接应力与变形分析,以及焊接工艺优化等典型问题的分析流程及方法进行了介绍,内容涉及典型结构激光焊接过程、典型工程机械结构焊接过程、典型航天结构激光焊接过程和激光增材制造过程的建模及结果分析等。第三部分为焊接与材料加工应用篇,包括第 6~9 章。

第 6 章介绍典型基础焊接结构的建模与仿真分析过程,囊括铝锂合金平板对接激光焊接过程和 T 型结构双激光束双侧同步焊接过程、Invar 合金激光-电弧复合焊接过程和多层多道 MIG 自动焊接过程等简单实例的建模及求解过程。通过书中精心设计的实例,读者将对 MSC.Marc 求解典型基础结构焊接过程有更好的理解。

第 7 章和第 8 章分别介绍了典型工程机械结构和航天结构焊接过程的建模与仿真案例分析,该部分为第 6 章中简单结构的复合,通过结合大量的工程实例,对一些大型焊接结构模拟过程中的常见问题及解决方法,以及焊接模拟的模型建立、问题求解和后处理结果中需要考虑的关键问题进行了讨论和分析,使读者可以掌握焊接中的模拟过程,同时还可以进行自定义材料和子程序的二次开发。

第 9 章对激光增材再制造过程建模与仿真案例进行了详细介绍,包括激光熔化沉积、激光熔覆表面改性,以及飞机零件表面纳米仿生结构增材再制造过程的温度场、应力变形场建模与求解过程,通过此部分阅读,能够使读者掌握激光增材制造过程模拟的基本理论和关键技术,并且能够利用 MSC.Marc 软件进行相关加工过程的数值模拟研究工作。

涵盖有限元分析方面的书籍和刊物的数量在不断增加,作者结合工程实践提出了更多的案例。第三部分通过一系列重要工程领域中的相关应用,阐述了 MSC.Marc 的求解能力。本部分特别想通过某些 MSC.Marc 应用案例来激发读者的兴趣。

本书由南京航空航天大学占小红教授和海克斯康公司陈火红研究员负责编撰。占小红教授负责全书的统筹,并负责第 1~3 章和第 6~9 章的撰写;陈火红研究员负责第 4~5 章的撰写。本书的撰写还得到了南京航空航天大学高转妮博士、赵艳秋博士、颜廷艳博士、张家豪博士以及叶泽涛、冯宇、刘婷、史博文、黎一帆、师慧姿、窦志威、吕惺玥、雷德梁等研究生的大力支持,在此表示感谢! 由于作者水平有限,虽然已经多次校对,但书中疏漏和错误之处在所难免,敬请专家和广大读者批评指正。

作　者

2024 年 5 月

目录

第 1 章 有限元法的基本理论 ·· 1

1.1 概述 ·· 1

1.2 有限元法简介 ·· 1

1.3 有限元法的发展与现状 ·· 2

　　1.3.1 有限元法的发展历史 ·· 2

　　1.3.2 有限元法的研究现状 ·· 4

1.4 有限元法的由来及基本思想 ·· 5

　　1.4.1 有限元法的由来 ·· 5

　　1.4.2 有限元法的基本思想 ·· 5

1.5 有限元分析的一般过程 ·· 6

　　1.5.1 结构的离散化 ·· 6

　　1.5.2 单元分析 ·· 8

　　1.5.3 整体分析 ·· 8

1.6 有限元法的特点 ··· 8

1.7 有限元法的应用领域 ·· 9

1.8 本章小结 ·· 9

第 2 章 弹性力学问题有限元法的一般原理 ···························· 10

2.1 弹性力学的基本假设 ·· 10

2.2 弹性力学的基本概念 ·· 11

　　2.2.1 外力 ·· 11

　　2.2.2 应力 ·· 12

　　2.2.3 应变 ·· 14

　　2.2.4 位移 ·· 15

　　2.2.5 主应力 ·· 15

　　2.2.6 相当应力 ·· 16

　　2.2.7 主应变 ·· 17

2.3 弹性力学的基本方程 ·· 18

　　2.3.1 外力与内力的关系——平衡微分方程 ···················· 18

　　2.3.2 位移与应变的关系——几何方程 ························· 19

      2.3.3 应变与应力的关系——物理方程 ……………………………… 21

      2.3.4 边界条件 ……………………………………………………… 23

  2.4 弹性理论问题的解题方法 ……………………………………………… 27

  2.5 弹性力学中的能量原理 ………………………………………………… 27

      2.5.1 虚功原理 ……………………………………………………… 28

      2.5.2 最小势能原理 ………………………………………………… 29

      2.5.3 最小余能原理 ………………………………………………… 30

  2.6 两类平面问题 …………………………………………………………… 32

      2.6.1 平面应力问题 ………………………………………………… 32

      2.6.2 平面应变问题 ………………………………………………… 33

  2.7 弹性体的位能 …………………………………………………………… 34

      2.7.1 应变能 ………………………………………………………… 34

      2.7.2 外力位能 ……………………………………………………… 35

      2.7.3 弹性体的总能 ………………………………………………… 35

  2.8 有限元法求解问题的基本步骤 ………………………………………… 36

  2.9 本章小结 ………………………………………………………………… 36

第 3 章 热传导问题有限元法的一般原理 …………………………………… 37

  3.1 热传导方程 ……………………………………………………………… 37

      3.1.1 傅里叶定律 …………………………………………………… 37

      3.1.2 热传导的控制方程 …………………………………………… 38

      3.1.3 初始条件和边界条件 ………………………………………… 39

  3.2 有限元解法原理 ………………………………………………………… 40

      3.2.1 有限元法简介 ………………………………………………… 40

      3.2.2 变分法 ………………………………………………………… 40

      3.2.3 简单三角形单元变分法分析 ………………………………… 41

      3.2.4 加权余量法 …………………………………………………… 46

  3.3 本章小结 ………………………………………………………………… 48

第 4 章 MSC. Marc 的功能和特点 ………………………………………… 49

  4.1 MSC. Marc 软件简介 …………………………………………………… 49

      4.1.1 MSC. Marc 软件的主要模块 ………………………………… 49

      4.1.2 Marc 2020 安装后的目录 …………………………………… 50

      4.1.3 Marc 2020 的帮助文档 ……………………………………… 51

  4.2 MSC. Marc 主要功能分析 ……………………………………………… 52

      4.2.1 结构分析 ……………………………………………………… 52

      4.2.2 热分析 ………………………………………………………… 54

      4.2.3 多物理场分析 ………………………………………………… 54

      4.2.4 联合仿真分析 ………………………………………………… 54

4.3　MSC. Marc 的建模分析流程与常用文件 ················· 55
    4.3.1　建模流程 ············· 55
    4.3.2　分析流程 ············· 56
    4.3.3　常用文件 ············· 57
4.4　MSC. Marc 的软件接口功能 ············· 58
    4.4.1　模型导入 ············· 58
    4.4.2　模型导出 ············· 59
4.5　本章小结 ············· 60

第 5 章　MSC. Marc 入门教程 ············· 61

5.1　MSC. Marc 的前后处理功能模块 ············· 61
    5.1.1　几何和分网 ············· 62
    5.1.2　表格和坐标系的定义 ············· 67
    5.1.3　几何特性 ············· 69
    5.1.4　材料特性定义 ············· 71
    5.1.5　接触定义 ············· 73
    5.1.6　初始条件定义 ············· 78
    5.1.7　边界条件定义 ············· 78
    5.1.8　网格自适应 ············· 80
    5.1.9　分析工况的定义 ············· 83
    5.1.10　作业参数的定义并提交运行 ············· 85
    5.1.11　后处理 ············· 91
5.2　MSC. Marc 求解平板对接电弧焊接热过程 ············· 94
    5.2.1　平板模型的建立 ············· 95
    5.2.2　网格划分 ············· 97
    5.2.3　材料物性参数设置 ············· 99
    5.2.4　焊接路线设置 ············· 100
    5.2.5　定义初始条件 ············· 101
    5.2.6　定义边界条件 ············· 101
    5.2.7　定义焊接过程 ············· 104
    5.2.8　定义冷却过程 ············· 104
    5.2.9　定义作业 ············· 105
    5.2.10　后处理 ············· 108
5.3　本章小结 ············· 113

第 6 章　基于 MSC. Marc 求解典型结构激光与电弧焊接过程 ············· 114

6.1　基于 MSC. Marc 求解铝锂合金平板对接激光焊接过程 ············· 114
    6.1.1　2060 铝锂合金焊接过程有限元模型的建立 ············· 114
    6.1.2　2060 铝锂合金对接结构激光焊接温度场仿真分析 ············· 117

6.2 基于 MSC.Marc 求解铝锂合金 T 型结构双激光束双侧同步焊接过程 ······ 120
    6.2.1 2195 铝锂合金 T 型结构焊接过程有限元模型的建立 ·············· 120
    6.2.2 2195 铝锂合金 T 型结构焊接工艺优化有限元分析 ·············· 127
6.3 基于 MSC.Marc 求解 Invar 合金激光-电弧复合焊接过程 ············ 143
    6.3.1 Invar 合金复合焊有限元模型建立 ···························· 143
    6.3.2 Invar 合金激光-MIG 复合焊温度场求解与分析 ·············· 148
6.4 基于 MSC.Marc 求解 Invar 钢多层多道 MIG 自动焊接过程 ·········· 157
    6.4.1 Invar 钢焊接过程有限元模型的建立 ························· 157
    6.4.2 Invar 钢焊接工艺优化有限元分析 ·························· 164
6.5 本章小结 ·· 171

第 7 章 典型工程机械结构焊接过程建模与仿真案例分析 ·················· 172
7.1 问题描述 ·· 172
7.2 大吨位履带吊转台结构件有限元模型的建立 ························· 173
    7.2.1 几何模型及单元网格划分 ·································· 173
    7.2.2 大吨位履带吊转台结构件材料参数库建立 ·················· 173
    7.2.3 焊接路径定义 ·· 176
    7.2.4 填充金属定义 ·· 180
    7.2.5 初始条件及边界条件定义 ·································· 180
    7.2.6 定义工况 ·· 185
    7.2.7 定义作业 ·· 186
7.3 大吨位履带吊转台结构件模拟结果分析和验证 ····················· 187
    7.3.1 转台结构件焊后残余应力分布 ···························· 187
    7.3.2 转台结构件焊后等效应力分布 ···························· 194
    7.3.3 转台结构件焊后残余变形分布 ···························· 198
    7.3.4 转台结构件焊后残余变形结果验证 ························ 205
7.4 转台结构焊接变形控制与优化 ······································ 207
    7.4.1 组件焊接顺序优化 ·· 207
    7.4.2 分段焊接顺序优化 ·· 211
    7.4.3 长短焊接顺序优化 ·· 213
7.5 本章小结 ·· 214

第 8 章 典型航天结构激光焊接过程建模与仿真案例分析 ·················· 215
8.1 需求介绍 ·· 215
8.2 铝锂合金蒙皮-桁条结构火箭贮箱双激光束双侧同步焊接过程 ········· 216
    8.2.1 问题描述 ·· 216
    8.2.2 铝锂合金蒙皮-桁条三桁条典型件结构双激光束双侧同步焊接
         有限元建模 ··· 217
    8.2.3 铝锂合金蒙皮-桁条模拟段结构双激光束焊有限元建模与仿真分析 ····· 233

8.3　铝合金蒙皮-桁条结构推进舱双激光束双侧同步焊接过程 ················ 245

    8.3.1　问题描述 ················ 245

    8.3.2　蒙皮-桁条结构有限元建模 ················ 245

    8.3.3　蒙皮-桁条结构试片件热机耦合模拟结果 ················ 250

    8.3.4　典型件结构热机耦合模拟结果 ················ 256

    8.3.5　模拟段热机耦合模拟结果 ················ 258

8.4　本章小结 ················ 264

第 9 章　激光增材制造过程建模与仿真案例分析 ················ 265

9.1　Invar 合金激光熔化沉积过程温度场有限元仿真分析 ················ 265

    9.1.1　问题描述 ················ 265

    9.1.2　有限元模型建立 ················ 265

    9.1.3　温度场结果与分析 ················ 277

9.2　TC4 表面激光熔覆 FeCoCrNi 合金过程温度场有限元仿真分析 ················ 279

    9.2.1　问题描述 ················ 279

    9.2.2　高熵合金激光熔覆有限元模型建立 ················ 280

    9.2.3　温度场结果与分析 ················ 288

9.3　飞机典型零件表面激光熔覆微-纳米耦合仿生层过程有限元仿真分析 ················ 291

    9.3.1　综述 ················ 291

    9.3.2　激光熔覆 TC4/WC 复合层有限元模型建立 ················ 293

    9.3.3　应力场和变形模拟结果与分析 ················ 301

9.4　本章小结 ················ 302

参考文献 ················ 303

第1章

有限元法的基本理论

1.1 概述

人们采用数学方法解决力学问题,从中衍生出的力学分析种类主要为解析法和数值法。零件在实际作业中,所受载荷十分复杂,很难运用解析法求解到结果。因此,人们习惯用数值法进行力学分析,主要包括有限元法、边界元法和离散元法等。

有限元法又叫作有限单元法、有限元素法等,由英文 finite element method 翻译而来,并随着电子计算机技术的进步应运而生并不断发展。数值分析方法的物理概念简洁明了,逻辑严谨,掌握起来比较容易;同时它的基本公式采用矩阵形式表达,适用于计算机编程运算,进而推动有限元法在实际工程中的应用。

根据基本未知量的不同可将有限元法分为位移法、力法以及混合法。其中位移法计算步骤比较简洁,应用最广。

我们可将有限元位移法理解为:假定连续体分割为有限数目的小块体(称为有限单元或单元),小块体只在彼此间数目有限的指定点(称为节点或结点,本书通用节点)处互相联结,把作用在单元上的外力简化为等效节点力,单元内部位移分量的分布规律用函数来近似表示,单元节点力和位移之间关系采用本构方程建立。组集起全部单元的此类关系,就可得到一系列代数方程组,对此方程组求解,就可得到节点位移,求出单元的应力应变。

通过基本方程的建立方法可将有限元法分为直接法、变分法和加权余量法。直接法就是将通过本构方程建立的各单元的节点力与位移的关系式叠加,从而得到整个结构的基本方程。前述有限元位移法就是常用的直接法。

1.2 有限元法简介

在科学技术领域,许多问题都可归结为微分方程(组)的定解问题。

有限元法(finite element method,FEM)是求解微分方程(组)定解问题的一种数值方法。其核心思想是:分解问题中的定义域为有限个子域,再将它们代入待求函数中进行近似插值;基于一定的物理数学分析,从而得到单个子域上有限个插值点的待求函数值与外界条件之间应满足的方程组;原问题定义域内插值点上待求函数值与外界条件应该满足的方程组由系统综合获得,从而得到插值点上的待求函数值,进一步近似可得到定义域上每点的待求函数值,由此获得原问题近似解。上述问题中定义域所分解的有限个子域称为单元;其上待求函数插值点称为节点;节点的待求函数值与外界条件之间满足的方程组称为单元方程组;全部节点的待求函数值与外界条件之间满足的方程组称为总体方程组;有限元离散就是实现对有限个单元的有限个节点的待求函数近似插值的过程。

正常情况下的单元方程组与总体方程组都在代数方程组的范围内,而基本上为简单线性代数方程组。特别地,在某种情况下,还会为常微分方程组。代数方程组与常微分方程组的解法已经比较成熟,这使得原问题通过有限元离散后求解成为可能。

我们应当注意,使用有限元法,即将"有限"个单元来表示连续的定义域,用"有限"个参数近似表征单元上的物理特性,进一步用"有限"个参数近似表征整个定义域上的物理特性。故提高插值精确度的常规方法就是增加单元或者单元节点的个数。相应地,也会存在单元特性或整个定义域特性的表征在某种物理意义上完全精确,这个时候就可以得到精确解。

1.3 有限元法的发展与现状

在历经诞生、发展和完善的三段时期后,有限元法理论已日渐完善,并在许多领域得到广泛的应用。

1.3.1 有限元法的发展历史

有限元法在 20 世纪 50 年代处理固体力学问题时被首次提出。在 1795 年,高斯(Gauss)提出加权余量法,使用该方法可推导有限元方程。总体试探函数(瑞利-里茨(Rayleigh-Ritz)法)于 1870 年与 1909 年分别由瑞利(L. Rayleigh)和里茨(Ritz)独立提出,利用此类方法可近似求解泛函极值问题。赫兰尼可夫(Hernnikoff, A.)于 1941 年第一次提出用格栅的集合体表示二维与三维的结构体,离散化的思想开始萌芽。柯朗(Courant, R.)于 1943 年应用"单元"法则,单元的概念开始被使用,他在应用数学角度上把一系列三角形区域上定义的分片连续函数及极小势能原理结合,对圣维南(St. Venant)扭转问题求解。工程上的需要,同时高速电子计算机的出现与应用,促使有限元法在结构分析矩阵方法基础上更加成熟,并得到大量应用。拉格福斯(Langefors, B.)于 1952 年对壳体进行结构分析时采用矩阵变换方法。1945—1955 年,阿吉里斯(Argris, J. H.)等在结构矩阵分析方面取得了很大进展,并出版册本《能量原理与结构分析》,它综合和推广了弹性结构的基本能量原理,并将实际的分析方法发展起来。1956 年,特纳(Turner, M. J)等把用于钢架分析的位移法扩展到弹性力学平面问题,并开创了用三角形单元正确求解平面应力问题的方法,他们采用将结构分割为单个的三角形及矩形单元的位移法,来解决飞机结构问题,用单元的节点力与节点位移相联系的单元刚度矩阵对单元特性进行表征。利用计算机对复杂弹性力学问题进行求解的新阶段由此开始。特纳于 1959 年在《结构分析的直接刚度法》中阐述用直接刚度法集合有限元的总方程组的方法。1960 年,克拉夫(R. W. Clough)继续对平面弹性问题进行求解,并首次将其定名为"有限元法",阐述为"有限元法 = Rayleigh-Ritz 法 + 分片函数"。目前,越来越多的科学家和工程师开始从不同角度研究有限元法的离散方法、理论及应用。

20 世纪 60 年代末至 70 年代初,人们加强了对有限元分析(finite element analysis, FEA)数学基础的研究,由此出现了大型通用有限元程序,其因功能强大、方便使用、结论准确而逐渐成为结构工程必不可少的工具。在 1960—1970 年这十年中,许多学者,像梅劳欧(Melosh,R. J)等对各种变分原理的有限元模型进行了新的补充。

当然,不是所有的有限元法的列式都建立在变分原理上。1969 年,奥登(Oden,J. T.)以能量平衡法为原点扩散,列出热弹性问题有限元解析的方程组。斯查勃(Szabo,B. A.)和李(Lee,G. C.)在 1969 年通过伽辽金(Galerkin)法求出平面弹性问题有限元解。

从单元类型角度分析,逐步攻克了一维的杆单元、二维的平面单元,并发展到了三维的空间单元、板壳单元、管单元,从常应变单元发展到高次单元等求解问题。等参单元的发展经过欧格托蒂斯(Ergatoudis,B.)、艾路斯(Irons,B. M.)和齐克维茨(Zienkiewics,O. C.)在 1966 年的推动,计算精度得到了突飞猛进的提高,在各种复杂情况下也具有很高的可靠性。

20 世纪 70 年代到 80 年代中期,计算机工作站的出现和成熟应用,在大中型机上的有限元分析系统得以在工作站上运行,扩展了有限元法的应用领域。从结构化矩阵分析,有限元分析方法逐步扩展到板、壳各实体等连续体固体力学分析,涌现出一批通用的有限元分析软件,如 ASKA、NASTHAN 等,这些软件的出现使有限元法在工程中得到实际应用。

从 20 世纪 80 年代末到 90 年代,线性理论逐渐难以适应飞速发展的科学技术,需要将结构的大位移和大应变等几何非线性问题考虑进来的大规模建筑物,以及将热变形和热应力考虑进来的动力高温部件,单凭借线性理论是很难准确计算的。故材料的非线性问题迫切需要解决。同时随着人们对非线性有限元技术的不断探索,在其他领域,像压电分析、电磁场分析方面也创造了许多的成果。此外,计算机技术以及软件工程的迅猛进步,创造出更易学习和使用的具备利用有限元方法解决实际工程问题能力的商用软件。

20 世纪 90 年代,由于微机性能的不断提高,各种微机版有限元分析软件大量涌现。有限元法逐渐用于解决流体力学、温度场、电传导和声场等问题,甚至用来解决部分其他学科的问题。进行二次加工的有限元法,用途非常广泛,从分析静力问题拓展到动力问题、稳定问题及波动问题,从线弹性延伸到非线弹性及塑性问题,甚至还能够解决连续体力学的一些问题。

近几年来,针对有限元的计算程序的编制也如雨后春笋般逐渐增多。有限元法的通用性使得其在处理问题方面非常方便和灵活。故许多国家针对各类工程应用问题编制了许多计算机程序,使用频率较高的为:Sap、Adina、Aska、Strudl、Safe、Samis、Elas、Bosor、Marc、Pafec、STarDyne 等。这些通用程序的编制研究为工程技术问题的解决提供了支持。

随着计算机的进步,有限元法在微机上的应用前景越发广阔。目前来看,在微机上的应用主要存在两个问题,即速度慢与容量小。随着微机的发展,速度问题是可以得到解决的,容量问题可在软件的研制方面采取一些措施,例如采用覆盖技术、虚存方法、分块求解器求解等方法来弥补不足。在微机上应用的程序系统有 SAP80、SAP84、SAP90 等,以及各单位自编的各种有限元程序。

20 世纪 60 年代初期,我国飞机结构的强度问题已开始应用矩阵分析,只是受一些客观因素的影响而有所停滞。一直到 20 世纪 70 年代初,国内有限元法的大规模应用才如火如荼地进行。在航空工业、造船工业等部门应用较好,主要是解决静态分析方面的问题。在新的应用单元方面,有的单位也进行了探索,取得一些成果。最近,有限元法在动态和非线性方面,流体力学与电磁场方面也体现出不可比拟的优势,创造了许多成果。

1.3.2　有限元法的研究现状

线弹性有限元法及非线性有限元法都属于有限元法,它们的区别是:非线弹性有限元法是线性有限元法的提高,非线性问题比线弹性问题的求解过程更加复杂、费用更高以及更具有不可预知性。不过在很多方面它们是相通的,甚至前者可直接使用后者的某些结论。

随着我们对有限元法了解的深入,可以利用其解决曾经无从下手的问题,为我们提供克服难题的新思路,如图 1-1 所示。

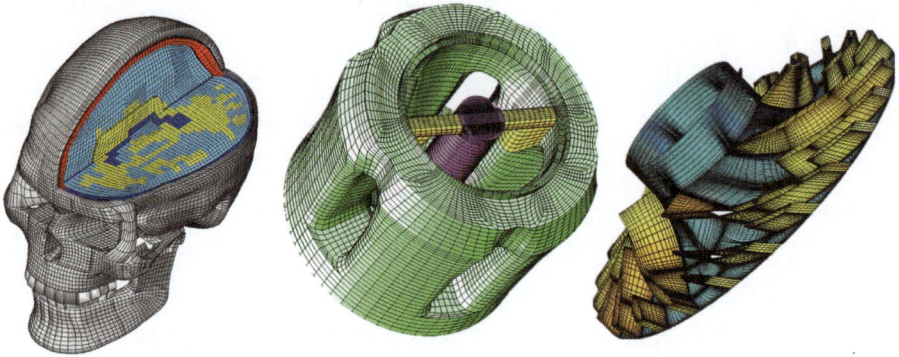

图 1-1　有限元法的应用

面对零件中出现的裂缝问题,传统的有限元断裂力学技术首先要细分裂纹前缘附近的网格。无疑这个工作量是很大的,再次加载时产生的次裂纹会进一步加大工作难度。FEAM(finite element alternating method)就是针对此类问题而提出的,使用此方法解决问题时具有省时、效率高的优点,最重要的是可以保持正确率。此外,将离散元法(discrete element method,DEM)与有限元法结合也能很好地解决地质力学中的动态分析问题;瑞典和英国的学者提出了 SFEM(spectral finite element method)来解决有限元法在域中的应用。

当研究对象内部存在夹杂或裂缝,或者研究对象为多相介质和流固耦合问题时,应力场或者应变场是不连续的。传统的有限元方法需要在这些特殊位置细化网格剖分,如此不可避免地增加了大量的计算成本和工时。为解决此类问题,美国西北大学 Belytschko 教授提出了扩展有限元方法(extended finite element method,XFEM)。其基本原理是:基于单位分裂的思想在常规有限元位移模式中加进一些特殊的函数以反映不连续面的存在。在扩展有限元方法中,将计算网格与不连续面分开,据此分析不连续力学问题将更加简便。

由于实验方法和测试技术的局限,要想获取大量有效的实验数据,则成本会较高,周期会较长,且无法直接测量所有参数。如何获取准确的材料参数,对材料研究至关重要。因此,基于少量实验进行材料参数识别的计算反演方法或技术,正日渐成为材料特性参数获取的一种重要手段。有限元模型更新方法(finite element model updating method,FEMU)就是一种获取材料参数的方法,主要可以分为有限元力平衡方法(force balance method,FBMU-F)和有限元位移方法(displacement method,FEMU-U)。有限元力平衡方法需要全域的测量数据,而有限元位移方法仅需要部分测量数据就可以进行参数识别。当有限元法用途越来越广、正确率越来越高时,其也从分析校核向优化设计方向发展。如印度学者使拖拉机的前桥自重降低,减少大量焊接工艺的参与,从而节省了生产成本,采用的就是 Ansys 有限元软件。

1.4　有限元法的由来及基本思想

1.4.1　有限元法的由来

关于工程应用中的力学问题以及场问题,都能用基本方程进行表达,也就是用常微分方程或偏微分方程以及它们相应的边界条件表达。迫于解析法的局限性,人们提出有限差分法和变分法,刚好对求解的不足进行弥补。

有限差分法的实质就是用离散化创建的差分方程组代替物理模型建立的微分方程及其相应的边界条件,由此求得近似的数值解。但其对不规则形状的边界条件会受到很大限制。

变分法的实质就是将微分方程边值问题的解转化为泛函极值问题的解。在这里我们可以将泛函理解为函数的函数。这使得所求解问题迎刃而解,只需要对线性代数方程组求近似解,也可称之为直接法。

有限元法就是属于变分问题中的方法,将研究的对象进行离散化处理从而简化建微分方程的步骤,我们只假定求解函数的分段连续就可以,而不用使变分法中函数整体连续。我们可以这样理解,有限元法在全局分析中是数值解,在部分分析中是解析解。

1.4.2　有限元法的基本思想

有限元法的基本思想为:通过离散化将一个连续域分解为有限个单元,并通过有限个节点相连接的等效集合体。由于组合单元的方式多种多样,单元形状也不唯一,这些条件可以将一个不规则的求解域转化成模型。就是把整个待求域上的未知场函数用单元内假设的近似函数来分层表示。单元的各个节点的数值和其插值函数用单元内的近似函数进行表达。经过有限元法处理,问题就大大简化了,我们只需要求出未知场函数在各个节点上的数值,由此根据插值函数解出单元内场函数的近似值,整个求解域上的近似解就能得到了。不难看出,单元的数目和自由度以及插值函数的精度决定了近似解的精确度。由此推出,只要我们所求的结果满足收敛要求,近似解在理论上收敛于精确解。

在有限元思想中存在如何选取自由度数目的问题。若自由度数目很小,所求得的近似解就会大大偏离真实值;而自由度数目很大,虽然求得的近似解会非常接近真实值,但是求解过程将会非常烦琐。

有限元法在不规则微分方程的定解问题应用上有独到的优势。这是由于通过有限元法创建的模型能适应复杂形状的求解区域。我们可以将有限元法的基本思想归纳为以下几点。

(1) 有限元法是一种有限与无限统一的方法。

有限与无限是一个对立统一体。它们在量上表现为对立,在质上表现为统一。极限、级数等为这方面我们所熟悉的模型,这个思想的具体体现就是有限元法。有限元法是将研究对象分割成有限个相互联系的单元,如果这些单元的形函数以及其他方面都精确,那么我们称有限或无限个划分的关系是统一的。

(2) 有限元法是一种应用已知求解未知的方法。

目前用数学偏微分方程表达弹性力学问题已经成为可能,但解此方程却非常困难。有限元法是建立在已知的事物规律的基础上,对我们要求的东西进行约束,从而做到应用已知求解未知。

（3）将两种思想结合转化为具体的解决方法。

从研究对象上分割得到的有限个单元在力学行为等方面表现出共性，在形状、大小方面又有自己的个性。将已知参量以及未知要求解的参量确定之后，我们可以以单元共性为基础，以已知规律为约束，从而简化了未知量的求解过程。

由此得出，有限元法实质上就是把难以求解的无限自由度的连续系统变换成适合数值求解的有限单元集合体。

1.5 有限元分析的一般过程

运用有限元法的第一步就是把待分析的连续体或结构分割成有限数目的单元，可以对它们的形状视情况不同进行调整，单元划分的密度以及排列方式都可以修改。通过一些特定的"节点"将单元与周围其他单元联结。

1.5.1 结构的离散化

运用有限元法时，分割结构或连续体为有限个单元是首要工作，通过设计单元的形状及大小用模型表示出结构。除杆单元外，处理平面问题所用的常规单元有简单三角形单元、六节点三角形单元、轴对称三角形环单元、矩形单元、四节点任意四边形单元、八节点任意四边形单元以及曲边形单元，如图 1-2 所示。处理空间问题所用的常规单元有四面体单元、长方体单元、任意六面体单元以及曲面六面体单元等，如图 1-3 所示。

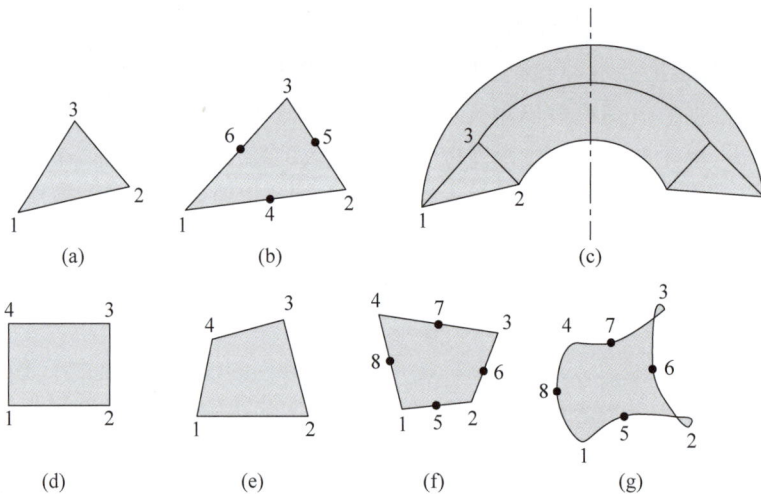

图 1-2 处理平面问题的常规单元

（a）简单三角形；（b）六节点三角形；（c）轴对称三角形环；（d）矩形；
（e）四节点任意四边形；（f）八节点任意四边形；（g）曲边形

划分单元的方法多种多样，我们可以根据实际需要对单元的形状及大小进行设计。一般来说，会将关键部位的单元处理得密些，如承受主要外力或内应力集中部位，并采用过渡的方式对其他部位进行单元划分。图 1-4 为简单几何的网格分割图。图（a）为三角形单元；

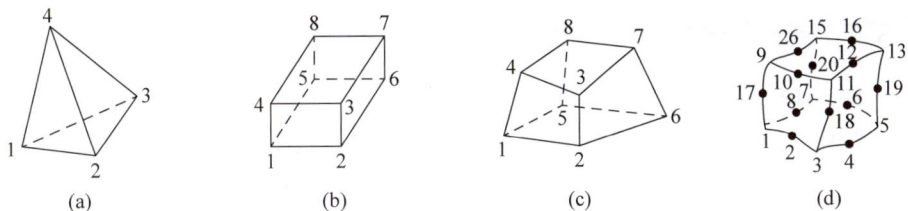

图 1-3　处理空间问题的常规单元

(a) 四面体；(b) 长方体；(c) 任意六面体；(d) 曲面六面体

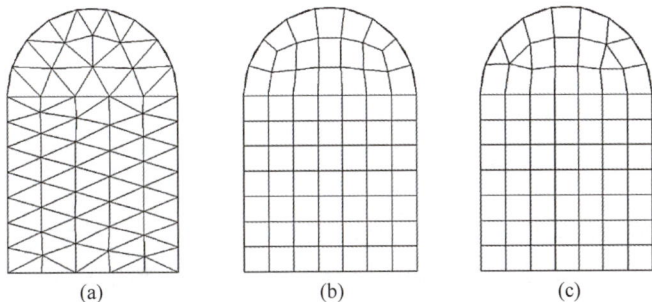

图 1-4　简单几何的网格分割图

(a) 三角形单元；(b) 边缘处曲线四边形单元和中部任意四边形单元；(c) 边缘处三角形单元和中部矩形单元

图(b)为边缘处用曲线四边形单元,中部用任意四边形单元；图(c)为边缘处用三角形单元,中部用矩形单元。图 1-5 为 T 型接头焊接单元网格分割图。可以看出,在接近焊接部位及应力集中部位网格划分较密。

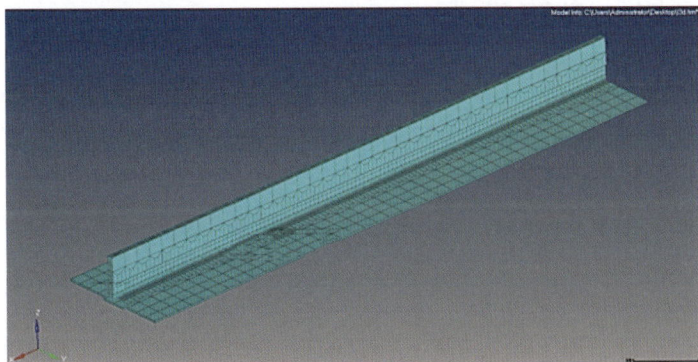

(a)

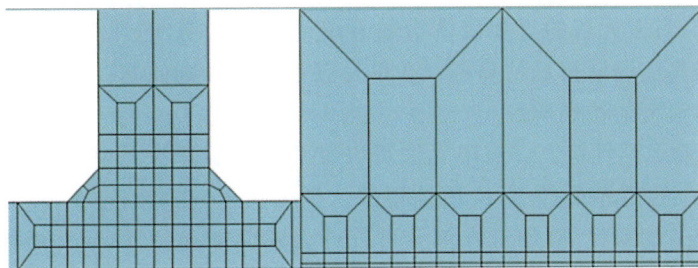

(b)　　　　　　　　(c)

图 1-5　T 型接头焊接单元网格分割图

1.5.2　单元分析

为了便于理解,我们通过分析从连续体划分出的单个单元进行研究。单元的位移场通过插值模式或位移模式的设计进行近似勾画。通常以多项式形式来表示插值模式。多项式便于计算,也能满足收敛要求。经过这一系列的变换后,问题就简单了,我们只需要对节点进行位移求解。确定了节点位移,位移场也随之确定。

根据我们假设的位移模式,采用平衡条件或适当的变分原理可以推导出单元 e 的刚度矩阵 $[K]^{(e)}$ 和载荷向量 $P^{(e)}$。

1.5.3　整体分析

最后我们需要将前述的单元方程进行整合。通过组合各单元刚度矩阵以及载荷向量,可建立如下形式的方程组:

$$[K]\{\delta\} = \{P\} \tag{1-1}$$

式(1-1)为总体刚度平衡方程,或简称总刚度方程,其表示节点上内力与外力是平衡的。其中,$[K]$ 是总刚度矩阵;$\{\delta\}$ 是整体结构的节点位移;$\{P\}$ 是作用在整个结构的有限元节点上的外力。

根据式(1-1),可以用节点的静力平衡条件推出节点外载荷与节点位移的关系式。根据实际问题的边界条件对总体刚度平衡方程进行修改,控制结构的刚体移动,此问题中的节点位移 $\{\delta\}$ 易被解出,再利用固体力学或结构力学的有关方程就可以算出单元的应变和应力。

1.6　有限元法的特点

有限元法具有以下特点。

(1) 物理含义明确,理解容易。能从各种角度对有限元法进行理解。因此不同知识储备、不同理解能力的人都可以掌握此种方法。

(2) 根据有限元思想将问题转化的大型联立方程组的系数一般为稀疏矩阵,矩阵中所有元素都分布在主对角线附近,且是对称的正定矩阵,方程间的关联较小。这种方程的计算量小,求解容易,得到的结果稳定。

(3) 严谨理论支持。用于建立有限元方程的变分原理或加权余量法在数学上被证明是微分方程和边界条件的等效积分形式,所以只要原问题的数学模型正确,求解有限元方程的算法稳定可靠,有限元解的近似值就会随着单元数目的增加,或自由度数目的增加及插值函数阶次的提高而逐渐接近精确解。在单元满足收敛准则的基础上,近似解最终可以收敛于原函数数学模型的精确解。

(4) 通用性及灵活性极高。有限元法可以灵活考虑实际情况中非常规的因素,如非标准的形状、不规律的边界条件等,应用性很广。举个例子,在面对非常复杂的几何结构时,单元可设计成合适的形状(例如三维单元可设计为四面体、五面体或六面体形状)、单元之间的联结方式(例如两个面之间可以是场函数保持连续或场函数的导数保持连续,以及场函数的法向分量保持连续),故很适合处理复杂边界问题。从这个例子可以推广到工程实际中遇到的问题。例如,可处理非均质材料、各向异性材料、非线性应力-应变关系等在应力中难以分析的问题,目前通过补充基本理论和方法,在热传导、流体力学以及电磁场领域也多有应用。

(5) 针对物理问题具有广泛应用性。全求解域中的未知场函数用单元内近似函数分片表示,对场函数方程形式没有特定的要求,对单元对应的方程形式也没有规定保持一致,故有限元法不仅可以解决线弹性问题,还能对弹塑性问题、粘弹塑性问题、动力问题及屈服问题提供解决思路,甚至在流体力学、热传导等方面也可以应用。

(6) 与电子计算机兼容性好。有限元分析的各个步骤都可以用规范化的矩阵形式进行表达,方便与计算机的编程和执行对接。有限元法也借着计算机发展的东风开始用来分析工程技术领域的常规工作。其中比较著名的有 SAP 系列、Adina、Ansys、Nastran、Marc、Abaqus 等。

(7) 有限元法的缺点主要是其对计算机的依赖性极强。使用计算机编制程序是其处理问题不可或缺的一步,但目前随着计算机行业的飞速发展,这一问题逐渐被攻克,计算机完全可以给予它足够的支撑。

由于有限元法具有上述特点,其给工程科学领域提供了新的解决思路。对于因几何形状、边界条件以及本构关系复杂而无法求解的问题,采用有限元离散化的方法,通过设计小单元解决复杂多变的情况,使用分块近似插值函数对全域上的连续函数进行逼近,问题的难度就可大大降低。

1.7　有限元法的应用领域

由于有限元法自身独特的优势,在固体力学有限元法中,范围已从杆件问题发展到弹性力学平面问题,并涉及空间问题、板壳问题,从静力平衡问题发展到稳定问题、动力问题、波动问题、接触问题,研究的对象也从线性弹性材料扩展到非线性、弹塑性、粘弹性材料以及复合材料,由小变形扩展到了大变形。有限元法作为一种高效数值分析方法,已成为解决科学研究、工程计算、工程设计问题的重要手段。在机械工程、土木工程、航空结构、热传导、电磁场、流体力学、原子工程和生物医学工程等各个领域中得到了越来越广泛的应用。

关于有限元分析软件,目前比较成熟的大型有限元分析软件有 MSC/Nastran、Ansys、Abaqus、Comsol、Multiphysics、Solidworks、Marc、Adina 和 Algor 等。这些有限元分析软件有良好的人机交互界面,既适用于科学研究,也被广泛用于解决工程技术领域的问题,涉及机械制造、材料加工、航空航天、汽车、电子电气、土木建筑、国防军工、船舶、铁道、能源和科学研究等各个领域。

1.8　本章小结

本章重点以文字的形式阐述了有限元法的数学思想以及实现步骤,目的是让初学者能快速地认识有限元法的概貌。通过对本章的学习,使读者对有限元法理论的全貌有一定的了解。

第2章

弹性力学问题有限元法的一般原理

2.1 弹性力学的基本假设

弹性力学是研究弹性体在外力作用或温度变化条件下所产生的应力和变形的一门科学,比材料力学具有更高的严密性。由于弹性力学中所有的量并不是已知的,绝大多数情况下需要利用已知量求出未知量,因此必须要建立已知量和未知量之间的关系,建立一系列求解方程组,包括单元体平衡微分方程、应变与位移关系的几何方程、受力形变关系的物理方程。在建立方程组时理论上应该考虑各方面的影响因素,但实际中如果考虑得过于复杂,可能会导致方程组无法建立,或即使建立了方程组,但是由于其过于复杂而无法求解。因此,为了简化计算过程、便于进行数学分析,一般按照研究对象的性质和求解问题的范围,作出若干基本假设,从而略去一些次要因素,便于建立方程组之间的联系。线性弹性力学中一般作如下基本假设。

(1) 连续性假设。假设物体是没有空隙的连续的密实体,可以填充满所有的物体域空间。这是建立弹性力学数学模型和求解所必需的,因为只有当物体是连续的时候,物体内部的应力、应变、位移等物理量才可能是连续的,这样才能建立连续坐标系,使用连续函数来描述应变、位移等物理量。当然,实际上一切物体都是由原子、分子组成的,它们之间存在着空隙,与连续性假设相违背。但是由于微粒的尺寸以及相邻微粒之间的间隙比物体实际几何尺寸要小得多,往往相差几个数量级,因此假设物体是连续的不会引起显著误差。

(2) 均匀性假设。假设物体内各处材料的性能完全相同,即可以使用同一组材料的参数对从物体中取出的任意一个微元体进行分析。实际上,大量的分子、原子等微观粒子构成了物体,分子和原子不可能是完全均匀分布的,且分子和原子在物体内无时无刻不在运动,但只要微观粒子的尺寸远小于物体的尺寸并且均匀分布,就可以将各组成部分性能的统计平均量看作物体性能。不同材料组成的弹性体只要在每一部分都满足均匀性假设,即可使用弹性力学进行处理。

(3) 完全弹性假设。假设在去除引起物体变形的外力之后,物体能恢复到原来的形状,而没有任何残余变形,并且假定材料服从胡克定律,即应力与应变成正比,即物体在任意时刻所受的外力决定物体在该时刻的瞬时应变,而与物体所受的外力的加载次序、加载历史过程无关。由材料力学知,物体所受应力未达到比例极限之前,可近似看作完全弹性体。

（4）各向同性假设。假设物体在各个方向的力学性能完全相同,如物体的弹性模量、泊松比在各个方向都一样,不随方向变化而变化。这一假设对于非晶体材料如橡胶、塑料等是完全符合的;对于由大量晶体组成的材料如钢铁等,由于晶体具有各向异性,在晶体内具有明显的取向,但从宏观物体的角度看,各个晶体是随机排列的,并没有明显的取向,且尺寸很小,从统计平均的效应看,也可以作为各向同性的材料。显然,如木材、竹材等在不同的方向具有不同的力学性能,这样的材料称为各向异性材料。还有正交各向异性材料,只在某两个相互垂直的方向上力学性能相同,如胶合板等。

（5）小变形假设。假设物体的变形和位移比物体的尺寸小得多。这样研究弹性体受力之后的静力平衡时,可不考虑力的作用方向随变形而改变;在研究变形和位移时可略去应变和转角的二次项,简化弹性力学的数学模型,使外力和变形呈线性关系,可使用叠加原理。

上述五条基本假设中,前四条是物理方面的基本假设,只要满足这四条假设的物体就称为理想弹性体,它是由真实物体根据实际条件和受力范围抽象出来的理想化物理模型;第五条假设是关于几何方面的基本假设。建立在上述五条基本假设之上的弹性力学称为经典线性弹性力学。

2.2　弹性力学的基本概念

弹性力学中经常用到外力、应力、应变、位移等基本概念,这些概念虽然在材料力学中用过,但在这里仍有必要加以详细说明。

2.2.1　外力

作用于弹性体的外力有两种。一种为面力,它是分布于弹性体表面上的载荷,如水压力、气压力、两个弹性体之间的接触压力等。另一种为体积力,它是随体积分布的力,如重力、惯性力、磁力等。

1. 面力

物体表面上不同位置所受的面力一般是不同的,为了描述物体表面上某一点 P 所受面力的大小和方向,在该点周围一定范围内选取一小块面积 ΔA,如图 2-1 所示。设这小块面积所受的力为 $\Delta \boldsymbol{F}$,则面力的平均集度为 $\dfrac{\Delta \boldsymbol{F}}{\Delta A}$。随着 ΔA 的不断减小,$\Delta \boldsymbol{F}$ 和 $\dfrac{\Delta \boldsymbol{F}}{\Delta A}$ 都将不断改变大小和方向。当 ΔA 无限减小而趋近于点 P 时,$\dfrac{\Delta \boldsymbol{F}}{\Delta A}$ 将趋于某一极限值 $\boldsymbol{F}_{\mathrm{s}}$,即

$$\lim_{\Delta A \to 0} \frac{\Delta \boldsymbol{F}}{\Delta A} = \boldsymbol{F}_{\mathrm{s}} \tag{2-1}$$

极限矢量 $\boldsymbol{F}_{\mathrm{s}}$ 即物体在 P 点所受面力的集度,因为 ΔA 是标量,所以 $\boldsymbol{F}_{\mathrm{s}}$ 的方向与 $\Delta \boldsymbol{F}$ 的方向相同。矢量 $\boldsymbol{F}_{\mathrm{s}}$ 在三个坐标轴 x、y、z 上的投影 X、Y、Z 即该物体在 P 点的面力

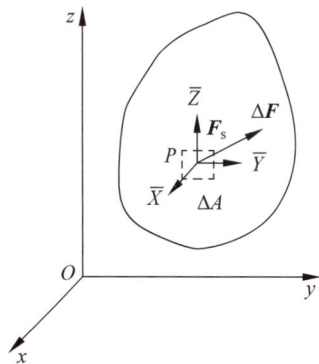

图 2-1　物体表面点 P 所受面力

分量,以沿坐标轴正方向为正,沿坐标轴负方向为负。$\boldsymbol{F}_\mathrm{s}$ 的量纲是 [力]·[长度]$^{-2}$。它们的总体可以用一个面力矩阵 $\boldsymbol{F}_\mathrm{s}=[\overline{X} \quad \overline{Y} \quad \overline{Z}]^\mathrm{T}$ 来表示。

通常说的集中力也是一种面力,它作用于物体表面,但集中力是忽略了它的作用面积,认为只作用于一点,集中力的量纲是 [力]。还有线分布力,是把单位面积上的分布力乘以某一方向尺寸后得到的单位长度的力,线分布力的量纲是 [力]·[长度]$^{-1}$。

2. 体力

物体内各点所受的体力的大小和方向不同,为了表明物体内某一点 P 所受体力的大小和方向,可以在该点周围取一个微小体积,这一小块的体积假设为 ΔV,如图 2-2 所示。这小块体积上物体所受的力为 $\Delta \boldsymbol{F}$,则体力的平均集度为 $\dfrac{\Delta \boldsymbol{F}}{\Delta V}$。随着 ΔV 的不断减小,$\Delta \boldsymbol{F}$ 和 $\dfrac{\Delta \boldsymbol{F}}{\Delta V}$ 都将不断改变大小和方向。当 ΔV 无限减小而趋近于 P 时,$\dfrac{\Delta \boldsymbol{F}}{\Delta V}$ 将趋于一定的极限 $\boldsymbol{F}_\mathrm{b}$,即

$$\lim_{\Delta V \to 0} \frac{\Delta \boldsymbol{F}}{\Delta V} = \boldsymbol{F}_\mathrm{b} \tag{2-2}$$

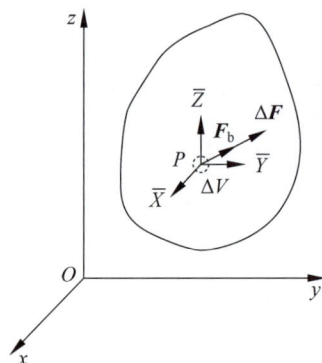

图 2-2　物体表面点 P 所受体力

极限矢量 $\boldsymbol{F}_\mathrm{b}$ 即物体在 P 点所受体力的集度,因为 ΔV 是标量,所以 $\boldsymbol{F}_\mathrm{b}$ 的方向与 $\Delta \boldsymbol{F}$ 的极限方向相同。矢量 $\boldsymbol{F}_\mathrm{b}$ 在三个坐标轴 x、y、z 上的投影 X、Y、Z 即该物体在 P 点的体力分量,以沿坐标轴正方向为正,沿坐标轴负方向为负。它们的量纲为 [力]·[长度]$^{-3}$。它们的总体可以用一个体力矩阵 $\boldsymbol{F}_\mathrm{b}=[X \quad Y \quad Z]^\mathrm{T}$ 来表示。

2.2.2　应力

应力是内力的分布集度,是描述物体内某位置、沿某一截面分布内力的大小和方向的物理量。物体由于受到外力作用或外界温度改变,其内部将产生内力。为了研究物体内某一点所受内力的情况,通常用经过 P 点的某个截面 mn 将物体分成两部分,如图 2-3 所示。弹性体在外力 $P_1, P_2, \cdots, P_0$ 的作用下处于平衡,为了研究任一点 M 的内力,可设想用一条法线为 n 的截面经过 M 点将弹性体分成两部分。下半部分在外力 P_4、P_5、P_6 以及上半

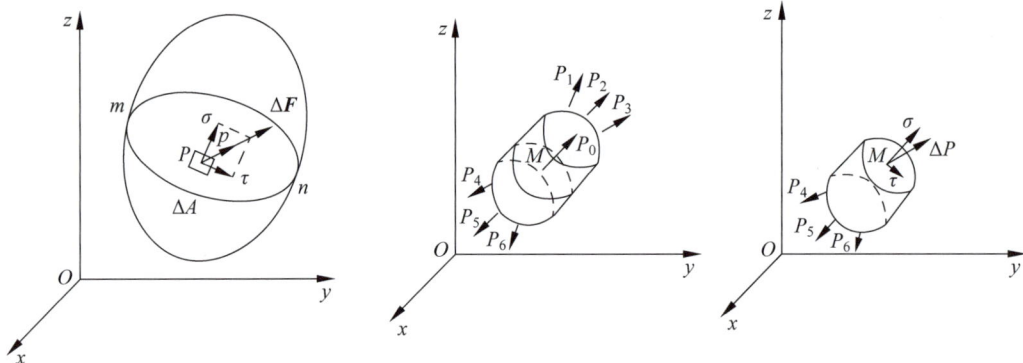

图 2-3　物体内点 P 所受应力

部分对它施加的内力作用下平衡。

取其中一部分来研究其受力,这部分除了受到所施加的外力,还受到去掉部分对其的力的作用,该部分由于这两种力作用而达到静力平衡。在截面 P 点周围取一小块微元面,该微小面积为 ΔA,设作用在微元面上的内力为 $\Delta \boldsymbol{F}$,则内力的平均集度为 $\dfrac{\Delta \boldsymbol{F}}{\Delta A}$。随着 ΔA 的不断减小,$\Delta \boldsymbol{F}$ 和 $\dfrac{\Delta \boldsymbol{F}}{\Delta A}$ 都将不断改变大小和方向。当 ΔA 无限减小而趋近于点 P 时,假定内力连续分布,$\dfrac{\Delta \boldsymbol{F}}{\Delta A}$ 将趋于某一极限值 $\boldsymbol{p}$,即

$$\lim_{\Delta A \to 0} \frac{\Delta \boldsymbol{F}}{\Delta A} = \boldsymbol{p} \qquad (2\text{-}3)$$

极限矢量 $\boldsymbol{p}$ 就是物体在 P 点所受内力的集度,即 P 点的应力。因为 ΔA 是标量,所以 $\boldsymbol{p}$ 的方向与 $\Delta \boldsymbol{F}$ 的极限方向相同。

对于应力,通常沿截面的法向和切向将应力分解为正应力 σ 和切应力 τ,如图 2-3 所示。应力及其分量的量纲是 [力]·[长度]$^{-2}$。

在物体内的同一点,不同方向截面上的应力是不同的。过一点,各截面上应力的大小和方向的总和称为该点的应力状态。

为了研究 M 点的应力,在 M 点附近取出一个微小的六面体,由于通过 M 点的不同方向上的应力是不同的,所以通常 M 点的应力状态是用法线沿坐标轴方向的三个截面上的应力分量来表示的,如图 2-4 所示。

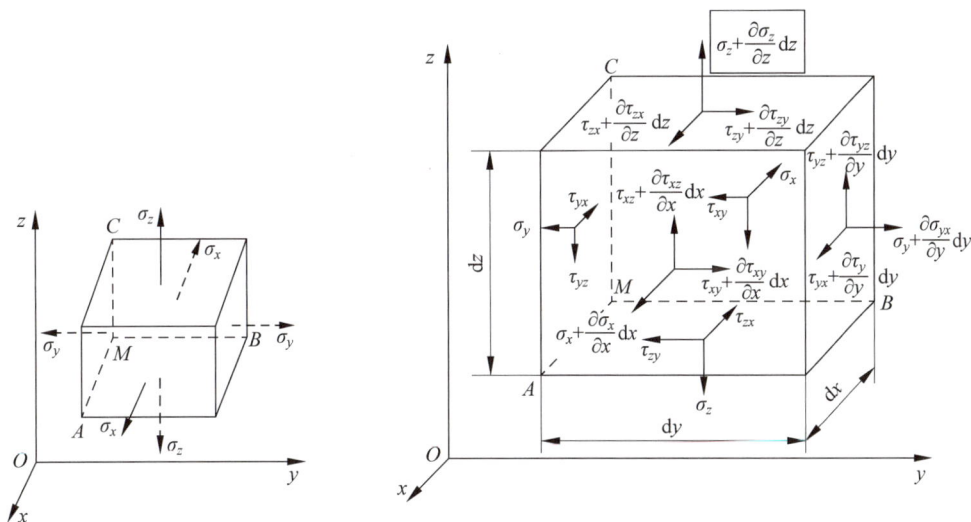

图 2-4　单元体及其各面上的应力分量

这个六面体的棱边长 $MA = \mathrm{d}x$,$MB = \mathrm{d}y$,$MC = \mathrm{d}z$。现将每一个面上的应力分解为一个正应力和两个剪应力,如 MBC 面上的 σ_x 与 τ_{xz},τ_{xy},根据剪应力互等定律,$\tau_{xy} = \tau_{yx}$,$\tau_{yz} = \tau_{zy}$,$\tau_{zx} = \tau_{xz}$。还可证明,如果 σ_x、σ_y、σ_z、τ_{xy}、τ_{yz}、τ_{zx} 在某一点是已知的,则经过该点的任意斜截面上的应力都可以求得,因此这六个应力是可以完全确定该点的应力状态的,它们称为该点的应力分量。由于弹性体各点的应力状态都是不同的,因此这个应力分

量不是常量,而是坐标 x、y、z 的函数,它可用一应力列阵表示:

$$\{\sigma\} = \begin{Bmatrix} \sigma_x \\ \sigma_y \\ \sigma_z \\ \tau_{xy} \\ \tau_{yz} \\ \tau_{zx} \end{Bmatrix} = [\sigma_x \sigma_y \sigma_z \tau_{xy} \tau_{yz} \tau_{zx}]^T \tag{2-4}$$

2.2.3 应变

应变反映的是弹性体在外力作用下,其内部各部分发生变形的程度。物体在受力后一般发生不均匀变形。物体在某一点的变形程度可通过在该点附近取出微分体,用微分体的变形来表示该点的变形。如图 2-5 所示,一个微分体 B 变形后成为 B_1。微分体除发生整体的移动和转动外,还有微分体尺寸的增大及缩小,以及微分体各面之间夹角的变化,前者称为刚体运动,后者称为微分体的变形。应变仅研究微分体的变形。微分体的应变可归结为长度的改变和角度的改变。为了分析某一点的变形情况,在这一点沿着 x、y、z 坐标轴的正方向取三个微小线段。这三条线段的长度以及它们之间的直角都将会有所改变。任意一条微线

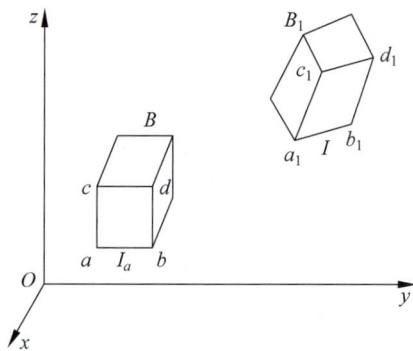

图 2-5 微元体 B 及变形后微元体 B_1

段的长度变化与原有长度的比值称为线应变或正应变,沿三个坐标轴方向分别用 ε_x、ε_y、ε_z 表示。任意两个原来相互垂直的面,在变形后,其夹角的变化值称为切应变或剪应变,分别用 γ_{xy}、γ_{yz}、γ_{zx} 表示。正应变规定伸长为正,缩短为负。切应变以直角减小为正,反之为负。正应变和切应变都是量纲 1 的量。

由切应力互等和胡克定律,可得切应变也是两两互等的,即

$$\gamma_{xy} = \gamma_{yx}, \quad \gamma_{xz} = \gamma_{zx}, \quad \gamma_{yz} = \gamma_{zy}$$

对物体内任一点,如果三个相互垂直方向的线应变及其相应的剪应变已知,则该点任意方向的线应变和任意两个相互垂直的剪应变均可求得,因此由这六个应变分量可以完全确定该点的应变状态,可用一个应变列阵表示:

$$\{\varepsilon\} = \begin{Bmatrix} \varepsilon_x \\ \varepsilon_y \\ \varepsilon_z \\ \gamma_{xy} \\ \gamma_{yz} \\ \gamma_{zx} \end{Bmatrix} = [\varepsilon_x \varepsilon_y \varepsilon_z \gamma_{xy} \gamma_{yz} \gamma_{zx}]^T \tag{2-5}$$

2.2.4 位移

位移就是位置的移动。物体在受力过程中,物体上各点位置将会发生变化,这就是该点的位移。物体内一点(微元体)的位移由两部分组成:一部分是刚性位移,由其他点的形变引起的位移;另一部分是本身弹性变形产生的位移,与应变有着确定的几何关系。位移是一个矢量,用δ表示,它在空间直角坐标系中,三个坐标方向的位移分量用u、v、w表示,在一般情况下,物体各点的位移是不同的,而是坐标的函数,即

$$\begin{cases} u=u(x,y,z) \\ v=v(x,y,z) \\ w=w(x,y,z) \end{cases} \tag{2-6}$$

如图 2-6 所示,物体 A 受力后变为 A_1,原物体上的 P 点移至 P_1 处,矢量 PP_1 表示物体中 P 点在受力过程中所发生的位移。位移分量以沿坐标轴正方向为正,沿坐标轴负方向为负。位移及其分量的量纲为[长度],用一个位移列阵表示为$\delta = \begin{bmatrix} u & v & w \end{bmatrix}^T$。

一般地,弹性体内任意一点的体力分量、面力分量、应力分量、应变分量和位移分量都随该点位置有密切的关系,随该点位置的变化而改变,即都可以建立位置坐标的函数。弹性力学的问题里,通常是已知物体的形状和大小、物体的弹性常数、物体所受的力、物体边界上的约束情况或面力,求解应力分量、应变分量和位移分量。

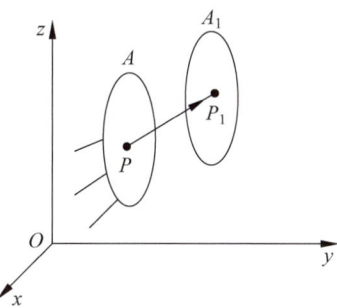

图 2-6 物体 A 及受力后 A₁

2.2.5 主应力

设经过任意一点 P 的某斜面上的切应力为零,则该斜面上的正应力称为 P 点的一个主应力,该斜面称为 P 点的一个主平面,而该斜面法线的方向称为 P 点的一个应力主向。

假设 P 点有一个应力主面存在,由于该面上切应力等于零,所以该面上全应力就是该面上的正应力,即 σ_0,于是该面上的全应力在坐标轴上的投影为

$$X_N = l\sigma, \quad Y_N = m\sigma, \quad Z_N = n\sigma$$

其中,l、m、n 为斜面法线方向 N 的方向余弦。

由部分微元体的平衡条件可得

$$\begin{cases} l\sigma_x + m\tau_{yx} + n\tau_{zx} = l\sigma \\ m\sigma_y + n\tau_{zy} + l\tau_{xy} = m\sigma \\ n\sigma_z + l\tau_{xz} + m\tau_{yz} = n\sigma \end{cases} \tag{2-7}$$

此外还有关系

$$l^2 + m^2 + n^2 = 1 \tag{2-8}$$

联立求解,可得 σ、l、m、n 的一组解答,即 P 点的一个主应力以及对应的主平面方向。

求解式(2-7)时,首先把它改写成

$$\begin{cases} (\sigma_x - \sigma)l + \tau_{yx}m + \tau_{zx}n = 0 \\ \tau_{xy}l + (\sigma_y - \sigma)m + \tau_{zy}n = 0 \\ \tau_{xz}l + \tau_{yz}m + (\sigma_z - \sigma)n = 0 \end{cases} \tag{2-9}$$

这是关于 l、m、n 的齐次线性方程组,因为 l、m、n 不可能都等于零,所以方程组的系数行列式应当等于零,即

$$\begin{vmatrix} (\sigma_x - \sigma) & \tau_{yx} & \tau_{zx} \\ \tau_{xy} & (\sigma_y - \sigma) & \tau_{zy} \\ \tau_{xz} & \tau_{yz} & (\sigma_z - \sigma) \end{vmatrix} = 0 \tag{2-10}$$

用 τ_{xy}、τ_{yz}、τ_{zx} 分别代替 τ_{yx}、τ_{zy}、τ_{xz} 并将行列式展开,得出 σ 的三次方程

$$\sigma^3 - (\sigma_x + \sigma_y + \sigma_z)\sigma^2 + (\sigma_x\sigma_y + \sigma_y\sigma_z + \sigma_z\sigma_x)\sigma -$$

$$(\sigma_x\sigma_y\sigma_z - \sigma_x\tau_{yz}^2 - \sigma_y\tau_{zx}^2 - \sigma_z\tau_{xy}^2 + 2\tau_{xy}\tau_{yz}\tau_{zx}) = 0 \tag{2-11}$$

求解这个方程,得到 σ 的三个实根 σ_1、σ_2、σ_3,即 P 点的三个主应力。

为了求得与主应力 σ_1 对应的方向余弦 l_1、m_1、n_1,可以利用式(2-9)中的任意两式,如前两式,将其除以 l_1 得到关于 m_1/l_1 和 n_1/l_1 的二元一次方程组

$$\begin{cases} \tau_{yx}\dfrac{m_1}{l_1} + \tau_{zx}\dfrac{n_1}{l_1} + (\sigma_x - \sigma) = 0 \\[2mm] (\sigma_y - \sigma)\dfrac{m_1}{l_1} + \tau_{zy}\dfrac{n_1}{l_1} + \tau_{xy} = 0 \end{cases} \tag{2-12}$$

由此可求出 m_1/l_1 和 n_1/l_1,然后由下式求得 l_1:

$$l_1 = \frac{1}{\sqrt{1 + \left(\dfrac{m_1}{l_1}\right)^2 + \left(\dfrac{n_1}{l_1}\right)^2}} \tag{2-13}$$

再由 m_1/l_1 和 n_1/l_1 求出 m_1 和 n_1。

同样可求得与主应力 σ_2 对应的方向余弦 l_2、m_2、n_2,以及与主应力 σ_3 对应的方向余弦 l_3、m_3、n_3。

可以证明,受力物体内一点总是存在三个主应力,即方程总有三个实根,并且三个主应力方向是相互垂直的。

2.2.6 相当应力

弹性体在外力作用下是否会破坏,要通过应力来判断。有限元计算的直接应力结果是各点的六个应力分量,通过上面的计算可以获得该点的三个主应力,它们是判断该点材料是否破坏的主要参数。对于不同的失效形式,适用不同的强度理论。根据这些强度理论求得一点的相当应力,用以判断该点强度是否足够。下面就介绍几种常用的强度理论及其相当应力。

第一强度理论(最大拉应力理论)。当材料发生断裂且受力弹性体内的一点有拉应力存在,即 σ_1 大于零时,可以按照该点最大拉应力 σ_1 是否小于许用应力来判断该点强度是否足够。第一强度理论的相当应力为

$$\sigma_{r1} = \sigma_1 \qquad (2\text{-}14)$$

第二强度理论(最大拉应变理论)。当材料发生断裂且受力弹性体内的一点没有拉应力存在,即 σ_1 小于零时,可以按照该点最大拉应变是否小于许用值来判断该点强度是否足够。经过变换得到用主应力表示的第二强度理论的相当应力为

$$\sigma_{r2} = \sigma_1 - \mu(\sigma_2 + \sigma_3) \qquad (2\text{-}15)$$

第三强度理论(最大切应力理论)。当材料发生屈服,受力弹性体内的一点最大切应力大于某一定值时,根据第三强度理论,经过变换得到用主应力表示的相当应力为

$$\sigma_{r3} = \sigma_1 - \sigma_3 \qquad (2\text{-}16)$$

第四强度理论(最大形状改变比能理论)。当材料发生屈服,受力弹性体内的一点形状改变比能大于某一定值时,根据第四强度理论,经过变换得到用主应力表示的相当应力为

$$\sigma_{r4} = \sqrt{\frac{1}{2}\left[(\sigma_1 - \sigma_2)^2 + (\sigma_2 - \sigma_3)^2 + (\sigma_3 - \sigma_1)^2\right]} \qquad (2\text{-}17)$$

莫尔(Mohr)强度理论。对于一些材料,如铸铁、混凝土等,它们的抗拉能力和抗压能力不同,当它们受到剪切作用、发生剪切破坏时,不仅与切应力大小有关,还与剪切面上的正应力有关,遵从莫尔强度理论,其相当应力为

$$\sigma_{r5} = \sigma_1 - \frac{[\sigma^+]}{[\sigma^-]}\sigma_3 \qquad (2\text{-}18)$$

根据这些强度理论,只要判断一点的相当应力是否小于相应材料的许用应力即可判断该点强度是否足够。

2.2.7　主应变

由单元体六个应变分量 ε_x、ε_y、ε_z、γ_{xy}、γ_{yz}、γ_{zx} 可以求出过该点任意方向线应变和任意两线段之间角度的改变。

$$\varepsilon_N = l^2\varepsilon_x + m^2\varepsilon_y + n^2\varepsilon_z + lm\gamma_{xy} + mn\gamma_{yx} + nl\gamma_{zx} \qquad (2\text{-}19)$$

$$\cos\theta' = (1 - \varepsilon_N - \varepsilon_{N1})\cos\theta + 2(ll_1\varepsilon_x + mm_1\varepsilon_y + nn_1\varepsilon_z) +$$
$$(mn_1 + m_1n)\gamma_{yz} + (nl_1 + n_1l)\gamma_{zx} + (lm_1 + l_1m)\gamma_{xy} \qquad (2\text{-}20)$$

其中,l、m、n 为过物体内一点 P 的线段 PN 的方向余弦;l_1、m_1、n_1 为过 P 点与 PN 成 θ 角的线段 PN_1 的方向余弦;θ' 为物体受力变形后线段 PN 与 PN_1 的夹角,如图 2-7 所示。

进一步分析还可知,物体内任意一点,一定存在三个相互垂直的应变主向,这三个方向的应变称为主应变。三个主应变中最大的一个就是该点的最大线应变,三个主应变中最小的一个就是该点的最小线应变。三个应变主向与三个应力主向是重合的,在线弹线性范围内,主应力、主应变服从胡克定律:

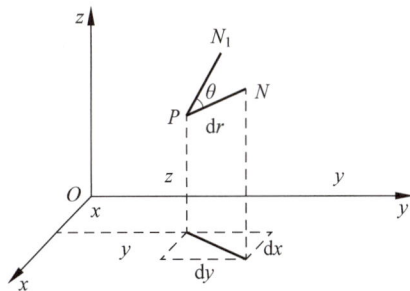

图 2-7　过物体内一点 P 的线段 PN 和 PN_1

$$\begin{cases} \varepsilon_1 = \dfrac{1}{E}\left[\sigma_1 - \mu(\sigma_2 + \sigma_3)\right] \\[2mm] \varepsilon_2 = \dfrac{1}{E}\left[\sigma_2 - \mu(\sigma_1 + \sigma_3)\right] \\[2mm] \varepsilon_3 = \dfrac{1}{E}\left[\sigma_3 - \mu(\sigma_1 + \sigma_2)\right] \end{cases} \tag{2-21}$$

其中，E 是材料的弹性模量；μ 是材料的泊松比。

2.3 弹性力学的基本方程

弹性力学是研究弹性体受外力作用或由温度变化等引起的应力、应变和位移的变化。一般弹性体都是三维实体，占据三维空间，描述弹性体受力和变形的应力、应变、位移等物理量都是三维坐标的函数。

弹性力学基本方程可以从三方面导出：静力学方面，建立应力、体力和面力之间的关系；几何学方面，建立应变、位移和边界位移之间的关系；物理学方面，建立应变与应力之间的关系。通过从这三方面的分析得到不同的平衡微分方程、几何方程和物理方程，统称为弹性力学基本方程。

2.3.1 外力与内力的关系——平衡微分方程

围绕物体内任意一点，如图 2-8 所示，取一个微小平行六面体。它的三组面分别平行于三个坐标面，各边长度都是微量 dx、dy、dz。外力作用下物体处于静力平衡状态，物体内任意一点也处于静力平衡状态，单元体各面上所受应力及单元体受到的体力满足平衡方程。

由于各应力分量是坐标的函数，所以和 M 点相连的 MAB、MBC、MCA 三个平面上的应力分量是 σ_x、σ_y、σ_z、τ_{xy}、τ_{yz}、τ_{zx}，而在其相对应的三个平面上的这些应力分量应有一个增量，如图 2-9 所示，且还需考虑体积力。

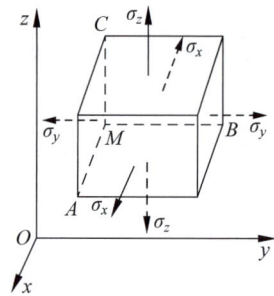

图 2-8 单元体各面所受应力

根据所有作用于微分体上的力对三个轴线 k_1-k_1，k_2-k_2，k_3-k_3 的力矩之和分别为零的平衡条件，即 $\sum Mk_1k_1 = 0$，$\sum Mk_2k_2 = 0$，$\sum Mk_3k_3 = 0$ 则有

$$\tau_{yz}\,dx\,dz\,\frac{dy}{2} + \left(\tau_{yz} + \frac{\partial \tau_{yz}}{\partial y}dy\right)dx\,dz\,\frac{dy}{2} = \tau_{xy}\,dx\,dy\,\frac{dz}{2} + \left(\tau_{xy} + \frac{\partial \tau_{xy}}{\partial z}dz\right)dx\,dy\,\frac{dz}{2} \tag{2-22}$$

经过化简并略去高阶微量后得

$$\tau_{xy} = \tau_{yx} \tag{2-23}$$

$$\tau_{yz} = \tau_{zy} \tag{2-24}$$

$$\tau_{zx} = \tau_{xz} \tag{2-25}$$

这就是剪应力互等定律。再根据所有作用于微分体上的力在三个坐标轴方向的分量之和分别为零的平衡条件，则有

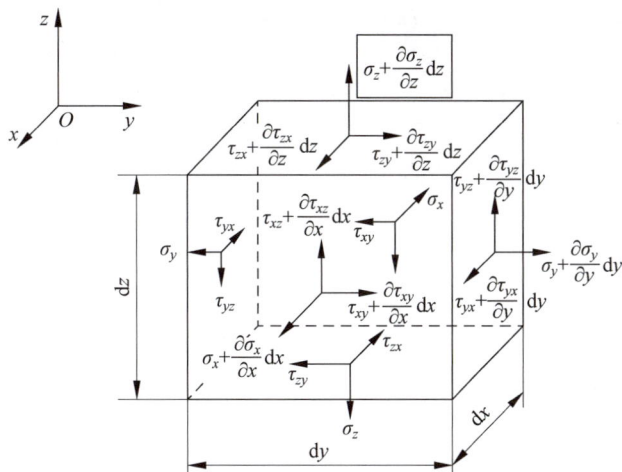

图 2-9 单元体各表面应力分量

$$\left(\sigma_x + \frac{\partial \sigma_x}{\partial x}\mathrm{d}x\right)\mathrm{d}y\,\mathrm{d}z + \left(\tau_{yz} + \frac{\partial \tau_{yz}}{\partial y}\mathrm{d}y\right)\mathrm{d}x\,\mathrm{d}z + \left(\tau_{zx} + \frac{\partial \tau_{zx}}{\partial z}\mathrm{d}z\right)\mathrm{d}x\,\mathrm{d}y +$$

$$X\mathrm{d}x\,\mathrm{d}y\,\mathrm{d}z - \sigma_x\mathrm{d}y\,\mathrm{d}z - \tau_{yz}\mathrm{d}x\,\mathrm{d}z - \tau_{zx}\mathrm{d}x\,\mathrm{d}y = 0 \qquad (2\text{-}26)$$

经化简并应用剪应力互等定律就得到

$$\begin{cases} \dfrac{\partial \sigma_x}{\partial x} + \dfrac{\partial \tau_{yx}}{\partial y} + \dfrac{\partial \tau_{zx}}{\partial z} + X = 0 \\[2mm] \dfrac{\partial \tau_{xy}}{\partial x} + \dfrac{\partial \sigma_y}{\partial y} + \dfrac{\partial \tau_{zy}}{\partial z} + Y = 0 \\[2mm] \dfrac{\partial \tau_{xz}}{\partial x} + \dfrac{\partial \tau_{yz}}{\partial y} + \dfrac{\partial \sigma_z}{\partial z} + Z = 0 \end{cases} \qquad (2\text{-}27)$$

式(2-22)称为平衡微分方程,它是弹性体内部必须满足的条件,也就是说应力状态的六个分量不是无关的,而且通过三个平衡方程互相联系的,但不能由这三个平衡方程来确定六个应力分量,对这类静不定问题就要有几何和物理方面的关系来补充,这样才能确定六个应力分量。

2.3.2 位移与应变的关系——几何方程

位移与应变是用来描述变形状态的两种物理量,它们之间有着一定关系。从物体内部取出一个微分体。过微分体内任意一点 P,沿坐标方向取微分长度 $PA = \mathrm{d}x$,$PB = \mathrm{d}y$,$PC = \mathrm{d}z$,分析应变与位移之间的关系。由应变的定义可知,应该分别沿三个坐标方向分析,对于如图 2-10 所示的 xOy 坐标面而言,假设弹性体受力变形后,点 P、A、B 分别移动到点 P'、A'、B',图中标注出了各点的位移。

1. 线应变与位移间的关系

设 $P(x,y)$ 与 $A(x+\mathrm{d}x,y)$ 为微分体一棱边的两个端点,物体受力后,P 点的位移为 u_0、v_0,A 点的位移为 $u_0 + \dfrac{\partial u}{\partial x}\mathrm{d}x$、$v_0 + \dfrac{\partial v}{\partial x}\mathrm{d}x$,不计高阶微量,线段 PA 的正应变为

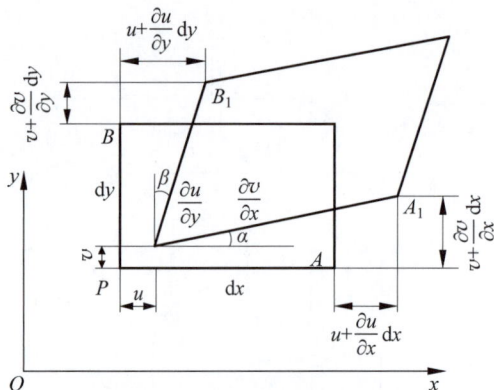

图 2-10 平面应变与位移

$$\varepsilon_x = \frac{\left(u + \dfrac{\partial u}{\partial x}\mathrm{d}x\right) - u}{\mathrm{d}x} = \frac{\partial u}{\partial x} \tag{2-28}$$

同样,线段 PB、PC 的正应变为

$$\varepsilon_y = \frac{\partial v}{\partial y} \tag{2-29}$$

$$\varepsilon_z = \frac{\partial w}{\partial z} \tag{2-30}$$

2. 剪应变与位移的关系

PA 与 PB 之间直角的改变 γ_{xy} 就是切应变。设 PA 与 PB 分别表示微分体相邻的两个面,微分体变形后,PA 与 PB 分别移至 $P'A'$ 与 $P'B'$ 位置。以 α 和 β 分别表示 $P'A'$ 与 $P'B'$ 转动的角度,线应变分别为 ε_x 与 ε_y,则 $P'A'$ 在 x 轴上的投影为

$$\mathrm{d}x + u_0 + \frac{\partial u}{\partial x}\mathrm{d}x - u_0 = \mathrm{d}x(1 + \varepsilon_x) \tag{2-31}$$

$P'B'$ 在 y 轴上的投影为

$$\mathrm{d}y + v_0 + \frac{\partial v}{\partial y}\mathrm{d}y - v_0 = \mathrm{d}y(1 + \varepsilon_y) \tag{2-32}$$

$$\tan\alpha = \frac{\dfrac{\partial v}{\partial x}\mathrm{d}x}{(1 + \varepsilon_x)\,\mathrm{d}x} \tag{2-33}$$

$$\tan\beta = \frac{\dfrac{\partial u}{\partial y}\mathrm{d}y}{(1 + \varepsilon_y)\,\mathrm{d}y} \tag{2-34}$$

在小变形条件下,ε_x 与 $\varepsilon_y \ll 1$,且 $\tan\alpha \approx \alpha$,$\tan\beta \approx \beta$ 所以

$$\alpha = \frac{\partial v}{\partial x}, \quad \beta = \frac{\partial u}{\partial y}$$

于是剪应变为

$$\gamma_{xy} = \alpha + \beta = \frac{\partial v}{\partial x} + \frac{\partial u}{\partial y} \tag{2-35}$$

同理可得微分体在 yOz 平面内的剪应变

$$\gamma_{yz} = \frac{\partial w}{\partial y} + \frac{\partial v}{\partial z} \tag{2-36}$$

$$\gamma_{zx} = \frac{\partial u}{\partial z} + \frac{\partial w}{\partial x} \tag{2-37}$$

由此可见,表示一点应变状态的六个应变分量 ε_x、ε_y、ε_z、γ_{xy}、γ_{yz}、γ_{xz} 与微分体三个位移分量 u、v、w 有关。可用矩阵表示它们之间的关系:

$$\{\varepsilon\} = \left\{ \begin{matrix} \varepsilon_x \\ \varepsilon_y \\ \varepsilon_z \\ \gamma_{xy} \\ \gamma_{yz} \\ \gamma_{zx} \end{matrix} \right\} = \left\{ \begin{matrix} \frac{\partial u}{\partial x} \\ \frac{\partial v}{\partial y} \\ \frac{\partial w}{\partial z} \\ \frac{\partial u}{\partial y} + \frac{\partial v}{\partial x} \\ \frac{\partial v}{\partial z} + \frac{\partial w}{\partial y} \\ \frac{\partial w}{\partial x} + \frac{\partial u}{\partial z} \end{matrix} \right\} = \left[\begin{matrix} \frac{\partial}{\partial x} & 0 & 0 \\ 0 & \frac{\partial}{\partial y} & 0 \\ 0 & 0 & \frac{\partial}{\partial z} \\ \frac{\partial}{\partial y} & \frac{\partial}{\partial x} & 0 \\ 0 & \frac{\partial}{\partial z} & \frac{\partial}{\partial y} \\ \frac{\partial}{\partial z} & 0 & \frac{\partial}{\partial x} \end{matrix} \right] \left\{ \begin{matrix} u \\ v \\ w \end{matrix} \right\} \tag{2-38}$$

这就是从几何条件得出的六个几何方程。

2.3.3 应变与应力的关系——物理方程

前面分析了弹性体的静力平衡与几何方程两个方面的问题。现讨论弹性体内的变形与应力的关系,这将涉及材料的物理性质。

从材料力学中可知,受拉等截面直杆的应力与应变关系,即胡克定律:

$$\varepsilon = \frac{\sigma}{E} \tag{2-39}$$

其中,E 为材料的弹性模量。由于纵向受拉伸长,相应地横向就要缩短,缩短量可表示为

$$\varepsilon_1 = -\mu\varepsilon = -\mu\frac{\sigma}{E} \tag{2-40}$$

其中,ε_1 表示由纵向单位伸长引起的横向正应变(实际为缩短),μ 为泊松系数。现将简单拉伸推广到一般空间受力状态。取一个棱长为 1 的正方体,如图 2-11 所示。

设受到沿法线方向力的作用,对于各向同性体如果只有正应力 σ_x 作用时,则按胡克定律,x 方向的相对伸长 $\varepsilon_{x1} = \sigma_x/E$。如果只有正应力 σ_y 作用时,则沿 x 方向的相对伸长 $\varepsilon_{x2} = -\mu\sigma_y/E$。同样,如果只有正应力 σ_z 作用时,则沿 x 方向的相对伸长 $\varepsilon_{x3} = -\mu\sigma_z/E$。再根据叠加原理,则 x 方向的总相对伸长为

$$\varepsilon_x = \varepsilon_{x1} + \varepsilon_{x2} + \varepsilon_{x3} = \frac{1}{E}(\sigma_x - \mu\sigma_y - \mu\sigma_z) \tag{2-41}$$

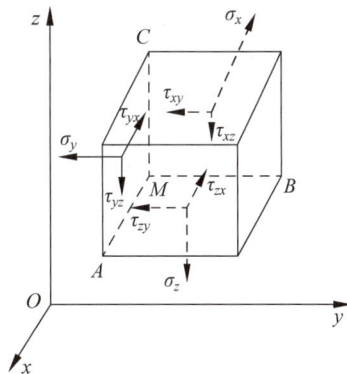

图 2-11 正方体空间受力状态

同理,沿 y、z 两个坐标轴方向的总相对伸长为

$$\varepsilon_y = \frac{1}{E}(\sigma_y - \mu\sigma_z - \mu\sigma_x) \tag{2-42}$$

$$\varepsilon_z = \frac{1}{E}(\sigma_z - \mu\sigma_x - \mu\sigma_y) \tag{2-43}$$

对于剪应力与剪应变之间的关系,可采用下列形式:

$$\gamma_{xy} = \frac{1}{G}\tau_{xy}, \quad \gamma_{yz} = \frac{1}{G}\tau_{yz}, \quad \gamma_{zx} = \frac{1}{G}\tau_{zx}$$

式中,G 为材料的切变模量,它与弹性模量 E、泊松比 μ 的关系如下:

$$G = \frac{E}{2(1+\mu)}$$

这样,将应力与应变关系写在一起,就得到物理方程:

$$\begin{cases} \varepsilon_x = \dfrac{1}{E}(\sigma_x - \mu\sigma_y - \mu\sigma_z) \\[2mm] \varepsilon_y = \dfrac{1}{E}(\sigma_y - \mu\sigma_z - \mu\sigma_x) \\[2mm] \varepsilon_z = \dfrac{1}{E}(\sigma_z - \mu\sigma_x - \mu\sigma_y) \\[2mm] \gamma_{xy} = \dfrac{1}{G}\tau_{xy} \\[2mm] \gamma_{yz} = \dfrac{1}{G}\tau_{yz} \\[2mm] \gamma_{zx} = \dfrac{1}{G}\tau_{zx} \end{cases} \tag{2-44}$$

用矩阵表示如下:

$$\{\varepsilon\} = \begin{Bmatrix} \varepsilon_x \\ \varepsilon_y \\ \varepsilon_z \\ \gamma_{xy} \\ \gamma_{yz} \\ \gamma_{zx} \end{Bmatrix} = \begin{bmatrix} \dfrac{1}{E} & -\dfrac{\mu}{E} & -\dfrac{\mu}{E} & 0 & 0 & 0 \\[2mm] -\dfrac{\mu}{E} & \dfrac{1}{E} & -\dfrac{\mu}{E} & 0 & 0 & 0 \\[2mm] -\dfrac{\mu}{E} & -\dfrac{\mu}{E} & \dfrac{1}{E} & 0 & 0 & 0 \\[2mm] 0 & 0 & 0 & \dfrac{1}{G} & 0 & 0 \\[2mm] 0 & 0 & 0 & 0 & \dfrac{1}{G} & 0 \\[2mm] 0 & 0 & 0 & 0 & 0 & \dfrac{1}{G} \end{bmatrix} \begin{Bmatrix} \sigma_x \\ \sigma_y \\ \sigma_z \\ \tau_{xy} \\ \tau_{yz} \\ \tau_{zx} \end{Bmatrix} \tag{2-45}$$

上式是以应力表示应变的物理方程式,亦可从公式的前三式解出 σ_x、σ_y、σ_z,从后三式解出 τ_{xy}、τ_{yz}、τ_{zx},得到物理方程的另一种形式,即用应变表示应力的关系式,用矩阵表示如下:

$$\{\sigma\} = \begin{Bmatrix} \sigma_x \\ \sigma_y \\ \sigma_z \\ \tau_{xy} \\ \tau_{yz} \\ \tau_{zx} \end{Bmatrix}$$

$$= \frac{E(1-\mu)}{(1+\mu)(1-2\mu)} \begin{bmatrix} 1 & \dfrac{\mu}{1-\mu} & \dfrac{\mu}{1-\mu} & 0 & 0 & 0 \\ \dfrac{\mu}{1-\mu} & 1 & \dfrac{\mu}{1-\mu} & 0 & 0 & 0 \\ \dfrac{\mu}{1-\mu} & \dfrac{\mu}{1-\mu} & 1 & 0 & 0 & 0 \\ 0 & 0 & 0 & \dfrac{1-2\mu}{2(1-\mu)} & 0 & 0 \\ 0 & 0 & 0 & 0 & \dfrac{1-2\mu}{2(1-\mu)} & 0 \\ 0 & 0 & 0 & 0 & 0 & \dfrac{1-2\mu}{2(1-\mu)} \end{bmatrix} \begin{Bmatrix} \varepsilon_x \\ \varepsilon_y \\ \varepsilon_z \\ \gamma_{xy} \\ \gamma_{yz} \\ \gamma_{zx} \end{Bmatrix}$$

$$\tag{2-46}$$

简写为

$$\{\sigma\} = [D]\{\varepsilon\} \tag{2-47}$$

其中，

$$[D] = \frac{E(1-\mu)}{(1+\mu)(1-2\mu)} \begin{bmatrix} 1 & \dfrac{\mu}{1-\mu} & \dfrac{\mu}{1-\mu} & 0 & 0 & 0 \\ \dfrac{\mu}{1-\mu} & 1 & \dfrac{\mu}{1-\mu} & 0 & 0 & 0 \\ \dfrac{\mu}{1-\mu} & \dfrac{\mu}{1-\mu} & 1 & 0 & 0 & 0 \\ 0 & 0 & 0 & \dfrac{1-2\mu}{2(1-\mu)} & 0 & 0 \\ 0 & 0 & 0 & 0 & \dfrac{1-2\mu}{2(1-\mu)} & 0 \\ 0 & 0 & 0 & 0 & 0 & \dfrac{1-2\mu}{2(1-\mu)} \end{bmatrix}$$

$$\tag{2-48}$$

$[D]$ 称为弹性矩阵，它是一个对称方阵，完全由表征材弹性特征的 E 与 μ 确定，而与坐标无关。

2.3.4　边界条件

弹性力学基本方程共 15 个，由于平衡方程和几何方程都是微分方程，求解定解还需要边界条件。根据边界条件的不同,弹性力学问题分为位移边界问题、应力边界问题和混合边界问题。

1. 位移边界条件

弹性体的部分表面的位移值往往是确定的,设 $\bar{u}$、$\bar{v}$、$\bar{w}$ 为弹性体表面上所给定的沿 x、y、z 轴方向的三个位移分量,则位移函数在这些表面上必须满足给定值:

$$u = \bar{u}(\bar{x},\bar{y},\bar{z}) \tag{2-49}$$

$$v = \bar{v}(\bar{x},\bar{y},\bar{z}) \tag{2-50}$$

$$w = \bar{w}(\bar{x},\bar{y},\bar{z}) \tag{2-51}$$

这就是位移边界条件。例如图 2-12 所示的简支梁,在两端支座给出了如下位移条件:在 $x=0$,$y=-\dfrac{h}{2}$ 处,$u=0$,$v=0$;在 $x=l$,$y=-\dfrac{h}{2}$ 处,$v=0$。

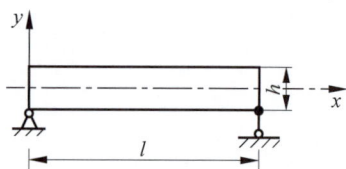

图 2-12　简支梁

2. 应力边界条件

平衡方程是反映弹性体内部的应力应满足的条件,而在弹性体的给定面力的边界部分,应力与载荷之间也存在必须满足的条件,即所谓应力边界条件。

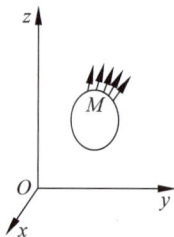

图 2-13 表示一弹性体表面上所受面力,在任意点 M,为了确定力的边界条件,可在 M 点附近取出一微小的四面体,如图 2-14 所示。该四面体三个面与坐标面平行,而第四个面就是弹性体在 M 点的切平面,其法线为 n,它和坐标轴成 (n,x)、(n,y)、(n,z)。四面体平行于坐标轴的棱长分别用 $\mathrm{d}x$、$\mathrm{d}y$、$\mathrm{d}z$ 表示。与坐标面平行的三个面的面积分别为 $1/(2\mathrm{d}y\mathrm{d}z)$,$1/(2\mathrm{d}z\mathrm{d}x)$,$1/(2\mathrm{d}x\mathrm{d}y)$。斜面积为 $\mathrm{d}S$。根据平面图形面积投影的定理,它们之间存在如下关系:

$$\frac{1}{2}\mathrm{d}y\mathrm{d}z = \mathrm{d}S\cos(n,x) \tag{2-52}$$

$$\frac{1}{2}\mathrm{d}z\mathrm{d}x = \mathrm{d}S\cos(n,y) \tag{2-53}$$

$$\frac{1}{2}\mathrm{d}x\mathrm{d}y = \mathrm{d}S\cos(n,z) \tag{2-54}$$

图 2-13　弹性体表面所受面力

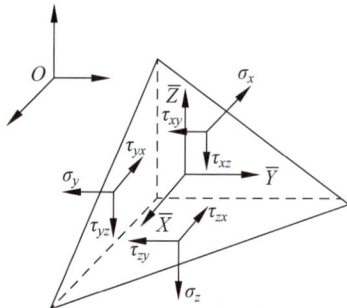

图 2-14　M 点附近微元体受力状态

在三个与坐标面相平行的平面上作用的力等于应力和相应面积的乘积,所以这些力都是 dx、dy、dz 的二阶微量,而且认为它们是作用于相应面的重心上的。在斜面上作用的力等于面力 $\bar{X}$、$\bar{Y}$、$\bar{Z}$ 和面积 dS 的乘积。四面体还作用有体积力,其分量为 Xdv、Ydv、Zdv,这里的 $dv=1/(6dxdydz)$ 是面体的体积,为 dx、dy、dz 的三阶微量,可以忽略不计。现建立作用于四面体上各个力沿 x 轴分量的平衡方程:

$$-\frac{1}{2}\sigma_x dydz - \frac{1}{2}\tau_{yx}dzdx - \frac{1}{2}\tau_{zx}dxdy + \bar{X}dS = 0 \tag{2-55}$$

应用面积之间的关系,以及再从各个力分别沿 y 轴和 z 轴分量的平衡方程:

$$\begin{cases} \bar{X} = \sigma_x \cos(n,x) + \tau_{xy}\cos(n,y) + \tau_{xz}\cos(n,z) \\ \bar{Y} = \tau_{yz}\cos(n,x) + \sigma_y \cos(n,y) + \tau_{yx}\cos(n,z) \\ \bar{Z} = \tau_{zx}\cos(n,x) + \tau_{zy}\cos(n,y) + \sigma_z \cos(n,z) \end{cases} \tag{2-56}$$

这就是应力边界条件,它反映了弹性体表面的载荷和内部应力之间的关系。

3. 混合边界条件

在混合边界问题中,物体的一部分边界具有已知位移,即具有位移边界条件,另一部分边界则具有已知面力,具有应力边界条件。如图 2-15(a)所示,固定铰支和可动铰支处为位移边界条件,DC 边界上分布面力大小为 q,其他边界上应力为零,为面力边界条件,则整个问题为混合边界问题。而图 2-15(b)中同一边界存在两种边界条件:x 方向位移 $u|_{x=a}=0$ 和 y 方向切应力 $\tau_{xy}|_{x=a}=0$。

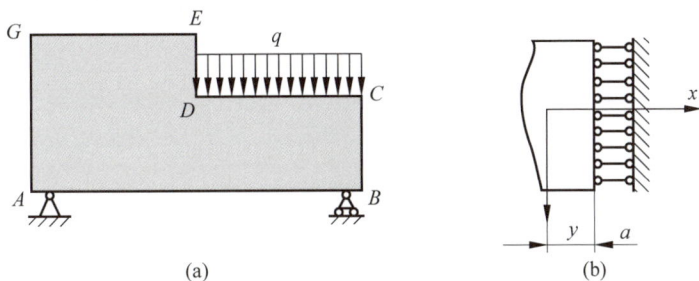

图 2-15　混合边界问题

(a)固定铰支处混合边界问题;(b)可动铰支处混合边界问题

4. 变形协调条件

弹性体变形前是连续的,变形后仍应保持连续,在它们之间既不应有空隙,也不应当有重叠。将一弹性体假定由无数个微小长方体和四面体组成,在变形过程中,如果六个应变分量 ε_x、ε_y、ε_z、γ_{xy}、γ_{yz}、γ_{xz} 之间没有一定的关系相约束,则由各自变形的微小长方体和四面不能重新组成一个连续的弹性体。为了保证弹性体变形前后均为连续体,如果用位移来描述变形状态位移分量则必须是坐标的单值连续函数。如果用应变来描述变形状态,则从几何方程可见,六个应变分量是由三个位移分量表征的,因此应变分量之间必然存在相关性。只要消去应变分量表达式中的 u、v、w,就可建立应变分量之间的直接关系式。现分两种情况讨论。

1)同一平面内应变分量之间的关系

例如在 xOy 平面内 ε_x、ε_y、v_{xy} 之间关系,可将 ε_x 对 y 二次偏导,以及 ε_y 对 x 二次偏

导得

$$\frac{\partial^2 \varepsilon_x}{\partial y^2} = \frac{\partial^3 u}{\partial x \partial y^2}, \quad \frac{\partial^2 \varepsilon_y}{\partial x^2} = \frac{\partial^3 v}{\partial v \partial x^2} \tag{2-57}$$

将两式相加得

$$\frac{\partial^2 \varepsilon_x}{\partial y^2} + \frac{\partial^2 \varepsilon_y}{\partial x^2} = \frac{\partial^3 u}{\partial x \partial y^2} + \frac{\partial^3 v}{\partial y \partial x^2} = \frac{\partial^2}{\partial x \partial y}\left(\frac{\partial u}{\partial y} + \frac{\partial v}{\partial x}\right) = \frac{\partial^2}{\partial x \partial y} \gamma_{xy} \tag{2-58}$$

同理在另外两个平面内也可得相应的关系式,联立起来得方程组:

$$\frac{\partial^2 \varepsilon_x}{\partial y^2} + \frac{\partial^2 \varepsilon_y}{\partial x^2} = \frac{\partial^2 \gamma_{xy}}{\partial x \partial y} \tag{2-59}$$

$$\frac{\partial^2 \varepsilon_y}{\partial z^2} + \frac{\partial^2 \varepsilon_z}{\partial y^2} = \frac{\partial^2 \gamma_{yz}}{\partial y \partial z} \tag{2-60}$$

$$\frac{\partial^2 \varepsilon_z}{\partial x^2} + \frac{\partial^2 \varepsilon_x}{\partial z^2} = \frac{\partial^2 \gamma_{zx}}{\partial z \partial x} \tag{2-61}$$

2) 不同平面内应变分量之间的关系

将式(2-27)中的剪应变表达式进行求偏导得

$$\frac{\partial v_{xy}}{\partial z} = \frac{\partial^2 v}{\partial x \partial z} + \frac{\partial^2 u}{\partial y \partial z} \tag{2-62}$$

$$\frac{\partial v_{yz}}{\partial x} = \frac{\partial^2 w}{\partial y \partial x} + \frac{\partial^2 v}{\partial z \partial x} \tag{2-63}$$

$$\frac{\partial v_{zx}}{\partial y} = \frac{\partial^2 u}{\partial z \partial y} + \frac{\partial^2 w}{\partial x \partial y} \tag{2-64}$$

将前两式相加减去第三式得

$$\frac{\partial v_{xy}}{\partial z} + \frac{\partial v_{yz}}{\partial x} - \frac{\partial v_{zx}}{\partial y} = 2\frac{\partial^2 v}{\partial x \partial z} \tag{2-65}$$

为了消去式中的 v,对方程式两边的 y 求偏导,并考虑

$$\frac{\partial^3 v}{\partial x \partial y \partial z} = \frac{\partial^2}{\partial x \partial z}\left(\frac{\partial v}{\partial y}\right) = \frac{\partial^2 \varepsilon_y}{\partial x \partial z} \tag{2-66}$$

于是得

$$\frac{\partial}{\partial y}\left(\frac{\partial v_{xy}}{\partial z} + \frac{\partial v_{yz}}{\partial x} - \frac{\partial v_{zx}}{\partial y}\right) = 2\frac{\partial^2 \varepsilon_y}{\partial x \partial z} \tag{2-67}$$

同理可求出另外两个关系式,联立起来得出下列方程组:

$$\frac{\partial}{\partial y}\left(\frac{\partial v_{xy}}{\partial z} + \frac{\partial v_{yz}}{\partial x} - \frac{\partial v_{zx}}{\partial y}\right) = 2\frac{\partial^2 \varepsilon_y}{\partial x \partial z} \tag{2-68}$$

$$\frac{\partial}{\partial z}\left(\frac{\partial v_{yz}}{\partial x} + \frac{\partial v_{zx}}{\partial y} - \frac{\partial v_{xy}}{\partial z}\right) = 2\frac{\partial^2 \varepsilon_z}{\partial y \partial x} \tag{2-69}$$

$$\frac{\partial}{\partial x}\left(\frac{\partial v_{zx}}{\partial y} + \frac{\partial v_{xy}}{\partial z} - \frac{\partial v_{yz}}{\partial x}\right) = 2\frac{\partial^2 \varepsilon_x}{\partial z \partial y} \tag{2-70}$$

式(2-59)~式(2-61)和式(2-68)~式(2-70)为六个应变分量之间的关系式,称为变形协

调方程式,亦称为相容方程式或圣维南方程式。当根据外载荷先求出各点应力,再求应变时,则所求的应变必须同时满足变形协调方程式,否则它们就不相容,也就不能根据式(2-38)求位移。如果根据外荷先求出各点位移再利用式(2-38)求应变分量,则变形协调方程式自然满足。

2.4　弹性理论问题的解题方法

现将上面所讨论的问题加以综合。一共有 15 个未知量:三个位移分量 u、v、w;六个应变分量 ε_x、ε_y、ε_z、γ_{xy}、γ_{yz}、γ_{xz};六个应力分量 σ_x、σ_y、σ_z、τ_{xy}、τ_{yz}、τ_{zx}。从数学观点来看,需用 15 个方程求解。现有三个平衡方程,六个几何方程、六个物理方程,共 15 个,因而可解出 15 个未知量,而变形协调方程是自行满足的,因它由几何方程导出。但在实际工程问题中,并不需要同时求出全部 15 个未知量,而是可以先求出某些基本未知量,然后再求其他所需要的未知量。根据选择的基本未知量的不同,弹性力学的解题方法大致有三种。

(1) 位移法。

取位移分量 $u(x,y,z)$、$v(x,y,z)$、$w(x,y,z)$ 作为基本未知量。利用位移表示的平衡方程及边界条件先求解位移未知量,再分别根据几何方程与物理方程求出相应的应变分量与应力分量。有限元法通常采用位移法求解较为方便。

(2) 应力法。

取应力分量 $\sigma_x(x,y,z)$、$\sigma_y(x,y,z)$、$\sigma_z(x,y,z)$、$\tau_{xy}(x,y,z)$、$\tau_{yz}(x,y,z)$、$\tau_{zx}(x,y,z)$ 作为基本未知量。利用应力表示的平衡方程和变形协调方程先求解应力未知量,当然所得到的解还必须满足应力边界条件。求出应力后再分别利用物理方程与几何方程求解相应的应变与位移。

(3) 混合法。

同时取部分的位移分量和应力分量作为基本未知量,根据需要利用上述分析的方程求解。

2.5　弹性力学中的能量原理

前面给出了弹性力学基本方程,这是一组微分方程,只要给出边界条件,理论上完全可以解出空间问题十五个未知量、平面问题八个未知量。在数学上称这种解决问题的方法为微分方程的边值问题。通常可以采用应力求解、位移求解和混合求解这三种方法。以应力分量为基本未知函数的求解方法称为应力求解方法,一般求解的过程是先求应力分量,再求其他未知量,如果是超静定问题,则需要补充其他边界条件。按照应力求解方法时无法使用位移边界条件,只能使用应力边界条件,所以按应力求解时,弹性力学问题只能包含应力边界条件。以位移分量为未知函数的求解方法称为位移求解方法,此时应通过物理方程和几何方程将平衡微分方程改用位移分量表达。应力边界条件也可以用位移分量表达,按位移求解时,弹性力学问题可以包括位移边界条件和应力边界条件。混合法既有部分应力分量又有部分位移分量为基本未知量,既建立变形协调方程,又建立内力平衡方程,最后加以求解。不管用哪种方法,工程实际中提出的弹性力学问题,能求得解析解的极其有限,多数还要用数值方法求解。

弹性力学的变分解法属于能量法,是与微分方程边值问题完全等价的方法,将弹性力学问题归结为能量的极值问题。能量表达成位移分量的函数,而位移本身又是坐标的函数,能量是函数的函数,称为泛函。变分法就是研究泛函的极值问题。

2.5.1　虚功原理

虚功原理蕴藏着比牛顿运动定律的平衡条件更为基本的力学原理,是平衡方程的弱形式,也能产生弱解。这里的位移可以是无穷小的,但在物体的内部结构必须是连续的,在边界上必须符合运动学边界条件,例如对于悬臂梁来说,在固定端处,虚位移及其斜率必须等于零。

定义:作用在一个质点上的力,当给予这个质点一个合理的、假定的、无穷小的位移时,这个力沿这个位移所做的功称为虚功,这个合理的、无穷小的、假定的位移称为虚位移。对于质点系也可以作出同样的定义,但虚功必须求和或积分。

虚位移的概念应从四个方面理解。

(1) 虚位移是一种允许位移,必须满足一定的约束条件,即约束允许的位移。固体力学中,认为自由弹性体是相互间有一定约束的无数个质点组成的系统,这种约束称为变形协调,即变形前后都必须是连续的。如果该弹性体受到边界约束,就不是自由弹性体。该弹性体各个质点的微小位移不仅要满足变形协调,而且还要满足边界约束,在满足这两项要求下,各种允许位移才都是虚位移。

(2) 虚位移是假设的,具有无穷多种可能性。真实位移是在一定载荷和初始条件下,物体受到相同的约束产生的位移。真实位移是唯一的,是无数虚位移可能性之一。

(3) 虚位移是一种很小的位移,这种很小的位移可以认为是无穷小的,可以用变分记号 δ 来标定。如果某点位移用 u_i 表示,则虚位移用 δu_i,而真实位移用 $\mathrm{d}u_i$ 表示。由此也可以看出变分和微分性质上的差别,$\mathrm{d}u_i$ 是唯一的,δu_i 一般有无穷多种可能性。

(4) 质点或质点系在虚位移的过程中,原有的力和应力均应保持不变。

由上面四点可以得出结论,虚位移就是位移的变分。

虚功原理可表述为,如果质点系在受到外力的作用下保持平衡,则质点系所受的所有的动力和阻力在从平衡位置开始的在任何虚位移上所做的虚功的总和等于零。反之,若作用在质点系上的全部动力和阻力在由某位置算起的任何虚位移上所做的虚功的总和等于零,则此质点系在该位置上必处于平衡状态,对应地,可以建立虚功原理或余虚功原理。

虚功原理不仅在弹性力学上广泛应用,在其他领域也有广泛的运用,它适用于线性、非线性及与时间相关的问题,但对于具有耗散功的系统不适用,因为它本质上是机械能守恒原理。

虚功原理在力系不变的条件下给定虚位移,要求位移场发生微小变化后仍是变形协调的,并没有要求力系仍是平衡的。因此,利用虚功原理导出的位移场是精确的变形协调位移场,导出的力系却只是近似地满足平衡方程。

在外力作用下弹性体发生变形,即外力对弹性体做功,若不考虑变形过程中的热量损失、弹性体动能的变化以及外界阻力所做的功,则外力所做的功将全部储存在弹性体内,使弹性体能量增加,这部分增加的位能称为应变能。把虚功原理应用于连续弹性体,则可叙述为,弹性体在外力作用下处于平衡状态,外力对弹性体所做虚功的代数和等于弹性体所储存的虚应变能。

弹性体中的某点在外力作用下发生的实际位移分量 u、v、w,既满足位移分量表达的平衡微分方程,又满足各种边界条件。假设这些位移分量在边界条件所允许的情况下发生微小改变,即所谓虚位移或位移变分 δu、δv、δw,成为

$$u' = u + \delta u, \quad v' = v + \delta v, \quad w' = w + \delta w$$

则外力在虚位移上所做的虚功为

$$\iiint_V (X\delta u + Y\delta v + Z\delta w)\,\mathrm{d}V + \iint_A (\overline{X}\delta u + \overline{Y}\delta v + \overline{Z}\delta w)\,\mathrm{d}A$$

假定弹性体在外力作用下发生变形的过程中,没有其他形式的能量损失,依据能量守恒定理,变形势能的增加等于外力在虚位移上所做的功,即虚应变能等于外力所做的虚功。

$$\delta U = \iiint_V (X\delta u + Y\delta v + Z\delta w)\,\mathrm{d}V + \iint_A (\overline{X}\delta u + \overline{Y}\delta v + \overline{Z}\delta w)\,\mathrm{d}A \tag{2-71}$$

此式称为位移变分方程,也称拉格朗日变分方程,其中 U 为弹性体的变形势能。显然,这个方程是把虚功原理应用于连续弹性体的结果。

将式(2-71)左边的变形势能变分,即虚应变能改写为应力在虚位移所引起的虚应变上所做的虚功,就得到

$$\iiint_V (\sigma_x \delta\varepsilon_x + \sigma_y \delta\varepsilon_y + \sigma_z \delta\varepsilon_z + \tau_{xy}\delta\gamma_{xy} + \tau_{yz}\delta\gamma_{yz} + \tau_{zx}\delta\gamma_{zx})\,\mathrm{d}V$$

$$= \iiint_V (X\delta u + Y\delta v + Z\delta w)\,\mathrm{d}V + \iint_A (\overline{X}\delta u + \overline{Y}\delta v + \overline{Z}\delta w)\,\mathrm{d}A \tag{2-72}$$

这就是虚功方程。可以写成矩阵表达形式:

$$[\delta^*]^T [F] = [\varepsilon^*]^T [\delta]\,\mathrm{d}V \tag{2-73}$$

其中,$[\delta^*]$ 为虚位移列阵,$[F]$ 为外力列阵,$[\varepsilon^*]$ 为虚应变列阵,$[\sigma]$ 为应力列阵。

2.5.2 最小势能原理

最小势能原理亦称最小位能原理,它是虚位移原理的另一种形式。根据虚位移原理,则有

$$\delta U - \delta W = \delta U + (-\delta W) = 0 \tag{2-74}$$

由于虚位移是微小的,在虚位移过程中,外力的大小和方向可以看成常量,只是作用点有了改变,则拉格朗日变分方程右边积分号内的变分符号可移至积分号外面:

$$\delta U = \delta\left[\iiint_V (Xu + Yv + Zw)\,\mathrm{d}V + \iint_A (\overline{X}u + \overline{Y}v + \overline{Z}w)\,\mathrm{d}A\right] \tag{2-75}$$

括号内为外力功,即外力势能的负值。记外力势能为 W,总势能为 Π,由式(2-75)得到

$$\delta\Pi = \delta(U + W) = 0 \tag{2-76}$$

其中,弹性体的变形势能 U 为

$$U = \iiint_V \frac{1}{2}(\sigma_x\varepsilon_x + \sigma_y\varepsilon_y + \sigma_z\varepsilon_z + \tau_{xy}\gamma_{xy} + \tau_{yz}\gamma_{yz} + \tau_{zx}\gamma_{zx})\,\mathrm{d}V \tag{2-77}$$

由于弹性体的总位能的变化是虚位移成位移的变分所引起的,那么,给出不同的位移

函数,就可以求出对应于该位移函数的总位能,而使总位能最小的那个位移函数,接近于真实的位移解,从数学观点来说,$\delta\Pi=0$,表示总位能对位移函数的一次变分等于零。因为总位能是位移函数的函数,称作泛函,而 $\delta\Pi=0$ 就是对泛函求极值。如果考虑二阶变分,就可以证明:对于稳定平衡状态,实际发生的位移使弹性体的势能取极小值,故称为极小势能原理。

根据上述分析,最小位能原理可以叙述为,弹性体在给定的外力作用下,在满足变形协调条件和位移边界条件的所有各组位移解中,实际存在的一组位移应使总位能成为最小值。这样,可以利用最小位能原理求得弹性体的位移。知道了位移,进一步可以求得应力,以分析弹性体的强度。极小势能原理与虚功方程、拉格朗日变分方程是完全等价的。通过运算,可以由它们导出平衡微分方程和应力边界条件。

2.5.3 最小余能原理

上面介绍的虚位移原理和最小势能原理,都是以位移分量作为未知函数,所得到的解是位移解。这样求得的位移比较精确。然后由位移求应力。而在工程中最感兴趣的还是应力。所以以应力作为未知函数来求解很有必要。这时就要利用最小余能原理。

1. 余功和余虚功

对于简单拉曲线,左边画横线图形部分的面积,定义为余功,记为 W_c。它可以作矩形面积 $OABC$ 内的余面积,如图 2-16 所示。显然,对于线弹性问题而言,$W_c=W$。

若是位移不变,则处于平衡状态的外力 F 有微小变动 δF 时,称 δF 为虚力,虚力在平衡状态的位移 u 上所做的功称为余虚功,用 δW_c 表示,如图 2-16 中左上方画垂线的矩形面积所表示的。

假设弹性体在体积力和表面力作用下处于平衡状态,这时弹性体的位移为 $[f]$,如果虚体积力为 $[\delta g]$,虚表面力为 $[\delta q]$,则余虚功为

$$\delta W_c = \int_V [f]^T [\delta g]\, dV + \int_S [f]^T [\delta q]\, dS \tag{2-78}$$

2. 余应变能和余虚应变能

在应力-应变曲线中,左边横线图形所示的面积,表示单位体积的余应变能 $\overline{U_c}$,如图 2-17 所示。

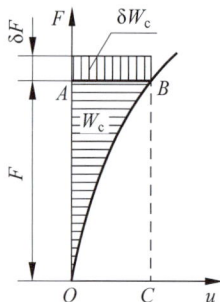

图 2-16 余功和余虚功

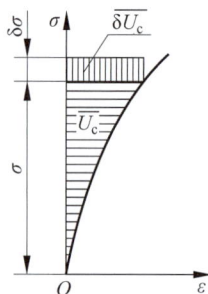

图 2-17 单位体积余应变能和余虚应变能

在线弹性情况下,$\overline{U_c}$ 的表达式为

$$U_c = \frac{1}{2} [\varepsilon]^T [\sigma]$$

将上式中的应变用应力来表示,并令对称矩阵:

$$[d] = [d]^T = [D]^{-1}$$

则得

$$\overline{U_c} = \frac{1}{2}[\sigma]^T[d][\sigma] \tag{2-79}$$

将式(2-79)进行体积分,得弹性体的余应变能为

$$U_c = \int_V \frac{1}{2}[\sigma]^T[d][\sigma]dV \tag{2-80}$$

在平衡状态下保持应变$[\varepsilon]$不改变,当弹性体内发生虚应力$[\delta\sigma]$时,则虚应力在应变上所做的动能,称为余虚应变能,其表达式为

$$\delta U_c = \int_V [\varepsilon]^T[\delta\sigma]dV \tag{2-81}$$

单位体积的余虚应变能,用$\overline{\delta U_c}$表示,如图2-17左上方用垂线表示的矩形面积,其表达式为

$$\overline{\delta U_c} = [\varepsilon]^T[\delta\sigma] \tag{2-82}$$

则式(2-81)也可以写为

$$\delta U_c = \int_V \overline{\delta U_c}dV \tag{2-83}$$

3. 最小余能原理

如果在弹性体的一部分边界Su上给定了位移$[f]$,设作用在Su上的边界面力为$[q]$,则面力的余位能为

$$W_c = \int_S [f]^T[q]dS \tag{2-84}$$

弹性体的余能定义为弹性体的余应变能与给定位移边界Su上边界面力的余位能之差,即

$$\Pi_c = U_c - W_c \tag{2-85}$$

余应变能为

$$U_c = \int_V \frac{1}{2}[\sigma]^T[d][\sigma]dV \tag{2-86}$$

则

$$\Pi_c = \int_V \frac{1}{2}[\sigma]^T[d][\sigma]dV - \int_S [f]^T[q]dS \tag{2-87}$$

最小余能原理可叙述如下:在弹性体内部满足平衡条件,并在边界上满足静力边界条件的应力分量中,只有同时在弹性体内部满足应力-应变关系并在边界上满足边界位移条件的应力分量,才能使弹性体的总余能取极值,且可以证明,若弹性体处于稳定平衡状态,总余能为极小值,即

$$\delta\Pi_c = \delta U_c - \delta W_c = 0 \tag{2-88}$$

弹性力学的变分原理,主要包括虚位移原理、最小位能原理和最小余能原理。它们是有限元法的理论基础。

最小位能原理与虚位移原理的本质是一样的。它们都是在实际平衡状态的位移发生虚位移时,能量守恒原理的具体应用,只是表达方式有所不同而已。可根据不同的需要,采

用其中一种。

最小余能原理与最小位能原理的基本区别在于：最小位能原理对应于弹性体或结构的平衡条件，以位移为变化量；而最小余能原理对应于弹性体的变形协调条件，以力为变化量。

2.6 两类平面问题

任何一个弹性体都是空间的物体，一般的外力也都是空间力系。因此严格地说，任何实际问题都是空间问题，都必须考虑所有的位移分量、应变分量与应力分量。如果所研究的弹性体具有特殊的形状，并且所受的外力满足一定的条件，就可以把空间问题简化成平面问题。不考虑某些位移分量、应变分量或应力分量，这样处理可大大简化计算工作量，在工程上是常用的。而所得的结果仍能满足工程精度要求。

2.6.1 平面应力问题

如研究其一个方向的尺寸远小于另外两个方向尺寸的薄板，即 $t \ll a$，$t \ll b$，且弹性体仅受平行于板面的沿厚度不变化的面力作用时，就可将它按平面应力问题来考虑。例如受拉力作用的平板（图 2-18），均可看作是属于平面应力问题。

设板厚度为 t，以薄板的中面（平分板厚的平面）为 xOy 面，z 轴垂直于中面，如图 2-19 所示，由于板面无外力作用且板很薄，外力不沿厚度变化，所以可以认为整个薄板的所有点都有

$$\sigma_z = \tau_{zy} = \tau_{zx} = 0 \tag{2-89}$$

而 σ_x、σ_y、τ_{xy} 只是 x、y 的函数，因此显然应力列阵可简化为

$$\{\sigma\} = \begin{Bmatrix} \sigma_x(x,y) \\ \sigma_y(x,y) \\ \tau_{xy}(x,y) \end{Bmatrix} \tag{2-90}$$

由切应力互等关系得 $\tau_{rz} = 0$，$\tau_{yz} = 0$。这样只剩下平行于 xy 面的三个应力分量，σ_x、σ_y、$\tau_{xy} = \tau_{yx}$ 非零，所以称为平面应力问题。

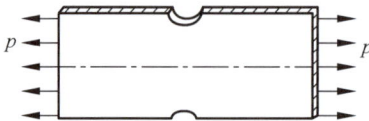

图 2-18　受拉力作用的平板

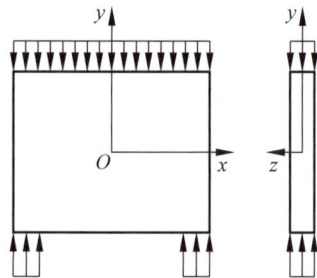

图 2-19　平面应力问题力学模型

因为板很薄，三个应力分量、三个应变分量和两个位移分量都可以认为不沿厚度变化，即它们只是 x 和 y 的函数，与 z 无关。

2.6.2　平面应变问题

如弹性体的一个方向的尺寸比另外两个方向尺寸大得多，且沿长度方向截面尺寸和形状不变，其仅受到平行于横截面且不沿长度变化的面力作用，同时体力也平行于横截面且不沿长度变化，则可假定弹性体的变形仅在一平面内发生，一般就取该平面为 xOy 平面。而在与此平面相垂直的方向（z 轴方向）的变形为零。弹性体的这种变形称为平面应变，这样的问题就是平面应变问题。例如重力坝（图 2-20）、长柱（图 2-21）等均可看作是属于平面应变问题。

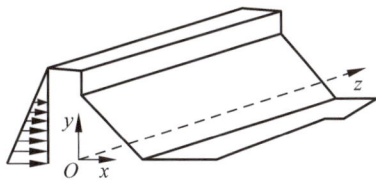

图 2-20　重力坝受力应变模型

对水坝截取一个截面来分析它的受力状况。由于水坝很长，以这一横截面为 xOy 面，z 轴垂直于 xOy 面，如图 2-22 所示，则所有应力分量、应变分量和位移分量都不沿方向变化，它们只是 x 和 y 的函数。此外，在这一情况下，由于水坝很长，这一横截面可看作对称面，所有点都只沿 x 和 y 方向移动，而不会有 z 方向位移，即 $w=0$，$\varepsilon_z=\gamma_{zx}=\gamma_{zy}=0$，不为零的应变分量只有 ε_x、ε_y、γ_{xy}，所以称为平面应变问题。

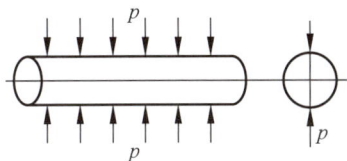

图 2-21　长柱受力应变模型

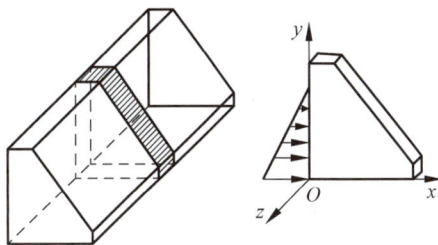

图 2-22　平面应变问题力学模型

弹性力学平面问题的基本方程可根据上述限制，写出平衡方程为

$$\begin{cases} \dfrac{\partial \sigma_x}{\partial x}+\dfrac{\partial \tau_{xy}}{\partial y}+X=0 \\[3mm] \dfrac{\partial \tau_{xy}}{\partial x}+\dfrac{\partial \sigma_y}{\partial y}+Y=0 \end{cases} \tag{2-91}$$

几何方程为

$$\begin{cases} \varepsilon x=\dfrac{\partial u}{\partial x} \\[3mm] \varepsilon y=\dfrac{\partial v}{\partial y} \\[3mm] \gamma_{xy}=\dfrac{\partial u}{\partial y}+\dfrac{\partial v}{\partial x} \end{cases} \tag{2-92}$$

物理方程为
平面应力问题：

$$\begin{cases} \varepsilon_x = \dfrac{1}{E}(\sigma_x - \mu\sigma_y) \\[2mm] \varepsilon_y = \dfrac{1}{E}(\sigma_y - \mu\sigma_x) \\[2mm] \gamma_{xy} = \dfrac{\tau_{xy}}{G} = \dfrac{2(1+\mu)}{E}\tau_{xy} \end{cases} \tag{2-93}$$

平面应变问题：

$$\begin{cases} \varepsilon_x = \dfrac{1+\mu^2}{E}\left(\sigma_x - \dfrac{\mu}{1-\mu}\sigma_y\right) \\[2mm] \varepsilon_y = \dfrac{1+\mu^2}{E}\left(\sigma_y - \dfrac{\mu}{1-\mu}\sigma_x\right) \\[2mm] \gamma_{xy} = \dfrac{\tau_{xy}}{G} = \dfrac{2(1+\mu)}{E}\tau_{xy} \end{cases} \tag{2-94}$$

把平面应力问题与平面应变问题作比较可看出，平面应力问题物理方程中 E 换成 $\dfrac{E}{1+\mu^2}$，μ 换成 $\dfrac{\mu}{1-\mu}$，就成为平面应变问题物理方程。平面应力问题与平面应变问题的不同之处为

平面应力问题：$\sigma z = 0, \varepsilon z \neq 0$；

平面应变问题：$\sigma z \neq 0, \varepsilon z = 0$。

式(2-91)～式(2-94)中共有 8 个未知量，u，v，σ_x、σ_y、τ_{xy}、ε_x、ε_y、γ_{xy} 共 8 个方程，加上一定的约束条件，理论上可求解各种弹性力学平面问题。但这一组方程仍然太复杂，工程中许多问题仍然要用近似方法或数值方法来求解。以后我们主要讨论平面应力问题，至于平面应变问题，只要将物理方程作上述变换就可得出相应的结果。

2.7 弹性体的位能

2.7.1 应变能

弹性体受到外力作用将发生变形，因而外力在变形位移方向上做功。如果外力除去后，已变形的弹性体能恢复到原来的状态，则外力所做的功全部被释放。这样，弹性体在变形时所做的功，可以看作是储存在弹性体中的能量，称为应变能。因此应变能可以看成是弹性体变形时所吸收的能量。在讨论弹性体的能量时，应变能也可理解为与变形相对应的应力(内力)所做的功，有时称为内力位能。

根据能量守恒定律可知，应变能的大小与弹性体受力的次序无关，只取决于应力及形变的最终值。对于应力与应变的关系，在弹性范围内保持线性关系。在一般三向应力状态下，储存于微分体 $\mathrm{d}v$ 中的应变能可用下式表示：

$$\mathrm{d}U = \frac{1}{2}(\sigma_x\varepsilon_x + \sigma_y\varepsilon_y + \sigma_z\varepsilon_z + \tau_{xy}\gamma_{xy} + \tau_{yz}\gamma_{xyz} + \tau_{zx}\gamma_{zx})\,\mathrm{d}V \tag{2-95}$$

在整个弹性体中的应变能，只要对 $\mathrm{d}U$ 积分就可得到：

$$U = \frac{1}{2}\iiint\limits_{V}(\sigma_x\varepsilon_x + \sigma_y\varepsilon_y + \sigma_z\varepsilon_z + \tau_{xy}\gamma_{xy} + \tau_{yz}\gamma_{xyz} + \tau_{zx}\gamma_{zx})\,\mathrm{d}V \tag{2-96}$$

2.7.2　外力位能

讨论外力位能时,一般把作用在弹性体上的外力作为静载荷,如图 2-23 所示,v 为沿外力 P 方向的位移。以未变形位置为参考位置(图中虚线),则由变形位置回到参考位置时,P 力所做的功为 $-Pv$。这就是 P 力在变形位置时所具有的外力位能,它是一个负值。

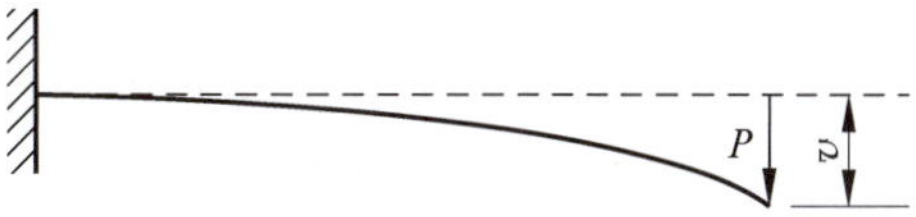

图 2-23　作用在弹性体上静载荷所引起的位能

如果仅有体积力作用于弹性体,则外力位能为

$$\psi_v = -W_v = -\iiint\limits_{V}(Xu + Yv + Zw)\,\mathrm{d}V \tag{2-97}$$

如果仅有面力作用于弹性体,则外力位能为

$$\bar{\psi} = -\overline{W} = -\iint\limits_{A_1}(\overline{X}u + \overline{Y}v + \overline{Z}w)\,\mathrm{d}A \tag{2-98}$$

其中,A_1 为面力已知的那一部分边界。

当体积力与面力同时作用时,则外力位能为

$$\psi = \psi_v + \bar{\psi} = -W = -(W_v + \overline{W}) = \iiint\limits_{V}(Xu + Yv + Zw)\,\mathrm{d}V - \iint\limits_{A_1}(\overline{X}u + \overline{Y}v + \overline{Z}w)\,\mathrm{d}A$$

$$\tag{2-99}$$

2.7.3　弹性体的总能

弹性体在外力作用下,外力产生外力位能,弹性力产生应变能。当弹性体由变形位置恢复到未变形位置时,弹性力做正功,这个功就是储存在弹性体中的应变能。

这样,弹性体在外力作用下的总位能是任何一个实际状态下的弹性结构恢复到某一参考状态时,它的所有作用力(包括外力与内力)所做的功。

$$\Pi = U - W = \frac{1}{2}\iiint\limits_{V}\{\varepsilon\}^{\mathrm{T}}\{\sigma\}\,\mathrm{d}V - \{P\}^{\mathrm{T}}\{q\} \tag{2-100}$$

式(2-100)也可用位移分量表示,利用几何方程将应变能写成

$$U = \frac{1}{2}\iiint\limits_{V}\left\{\frac{\mu E}{(1+\mu)(1-2\mu)}\left(\frac{\partial u}{\partial x}+\frac{\partial v}{\partial y}+\frac{\partial w}{\partial z}\right)^2 + 2G\left[\left(\frac{\partial u}{\partial x}\right)^2+\left(\frac{\partial v}{\partial y}\right)^2+\left(\frac{\partial w}{\partial z}\right)^2\right]+\right.$$

$$\left.\frac{G}{2}\left[\left(\frac{\partial w}{\partial y}+\frac{\partial v}{\partial z}\right)^2+\left(\frac{\partial u}{\partial z}+\frac{\partial w}{\partial x}\right)^2+\left(\frac{\partial v}{\partial x}+\frac{\partial u}{\partial y}\right)^2\right]\right\}\mathrm{d}V \tag{2-101}$$

因此总位能可简写为

$$\Pi = U(u,v,w) - \{P\}^{\mathrm{T}}\{q\} \tag{2-102}$$

式(2-102)表明,总位能往往以积分的形式表示,Π 是位移分量 u、v、w 的函数,而 u、v、w 又是 x、y、z 的函数,所以总位能 Π 是一个函数的函数,通常称为泛函。

式(2-100)与式(2-102)表示弹性体变形的能量关系。应用变分法可导出有关的重要能量原理。

2.8　有限元法求解问题的基本步骤

弹性力学中的三大类变量为位移、应变和应力；三大类方程是平衡方程、几何方程和物理方程。一般求解弹性力学问题的方法包括以位移为基本未知量的位移法，以应力为基本未知量、通过假设应力函数进行求解的逆解法和半逆解法。一般来说，极少部分的弹性力学问题可以直接进行解析求解，而绝大多数弹性力学问题的求解需要借助于数值解法。无论哪种方法，都需要考虑偏微分方程的求解以及边界条件和初值条件。实际上，弹性力学问题的求解最终都归结于偏微分方程（组）的求解，而有限元法为偏微分方程（组）提供了有效的数值近似求解手段。有限元法由于计算过程的系统性和通用性而被广泛应用于固体力学、流体力学、传热学、电磁学等多个领域。目前，商业有限元软件在对弹性力学问题的分析中大多采用按位移求解的方法。

有限元分析的基本步骤主要包括前处理、求解和后处理三个阶段。前处理阶段是将问题的求解域离散成有限个节点和单元，以节点的某些物理量作为基本未知量（在弹性力学问题中，一般是节点的位移），对单元进行分析，构造描述单元物理属性的形函数，描述每个单元的解答并建立起单元刚度矩阵，组装单元，形成总体刚度矩阵，并施加载荷、边界条件和初值条件；求解阶段一般是求解大型稀疏线性方程组，得到各个节点的位移值；后处理阶段是在得到节点的位移值后，进一步计算应力、应变、主应力、相当应力等，例如考虑屈服的强度问题中所需的米泽斯（Mises）应力等。

我们得到弹性力学问题有限元法的基本方法和步骤，如下所述。

（1）连续弹性体的离散化：将连续弹性体分割成许多个有限大小的单元，并将单荷载等效地移置到节点上而成为节点荷载。

（2）单元特征分析：以节点位移$\{\Delta\}^e$为基本未知量，选一个单元位移函数，并用节点位移表示单元位移$\{f\}=[N]\{\Delta\}^e$，然后通过几何方程用节点位移表示单元应变$\{\varepsilon\}=[B]\{\Delta\}^e$；通过物理方程用节点位移表示单元应力$\{\sigma\}=[C]\{\Delta\}^e$；再通过虚功方程用节点位移表示节点力$\{P\}^e=[K]^e\{\Delta\}^e$。

（3）总体结构合成：通过节点的平衡方程建立以节点位移为未知量、以总体刚度矩阵为系数的线性方程组$[K]\{\Delta\}=\{R\}$。

（4）求解上述线性方程组，可得节点位移，进而由$\{\sigma\}=[C]\{\Delta\}^e$求得单元应力。

总之，先离散弹性体，然后以节点位移为基本未知量，分析单元特征，建立并求解线性方程组，最后由节点位移求单元应力。

这种以节点位移为基本未知量的求解方法称为位移法。

2.9　本章小结

本章重点介绍了弹性力学的基本假设和基本概念，并介绍了弹性理论问题的解题方法，还介绍了弹性力学的基本方程和能量定理，同时对两类平面问题和弹性体的位能进行了详细介绍，最后介绍有限元法求解问题的基本步骤。通过对本章的学习，让初学者能了解和掌握弹性力学问题有限元法的一般原理。

第3章

热传导问题有限元法的一般原理

3.1 热传导方程

3.1.1 傅里叶定律

假设存在一个厚度为 δ 的单层平壁,其两个表面上的温度不同,但均不随时间变化,稳态时表面温度分别为 T_1 和 T_2。假设单层平壁面积与厚度之比很大,且从平壁边缘处的热损失可以忽略。由于存在温度差,在单位时间内流过面积 A 的热量定义为热流量,用 Q 表示。傅里叶定律对于此种热量有效。

$$Q = \frac{k}{\delta} A (T_1 - T_2) \tag{3-1}$$

其中,k 为热传导系数,表示物质性质。从式(3-1)容易得到

$$k = \frac{Q\delta}{A(T_1 - T_2)} \tag{3-2}$$

从而 k 的单位为 W/(cm · ℃)。单位时间内通过表面单位面积的热量称为热通量,用 q 表示,对于 q 下面方程成立:

$$q = \frac{Q}{A} = \frac{k}{\delta} (T_1 - T_2) \tag{3-3}$$

假如热传导系数为常量且平壁温度随时间不发生改变,则平壁内温度从 T_1 到 T_2 线性衰减。但加热和冷却过程不稳定,这种线性关系不存在,一般热通量会在时间上局部发生变化。因此,式(3-3)中温差 $T_1 - T_2$ 由微分 ∂T 代替,平壁厚度 δ 由 ∂n 代替,这里 n 为物体任意边界面处的外法线方向。此种情况下,通过表面 $\mathrm{d}A$ 的热流量变化率 $\mathrm{d}Q$ 的方程为

$$\mathrm{d}Q = -k\,\mathrm{d}A \frac{\partial T}{\partial n} \tag{3-4}$$

式(3-4)中的负号表示热流方向指向温度减小的方向,即温度梯度 $\partial T / \partial n$ 的负方向。热通量 q_n 微元表示为

$$q_n = -k \frac{\partial T}{\partial n} \tag{3-5}$$

式(3-5)是热传导基本原理的数学表达式,也即傅里叶定律,它说明了热传导与温度梯度成

正比。我们常在笛卡儿直角坐标系中研究热力学系统的状态变化,可得到 x、y、z 方向的热流密度:

$$q_x = -k_x \frac{\partial T}{\partial x}, \quad q_y = -k_y \frac{\partial T}{\partial x}, \quad q_z = -k_z \frac{\partial T}{\partial x} \tag{3-6}$$

式(3-6)中,(q_x, q_y, q_z) 表示 x, y, z 方向的热流密度;(k_x, k_y, k_z) 表示 x, y, z 方向的导热系数。

3.1.2 热传导的控制方程

在传热学中,热传导控制方程是根据热力学第一定律推导得到的能量守恒方程。对二维空间中的微小单元的热传导过程进行分析,如图 3-1 所示。在微小时间间隔 $\mathrm{d}t$ 内,在 x、y 方向上的热流量分别用 q_x 和 q_y 表示。在 $\mathrm{d}x\mathrm{d}y$ 单元内流入和流出的热量差为

$$\mathrm{d}y\left(q_x + \frac{\partial q_x}{\partial x} - q_x\right) + \mathrm{d}x\left(q_y + \frac{\partial q_y}{\partial x} - q_y\right) \tag{3-7}$$

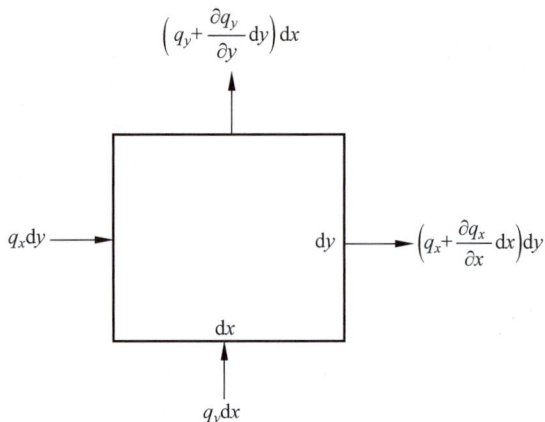

图 3-1 二维单元的热流量

由热量守恒可知,式(3-7)应等于单位时间在单元内产生的热量 $Q\mathrm{d}x\mathrm{d}y$ 加上单位时间由温度的变化而产生的热量 $-\rho c\frac{\partial T}{\partial T}\mathrm{d}x\mathrm{d}y$,显然可以得出

$$\frac{\partial q_x}{\partial x} + \frac{\partial q_y}{\partial y} - Q + \rho c\frac{\partial T}{\partial t} = 0 \tag{3-8}$$

将式(3-6)的热流量公式代入式(3-8)中,产生一个高阶微分方程:

$$\frac{\partial}{\partial x}\left(k\frac{\partial T}{\partial x}\right) + \frac{\partial}{\partial y}\left(k\frac{\partial T}{\partial y}\right) + Q - \rho c\frac{\partial T}{\partial t} = 0 \tag{3-9}$$

将式(3-9)进行推广,即可得到三维笛卡儿直角坐标系中瞬态温度场变量 $T(x, y, z, t)$ 应满足的控制方程:

$$\frac{\partial}{\partial x}\left(k_x\frac{\partial T}{\partial x}\right) + \frac{\partial}{\partial y}\left(k_y\frac{\partial T}{\partial y}\right) + \frac{\partial}{\partial z}\left(k_z\frac{\partial T}{\partial z}\right) + Q - \rho c\frac{\partial T}{\partial t} = 0 \tag{3-10}$$

在求解传热问题时,无论是解析法还是非解析法,都以该热传导方程为基础,表示由温度梯度引起的微单元体内空间三个方向热流密度的变化加上本身产生的热量等于系统内

能的增加。另外,考虑到很多工程问题需要在极坐标系和球坐标系下研究或者分析传热过程,采用坐标系变换方法就可以将直角坐标系的导热控制方程变换为极坐标系或者球坐标系下的导热控制方程。

极坐标系下导热控制方程为

$$K\frac{\partial^2 T}{\partial r^2} + k\frac{1}{r}\frac{\partial T}{\partial r} + k\frac{1}{r^2}\frac{\partial^2 T}{\partial \theta^2} + k\frac{\partial^2 T}{\partial z^2} + Q - \rho c\frac{\partial T}{\partial t} = 0 \tag{3-11}$$

球坐标系下导热控制方程为

$$K\frac{1}{r}\frac{\partial^2(rT)}{\partial r^2} + k\frac{1}{r^2\sin\theta}\frac{\partial}{\partial \theta}\left(\sin\theta\frac{\partial T}{\partial \theta}\right) + k\frac{1}{r^2\sin^2\theta}\frac{\partial^2 T}{\partial \phi^2} + Q - \rho c\frac{\partial T}{\partial t} = 0 \tag{3-12}$$

3.1.3　初始条件和边界条件

需要附加关于特定问题的定解条件,如初始条件及边界条件,以得到固体导热偏微分方程的唯一解。热传导是结构边界与外部相互热作用的结果,相互作用的规律即边界条件。

数学家通常将连续初始边值问题的边界条件分为三类。

(1) 狄利克雷(Dirichlet)边界条件

Dirichlet 边界条件是指物体边界上的温度的大小是具体确定的,这个值可能是常数或者是随时间按照某种函数变化的量,表示为

$$T\mid_\Gamma = f(x,y,z,t) \tag{3-13}$$

其中,T 为连续初始边值问题的解;$f(x,y,z,t)$ 为已知函数或者常数;Γ 为问题定义域边界。

(2) 诺伊曼(Neumann)边界条件

Neumann 边界条件是指物体边界上的热流密度 $q[\mathrm{W/m^2}]$ 是已知的,数学形式可以表示为

$$q\mid_\Gamma = -k\frac{\partial T}{\partial n} = f(x,y,z,t) \tag{3-14}$$

其中,q 为边界上外法线方向的热流密度;$f(x,y,z,t)$ 为已知函数或常数;Neumann 边界条件表示边界上流出(入)的热流密度为已知函数,或为一常数。热量流出物体时取正值,反之热量流入物体时取负值。

(3) Robin 边界条件

Robin 边界条件是指与物体相接触的流体介质温度 T_f 和换热系数 α 为已知。数学形式可以表示为

$$-k\frac{\partial T}{\partial n}\mid_\Gamma = \alpha(T - T_\mathrm{f}) \tag{3-15}$$

其中,T 为固体温度;$\alpha[\mathrm{W/(m^2 \cdot K)}]$ 为换热系数。一般情况下,T_f 和 α 都设置为常数,也可以是随时间和位置而变化的函数。

初始条件描述热力学系统初始时刻所具有的温度状态,用公式表示为

$$T\mid_{t=0} = \omega(x,y,z), \quad \forall (x,y,z) \in \Omega \tag{3-16}$$

其中,Ω 为系统定义域;$\omega(x,y,z)$ 为已知函数或常量。一般传热分析过程系统的初始温度在工程技术领域均为室温。

3.2 有限元解法原理

3.2.1 有限元法简介

一般意义上,偏微分方程形式的导热控制方程的精确解析只存在于极少数的几种简单情况,例如无限大平面、圆平面等。而对于绝大多数形状复杂的工程构件,目前用纯数学的方法还不能求解其温度分布。为了满足生产和工程上的需要,只能采用数值计算方法在离散点上逼近求解。根据离散化的方式不同,解决有限元问题最常用的三种解法为有限差分方法(FDM)、有限元法、有限体积法(FVM)。有限元法是一种求解偏微分方程边值问题近似解的数值技术。求解时进行整个问题区域的分解,被分解部分就称作有限元。有限元法构造一个实验函数,函数的定义和积分计算范围都是按实际需要而划分出来的单元。针对具体的问题,通过变分方法、加权余量法等,使得实验函数达到最小值并产生收敛稳定解。

变分方法建立实验函数的泛函,然后通过求泛函的极值方法来求解微分方程。变分方法的困难在于寻找物理场函数的泛函,而热传导控制微分方程可以用变分原理表示。加权余量法认为每个单元内的实验函数与真实的函数必然存在误差,通过选择试探函数代入微分方程并在单元内加权积分而使两个函数差为零。

有限元法将各单元内的简单方程联系起来,并利用其去逼近更大区域上的复杂方程。它将求解域分割为连续互连的子域,给每一单元假定一个合适的较简单的近似解,然后推导求解该域总的满足条件(如结构的平衡条件、物理场的边界条件),从而得到问题的近似解。综上所述,有限元法是采用诸如变分方法、加权余量法之类的策略,用各个单元内的简单近似解来逼近复杂问题近似解的数值计算方法。

3.2.2 变分法

数学中函数的概念是为大家所熟知的,泛函与函数的区别在于:函数的自变量是数,而泛函的自变量是函数。泛函是其值由一个或几个函数确定的函数,在三维非稳态温度场中泛函 J 可表示为

$$J = J\big[T(x,y,z,t)\big] \tag{3-17}$$

函数存在极值问题,同样地,泛函也存在极值问题。泛函的极值问题就是存在某一自变量 $y(x)$,使泛函取最大值或最小值。泛函极值可利用变分法研究,自变量函数 $y=y(x)$ 的变分记为 δy,泛函的变分记为 δJ,则 δJ 的定义为

$$\delta J = \frac{\partial}{\partial \varepsilon} J\big[y(x) + \varepsilon \delta y\big]\big|\varepsilon = 0 \tag{3-18}$$

其中,ε 为任意小的正数。变分原理就是求某泛函的极值等价于求解特定微分方程及其边界条件。一些物理问题可以直接用变分原理的形式表示,即所谓泛函。可通过求泛函极值的方法求解其微分方程。尽管许多问题可以用微分方程来表达,然而,并不是所有问题都可用变分原理来表示。热传导方程的微分方程可以用变分原理表示,一维和二维的泛函具体表达式分别为

$$J(T) = \int_0^L \left[\frac{k}{2}\left(\frac{\partial T}{\partial x}\right)^2 + \frac{\partial T}{\partial \tau} \cdot T\right] \mathrm{d}x \tag{3-19}$$

$$J^e = \iint\limits_e \left\{ \frac{k}{2} \left[\left(\frac{\partial T}{\partial x} \right)^2 + \left(\frac{\partial T}{\partial y} \right)^2 \right] + \frac{\partial T}{\partial \tau} \cdot T \right\} \mathrm{d}x\,\mathrm{d}y \tag{3-20}$$

定义边界曲线为 $\varGamma = \varGamma_q + \varGamma_T$，在变分过程中试探函数在边界 $\varGamma_T$ 上有

$$T = T_0 \tag{3-21}$$

在 $\varGamma_q$ 上有

$$-k\frac{\partial T}{\partial n} = q \tag{3-22}$$

利用变分运算可以得到

$$\delta J(T) = \int_D \left[\frac{k}{2} \left(\frac{\partial T}{\partial x} \right) \frac{\partial}{\partial x} (\delta T) + \frac{k}{2} \left(\frac{\partial T}{\partial y} \right) \frac{\partial}{\partial y} (\delta T) - Q\delta T \right] \mathrm{d}\Omega + \int_{\varGamma_q} q\delta T \mathrm{d}\varGamma \tag{3-23}$$

其中，T 是未知函数；D 是求解域；$\varGamma$ 是 D 的边界；$J(T)$ 为未知函数的泛函，随函数 T 而变化。连续介质问题的解 T 使泛函 $\varPi$ 对于微小的变化 T 取驻值，即泛函的变分等于零：

$$\delta J(T) = 0 \tag{3-24}$$

这种求连续介质问题解的方法称为变分原理或变分法。连续介质问题中经常存在与微分方程及边界条件不同但却等价的表达形式，变分原理便是另一种积分表达形式。用微分公式表达时，问题的求解过程是对具有已知边界条件的微分方程或微分方程组进行积分。在经典变分原理表达中，问题的求解过程是寻求能够使具有一定已知边界条件的泛函（或泛函系）取驻值的未知函数（或函数系）。这两种表达形式是等价的，一方面，满足微分方程及边界条件的函数将使泛函取极值或驻值；另一方面，使泛函取极值或驻值的函数即满足问题控制微分方程和边界条件的解。应注意到，并非所有以微分方程表达的连续介质问题都存在这种变分原理。

3.2.3　简单三角形单元变分法分析

受有限差分法计算启示，在整体区域变分求解遇到困难时也采用了网格剖分技术。在每个局部网格单元中进行变分计算，最后合成为整体区域的线性代数方程组求解，这就是有限单元法。如果区域 D 划分为 E 个单元和 n 个节点，则温度场 $T(x,y,t)$ 离散为 T_1，$T_2,\cdots,T_n$ 等 n 个节点的待定温度值。将 n 个节点的泛函取极值可以表示为

$$\frac{\partial J^D}{\partial T_l} = \sum_{e=1}^{E} \frac{\partial J^e}{\partial T_l} = 0 \quad (l=1,2,\cdots,n) \tag{3-25}$$

方程组(3-25)有 n 个代数式，就可以求解 n 个节点的温度。

对于如图 3-2 所示的区域 D 具有边界 $\varGamma$，在有限单元法中可以将其划分成任意三角形单元，单元通过顶点与相邻单元联系。对每个单元来说，三个顶点按逆时针方向用 i、j、m 进行编号。

图 3-3 为从区域 D 中任取出的一个三角形单元，三个顶点的横纵坐标都是确定的，所以三角形的三条边和面积也是确定的。温度函数是假设的单元温度分布规律。对节点逆时针编号为 i、j、m，这时每个节点只有一个自由度——温度，分别设为 T_i、T_j、T_m。将求解区域分成有限个单元后，泛函 $I(T)$ 变成各个单元内泛函的变分。三角形中任一点 (x,y) 的温度 T，在有限元法中将其离散到单元的三个节点上去，即用 T_i、T_j、T_m 三个温度值来表示单元中的温度场 T。

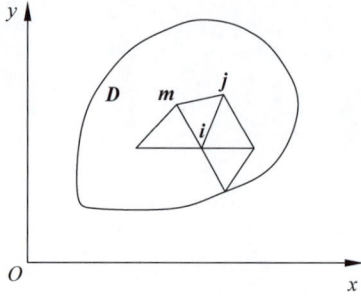

图 3-2 把平面划分成三角形单元

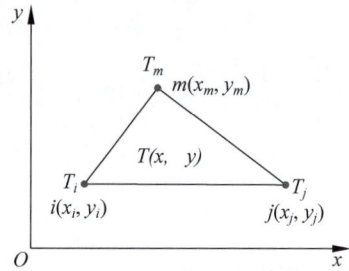

图 3-3 把温度场离散到三个节点上

除了三角形单元外,还可采用任意四边形的等参单元求解平面问题。四边形单元的插值函数由于可构成双线性函数,因而能够提高计算精度;此外,也可采用六节点的三角形单元,它的插值函数可以构成一个完全的二次函数,从而得到更高的计算精度。在空间问题中,单元存在有四面体、三棱体(五面体)和六面体等形式的划分,计算也更为复杂。本书中主要介绍最简单但也最实用的平面三角形单元。

作单元变分计算时,选取未知近似函数 T 是一个很重要的问题,有限单元法中最简单的是线性插值函数。只要单元足够小,这种线性插值函数的误差也就很小。进行单元的具体计算前,先确定温度插值函数。对于三角形单元,通常假设单元 e 上的温度 T 是 x、y 的线性函数,即

$$T = a_1 + a_2 x + a_3 y \tag{3-26}$$

其中,a_1、a_2、a_3 是待定常数,可由节点上的温度值来确定,将三角形三个节点上的坐标及温度代入式(3-26),得

$$\begin{cases} T_i = a_1 + a_2 x_i + a_3 y_i \\ T_j = a_1 + a_2 x_j + a_3 y_j \\ T_m = a_1 + a_2 x_m + a_3 y_m \end{cases} \tag{3-27}$$

利用矩阵求逆公式,可以把未知数 a_1、a_2、a_3 解出来,可得

$$\begin{Bmatrix} a_1 \\ a_2 \\ a_3 \end{Bmatrix} = \begin{bmatrix} 1 & x_i & y_i \\ 1 & x_j & y_j \\ 1 & x_m & y_m \end{bmatrix}^{-1} \begin{Bmatrix} T_i \\ T_j \\ T_m \end{Bmatrix}$$

$$= \frac{1}{\begin{vmatrix} 1 & x_i & y_i \\ 1 & x_j & y_j \\ 1 & x_m & y_m \end{vmatrix}} \begin{bmatrix} x_j y_m - x_m y_j & x_m y_i - x_i y_m & x_i y_j - x_j y_i \\ y_j - y_m & y_m - y_i & y_i - y_j \\ x_m - x_j & x_i - x_m & x_j - x_i \end{bmatrix} \begin{Bmatrix} T_i \\ T_j \\ T_m \end{Bmatrix} \tag{3-28}$$

记:

$$\begin{cases} a_i = x_j y_m - x_m y_j, & b_i = y_j - y_m, & c_i = x_m - x_j \\ a_j = x_m y_i - x_i y_m, & b_j = y_m - y_i, & c_j = x_i - x_m \\ a_m = x_i y_j - x_j y_i, & b_m = y_i - y_j, & c_m = x_j - x_i \end{cases} \tag{3-29}$$

将行列式展开,得

$$\begin{vmatrix} 1 & x_i & y_i \\ 1 & x_j & y_j \\ 1 & x_m & y_m \end{vmatrix} = b_i c_j - b_j c_i = 2\Delta \tag{3-30}$$

其中，Δ 表示三角形面积，将式(3-30)和式(3-29)代入式(3-28)，可得

$$\begin{Bmatrix} a_1 \\ a_2 \\ a_3 \end{Bmatrix} = \frac{1}{2\Delta} \begin{bmatrix} a_i & a_j & a_m \\ b_i & b_j & b_m \\ c_i & c_j & c_m \end{bmatrix} \begin{Bmatrix} T_i \\ T_j \\ T_m \end{Bmatrix} \tag{3-31}$$

将式(3-31)代入式(3-26)，可得

$$T = \frac{1}{2\Delta}\left[(a_i + b_i x + c_i y)T_i + (a_j + b_j x + c_j y)T_j + (a_m + b_m x + c_m y)T_m \right] \tag{3-32}$$

或者简写成

$$T = \begin{bmatrix} N_i & N_j & N_m \end{bmatrix} \begin{Bmatrix} T_i \\ T_j \\ T_m \end{Bmatrix} \tag{3-33}$$

其中，N_i、N_j、N_m 分别表示为

$$\begin{cases} N_i = \dfrac{1}{2\Delta}(a_i + b_i x + c_i y) \\[2mm] N_j = \dfrac{1}{2\Delta}(a_j + b_j x + c_j y) \\[2mm] N_m = \dfrac{1}{2\Delta}(a_m + b_m x + c_m y) \end{cases} \tag{3-34}$$

其中，$[N] = [N_i, N_j, N_m]$ 称为形函数矩阵；$\{T\}^e = [T_i, T_j, T_m]^{\mathrm{T}}$ 称为单元节点温度列阵。

根据式(3-20)，可求得二维热传导方程对 i 节点的变分：

$$\frac{\partial J^e}{\partial T_i} = \iint_e k \left[\frac{\partial T}{\partial x} \frac{\partial}{\partial T_i}\left(\frac{\partial T}{\partial x}\right) + \frac{\partial T}{\partial y} \frac{\partial}{\partial T_i}\left(\frac{\partial T}{\partial y}\right) + \frac{\partial T}{\partial \tau} \frac{\partial T}{\partial T_i} \right] \mathrm{d}x\,\mathrm{d}y \tag{3-35}$$

根据式(3-33)，可得

$$\begin{cases} \dfrac{\partial T}{\partial x} = \dfrac{\partial N_i}{\partial x}T_i + \dfrac{\partial N_j}{\partial x}T_j + \dfrac{\partial N_m}{\partial x}T_m \\[3mm] \dfrac{\partial T}{\partial y} = \dfrac{\partial N_i}{\partial y}T_i + \dfrac{\partial N_j}{\partial y}T_j + \dfrac{\partial N_m}{\partial y}T_m \\[3mm] \dfrac{\partial}{\partial T_i}\left(\dfrac{\partial T}{\partial x}\right) = \dfrac{\partial N_i}{\partial x} \\[3mm] \dfrac{\partial}{\partial T_i}\left(\dfrac{\partial T}{\partial y}\right) = \dfrac{\partial N_i}{\partial y} \\[3mm] \left(\dfrac{\partial T}{\partial T_i}\right) = N_i \end{cases} \tag{3-36}$$

将式(3-36)代入式(3-35)，可得

$$\frac{\partial I^e}{\partial T_i} = \iint\limits_e \left\{ k \left[\left(\frac{\partial N_i}{\partial x} T_i + \frac{\partial N_j}{\partial x} T_j + \frac{\partial N_m}{\partial x} T_m \right) \cdot \frac{\partial N_i}{\partial x} + \right. \right.$$

$$\left. \left. \left(\frac{\partial N_i}{\partial y} T_i + \frac{\partial N_j}{\partial y} T_j + \frac{\partial N_m}{\partial y} T_m \right) \cdot \frac{\partial N_i}{\partial y} \right] + \frac{\partial T}{\partial \tau} \cdot N_i \right\} \mathrm{d}x\,\mathrm{d}y$$

$$= h^e_{ii} T_i + h^e_{ij} T_j + h^e_{im} T_m + f^e_i \frac{\partial T}{\partial \tau} \tag{3-37}$$

请注意，此处的 h^e_{ii}、h^e_{ij}、h^e_{im}、f^e_i 等系数为后面重点求解的对象，具体表达式为

$$\begin{cases} h^e_{ii} = \iint\limits_e k \left[\left(\frac{\partial N_i}{\partial x} \right)^2 + \left(\frac{\partial N_i}{\partial y} \right)^2 \right] \mathrm{d}x\,\mathrm{d}y \\[2mm] h^e_{ij} = \iint\limits_e k \left(\frac{\partial N_i}{\partial x} \cdot \frac{\partial N_j}{\partial x} + \frac{\partial N_i}{\partial y} \cdot \frac{\partial N_j}{\partial y} \right) \mathrm{d}x\,\mathrm{d}y \\[2mm] h^e_{im} = \iint\limits_e k \left(\frac{\partial N_i}{\partial x} \cdot \frac{\partial N_m}{\partial x} + \frac{\partial N_i}{\partial y} \frac{\partial N_m}{\partial y} \right) \mathrm{d}x\,\mathrm{d}y \\[2mm] f^e_i = \iint\limits_e N_i \,\mathrm{d}x\,\mathrm{d}y \end{cases} \tag{3-38}$$

将式(3-34)代入上面四个系数，可求得

$$H^e_{ii} = \iint\limits_e k \left[\left(\frac{\partial N_i}{\partial x} \right)^2 + \left(\frac{\partial N_i}{\partial y} \right)^2 \right] \mathrm{d}x\,\mathrm{d}y = \iint\limits_e k \left[\left(\frac{b_i}{2\Delta} \right)^2 + \left(\frac{c_i}{2\Delta} \right)^2 \right] \mathrm{d}x\,\mathrm{d}y$$

$$= k \left[\left(\frac{b_i}{2\Delta} \right)^2 + \left(\frac{c_i}{2\Delta} \right)^2 \right] \iint\limits_e \mathrm{d}x\,\mathrm{d}y \tag{3-39}$$

如果将单元简化为等腰直角三角形，有 $\iint\limits_e \mathrm{d}x\,\mathrm{d}y = \Delta = \frac{1}{2}h^2$，积分可得

$$H^e_{ii} = \frac{k}{2h^2}(b_i^2 + c_i^2) \tag{3-40}$$

同理可得

$$H^e_{ij} = \iint\limits_e k \left(\frac{\partial N_i}{\partial x} \cdot \frac{\partial N_j}{\partial x} + \frac{\partial N_i}{\partial y} \cdot \frac{\partial N_j}{\partial y} \right) \mathrm{d}x\,\mathrm{d}y = \frac{k}{2h^2}(b_i b_j + c_i c_j) \tag{3-41}$$

$$H^e_{im} = \iint\limits_e k \left(\frac{\partial N_i}{\partial x} \cdot \frac{\partial N_m}{\partial x} + \frac{\partial N_i}{\partial y} \frac{\partial N_m}{\partial y} \right) \mathrm{d}x\,\mathrm{d}y = \frac{k}{2h^2}(b_i b_m + c_i c_m) \tag{3-42}$$

$$F^e_i = \iint\limits_e N_i \,\mathrm{d}x\,\mathrm{d}y = \frac{1}{2\Delta} \left(\iint\limits_e a_i \,\mathrm{d}x\,\mathrm{d}y + \iint\limits_e b_i x \,\mathrm{d}x\,\mathrm{d}y + \iint\limits_e c_i y \,\mathrm{d}x\,\mathrm{d}y \right) = \frac{h^2}{6} \tag{3-43}$$

以上我们求得了一个三角形单元内 i 节点泛函的变分，$i(r,s)$ 节点涉及六个单元 Ⅰ、Ⅱ、Ⅲ、Ⅳ、Ⅴ、Ⅵ，具体如图 3-4 和图 3-5 所示。其他单元中不包含节点 $i(r,s)$，它们的泛函对 T_i 变分后等于 0。

由式(3-25)，六个单元对 i 节点的泛函变分和为 0，在时间上采用向前差分，可得

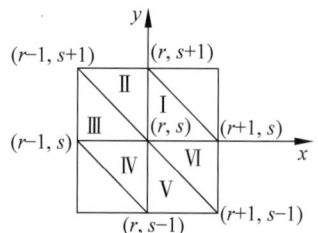

图 3-4　i 节点及周围六个单元

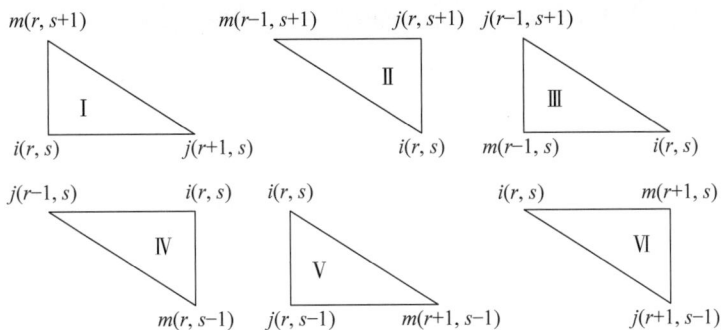

图 3-5 i 节点周围六个单元具体差分方式

$$\sum_{E=1}^{E}\frac{\partial I^e}{\partial T_i}=\sum_{e=1}^{E}h_{ii}^e T_i+\sum_{e=1}^{E}h_{ij}^e T_j+\sum_{e=1}^{E}h_{im}^e T_m+\sum_{e=1}^{E}f_i^e\frac{T_i^{n+1}-T_i^n}{\Delta\tau}=0 \quad (3\text{-}44)$$

由式(3-44)变换可得

$$T_i^{n+1}=\frac{1}{\sum\limits_{e=1}^{E}f_i^e}\left[\left(\sum_{e=1}^{E}f_i^e-\Delta\tau\sum_{e=1}^{E}h_{ii}^e\right)T_i^n-\Delta\tau\left(\sum_{e=1}^{E}h_{ij}^e T_j+\sum_{e=1}^{E}h_{im}^e T_m\right)\right] \quad (3\text{-}45)$$

分别求出式(3-45)中的 $\sum\limits_{e=1}^{E}f_i^e$、$\sum\limits_{e=1}^{E}h_{ii}^e$、$\sum\limits_{e=1}^{E}h_{ij}^e T_j$、$\sum\limits_{e=1}^{E}h_{im}^e T_m$，即可求出该节点，即 $i(r,s)$ 的温度场解。先求得 $\sum\limits_{e=1}^{E}f_i^e$：

$$\sum F_i^e=f_i^{\mathrm{I}}+f_i^{\mathrm{II}}+f_i^{\mathrm{III}}+f_i^{\mathrm{IV}}+f_i^{\mathrm{V}}+f_i^{\mathrm{VI}}=\frac{h^2}{6}+\frac{h^2}{6}+\frac{h^2}{6}+\frac{h^2}{6}+\frac{h^2}{6}+\frac{h^2}{6}=h^2$$

$$(3\text{-}46)$$

再求 $\sum\limits_{e=1}^{E}h_{ii}^e$：

$$H_{ii}^{\mathrm{I}}=\frac{k}{2h^2}(b_i^2+c_i^2)=\frac{k}{2h^2}\left[(y_j-y_m)^2+(x_m-x_j)^2\right]=\frac{k}{2h^2}\left[(-h)^2+(-h)^2\right]=k$$

$$(3\text{-}47)$$

$$H_{ii}^{\mathrm{II}}=\frac{k}{2h^2}(b_i^2+c_i^2)=\frac{k}{2h^2}\left[(y_j-y_m)^2+(x_m-x_j)^2\right]=\frac{k}{2h^2}\left[(h-h)^2+(-h-0)^2\right]=\frac{k}{2}$$

$$(3\text{-}48)$$

$$H_{ii}^{\mathrm{III}}=\frac{k}{2h^2}\left[(h-0)^2+(-h+h)^2\right]=\frac{k}{2} \quad (3\text{-}49)$$

$$H_{ii}^{\mathrm{IV}}=\frac{k}{2h^2}\left[(0-(-h))^2+(0+h)^2\right]=k \quad (3\text{-}50)$$

$$H_{ii}^{\mathrm{V}}=\frac{k}{2h^2}\left[(-h+h)^2+(h-0)^2\right]=\frac{k}{2} \quad (3\text{-}51)$$

$$H_{ii}^{\mathrm{VI}}=\frac{k}{2h^2}\left[(-h-0)^2+(0-0)^2\right]=\frac{k}{2} \quad (3\text{-}52)$$

$$\sum H_{ii}^e = h_{ii}^{\mathrm{I}} + h_{ii}^{\mathrm{II}} + h_{ii}^{\mathrm{III}} + h_{ii}^{\mathrm{IV}} + h_{ii}^{\mathrm{V}} + h_{ii}^{\mathrm{VI}} = 4k \tag{3-53}$$

同理,可以求得

$$\sum_{E=1}^{E} h_{ij}^e T_j = -\frac{k}{2}(T_{r+1,s}^n + T_{r,s+1}^n + T_{r-1,s}^n + T_{r,s-1}^n) \tag{3-54}$$

$$\sum_{E=1}^{E} h_{im}^e T_m^n = -\frac{k}{2}(T_{r,s+1}^n + T_{r-1,s}^n + T_{r,s-1}^n + T_{r+1,s}^n) \tag{3-55}$$

将式(3-46)、式(3-53)~式(3-55)代入式(3-45),可得

$$T_{r,s}^{n+1} = \frac{1}{h^2}(h^2 - \Delta\tau \cdot 4\alpha)T_{r,s}^n + \frac{\alpha \cdot \Delta\tau}{h^2}(T_{r,s+1}^n + T_{r-1,s}^n + T_{r,s-1}^n + T_{r+1,s}^n) \tag{3-56}$$

此式即(r,s)节点上温度求解迭代公式。

3.2.4 加权余量法

对于许多连续区域求解问题,变分原理并不适合,因为尽管可以很方便地得到它的微分方程,但不存在相应的泛函函数。作为解决这类微分方程的代替方法,我们可以采用不同种类的加权余量法。复杂实际问题的精确解往往是很难找到的,因此人们需要设法找到具有一定精度的近似解。在有限元分析中,加权余量法可以用于建立有限元方程,其本身也是一种独立的数值求解方法。工程或物理学中的许多问题,通常以未知函数应满足的微分方程和边界条件的形式被提出,可以一般地表示为未知函数 u 应满足微分方程组:

$$A(u) = \begin{pmatrix} A_1(u) \\ A_2(u) \\ A_3(u) \end{pmatrix} = 0 \quad (在 \Omega 内) \tag{3-57}$$

同时未知函数 u 还应满足边界条件:

$$B(u) = \begin{pmatrix} B_1(u) \\ B_2(u) \\ B_3(u) \end{pmatrix} = 0 \quad (在 \Gamma 上) \tag{3-58}$$

图 3-6 为求解区域 Ω 及边界 Γ。待求解的未知函数可以是 u 标量场(例如压力或温度),也可以是几个变量组成的向量场(例如位移、应变、应力等)。A、B 表示对于独立变量(例如空间坐标、时间坐标等)的微分算子。微分方程的数目应与未知函数的数目相对应,所以上述微分方程可以是单个方程,也可以是方程组,故在式(3-57)和式(3-58)中采用了矩阵形式。

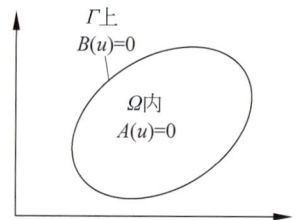

对于热传导问题微分方程式和边界条件式所表达的物理

图 3-6 求解区域 Ω 及边界 Γ

问题,由于全局温度场函数不能采用解析方式获得,故采用数值计算方法构造实验函数 $\widetilde{T}$ 来近似代替真实的温度场函数 T。

$$\widetilde{T}(x,y,t) = T_1(t)\varphi_1(x,y) + T_2(t)\varphi_2(x,y) + \cdots + T_n(t)\varphi_n(x,y), \quad \forall (x,y) \in \Omega \tag{3-59}$$

其中,$\varphi_i(x,y)$为已知的基函数;$T_i(t)$为待求温度场函数在若干节点的数值。在数学形式上,实验函数就是基函数的线性组合。显然,通常在 N 取有限项数的情况下,近似解是不能精确地满足微分方程式和边界条件的,它们将产生残差 R。残差数越小,则逼近解就越接近真实值。同时应该注意到 R 是在域 Ω 内关于位置的函数。先应使余数尽可能地接近零值,即

$$R=\int_\Omega D[\widetilde{T}(x,y,t)]\mathrm{d}\Omega=\int_\Omega\left(k\,\frac{\partial^2\widetilde{T}}{\partial x^2}+k\,\frac{\partial^2\widetilde{T}}{\partial y^2}+Q-\rho c\,\frac{\partial\widetilde{T}}{\partial t}\right)\mathrm{d}\Omega=0 \quad (3\text{-}60)$$

式(3-60)就构成了一个以一组几何点的温度值$(T_1,T_2,\cdots,T_n)$为未知量的线性代数方程。式(3-60)只有一个方程,只能解得一个系数,即式(3-59)的多项式只能取一项,这样计算精度就不高。为了提高精度,需要构造 n 个线性独立的代数方程。为此,采用加权余量方法选择 n 个加权函数构造加权的积分余量,获得 n 个线性独立的加权代数方程:

$$R_l=\int_\Omega W_i D[\widetilde{T}(x,y,t)]\mathrm{d}\Omega=0,\quad l=1,2,\cdots,n \quad (3\text{-}61)$$

其中,$W_i(x,y)$为已知的加权函数;R_l 表示热传导控制方程采用 W_i 权函数时的加权积分余量。n 趋近于无穷大,因此可以说余数消失。根据式(3-61)可以得到

$$R_l=\iint_\Omega W_i\left(k\,\frac{\partial^2\widetilde{T}}{\partial x^2}+k\,\frac{\partial^2\widetilde{T}}{\partial y^2}+Q-\rho c\,\frac{\partial\widetilde{T}}{\partial t}\right)\mathrm{d}x\,\mathrm{d}y=0,\quad l=1,2,\cdots,n \quad (3\text{-}62)$$

采用分部积分方法,将式(3-62)变化为

$$R_l=\iint_\Omega\left\{k\left[\frac{\partial}{\partial x}\left(W_i\,\frac{\partial\widetilde{T}}{\partial x}\right)+\frac{\partial}{\partial y}\left(W_i\,\frac{\partial\widetilde{T}}{\partial y}\right)-\left(\frac{\partial W_i}{\partial x}\,\frac{\partial\widetilde{T}}{\partial x}+\frac{\partial W_i}{\partial y}\,\frac{\partial\widetilde{T}}{\partial y}\right)\right]\right\}\mathrm{d}x\,\mathrm{d}y+$$

$$\iint_\Omega\left(W_iQ-W_i\rho c\,\frac{\partial\widetilde{T}}{\partial t}\right)\mathrm{d}x\,\mathrm{d}y=0,\quad l=1,2,\cdots,n \quad (3\text{-}63)$$

式(3-63)对于平面传热系统的全局定义域成立。但是,有限元方法并不是在全局定义域上构造一个全局实验函数来计算全局加权余量;而是在每个单元(子定义域)上构造一个局部实验函数来计算局部加权余量,累加全部局部加权余量得到全局加权余量。在每个单元上,将单元节点的温度值选择为实验函数的未知参数,未知参数的数量等于单元节点数量。令权函数的数量 n 等于单元节点数目,就可以得到 n 个加权余量。

为得到问题的近似解,首先应该选择合适的试函数来代替真实解,且须满足必要的边界条件。下一个任务就是选择权函数。最终代数方程组的形式和计算精度直接受权函数影响。学者们提出了多种加权函数的构造方法,其中最流行的方法就是 Galerkin 法。Galerkin 法采用试函数自身作为权函数,即

$$W_i(x,y)=\varphi_i(x,y) \quad (3\text{-}64)$$

研究表明,原问题等效积分的 Galerkin 法等效于它的变分原理,即原问题的微分方程和边界条件等效于泛函的变分为零,亦即泛函取驻值。反之,如果泛函取驻值则等效于满足问题的微分方程和边界条件,而通过原问题等效积分的 Galerkin 法可以得到泛函。Galerkin 法的适用性比变分原理强,原因是对于有的微分方程对应的泛函很难找到,或根本找不到泛函,这时变分原理不适用,但 Galerkin 法仍适用。如前所述,无论是加权余量法还是变分原理,虽然可以得到微分方程的近似解,但由于它是在全求解域中定义近似函数,因

此实际应用中会遇到两方面的困难。

（1）在求解域比较复杂的情况下，选取满足边界条件的试探函数，往往会产生难以克制的困难，甚至有时做不到。

（2）为了提高近似解的精度，需要增加待定参数，即增加试探函数的项数，这就增加了求解的繁杂性。而且由于试探函数定义于全域，因此不能根据问题的要求，在求解域的不同部位对试探函数提出不同的精度要求，由于局部精度的要求，往往整个问题的求解难度增加许多。

3.3 本章小结

本章重点介绍了热传导基本方程和有限元解法原理，通过对本章的学习，让初学者对热传导问题有限元法的一般原理有一定的了解和掌握。

第4章

MSC.Marc的功能和特点

4.1　MSC.Marc 软件简介

　　Marc 软件是国际上通用的非线性有限元分析软件,它是 MSC Software(简称 MSC)公司的产品。MSC 公司创建于 1963 年,总部设在美国洛杉矶,是享誉全球的工程校验、有限元分析和计算机辅助工程(CAE)供应商,也是世界著名的大型通用有限元软件 MSC.Nastran 的开发者。50 多年来,MSC 公司始终领导着世界 CAE 领域的发展方向,其产品作为世界公认的 CAE 工业标准,覆盖了工程仿真分析的各个方面,用户涵盖世界 100 多个国家和地区的主要设计制造工业公司和研究机构。

　　Marc 软件历史悠久,自 1971 年推出第一个商业版本至今已有 50 年。它最早是由 Marc 分析研究公司(英文全称 Marc Analysis Research Corporation,以下中文简称 Marc 公司)开发。原 Marc 公司总部设在美国加州,是全球第一家非线性有限元软件公司,其创始人是美国著名的布朗大学应用力学系教授、有限元分析先驱 Pedro Marcal。Marc 公司在创立之初便独具慧眼,瞄准非线性分析是未来分析发展的必然趋势,致力于非线性有限元技术的研究,以及非线性有限元软件的开发、销售和售后服务。1999 年,Marc 公司被 MSC 公司收购,Marc 产品得以继续研发,目前 Marc 软件的应用已经遍布航空、航天、汽车、造船、铁道、能源、电子元件、机械制造、土木建筑、医疗器材、冶金工艺和家用电器等领域,成为许多知名公司和研究机构研发新产品和新技术的必备工具。

4.1.1　MSC.Marc 软件的主要模块

　　Marc 软件主要由前后处理器 Mentat 和求解器 Marc 构成,下面对它们做一些简要介绍。

1. 前后处理器 Mentat

　　Mentat 是非线性有限元分析的前后处理图形交互界面,与 Marc 求解器无缝连接。它具有以 Parasolid 为内核的实体造型功能;提供灵活的计算机辅助设计(CAD)图形接口及 CAE 数据接口;具有全自动二维三角形和四边形,以及三维四面体、五面体和六面体网格自动划分建模能力;直观灵活的多种材料模型定义和边界条件的定义功能;分析过程控制定义和递交分析、自动检查分析模型完整性的功能;实时监控分析功能;方便的可视化计算结果处理能力；先进的光照、渲染、动画和电影制作等图形功能。

Mentat 具有中文、英文、日文三种菜单界面，用户可以按照需要选用。Marc 支持多种平台（Windows、Linux）和网络浮动的许可证配置方式，各种硬件平台数据库兼容，功能一致，界面统一。

2. 求解器 Marc

Marc 是功能齐全的高级非线性有限元软件的求解器，具有很强的结构分析能力。可以进行各种线性和非线性结构分析。它提供了丰富的结构单元、连续单元和特殊单元的单元库。Marc 的结构分析材料库提供了模拟金属、非金属、聚合物、岩土、复合材料等多种线性和非线性复杂材料特性的材料模型。

对非结构的场问题如包含对流、辐射、相变潜热等复杂边界条件的非线性传热问题的温度场，以及流场、电场、磁场、扩散场提供了相应的分析求解能力；具有包括热-结构、电-磁-热-结构在内的多种多物理场耦合分析的能力。

为了满足高级用户的特殊需要和进行二次开发，Marc 提供了方便的开放式用户环境。这些用户子程序入口几乎覆盖了 Marc 有限元分析的所有环节，从几何建模、网格划分、边界定义、材料选择，到分析求解、结果输出，用户都能够访问并修改程序的默认设置。在 Marc 软件的原有功能的框架下，用户能够极大地扩展 Marc 有限元软件的分析能力。

Marc 除了支持单中央处理器（CPU）分析外，还具有在 Windows 和 Linux 平台上的多核或多网络节点环境下实现大规模并行处理的功能。Marc 基于区域分解法的并行有限元算法，能够最大限度实现有限元分析过程中的并行化，并行效率可达准线性甚至线性或超线性。

4.1.2　Marc 2020 安装后的目录

以 Marc 2020 版为例，软件安装后通常的根目录为 X：\MSC. Software\Marc\2020.0.0，其下主要分两个目录：marc2020 和 mentat2020，有关的目录及内容见表 4-1。

表 4-1　Marc 2020 安装后的目录及内容

目　录　名	内　　容
marc2020/AF_flowmat	材料库数据
marc2020/bin	Marc 的各个执行文件
marc2020/common	分析程序的公共块
marc2020/demo	例题输入文件及其用户子程序
marc2020/demo_ddm	采用并行功能例题输入文件及其用户子程序
marc2020/demo_table	采用新格式的例题输入文件及其用户子程序
marc2020/intelmpi	Intel MPI 程序
marc2020/lib	Marc 各个程序的库(lib)及目标(obj)文件
marc2020/lib_shared	动态链接库
marc2020/pldump	特殊用户子程序(Marc 2000 以前版本用)
marc2020/test_ddm	并行功能测试例题输入文件
marc2020/tools	Marc 程序的执行命令及各个程序执行模块生成的命令
marc2020/user	用户子程序的模板文件
marc2020/xdr_lib	库文件 xdr_irc.lib

目　录　名	内　　容
mentat2020/3dx	3D 鼠标相关动态链接库文件
mentat2020/bin	Mentat 有关的各个执行文件
mentat2020/ctkernel	Marc 软件电子文档
mentat2020/help	在线帮助文件
mentat2020/lang	日文和中文的菜单文件
mentat2020/materials	材料库数据模型文件
mentat2020/materials_pre2010	2010 版本以前格式的材料库数据模型文件
mentat2020/menus	菜单文件
mentat2020/parasolid	Parasolid schema 文件
mentat2020/python	Python 语言相关的执行文件、动态链接库等
mentat2020/qt	Qt 相关的动态链接库文件
mentat2020/scasystem	SCA 相关的动态链接库文件
mentat2020/shlib	动态链接库文件
mentat2020/utlities	SIFT 失效准则相关的 Python 程序

4.1.3　Marc 2020 的帮助文档

MSC 公司提供文档的安装文档，为用户提供了大量、丰富的帮助文档。注意，帮助文档需要单独安装，一旦安装了帮助文档，就可以在 Mentat 的界面下单击"帮助"下拉菜单而找到所需的文档，如图 4-1 所示；另外，也可以直接打开文档安装文件所在的位置进行查找，例如对于 2020 版本的用户手册 A～E 卷，在以下位置保存有 pdf 文档：X:\MSC. Software\Marc Documentation\2020.0.0\doc。常用的帮助文档包括：①可方便初学者掌握菜单的操作方法以及 Marc 的基本功能的"用户指南"；②介绍 Marc 非线性有限元分析的相关理论知识的手册"A 卷：理论和用户信息"；③介绍 Marc 单元使用方法的手册"B 卷：单元库"；④介绍 Marc 卡片的含义和参数定义方法的手册"C 卷：程序输入"；⑤针对中、高级用户提供的用于进行功能扩展的用户子程序说明文档手册"D 卷：用户子程序"；⑥包含大量应用实例的手册"E 卷：示范问题"。

图 4-1　帮助文档

Marc 用户指南以 html 文件格式储存如图 4-2 所示，用户可以通过过滤器以及 Search 查找功能方便地查找关心的功能介绍，单击链接进入查看相应例题。也可以根据分析类型或功能类型进行例题的检索。

为了方便用户使用，在 Marc 文档的安装路径下，按照章节存放了可以直接使用 Mentat 打开的模型文件，格式通常为 ∗. mud/ ∗. mfd，用户可以根据用户指南的描述利用这里提供的数据文件进行模型创建、分析和学习。另外有些章节的例子还提供了记录整个建模、分析、结果后处理过程的命令流文件（. proc），用户可以在工具-命令流里面直接载入，并可

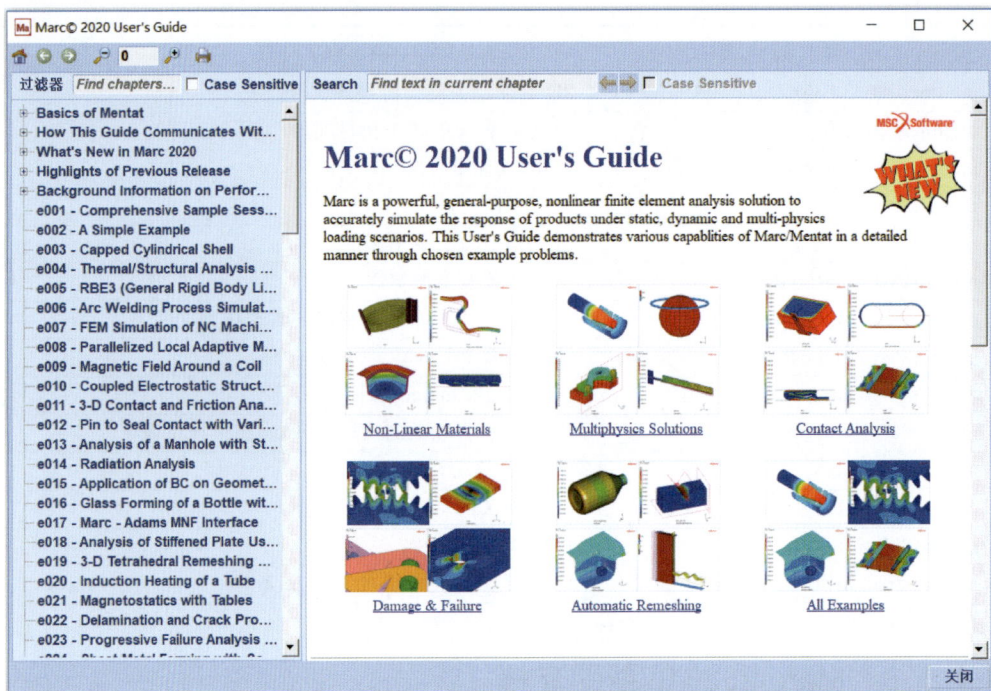

图 4-2 Mentat 2020 用户指南

以连续或逐步播放,极大地方便了用户的学习。用户指南各个章节的实例存放位置如下:

X:\MSC.Software\Marc Documentation\20XX\examples\ug

关于手册 E 中涉及的各个章节的例子,用户可以在如下位置找到相关的数据文件:

X:\MSC.Software\Marc\20XX\marc20XX\demo
X:\MSC.Software\Marc\20XX\marc20XX\demo_table

与用户指南中的例子不同,E 卷中的例子仅给出了 Marc 的数据文件(.dat),用户直接通过命令行递交该数据文件进行计算。用户也可以在 Mentat 中导入这些 Marc 的例题数据。对于部分数据文件,可能还有一小部分无法被重新导入 Mentat 中,例如有些随时间变化的载荷、分析工况的参数。

4.2 MSC.Marc 主要功能分析

Marc 软件的分析功能很广泛,此处仅对主要常用功能做简要介绍。

4.2.1 结构分析

1. 线性结构分析

线性分析研究线弹性结构的变形和应力,是工程结构分析和设计的最基本分析方法。Marc 提供了强有力的线性分析功能,包括线性的静力分析、线性动力响应分析、提取线性系统的模态和线性屈曲分析,以及线弹性断裂的 J 积分评定。Marc 单元库中的每种结构单元都可用来进行线性分析。能够描述各种运动约束和载荷条件(包括线性弹簧和弹性地基支撑)。实施线性分析的材料可以是各向同性材料、各向异性材料或正交各向异性材料。

2. 非线性结构分析

Marc 具有处理几何非线性、材料非线性包括接触在内的边界条件非线性以及组合的高度非线性的超强能力。材料非线性分析方面,Marc 可以定义和分析包括塑性、蠕变、粘塑性、粘弹性、超弹性、超塑性、刚塑性、复合材料等问题。当一个结构的位移显著地改变其刚度或者载荷方向时,则应考虑几何非线性的影响。Marc 程序可解决以下几何非线性效应:大应变、大变形、转动、跟随力、应力强化。Marc 在同类软件中具有最强的接触分析能力。Marc 特有的直接约束的接触算法,经过了几十年的工程考验,可以自动分析不同变形体之间、变形体与刚体之间以及变形体不同部分之间的接触。最近十年来不断增强的面段对面段的接触探测方法,使得两接触体在接触部位的应力分布变得光滑连续。另外,Marc 还具有传统的间隙摩擦单元模式,也可以用非线性弹簧单元来模拟非线性支撑边界。

3. 动力分析

动力问题与静力问题的主要差别在于动力分析需要考虑惯性力的影响。Marc 的动力分析功能包括模态分析、瞬态响应分析、简谐响应分析、频谱响应分析。软件包含多种特征值提取方法,提取特征值时可考虑材料、几何和边界条件非线性的影响。线性瞬态动力响应可用模态叠加法或直接时间积分法两类方法分析。非线性动力响应用直接的时间积分求解。程序支持多种直接时间积分方案。动力分析中除了可以采用分布质量矩阵外,也提供了与每个自由度相关的附加集中质量矩阵供用户选用。在模态叠加或直接积分时可引入多种阻尼的影响。简谐激励分析提供频域内复数运算的位移以及应变和应力的幅值和相位。频谱分析提供结构在地基位移谱或加速度谱激励下的位移、速度、加速以及应力、应变的谱密度函数。

4. 屈曲和失稳分析

Marc 软件处理稳定性问题的方法有三类。第一类是简单地按特征值问题求解失稳形态和临界载荷的特征值分析,在提取特征值时,Marc 软件提供了两种特征值方程的数值解法,即反迭代法和 Lanczos 向量法;第二类是追踪失稳路径,获取失稳前后结构变形、应力和载荷变化完整信息的增量有限元分析;第三类是通过施加人工阻尼,采用自适应增量步长直接进行非线性迭代求解。

通过特征值计算屈曲载荷的方法,又可细分成线性屈曲分析和非线性屈曲分析。线性屈曲分析提取使线性系统刚度矩阵奇异的特征值,获得结构临界失稳载荷及失稳形态的近似估计。另一种非线性屈曲分析,是在增量加载的有限元分析中,结合了特征值分析。其基本思想是将某个增量步内包含了以往加载历史的各种非线性影响的切线刚度矩阵用于特征值分析,提取从当前增量步的总载荷起算、结构进一步发生失稳所能承受的临界载荷。

将 Marc 的增量非线性有限元和特征值分析相结合,可以在某个增量步或结构几近失稳时,提取特征值和失稳模态,然后作为扰动引入结构,评定结构的后屈曲行为。

采用基于弧长控制加载并结合牛顿-拉弗森(Newton-Raphson)迭代的弧长法,是确定加载方向、追踪失稳路径、分析高度非线性屈曲和后屈曲的有效方法。Marc 软件提供了四种不同的弧长控制自适应加载方案分析失稳路径。包括 Criesfield 弧长法、Riks-Ram 弧长法、修正的 Riks-Ram 弧长法和 Criesfield 修正的 Riks-Ram 弧长法。利用这些弧长法,对极限载荷、快速通过等总体失稳问题,失稳与接触的组合高度非线性问题,以及表面失稳引起起皱、重叠等局部失稳问题,可以给出准确模拟。

4.2.2 热分析

Marc软件具有功能强大的一维、二维、三维稳态/瞬态热传递分析的能力;能够描述各向同性、各向异性、正交各向异性的热物理参数。Marc软件提供四种热分析边界条件:温度、热流强度、表面对流、表面辐射。Marc可以计算相变潜热,可以进行有接触传热的耦合分析。

Marc的强迫对流分析功能支持求解由给定流速的质量迁移引起的对流传热。Marc软件还提供了一些特殊的传热单元,分析一些热间隙传热和冷却流体传热问题。

Marc热传导分析能够输出温度、温度梯度和热流的分布结果。温度场的计算结果文件,可以在后续用Marc分析同一结构热应力时被直接读取,作为热载荷利用。对于一般壳单元可以求解得到各节点沿厚度不同位置的温度,对于复合材料壳单元可以求解得到各层的温度。

4.2.3 多物理场分析

Marc支持多种耦合场分析,包括流-热-固耦合、热-电耦合(焦耳热生成)、热-电-固耦合、热-固耦合、电-磁-热-固耦合、声-固、热-扩散-固耦合、扩散-固耦合(土壤渗流)相互作用以及电磁场耦合。下面简要介绍在工艺仿真中常用的热-固分析功能。

许多实际的物理过程中,比如锻造、焊接、增材、热处理、挤压、板材成型等加工工艺过程中以及产品在变温环境下的运行过程中,温度变化和结构变形同时出现,并具有很强相互作用。Marc提供的热-固耦合(也称热-机耦合)分析可准确反映这种耦合的影响。

温度对变形的影响主要反映在改变材料的力学参数和产生热应变。

变形对温度的作用主要来源于:①物体经历大变形后几何形状发生变化,单元体积或边界面积也随之改变,施加在这些单元上的热边界条件也因此变化;②对接触传热问题,接触边界变化引起参与接触传热的边界条件的改变,通过沿接触体边界的不同对流放热系数来自动考虑,没有接触时,物体边界上的对流是物体与环境之间的对流热交换,一旦接触,将自动变成接触面之间的对流换热,此外,相互接触物体间的摩擦力所做的功也会全部转化成热量作为表面热流进入物体内部;③非弹性功耗散转化成的热生成是另一种变形影响温度的常见情形,用户可输入适于其特定问题的功热转化系数;④材料热处理过程中,变形和应力影响相成分的转换,进而反映在相变潜热之中,对温度产生影响。

所有这些变形与温度相互影响的情形,都可以在Marc的热-固耦合分析中求解。

4.2.4 联合仿真分析

很多工程实际问题涉及众多学科,对于单个软件往往难以进行有效的仿真。根据分析类型的不同,工程师可以通过两种方式使用MSC解决方案:联合仿真(将多个物理场同时应用于模型)和链式仿真(将载荷工况结果从一种分析传递到另一种分析)。链式仿真实现起来相对比较容易,在20世纪已经得到了大量的应用。Marc也较早就考虑了和其他软件进行联合仿真。在21世纪初通过第三方软件平台,已经可以和主流的计算流体力学(CFD)

软件进行联合仿真,在 2014 年后,联合仿真的功能得到了进一步加强,其中一个比较大的技术突破是实现了与多体动力学分析软件 Adams 的联合仿真。在 2015 年,Marc 2015 联合Adams 2015 为解决非线性结构分析提供了全新的系统解决方案。这类非线性结构分析不同于以往的做法,它可以结合 Adams 的非线性多体动力学以及 Marc 的强大非线性功能解决系统级的非线性结构问题。联合仿真技术主要针对一些复杂的机构,如车辆悬架系统,在考虑平顺性和操纵稳定性时主要求解结构的刚体运动问题,然而当需要准确地捕捉部件的非线性行为特性时往往需要高度的非线性分析,新的解决方案非常有用。通过 Adams,精确的边界条件可以被传递给 Marc 模型中的部件或装配体。通过交换数据的方式,引入Marc 模拟部件或装配体的非线性行为,准确捕捉应变能;同时 Adams 准确获取变形。从计算成本上用户可以完全受益于这种混合方式来替代完全的有限元模型计算,尤其是分析时间较长或整体模型单元数量较为庞大时。

MSC 公司在 2020 年推出的 MSC CoSim 2020 联合仿真引擎为联合仿真功能增强提供了强大的动力。MSC CoSim 2020 提供了一个很方便的联合仿真接口,用于将不同求解器/学科与多物理场框架直接耦合,使工程师能够在 Adams、Marc 和 scFLOW 之间建立和求解联合仿真模型。通过将多个仿真学科结合在一起,联合仿真为工程师提供了更完整、更深入的仿真能力。

4.3　MSC.Marc 的建模分析流程与常用文件

使用 Marc 软件进行有限元分析时,一般流程可以分为前处理、分析求解和结果后处理三大步骤。Marc 是先进的非线性分析求解器,它的前后处理器包括 MSC 公司的 Mentat、Patran、Apex,与此同时市场上通用的其他 CAE 前后处理器也可以生成 Marc 的数据文件(扩展名为 dat)。本书主要介绍 Mentat 作为前后处理软件。

4.3.1　建模流程

Marc 的前处理过程也称为建模过程,主要是导入或生成几何模型、产生网格模型、定义材料属性、定义单元几何属性、定义边界条件以及定义接触体、接触关系和接触表,然后定义分析工况和分析任务参数并递交运算。

1. 几何模型的创建与导入

对于比较简单的几何模型,可以采用 Mentat 来进行几何建模;对于比较复杂的结构,几何模型往往由专业的 CAD 软件产生,通过前处理器中的 CAD 接口导入,可以根据需要在导入过程中或导入之后对几何模型进行编辑。

2. 网格的创建与导入

对已创建的或导入的几何实体进行网格划分。如果对网格质量要求比较高,则网格模型生成往往需要消耗较多的时间。如果已经有了其他软件生成的网格模型,则也可以直接导入网格模型。

3. 材料属性定义

对结构中所有单元定义材料属性。允许一个模型有多个材料属性,定义属性的过程包括选择材料属性的类型、定义属性参数并应用到具体单元或者与单元有关联关系的几何实体上。

4. 单元属性的定义

对结构中一些单元定义单元属性,对于 3D 实体单元可以不定义单元属性。允许一个模型有多个单元属性,定义属性的过程包括选择单元属性的类型、定义属性参数并应用到具体单元上或者与单元有关联关系的几何实体上。

5. 边界条件定义

定义结构中约束条件和载荷条件。允许一个模型有多个边界条件,定义边界条件的过程包括选择边界条件的类型、定义边界条件参数并应用到具体有限元实体(节点、单元、单元边、单元面等)上或者与单元实体有关联关系的几何实体上。

6. 初始条件定义

定义结构中初始条件。有些模型不需要定义初始条件,也允许一个模型有多个初始条件,定义初始条件的过程包括选择初始条件的类型、定义初始条件参数并应用到具体有限元实体(节点、单元、单元边、单元面等)上或者与单元实体有关联关系的几何实体上。

7. 接触体、接触关系和接触表的定义

当需要对一个或多个物体考虑进行接触分析时,要先定义接触体,然后定义接触关系和接触表。定义接触体的过程包括选择接触体的类型、定义接触体参数并应用到具体单元上或者与单元有关联关系的几何实体上;定义接触关系的过程包括选择接触关系的类型、定义接触关系参数;定义接触表的过程主要是针对每对接触体选择已有的接触关系或直接创建新的接触关系,定义一些特殊的接触参数。

8. 分析工况定义

除了线性静力学分析以外,其他所有分析类型均需要定义分析工况。分析工况的定义通常包括选择边界条件,选择接触表,定义求解控制参数,确定收敛判据及收敛容差,确定工况时间以及时间步控制方法及参数等。

9. 分析参数定义

所有的分析均需要定义分析参数,可以定义的分析参数有很多,软件设置了很多默认参数,通常用户需要选择分析工况、后处理输出的结果量、选择并行分析的核数等。

10. 提交运算

如果模型创建完毕,即可提交运算。

4.3.2　分析流程

在前处理器 Mentat 中单击提交任务菜单命令,软件通过后台脚本生成 Marc 求解分析所需要的模型数据文件(.dat),然后调用 run_marc 命令进行分析。

对于线性静力学分析,分析流程比较简单,在很多有限元教科书上均有介绍,通常包括读入数据、形成等效节点载荷向量、组集刚度矩阵、求解平衡方程、应力恢复等步骤。

在非线性问题分析过程中,Marc 采用增量迭代方法进行求解,根据指定的收敛准则判断是否获取收敛解,并生成相关结果文件,其执行分析流程如图 4-3 所示。

图 4-3 所示的是进行一般非线性分析的流程,当考虑接触时,分析流程会更为复杂,通常会增加接触探测、分离以及穿透等的判断等步骤,会多一些迭代循环。

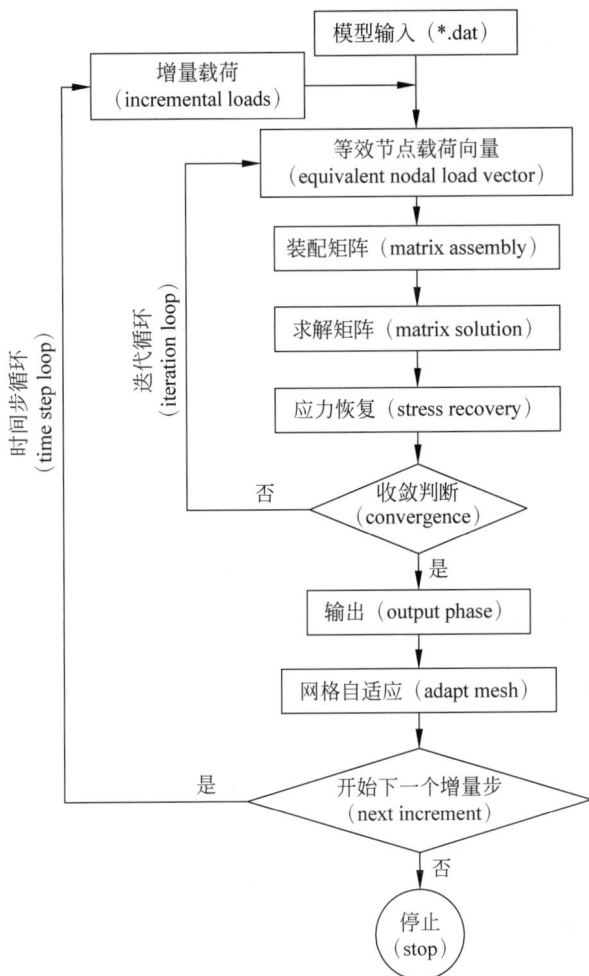

图 4-3　Marc 分析流程图

4.3.3　常用文件

Mentat 作为 Marc 的前后处理工具，在进行前处理时，Mentat 生成扩展名为 mud 或 mfd 的模型文件，建模完成递交分析后可自动生成 Marc 的数据文件（＊.dat），Marc 在后台完成分析任务的计算后会自动生成可供 Mentat 进行后处理的扩展名为 t16 或 t19 的结果文件。此外，Marc 还生成其他相关的文件，具体见表 4-2。

表 4-2　Marc 文件的相关说明

dat	Marc 输入数据文件，用于包含模型信息、参数信息、分析控制参数等，可由 Mentat 生成，也可直接按照 Marc 用户手册 C 卷（卡片数据说明）直接编写
out	输出文件，用于存储模型参数、迭代信息、计算结果等
sts	状态文件，显示各增量步对应的迭代次数、分离次数、回退次数以及时间步长、最大位移等
log	日志文件，记录各个增量步的迭代、收敛、时间耗费等信息
t08	重启动文件，在激活重启动功能时将必要信息根据设置写入此文件，以备后续使用

续表

t16/t19	可在 Mentat 中进行结果后处理的文件类型
mat	材料数据库文件,用户可自行编写数据文件并保存到安装路径下以备后续使用,例如,X:\MSC. Software\Marc\20xx\marc20xx\AF_flowmat
vfs	视角系数文件,用于进行辐射分析计算

其他结果文件类型及相关说明请参考 Marc 用户手册 A 卷程序初始化部分的说明。

4.4　MSC.Marc 的软件接口功能

Marc 软件的前后处理器 Mentat 拥有众多的接口功能,下面按模型的导入和导出两部分做一个简要介绍。

4.4.1　模型导入

导入:外部数据读入的接口菜单,能够输入 Mentat 的数据类型如图 4-4 所示。

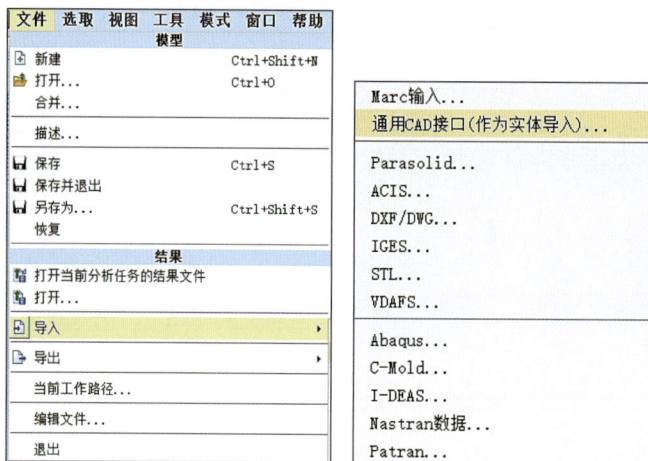

图 4-4　导入菜单

能够输入的文件类型如下所述。

- Marc 输入:读入 Marc 数据文件(.dat)。
- 通用 CAD 接口(作为实体导入):导入的 CAD 模型可直接作为 Parasolid 几何实体存在。可以直接读入 ACIS、Catia V4、Catia V5、IGES、Inventor、JT、Parasolid、Pro/ENGINEER、SolidWorks、STEP、Unigraphics 模型文件。在此菜单下还可以进行几何清理、特征消除、几何简化等。
- Parasolid:读入 Parasolid 文件(.x_t/.x_b/.xmt_txt/.xmt_bin)。
- ACIS:读入 ACIS 文件(.sat)。
- DXF/DWG:读入 AutoCAD 格式的 DXF/DWG 文件。
- IGES:读入 IGES 模型文件(.igs/.ige/.iges/.igs*)。
- STL:读入 STL 模型文件(.stl/.stla/.stlb/.asc)。

- VDAFS：读入.vda 模型文件。
- Abaqus：读入 Abaqus 文件(.inp)。
- C-Mold：读入 C-MOLD 文件(.par/.fem/.mtl/.ppt)。
- I-DEAS：读入 I-DEAS 模型文件(.unv)。
- Nastran 数据：读入 Nastran 文件(.bdf/.nas/.dat)。
- Patran：读入 Patran 文件(.pat/.out)。

有限元分析工作的第一步是建立几何模型,几何模型对于有限元分析来说非常重要。建立良好的几何模型的目的是为建立有限元模型提供方便,只有基于良好的几何模型才能使建立有限元模型的过程顺利进行(便于有限元网格的划分、材料和物理特性的定义以及边界条件的施加)。Mentat 本身具有一定的几何建模功能,用户可以从无到有建立几何模型,包括简单的和复杂的模型;Mentat 也提供了多种格式的 CAD 模型接口,方便从其他 CAD 系统直接输入几何模型,并根据需要对模型进行各种编辑操作,以满足有限元模型建立的要求。

目前最常用的 CAD 模型导入功能选项为"通用 CAD 接口(作为实体导入)",如图 4-5 所示,该功能支持导入的 CAD 模型类型为 ACIS、Catia V4、Catia V5、IGES、Inventor、JT、Parasolid、Pro/ENGINEER、SolidWorks、STEP、Unigraphics。导入界面中提供了两种方法进行 CAD 模型的读取,即直接法和间接法(缺省方法)。在直接法中,CAD 模型被直接导入 Mentat 中,并以 Parasolid 几何存在。在这一过程中没有进行几何清理,导入时实体的个数保持不变,因此被导入的 CAD 模型名称可以与 Mentat 的 Parasolid 体的名称关联,这种方法的缺点是用户可能需要对个别部件进行额外的特征识别和抑制。而使用间接法导入模型时,CAD 模型首先被转换为内部几何,接下来在程序内部自动进行一系列的几何清理操作,最终程序将清理后的几何模型保存为 Mentat 的 Parasolid 几何模型导入。

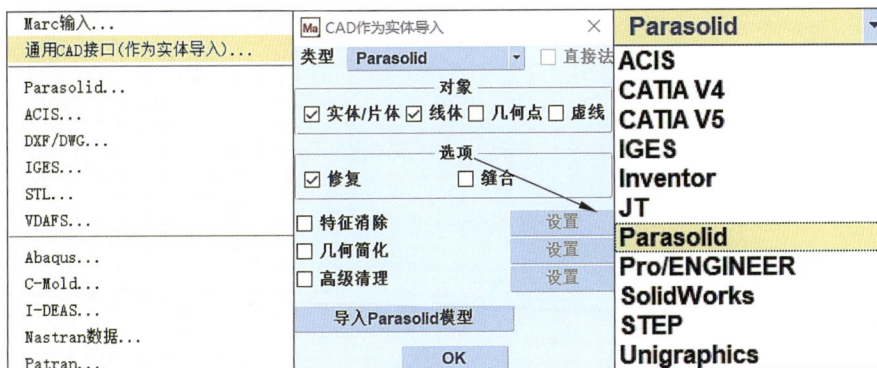

图 4-5 Mentat 2020 版本中 CAD 作为实体导入菜单

4.4.2 模型导出

通过"文件"下拉式菜单,可以选择要导出的模型,如图 4-6 所示。能够导出的文件类型如下所述。

- Marc 输入：导出 Marc 数据文件(.dat)。
- Parasolid：导出 Parasolid 文件(.x_t/.xmt_txt)。

- DXF：导出 AutoCAD 格式的 DXF 文件（.dxf）。
- IGES：导出 IGES 模型文件（.igs）。
- STL：导出 STL 模型文件（.stl）。
- VDAFS：导出 VDAFS 模型文件（.vda）。
- FIDAP：导出 FIDAP 各类文件。
- Nastran 数据：导出 Nastran 文件（.bdf）。

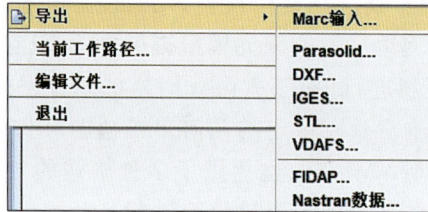

图 4-6　导出菜单

4.5　本章小结

本章主要介绍了 MSC.Marc 软件的主要模块构成、软件安装后目录和帮助文件，对软件进行了总体简介，说明了软件的主要功能分析、建模分析流程与常用文件，以及软件的接口功能，使读者对该软件有一个整体的认识，希望本章能够对读者起到引领作用。

第5章

MSC.Marc入门教程

本章主要介绍 MSC. Marc 的前后处理程序 Mentat 的主要功能模块以及利用 Marc 求解平板对接焊接热过程。Mentat 是用户使用 Marc 进行有限元分析的图形用户界面,在学习利用 Marc 软件进行焊接仿真过程中,掌握 Mentat 用户界面的一些常用方法是非常重要的。

5.1 MSC.Marc 的前后处理功能模块

Mentat 是 Marc 专用的前后处理程序,在 Mentat 中,可进行几何建模、网格划分、边界条件、初始条件、几何特性、材料特性等设置,也能施加接触边界条件、连接约束条件、断裂力学边界条件和网格自适应参数设置等,另外可创建各种分析工况、分析任务。计算结果可以在 Mentat 中通过云纹图、等值线、切片、数字、动画和曲线等方式显示。

Mentat 的启动可以通过多种途径实现。不同的操作系统实现的途径有所不同,对于 Windows 操作系统用户,比较常用的方法是双击桌面的 Mentat 快捷方式图标,图 5-1 为 Mentat 2020 启动后的界面。

从 2014.1 版本开始 Mentat 全面推出中文界面,对于中国用户来说通过中文界面通常能够更快地掌握 Mentat 的各项功能。另外,用户可以根据需要选择启动中文或英文界面,若需要启动不同界面则只需更改启动图标中目标项的语言参数即可,中文界面对应-lang zh,英文界面对应-lang en。

Mentat 的每个主要功能模块对应一个主菜单按钮,如图 5-2 所示。主要功能模块包括:几何和分网、表格和坐标系、几何特性定义、材料特性定义、接触定义、工具箱、连接关系定义、初始条件定义、边界条件定义、网格自适应重划分、分析工况定义、分析任务定义和分析任务提交运行、结果查看。这些功能模块按钮对应工程问题分析的主要过程和环节。使用时可以随时从一个功能模块切换到另一个功能模块。当前选中的功能模块比未选中的功能模块的颜色淡。当一个功能模块被选中时,在主菜单区域会出现与该功能模块相对应的下一级子菜单和动态菜单。

主菜单的每个功能模块包含一个或者多个动态菜单面板,各动态菜单面板又由多个动态菜单区组成,在本节中会对它们做概要介绍。

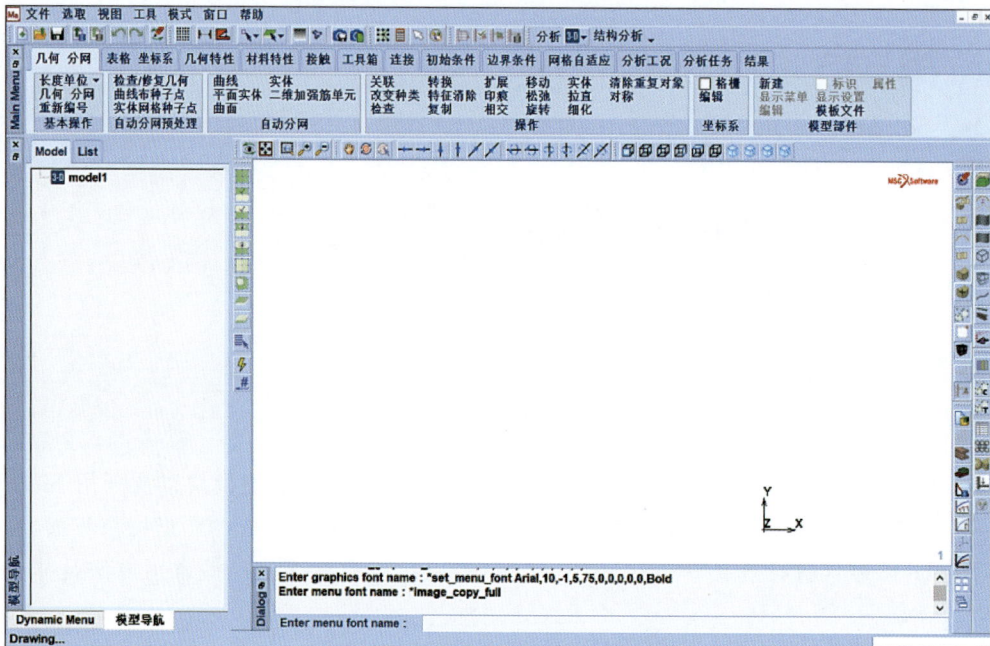

图 5-1　Mentat 2020 启动后的界面

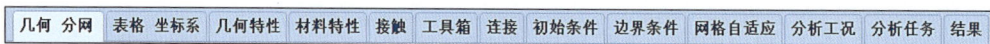

图 5-2　Mentat 2020 主菜单功能按钮

5.1.1　几何和分网

Mentat 有两种网格生成方法。第一种是直接定义网格,第二种是由几何实体自动转化为有限元网格。单击主菜单中的"几何 分网"菜单,进入如图 5-3 所示的几何和网格生成菜单面板。该菜单面板从左至右分别为:"基本操作、自动分网预处理、自动分网、操作、坐标系、模型部件"动态菜单区。

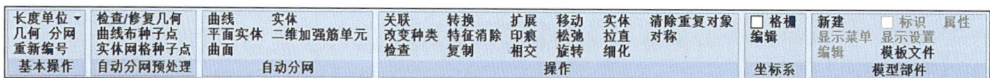

图 5-3　几何和网格生成子菜单

1. 基本操作

1) 模型长度单位设置

自 2014 版本开始,Mentat 中的"长度单位"选项为当前模型进行长度单位的设置,如图 5-5 所示。节点和几何点的坐标以及所有其他的几何数据都以这一长度单位储存在模型中,并在提交分析时被写入 Marc 的输入文件(. dat)。如果模型以缺省格式保存,该长度单位设置会被存储在 Mentat 的模型文件中(. mud 或. mfd)。

在建立新模型之前应该首先进行长度单位的设置,Mentat 中建立新模型时缺省的长度单位为毫米。

- 如果模型的长度单位发生变化(例如,从毫米改为米),那么模型中所有与几何相关的几何数据以及网格均会被转换到新的长度单位。模型中的其他数据,例如材料特性、几何特性、边界条件、接触数据等,不会被自动转换为新的长度单位,需要手动修改。

特别指出,只有以下数据被自动转换:

- 节点、几何点以及实体顶点的坐标;
- 应用到曲线上的曲线分段数(目标长度、最小和最大长度,以及偏置种子点的 L1 和 L2 长度);
- 实体网格种子点的目标长度。

由 Mentat 2014 之前版本创建和存储的模型,长度单位是未知的。这些模型被建立在特定的单位系统中,并且没有被存储到模型文件中。因此对于此类模型在 Mentat 2014 或后续版本中打开、合并或导入时需要注意单位的转换设置。

2)几何和网格的基本操作

对几何点、曲线、曲面、实体、节点、单元进行添加、删除、编辑和显示基本操作的菜单面板如图 5-5 所示。另外还可以在两个节点之间添加一个中间节点,以及在两个几何点之间添加一个中间点。

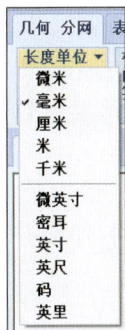

图 5-4 长度单位设置

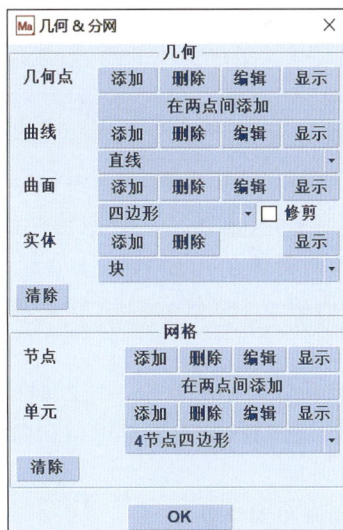

图 5-5 几何和网格的基本操作

曲线、曲面、实体和单元都有默认的类型或类别,比如实体的默认类型是块体,而单元的默认几何类别是 4 节点四边形。在进行添加曲线、曲面、实体和单元之前,如果不采用默认的类型或类别,需要先设置类型或类别。

另外,还设有"清除"菜单按钮,分别清除所有的几何对象和网格对象。

3)重新编号

单击"重新编号"将出现有关动态菜单。对节点、单元、几何点、线、面和体进行重新编号。通过开始参数控制编号的起始号,增量步参数控制编号的增加间隔,指定方向参数控制编号的方向,可以针对节点和单元进行指定方向的编号。通常仅对某些对象进行重新编号,单击则所有几何和网格对当前模型数据库中的所有单元和几何信息进行重新编号。

2. 自动分网预处理

1）检查/修复几何

本功能是检查和修复几何。CAD 系统中几何造型时，难免会有局部修改，由此可能产生很小的几何元素。CAD 系统在处理相交或倒角时容易产生过小的几何元素。这些很小的几何元素称为碎片。采用自动单元划分时，会在这些小碎片附近产生不必要的过高密度单元。此外，几何模型中还可能存在重复点、线、面，或者不封闭的表面和不匹配的曲线等瑕疵。利用 Mentat 提供的几何修复工具，可以清除这些不必要的数据，修复不完整的曲面和曲线，保证网格自动划分的正常进行，生成高质量的网格。

2）曲线布种子点

当确定了平面或裁剪曲面的完整性后，接下来是设置所需的网格密度。

通过指定代表平面或曲面边界的曲线种子点数，来控制网格密度。边界上生成的种子点即在边界上的单元节点。Mentat 提供四种定义种子点的方法，用户可根据需要选用。

3）实体网格种子点

在 Mentat 2014 版本新增了实体网格种子点的布置功能，种子点可定义在实体的面、边或顶点上，进行这些对象的网格密度的局部控制。这里支持两种类型的种子点。

- 分段数：可定义在部件的边上，用于指定在对应边上必须生成的单元边的数量。
- 目标长度：可定义在实体的面、边或顶点上，指定在对象上（或在对象附近）生成的单元的尺寸。

3. 自动分网

通过 CAD 导入工具导入 Mentat 中的 CAD 模型是以实体、片体、线体存在的，这些实体可以通过实体、曲面、曲线自动分网功能而直接进行体网格、面网格、一维网格的划分。实体可以划分为四面体单元或六面体单元，片体可以划分为三角形或四边形单元，线体可以划分为梁（桁架或杆）单元。所有对象既可以选择低阶单元也可以采用高阶单元分网。

Mentat 的自动分网是对基于几何的曲线、平面、曲面、实体和二维加强筋结构通用的自动网格生成工具。自动网格生成菜单包括曲线分网、二维平面分网、曲面分网、实体分网和二维加强筋单元分网。

4. 操作：几何和网格处理

几何和网格主菜单下的操作功能模块包含各种几何和网格的编辑、修改、加工和处理功能，如关联、移动、扩展等。操作菜单如图 5-6 所示。

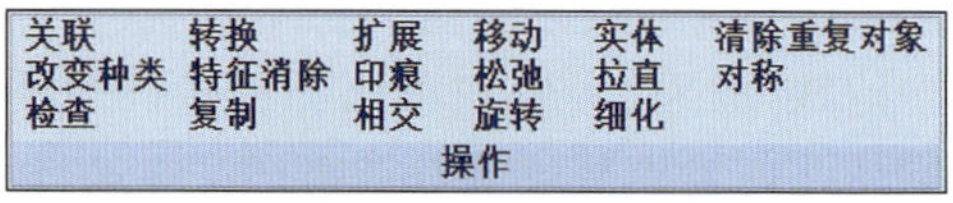

关联	转换	扩展	移动	实体	清除重复对象
改变种类	特征消除	印痕	松弛	拉直	对称
检查	复制	相交	旋转	细化	
		操作			

图 5-6 操作菜单区

1）关联/附着

用于建立单元元素与相应的几何元素间的从属关系。Mentat 的关联附着功能可处理：将单元节点附着在几何点、线、面或两个曲面交线上；将线单元附着在曲线上；将面单元附着在曲面上。

2）单元几何拓扑种类更改

更改种类子菜单如图 5-7 所示。该操作面板提供各种几何拓扑的单元种类供用户选用。可以进行低阶和高阶单元间的转换，例如，把 3 节点线单元转换成 2 节点线单元，把 4

节点四边形单元转换成 8 节点四边形单元,或反向处理。如图 5-7 所示,用户选用合适的转换目标种类,选择当前要转换的单元,即可将选取的单元从当前种类转换到目标种类。

- 变为高阶:将低阶单元转换成高阶单元。
- 变为低阶单元:将高阶单元转换成低阶单元。
- 单元:指定要改变单元种类的单元。
- 改变退化单元:将退化的单元转换为正常单元,例如,将退化的 4 节点四边形单元转换为 3 节点三角形单元,或退化的六面体单元转换为五面体单元。
- 重新使用单元标识号:被转换种类的单元原来使用的单元编号。
- 识别单元种类:采用色带显示单元种类。

3)单元检查

检查网格功能按钮用于检查网格模型的质量,帮助用户获取网格的质量信息。

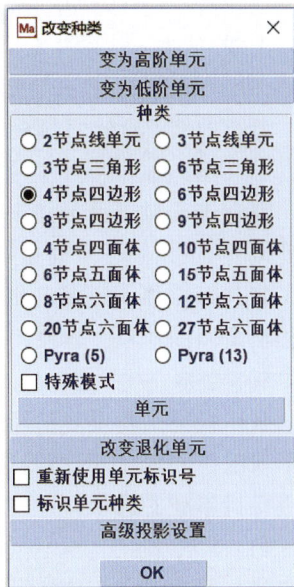

图 5-7 更改种类菜单

4)转换

此功能菜单可进行几何-单元、几何-几何、单元-几何、单元-单元的转换,是前处理过程中频繁使用的便利工具。实质上,转换包括了简单的网格划分功能和在高维的几何或单元对象上提取低维对象的功能。

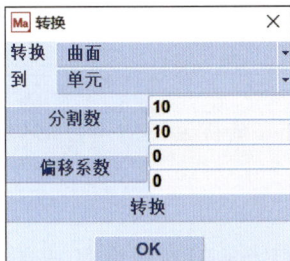

图 5-8 曲面转换成单元

图 5-8 所示为比较常用的曲面转换成面单元的菜单界面。在转换时提供了以下参数控制。

分割数:用于定义在第一、二方向上的单元的划分数目。

偏移系数:指定在第一、二方向上的单元偏移系数。

具体操作顺序:转换类型选择▼➡转换到的对象选择▼➡设置转换参数➡单击转换选择对象并确认。

5)特征删除

针对导入或在 Mentat 中创建的几何实体进行特征识别、删除、编辑等操作。

6)复制

实现网格对象或几何对象的复制,复制方式包括平移、旋转和缩放三种。

7)扩展

使用扩展功能可实现单元元素或几何元素由一维向二维、二维向三维的升级转换。扩展包括平移、旋转和缩放三种方式。用户给出扩展的次数便可完成对单元或几何元素的连续升级转换。在高级扩展中还提供了轴对称模型向三维模型的扩展、平面模型向三维模型的扩展、非平均间隔旋转角度的扩展、非平均间隔平移量的扩展、壳单元或线单元长厚的扩展,以及单元沿着曲线扩展。

8)相交

主要用于计算几何对象的交点或交线,另外还具备一些剪裁功能。里面一些菜单按钮的功能如下所述。

曲线/曲线：计算并生成两条相交曲线的交点。

曲线/曲面：计算并生成曲线与曲面的交点。

曲面/曲面：计算并生成两个相交曲面的交线。

延长曲线：延伸两条直线至相交，并在交点处截断。

9）移动

移动工具对于手工修正局部单元几何信息尤为方便，包括平移、旋转、缩放三种方式。除此以外 Mentat 还可通过解析公式的输入来定量控制移动。在移动到几何对象菜单下提供了将几何点移动到指定曲线、曲面或相交曲线，以及移动节点到指定几何点、曲线、曲面或相交曲面的选项。方便用户对局部几何和有限元要素进行调整。

10）松弛

利用松弛工具可对已经生成的平面或曲面上的网格节点重新定位，最大限度地减少单元形状的扭曲程度，提高网格质量。在节点松弛过程中可以激活指定曲面或外轮廓线上的节点保持不动的选项。

11）旋转

将几何曲线或实体（线体、片体）通过旋转生成旋转面或实体。当选择旋转曲线时旋转轴为坐标系 Y 轴，可以在表格和坐标系➡坐标系菜单中设定坐标系。其中，角度——指定旋转的起始和终止角度；旋转曲线——指定要旋转的曲线；重置——将旋转角重设为缺省值。当选择旋转实体时可以指定旋转中心和旋转轴。

12）实体的操作

完成实体的布尔运算、重命名、倒角、实体几何对象的提取和转换、实体面的分割/旋转/扩展/检查，以及对象的清除。

13）拉直

使用此命令可将沿一条节点路径上的全部节点进行重新定位，重新定位后节点的位置分布在节点路径上的起点和终点连线上。

14）网格细化加密

可对已有的一、二、三维单元进行加密。用户需给出各个维数方向的划分份数，并可通过改变偏移系数来调整单元的疏密过渡。由于网格重划分后会产生重复的节点，并影响单元的编号，应使用消除重复对象和重新编号功能进行再次的处理，去除重复节点，重新进行节点和单元的编号。

- 加密表面。

加密表面缺省设置是在不改变模型几何和体积的情况下，在模型外表面生成若干层细密的单元。对于获取表面上或紧靠表面的内部结构更准确的应力分布很有帮助。加密表面菜单如图 5-9 所示。首先用户选择要加密的外表面；其次确定加密的规则，也就是加密的厚度和层数；Mentat 会在表面的法向方向"向内"或者"向外"在外表面指定厚度内生成指定层数的表面单元。

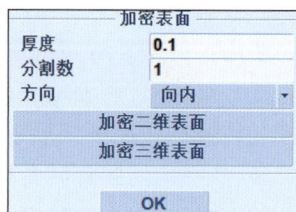

加密表面		
厚度	0.1	
分割数	1	
方向	向内	▼
加密二维表面		
加密三维表面		
OK		

图 5-9　加密表面菜单

在确定方向时,向内是系统默认的方式。此方式在执行时系统将外表面单元沿法向向内部收缩,收缩的体积通过将表面单元沿法向拉伸补偿。采用向外设置时,单元不会收缩,只有外表面的单元沿法向向外部按照指定厚度和指定层数拉伸。这种情况,模型的体积会增大。

加密二维表面:用于二维实体单元和三维壳单元的表面单元细分。

加密三维表面:用于三维实体单元的表面单元细分。

15)消除重复对象

用于消除重复的或距离过小的几何或单元对象。消除重复对象对话框各按钮含义如下所述。

- 容差:用于判断各类实体之间是否重合的容差设置。
- 节点:消除重合节点。
- 单元:消除重合单元。
- 几何点:消除重合几何点。
- 曲线:消除重合曲线。
- 曲面:消除重合曲面。
- 全部:消除所有重合的几何点、曲线、曲面、节点、单元。
- 删除未被使用的:删除与单元无关的自由节点或几何点。
  - 节点:从模型中消除未被使用的节点。
  - 几何点:从模型中消除未被使用的几何点。
- 保持接触体完整性:激活该选项时,进行重复节点、单元等合并时将不合并接触体重合部位的对象。

16)对称

用于将单元元素或几何元素相对于某一镜射平面作对称复制。对于具有对称性的模型结构,利用对称功能可生成全模型。里面一些菜单按钮的功能如下所述。

几何点:镜射面上一点的指定。

法线:镜射面法线方向的指定。

从/到:通过输入两点构成矢量确定镜射面法线方向。

产生新的匹配边界:如果被对称的对象中包含匹配边界设置,那么激活该项可以在对称出的模型中对匹配边界同时复制和对称处理。

对称:将节点单元或几何实体相对某一镜射平面作对称复制。

5.1.2　表格和坐标系的定义

在主菜单中单击"表格坐标系"主菜单,会出现如图 5-10 所示的有关表格和坐标系定义的动态菜单。单击图 5-10 中"表格"的"新建"按钮会弹出图 5-11 所示的表格种类的选择下拉菜单,用户按照需要选择,最常用的是 1 个自变量的表格;单击图 5-10 中所示的坐标系的"新建"按钮,会弹出图 5-12 右上角所示的下拉菜单,让用户选择坐标系类型,然后会弹出坐标系定义的菜单窗口,图 5-12 所示的是直角坐标系定义的菜单窗口。

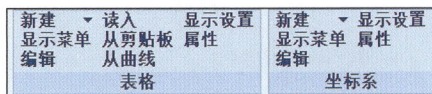

图 5-10　表格和坐标系菜单

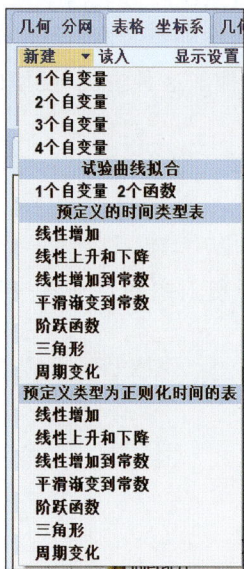

图 5-11　表格种类

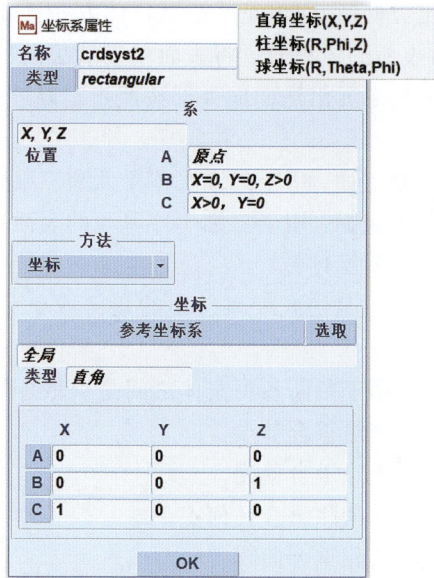

图 5-12　坐标系种类及直角坐标定义窗口

在 Marc 和 Mentat 中,表格的作用是非常大的,在边界条件定义、材料性质定义等过程中,经常用到表格的功能。表格经常用于定义一些随其他变量变化的量,变量的类型也称作表格的类型,比如时间、频率、坐标、温度、密度、等效塑性应变等变化曲线(函数)。自变量表格定义菜单窗口和变量类型选择窗口如图 5-13 所示,从图中可以看到,变量类型很多,因此表格的功能非常强大。

图 5-13　自变量的曲线定义菜单及变量类型

图 5-13 中上部的"缩放"：X 轴、Y 轴处可以选择采用线性坐标还是对数坐标。其他一些主要常用菜单按钮功能如下所述。

数据点	通过输入具体数据点值来定义表格。
公式	通过输入具体公式来定义表格。
增加点	在表格上增加单个数据点。
删除单个	在表格上删除单个数据点。
删除多个	在表格上删除多个数据点。
平移	通过输入数值来平移表格上的数据点。
比例	用户指定缩放比例来实现放大或缩小数据点的值。
编辑	编辑修改表格中的数据点，重新输入数据点的值。
清除	删除表格中的所有数据点。
交换轴	将表的数据点的横坐标值和变纵坐标值进行互换。
求积分	将已定义的函数积分并重新计算数据点。
求微分	将已定义的函数微分并重新计算数据点。
显示完整曲线	显示所有数据点，并调整表和曲线按适当的比例显示。
自变量 V1：最小值	变量 V1 的下限值。
自标量 V1：最大值	变量 V1 的上限值。
自变量 V1：步数	变量 V1 的分格数。
函数值 F：最小值	函数值 F 的下限值。
函数值 F：最大值	函数值 F 的上限值。
函数值 F：步数	函数值 F 的分格数。
重新评估	当采用公式输入时，根据变量 V1 的最小值、最大值和步数重新计算函数 F 的值。
拷贝到剪贴板	将表格数据存入剪贴板，为 Word 或 Excel 软件调用。

5.1.3　几何特性

在 Mentat 主菜单中选取"几何特性"，就会出现单元几何特性参数的定义动态菜单，如图 5-14 所示。不同的单元类型有不同的几何特性。单元几何特性的定义包括两部分，即几何特性的定义和将几何特性施加在哪些单元(或与单元关联的几何对象)上。

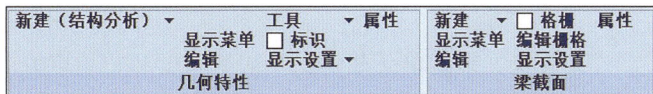

图 5-14　表格和坐标系菜单

单击几何特性"新建(结构分析)"按钮，会出来下拉式菜单，里面包含各类单元，不同的分析维数单元类型有所不同，如图 5-15 所示。

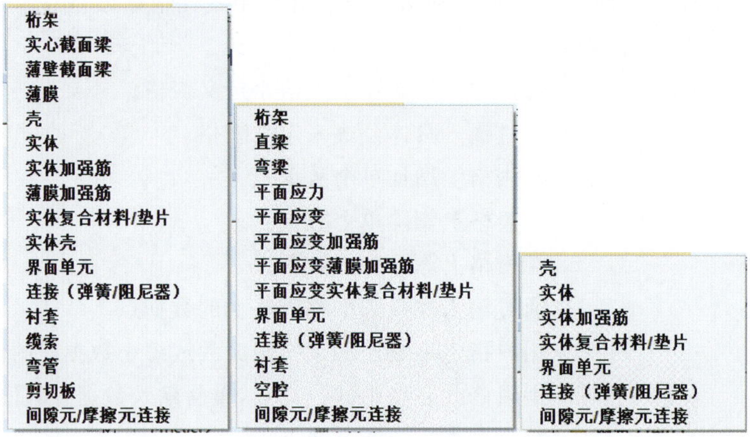

图 5-15　用于几何特性定义的单元类型（左为 3D、中为平面、右为轴对称）

下面以结构分析中的 3D 单元的几何特性定义来说明各类单元要定义的内容。

桁架　　　　　　　　主要定义杆单元截面积。

实心截面梁　　　　　主要定义实心梁单元截面的属性、形状、局部坐标系方向、接触
　　　　　　　　　　属性、偏置等参数。

薄壁截面梁　　　　　主要定义薄壁截面梁单元截面的属性、形状、局部坐标系方向、
　　　　　　　　　　接触属性、偏置等参数。

薄膜　　　　　　　　定义薄膜单元法向厚度。

壳　　　　　　　　　定义壳单元厚度，可以考虑非均匀厚度。

实体　　　　　　　　确定实体单元是否采用常膨胀、假定应变、等温、缩减积分等选项。

实体加强筋　　　　　确定某些单元为实体加强筋单元。

薄膜加强筋　　　　　确定某些单元为薄膜加强筋单元。

实体复合材料/垫片　　定义实体复合材料单元/垫片单元的厚度方向，确定是否采用
　　　　　　　　　　常膨胀、等温选项。

实体壳　　　　　　　定义实体单元的厚度方向、横向截切刚度、是否采用等温选项等。

界面单元　　　　　　确定界面单元的积分点位置、厚度方向。

连接（弹簧/阻尼器）　定义弹簧/阻尼器的类型、自由度、刚度、阻尼、初始力等参数。

衬套　　　　　　　　定义衬套单元的刚度/阻尼特性、附加特性、局部坐标系方向等
　　　　　　　　　　参数。

缆索　　　　　　　　定义缆索单元截面积及初始长度和初始应力。

弯管　　　　　　　　定义弯管单元的管壁厚、半径、截面积、曲率半径、曲率中心等
　　　　　　　　　　几何特性。

剪切板　　　　　　　定义剪切板单元的板厚。

间隙元/摩擦元连接　　定义间隙元/摩擦元连接单元的间隙类型及其参数、附件特性等。

对于梁单元，用户还可以得到任意梁截面，包括薄壁截面和实体截面，如图 5-16 和图 5-17
所示，定义截面后还能计算出截面特性。

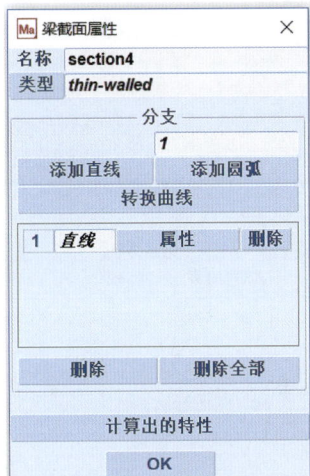

图 5-16　薄壁截面

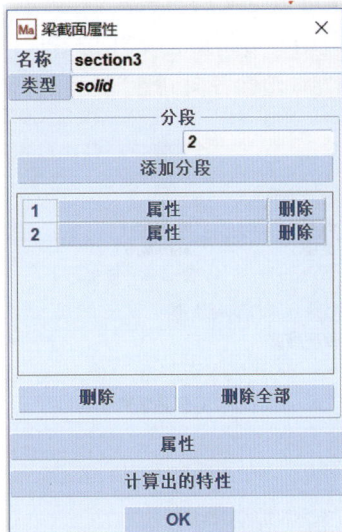

图 5-17　实体截面

5.1.4　材料特性定义

在主菜单中选取"材料特性"后,即可出现材料性质定义的动态菜单和施加子菜单,如图 5-18 所示,包括材料特性、材料方向和表面特性定义三大部分。材料特性定义包括了输入材料特性参数的内容和对单元(或与网格关联的几何对象)施加两个步骤。

图 5-18　材料特性定义菜单

Mentat 可以定义材料特性的种类繁多,大体可以分为有限刚度和无限刚度区域两大区域类,其中无限刚度区域类主要用于电磁场、流场、声场等物理场分析。一般的热结构耦合分析主要涉及的是有限刚度区域类,下面对此类材料进行介绍。

有限刚度区域类分为标准、复合材料、混合材料、加强筋、界面单元/粘接单元、垫片、多相等种类。工程问题仿真中最常用的是标准类,标准类所包含的材料模型类型如图 5-19 右图所示,其中前 3 种是弹-塑性材料属性。

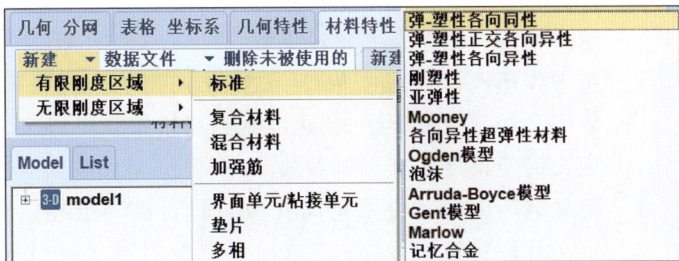

图 5-19　材料模型的类型菜单

Mentat 可以定义的材料特性的种类较多,为了说明具体的材料特性的定义,下面对焊接仿真中热/结构分析时的常用的各向同性材料参数的定义加以说明。

在选取"弹-塑性各向同性"类型后,弹出各向同性结构分析材料参数定义菜单,如图 5-20 所示。

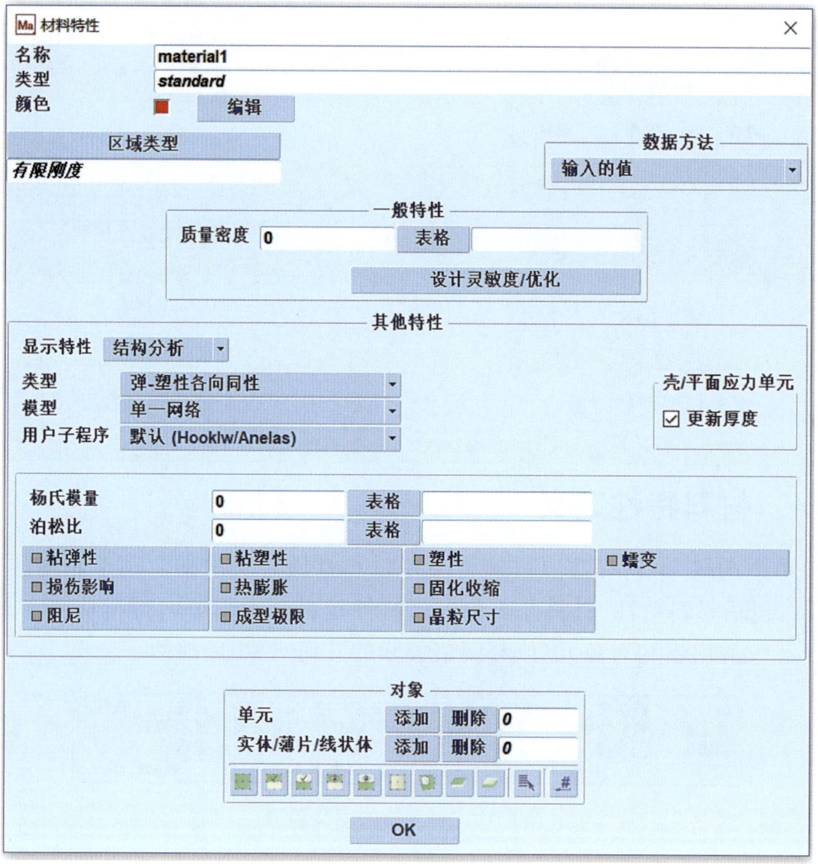

图 5-20 各向同性材料结构分析材料参数定义

在所有结构分析中杨氏模量、泊松比是必须定义的,质量密度在动力学分析以及与质量有关的载荷如重力、离心力等存在的时候也必须定义。另外针对具体的材料,还可以定义很多材料参数,下面对一些常用的参数项进行说明。

粘弹性   定义粘弹性材料属性,可以定义包括 Prony 多项式在内的多种粘弹性材料模型及其参数。

粘塑性   定义粘塑性模型及其材料参数。

塑性   定义弹塑性材料屈服条件、硬化准则菜单。选取该菜单后,可以具体定义屈服条件类型、硬化准则和初始屈服应力等。

蠕变   定义蠕变模型及其材料参数。

损伤影响   定义破坏效应。主要定义开裂、损伤、破坏准则。选取开裂类型则定义开裂材料的参数;选取损伤类型则定义材料的损伤特性参数,选取失效类型则定义失效准则。

热膨胀	定义热膨胀系数。
固化收缩	定义复合材料固化成形中采用的体积收缩模型及其参数。
阻尼	定义阻尼参数。选取该菜单后,弹出一个对话框,可以输入质量矩阵乘子或刚度矩阵乘子等。
成形极限	定义板材的成形极限。
晶粒尺寸	定义晶粒尺寸模型及参数。

对于热/结构耦合分析,还需要定义热分析参数,如图 5-21 所示,主要的材料参数包括热导率、比热、质量密度、发射率、潜热等。

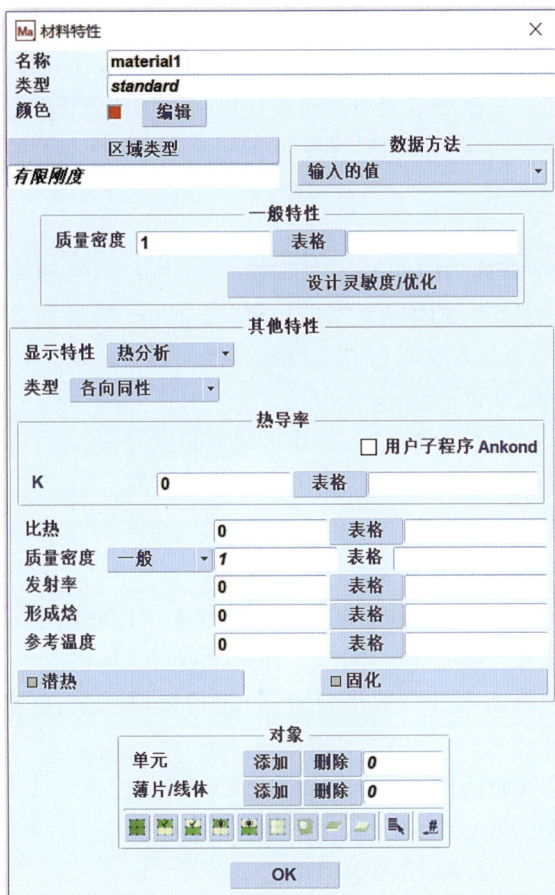

图 5-21　各向同性材料热分析参数定义

另外,Marc 还可以从软件自带的材料库中导入材料数据,也可以在 Mentat 中指定材料数据文件、在 Marc 运算时直接调用指定文件中的数据,有关材料数据文件操作的菜单分类如图 5-22 所示。

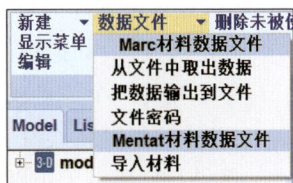

5.1.5　接触定义

在 Mentat 的主菜单中,单击"接触"就可以看到有关接触的动态菜单,如图 5-23 所示。动态菜单又分 5 个菜单

图 5-22　材料数据文件操作菜单

区,具体含义如下所述。

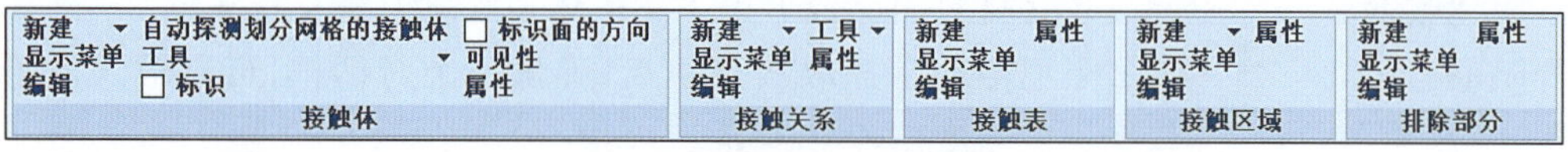

图 5-23   接触定义动态菜单

接触体   定义各类接触体。

接触关系   定义各类接触关系。

接触表   定义接触表,具体定义接触体之间的关系,如果不选择此项,则分析程
              序 Marc 将默认任何物体均可能与其他物体相接触。

接触区域   定义接触面积,具体定义变形体上可能发生接触的点或面。

排除部分   定义在接触过程中需排除接触检查的边或面。

所有要接触的物体必须在"接触体"菜单区中定义,其余四个子菜单是否使用则需看具体分析问题的情况而做决定。

1. 接触体

单击"接触体"菜单"新建"按钮后,可见如图 5-24 所示的接触体类型的下拉式菜单供选择,接触体按类型进行定义。Marc 的接触分析可处理五类接触体,每类接触体都可在二维和三维问题中运用。

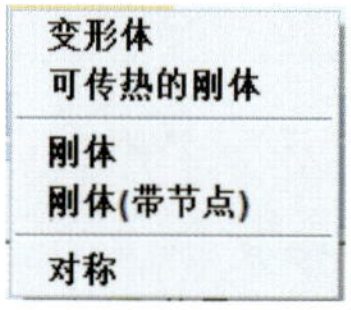

图 5-24   接触体类型

- 变形体,可计算应力和/或温度分布。

- 可传热的刚体,可计算温度分布,不计算变形和应力。

- 刚体,不计算变形和应力,接触过程中温度保持常数。

- 带控制节点的刚体,不计算变形和应力,接触过程中温度保持常数。此类刚体可以与其他刚体和对称接触体接触。

- 对称体,即接触面当作对称面。此类接触体仅在结构分析中可用。

变形体,Marc 用单元来描述变形体,变形体的参数定义如图 5-25 所示,对于热/结构分析包括结构分析和热分析两部分参数需要定义,包括摩擦系数、磨损类型与参数、换热系数等。

变形体包含以下几方面信息。

(1) 变形体必须是由组成实际变形体的常规单元描述。

二维连续体单元:三角形单元、四边形单元。

三维连续体单元:四面体单元、五面体单元、六面体单元。

壳和梁结构:板单元、壳单元、实体壳和梁单元。

(2) 位于变形体外表面的单元节点,如果在变形过程中可能与其他物体或自身产生接触,这些节点就被处理成可能的接触点。

(3) 定义变形体时没有必要把整个物理上的变形体都包含在内。

(4) 不允许一个节点或单元同时属于一个以上的变形体。

(5) Marc 程序在其内部把变形体边界单元数据转换为接触段/片和接触点。

二维结构:用位于边界线上的单元的边表示接触段。

三维结构:用位于边界面上的单元的面表示接触片。

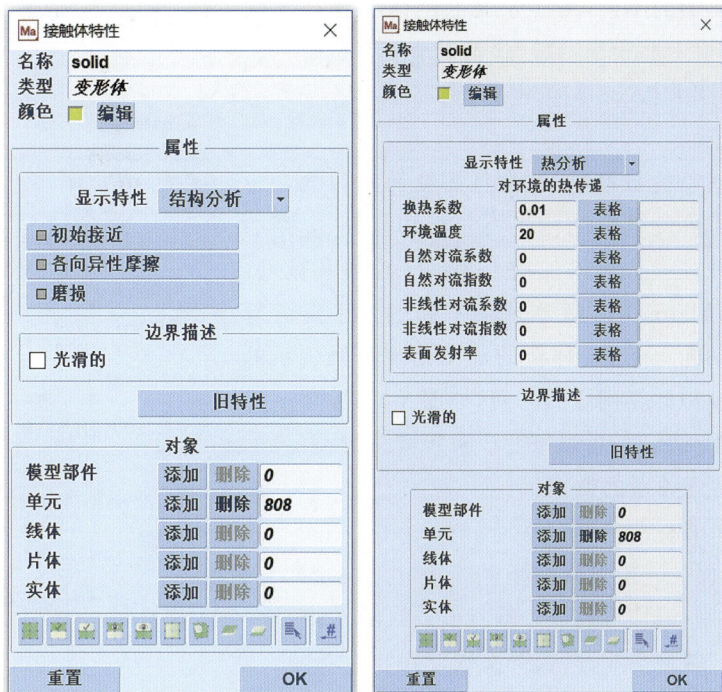

图 5-25　变形体的参数定义（结构分析和热分析）

（6）单元必须是可以计算应力的单元。

刚体是由几何线、几何面描述的，三类不同刚体的结构分析的定义菜单窗口如图 5-26 所示。

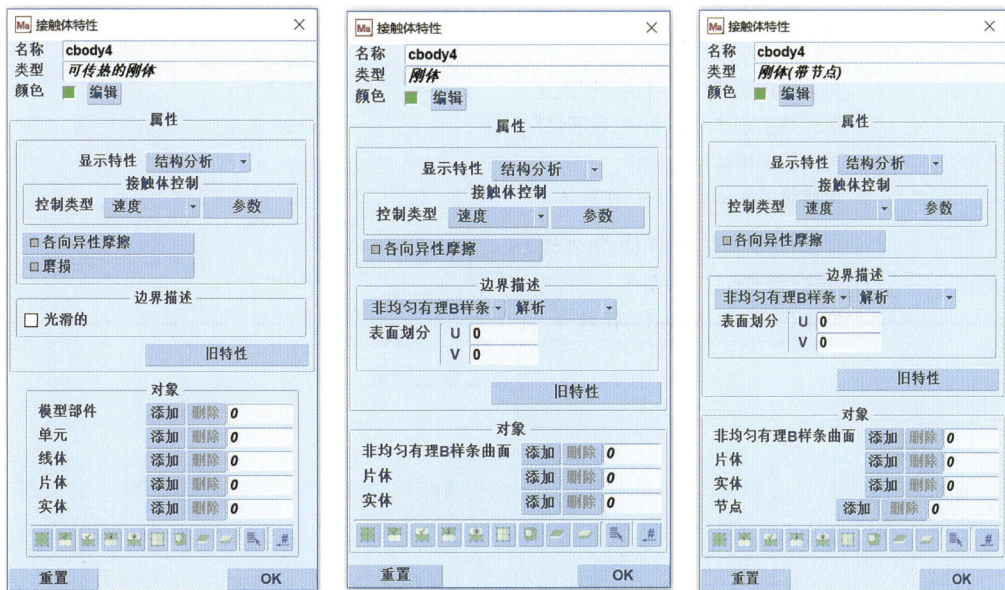

图 5-26　刚体的定义（左为可传热的刚体、中为一般刚体、右为带节点的刚体）

根据分析类型的不同,需要定义的刚体参数有摩擦系数、速度、位置、载荷等。对于耦合分析,还需定义一些附加参数,包括对流膜系数等。

对称刚体用几何线、面描述,定义菜单如图 5-27 所示。

2. 接触关系

由于仿真对象的日渐复杂,往往需要针对包含几十个甚至上百个部件的装配结构进行分析和计算,复杂的装配关系定义往往会大大增加前处理的工作量和难度。针对这一问题,Marc 2013 版本增加了新的用于定义复杂接触关系的功能菜单,这种新的定义处理接触关系的方法可以节约模拟此类问题的时间,如图 5-28 所示。

在定义接触关系时,可以按照以下步骤进行设定。

(1) 选择接触关系的类型。

(2) 在弹出的特性菜单中指定:

- 接触类型——接触或粘接;

- 接触容差/偏移系数——缺省值或自定义;

- 分离力、摩擦系数、磨损等参数设置;

- 其他接触参数设置,例如初始应力释放、延迟滑出等。

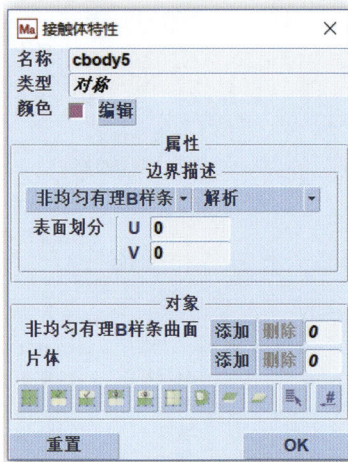

图 5-27　对称刚体定义菜单

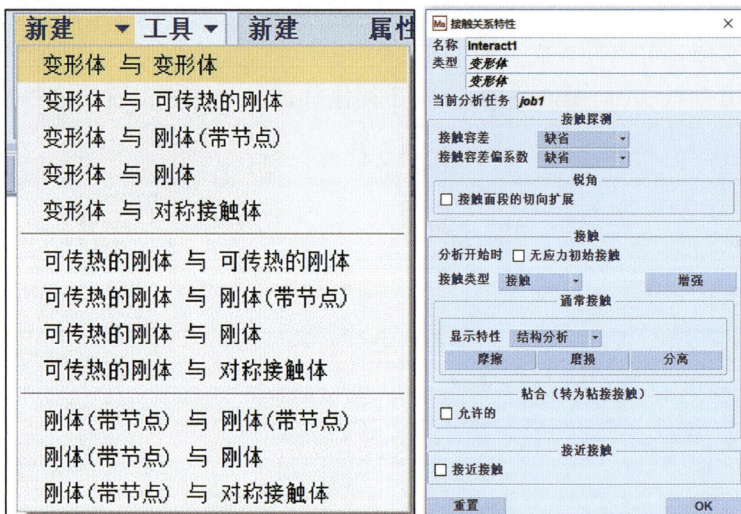

图 5-28　接触关系定义菜单

3. 接触表

接触表用于指定接触对之间的接触关系和接触定义的各种高级选项列表。定义接触体之间的关系。图 5-29 显示的"视图模式"中提供了三种方式:接触体、对象列表、对象矩阵,图中显示的模式为缺省的对象矩阵方式,也是 Marc 2013 版本前一直沿用的方式。

4. 模型部件

用于模型部件的创建、编辑、显示等操作。模型部件被定义为自我包含(一部分)模型,

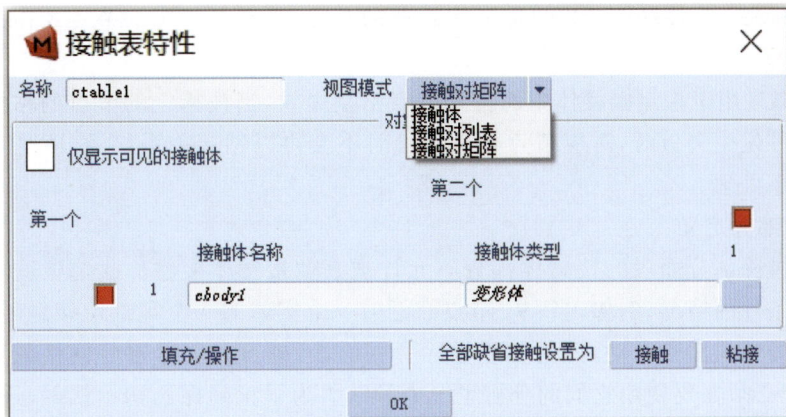

图 5-29　接触表的定义菜单

其中自我包含意味着所有有限元信息，包括节点坐标、单元连接性、材料模型以及（如适用）电流应力、应变等。模型部件是在单独的 Marc 分析任务中创建的，通常（但不限于）用于多阶段模拟。模型部分允许用户定义当前阶段的设置，而不必知道前面阶段的完整历史。

通过单击"新建"选项，将创建一个新的模型部件并弹出模型部件动态菜单。注意，Mentat 中的模型部件实际上意味着存在对 Marc 创建的模型部件文件的引用。模型部件中使用的单元节点编号、节点坐标和材料特性等项对 Mentat 是未知的，因此无法更改。

5．接触区域定义

接触区域用来设定可能发生接触的接触体的节点，Marc 提供了两种接触区域定义选项：可能的接触（potential_contact 类型）和粘接失效（glue_deactivation 类型），如图 5-30 所示。

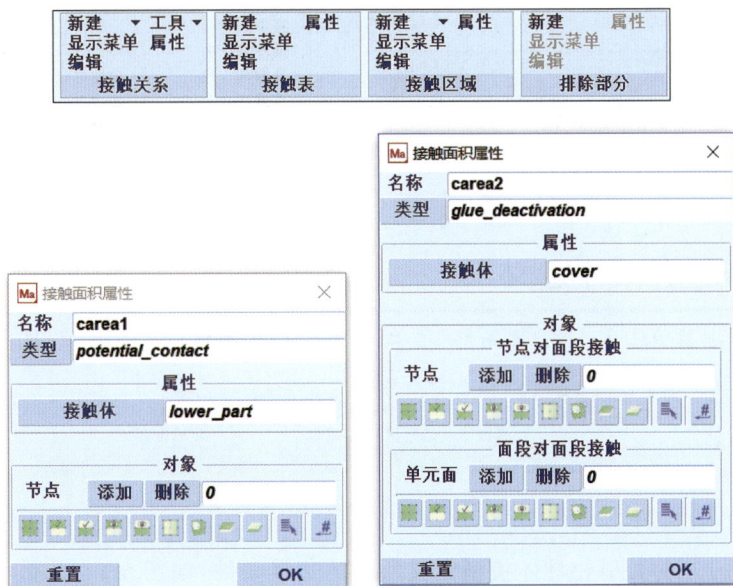

图 5-30　接触区域设置

可能的接触：为接触体指定可能发生接触的节点，只有被指定的节点才作为此接触体会发生接触的节点。

粘接失效：用于指定接触体中的特定节点粘接失效，当被指定的节点的粘接接触关系满足分离条件发生失效时，对应节点再次接触时不会再以粘接关系接触，而是与实际一致采用接触关系处理。

6. 排除部分定义

定义为排除部分面段的接触体部分不允许被其他接触体接触。此选项适用于难以获得合理接触条件的情况，例如，当一个节点靠近另一个实体的一个角部位接触时，它会沿着该角处单元的错误面段滑动，此时如果排除一些面段，则可以获得更好的接触行为。请注意，排除部分必须在要使用它们的分析工况中激活。为了正确探测初始接触，还应在（接触控制菜单里的）初始接触菜单中激活所需的排除部分。排除部分的定义包括接触体和接触体边界上的边（2D）或面（3D）。

5.1.6　初始条件定义

在主菜单中单击"初始条件"，进入初始条件的定义和施加子菜单，如图 5-31 所示。

根据不同的分析类型和具体模型定义所需的初始条件，如图 5-32 所示，分别为结构分析、热分析以及状态变量初始条件的类型。

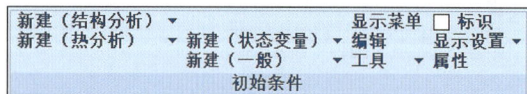

图 5-31　初始条件菜单

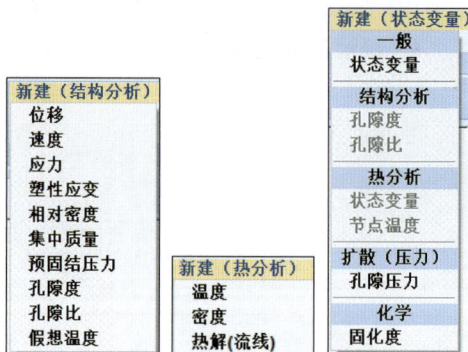

图 5-32　初始条件类型

5.1.7　边界条件定义

在 Mentat 主菜单中单击"边界条件"菜单，可看到边界条件的动态菜单，如图 5-33 所示。

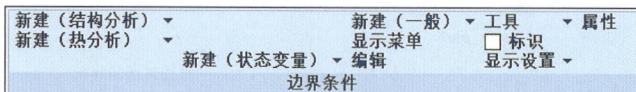

图 5-33　边界条件定义菜单

根据不同的分析类型和具体模型定义所需的边界条件，如图 5-34 所示，分别为结构分析、热分析以及状态变量边界条件的类型。

如果选择定义固定位移边界条件（fixed_displacement 类型），需要单击结构分析菜单中

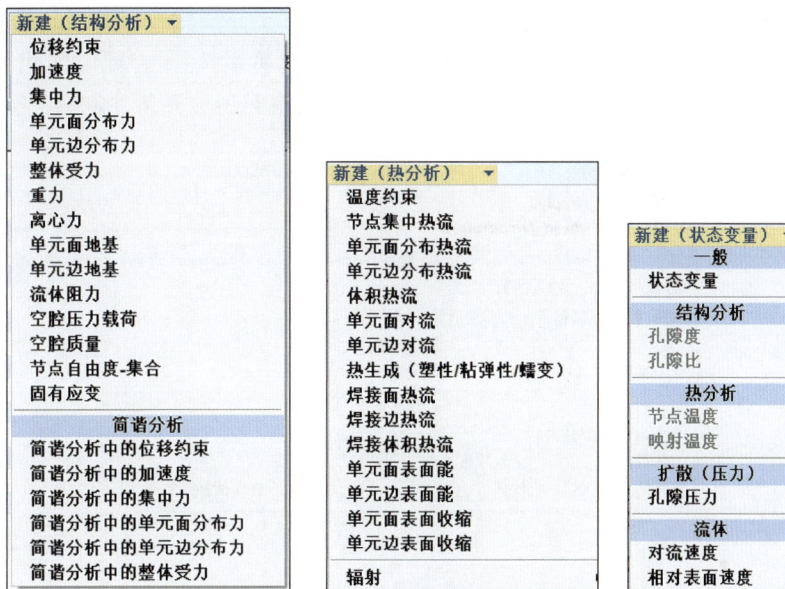

图 5-34　边界条件类型

的"位移约束"选项，会弹出如图 5-35 所示的菜单窗口，可以选择自由度、方法、参考位置、时间相关的类型，输入具体的位移参数并选取承受边界条件的具体位置。同样，在与热分析

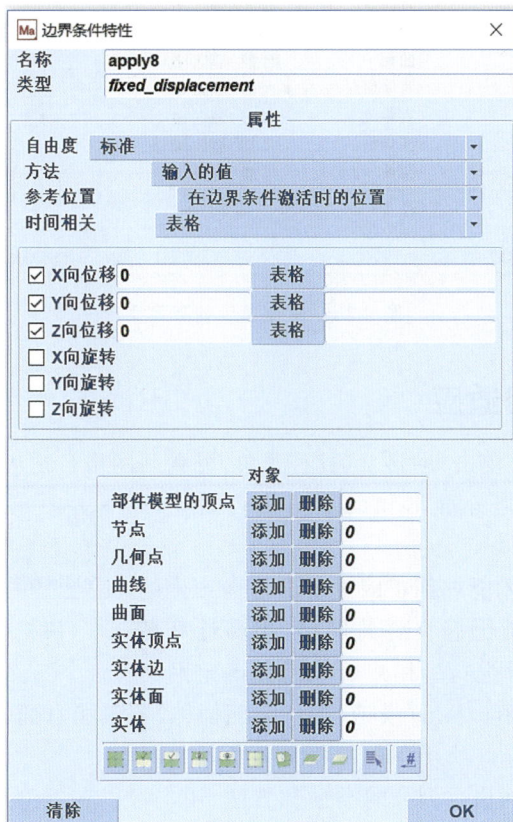

图 5-35　固定位移约束定义

相关的边界条件中如果选择了固定温度边界条件（fixed_temperature 类型），需要单击菜单中的"温度约束"选项，会弹出如图 5-36 所示的菜单窗口，可以选择方法、时间相关的类型，输入具体的温度参数并选取承受边界条件的具体位置。其他类型边界条件定义也类似。

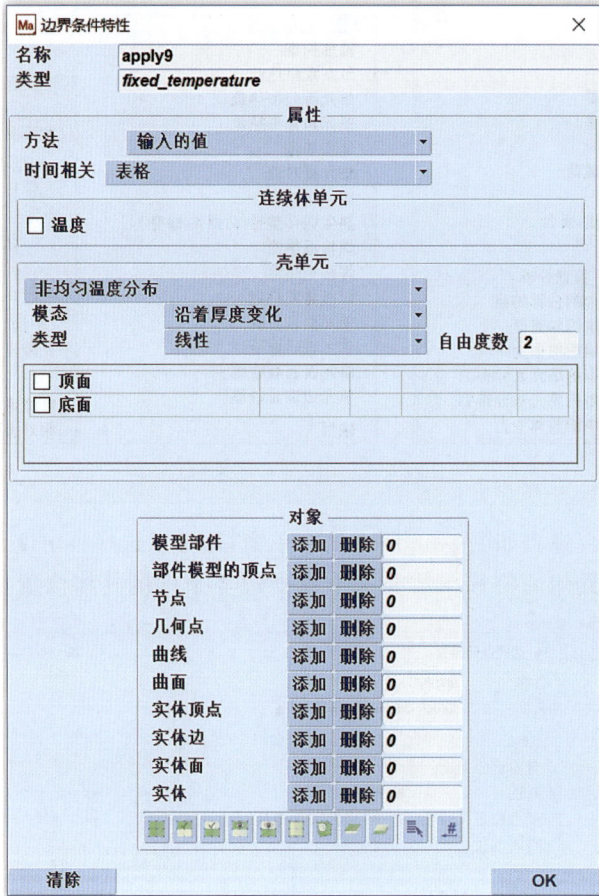

图 5-36　固定温度约束定义

5.1.8　网格自适应

在 Mentat 主菜单中单击"网格自适应"菜单，可看到网格自适应的动态菜单，如图 5-37 所示，包括全局网格重划分准则和局部网格自适应两部分。

网格的自动重划技术能够纠正因过度变形而产生的网格畸变，自动重新生成形态良好的网格，提高计算精度，保证后续计算的正常进行。用户首先需要确定网格

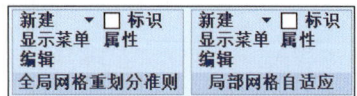

图 5-37　网格自适应菜单

重划分采用的网格生成器（对 3D 模型，Patran 四面体、覆盖法六面体等），选择后系统会弹出一个菜单窗口，如图 5-38 所示。各参数含义如下：

（1）类型——定义网格重划分的类型和方法，用户可以在类型处修改网格重划分针对的单元类型和网格划分器；

（2）对象——网格重划分的对象（接触体）指定；

（3）属性——定义网格重划分的具体参数，其中包括网格重划分的频率、网格重划分的时刻、网格重划分的激活条件、重划分后的网格尺寸和网格密度控制等。

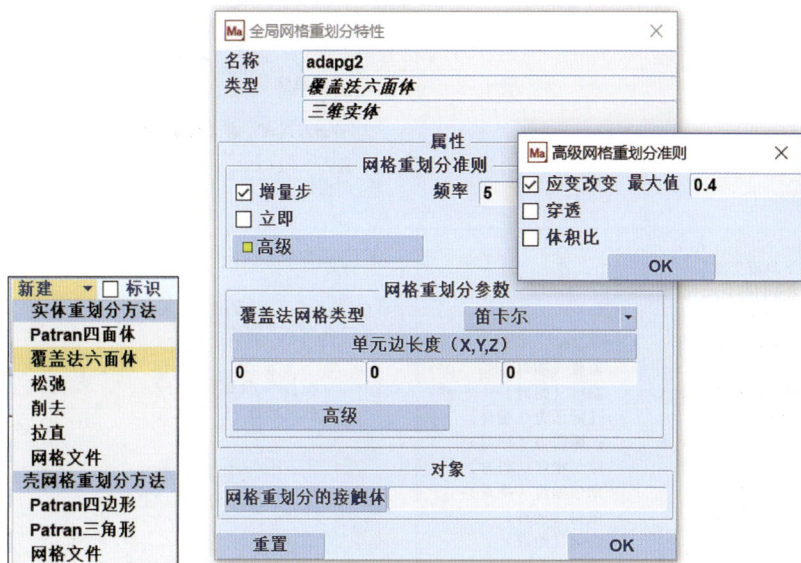

图5-38　全局网格重划分参数定义

对于每一次有限元分析，用户总希望以合理的建模投入和计算获得最理想的计算结果。有限元分析结果的精度与离散模型的网格划分是密切相关的。工程问题结构的形状和边界条件往往十分复杂，初始建模划分的网格并不一定能够同时保证结果高精度和计算效率足够高的要求。通常，过密的网格可能造成计算费用的大增，而过疏的网格又无法精确描述场变量的空间变化。另外，初始预定的网格划分很难适应在不同时间点上变量的空间分布变化。根据误差识别，能够自动调整网格疏密度的网格自适应技术，成为帮助用户以合理费用提高复杂问题计算效率、改进结果精度的有效措施。采用网格自适应能够有效地加密接触区、应力集中区的网格。

Marc提供网格局部自适应准则供选用，单击"网格自适应准则"菜单的"新建"按钮，其误差准则选择菜单如图5-39左图所示，如果选择了温度准则，则会弹出"局部自适应准则属性"定义窗口，如图5-39右图所示。

下面介绍局部自适应准则类型。

- 平均应变能准则：当单元应变能大于系统平均应变能的指定倍数时细化。最大细化级数为单元细分的级数。
- Zienkiewicz-Zhu：定义计算应力、应变、塑性应变、蠕变应变与磨平应力、应变、塑性应变、蠕变应变的误差为判定准则。
- 等效值：提供了相对和绝对两种方式，当选择相对误差准则时，表示当等效应力/应变/塑性应变/蠕变应变与最大等效应力/应变/塑性应变/蠕变应变的比值超过给定值时，细分单元。当选择绝对误差准则时，表示当等效应力/应变/塑性应变/蠕变应变超过给定值时，细分单元。

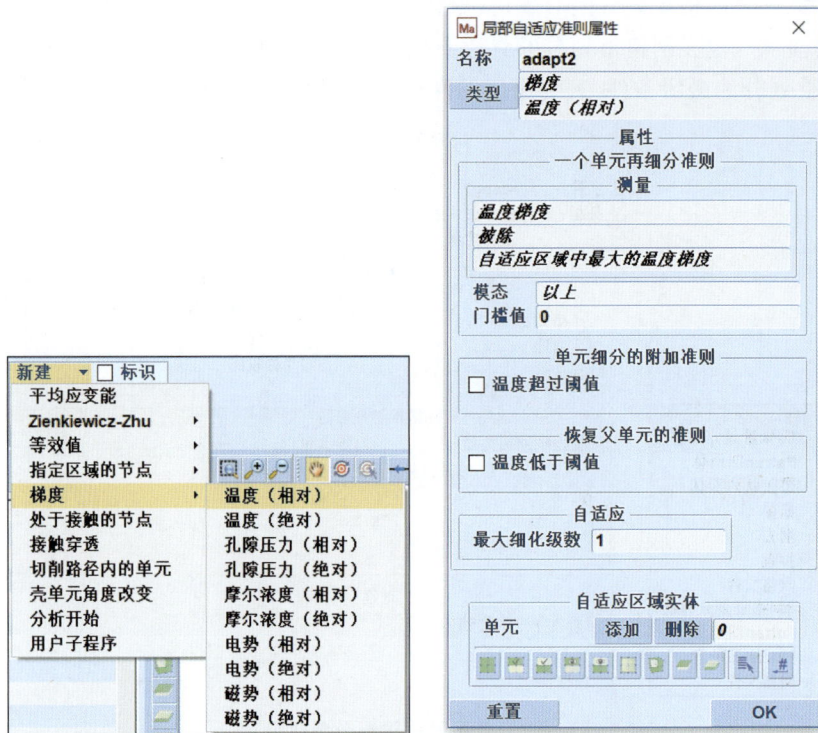

图 5-39　局部自适应类型及属性定义菜单

- 指定区域的节点：落入所划区域的那些节点所在的单元被细化，区域可以指定为盒形区域、圆柱形区域或球形区域。
- 梯度：可以基于温度、压力、电势、磁势进行判定，同样提供了相对和绝对两种方式，以相对温度梯度判定准则为例，根据单元计算得到的温度与平均温度之比作为判定细化准则，在热传导分析中尤为有用。
- 处于接触的节点：在接触分析中往往预先不知接触发生的准确位置，因而事先细化单元带有盲目性，采用这种自适应准则的作用是一旦发生接触，接触区的单元就按指定级别细化。
- 接触穿透：发生接触穿透时按给定的细分级别进行网格细分。
- 切削路径内的单元：该准则用于数控加工的仿真分析，在切削路径上的单元将被细分。
- 壳单元角度改变：当相邻壳单元的角度大于指定值时，单元细分。
- 分析开始：在分析开始时按给定的细分级别对一些指定的单元先进行网格细分。
- 用户子程序：用户自定义自适应准则，用户通过子程序入口可自行定义自适应网格误差准则耦合进 Marc。

Marc 在挑选适用的网格自适应误差准则时，注意考察现有网格自适应准则的以下方面：

- 是否适于各种材料模型；
- 是否适于线性和非线性问题；

- 是否适于各种单元类型；
- 是否相对容易实施。

5.1.9 分析工况的定义

在主菜单中单击"分析工况"，可以看到分析工况定义动态菜单，如图 5-40 所示。分析工况负责对已定义的边界条件、载荷条件进行选择，设置一些求解参数、迭代收敛准则、容差、载荷增量步策略，形成所需的载荷工况。

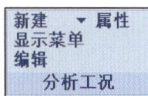

分析工况的设置与分析类型密切相关，图 5-41 为 Marc 的分析类型，种类非常多。分析类型最好在开始建模时就设定好，当然在后续的操作过程中也可以变更。图 5-42 为结构分析（下）、热分析（上）和热/结构耦合分析（中）的分析工况类型。

图 5-40 分析工况菜单

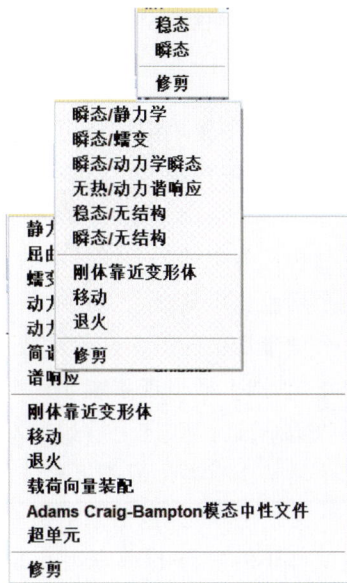

图 5-41 分析类型　　　　　**图 5-42 常见的分析工况**

对于焊接分析常用的瞬态/静力学分析工况，定义的菜单如图 5-43 所示。

下面主要介绍常用菜单按钮的功能。

载荷：选取该按钮后，会弹出一个菜单窗口，上面罗列了所有已经定义的边界条件。单击选取所需要的边界条件名，组成加载工况要分析的边界组合。如果要在载荷工况中去掉一个边界条件，只需单击该边界条件名即可。

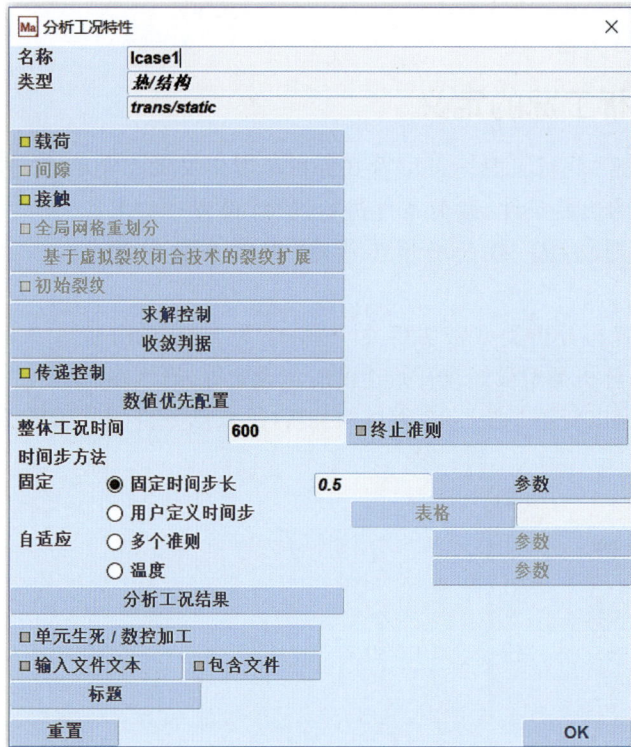

图 5-43　瞬态/静力学分析工况定义

接触：在弹出的菜单窗口指定采用的接触表、接触区域、排除的部分等。

求解控制：求解控制卡。选取该命令后弹出对话框，里面有要定义的具体控制参数项。主要有：

- 在分析任务中的最大增量步数；
- 一个增量步中的最大迭代次数；
- 一个增量步中的最小迭代次数；
- 非正定，选上后出现系统非正定时是否继续求解；
- 不收敛继续计算，选上后如果发生增量步没有收敛软件将继续下一步分析；
- 每个增量步重新形成刚度矩阵的指定；
- 迭代方法的指定，包括全牛顿-拉弗森定义方法、修正的牛顿-拉弗森定义方法、具有应变修正的牛顿-拉弗森定义方法；
- 定义初始应力对刚度矩阵的贡献，有 6 个选项供选择。

收敛判据：定义分析时的收敛准则和收敛容差。

整体工况时间：定义分析工况历程的总时间。

时间步方法：分固定和自适应两大类，即

- 固定，采用固定时间步长，可以输入总步数，自动得到每步的时间步长。
- 自适应，采用自适应时间步长，有多个子选项。

用户定义时间步　选用通过表格定义的时间步增量。

多个准则	可定义最大步数、最大迭代次数、初始时间（载荷）增量占全部载荷增量的比率、最大载荷增量占全部载荷增量的比率、时间增量变化比率的最大值及最小值、应变、塑性应变、位移和应力等增量限制条件。
弧长法	定义最大步数、最大迭代数、初始载荷增量占全部载荷增量的比率、最大载荷增量占全部载荷增量的比率和最大弧长增量上限。一般结构分析时适用，热/结构耦合不能用。
温度	定义最大步数、最大温度变化、刚度矩阵重组的间隔增量步数、最大时间增量。

5.1.10　作业参数的定义并提交运行

在 Mentat 的主菜单中单击"分析任务"后，会出现如图 5-44 所示的动态菜单，包括分析任务、单元类型和用户分区 3 个子菜单框。

1）分析任务

在"分析任务"菜单的"新建"处可以调出"分析类型"下拉菜单，与图 5-41 显示相同，根据具体分析任务选，比如选择"热/结构"，会弹出如图 5-45 所示的菜单框。

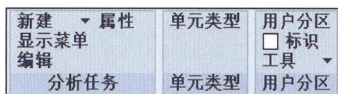

图 5-44　分析任务菜单

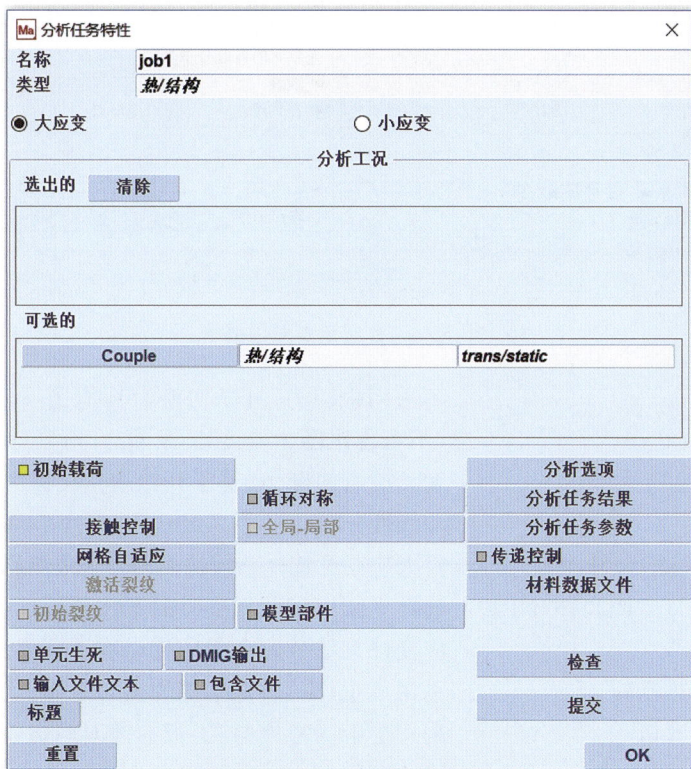

图 5-45　分析任务特性菜单

下面将以热/结构耦合分析为例，具体介绍"分析任务"菜单的主要选项。选择分析类型"热/结构"，弹出如图 5-45 所示的菜单。

大应变：激活大应变分析选项。

小应变：采用小应变分析假设。

分析工况：已经定义的各种载荷工况排列在可选的菜单栏下，在该栏中选取所需要的载荷工况，按先后次序添加排列在选出的菜单栏的下面。如果要删除一种载荷工况，只需单击选出的菜单栏下的要删除的载荷工况名即可。

分析选项：单击该按钮后会弹出如图 5-46 所示的对话框，用于定义分析参数。下面做简要说明。

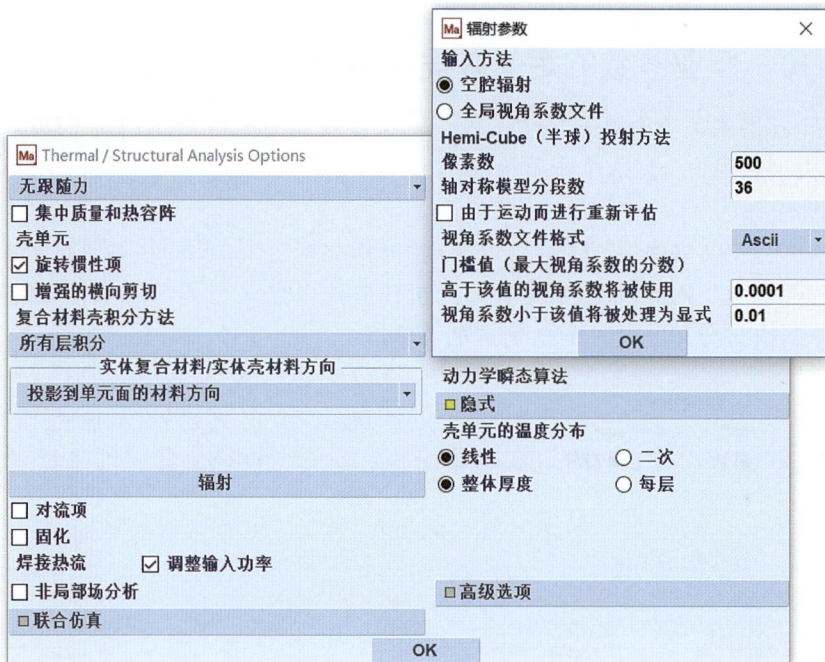

图 5-46　分析选项对话框

无跟随力	不采用跟随力，可以切换为其他选项，例如，有跟随力（不考虑跟随力刚度）；跟随力/刚度（有跟随力刚度）；初始时有跟随力（基于开始增量位移的跟随力）。
高级选项	非线性分析的一些高级选项，对小应变可选择大转动，对大应变可选择整体拉格朗日法或更新拉格朗日法等。
PLASTICITY PROCEDURE	选择更新拉格朗日法时的塑性分析过程。算法包括大应变以加法分解和大应变以乘法分解。
集中质量和热容阵	采用集中（束）质量矩阵和热容矩阵。
增强的横向剪切	采用更准确考虑厚壳/板的横向剪切效应的公式。
隐式	隐式时间积分法，有四个选项：单步 Houbolt 法（优选）；广义阿尔法方法；NEWMARK Newmark-Beta 法；多步 Houbolt 法（陈旧方法）。
辐射	选择辐射视角系数的输入方法以及设定相应的参数。

单击"分析任务结果"按钮，菜单窗口如图 5-47 所示，用于控制哪些分析结果需要输出到 Marc 后处理文件（＊.t19 或 ＊.t16）上，及是否将单元、节点的结果输出到（＊.out）文件上等。

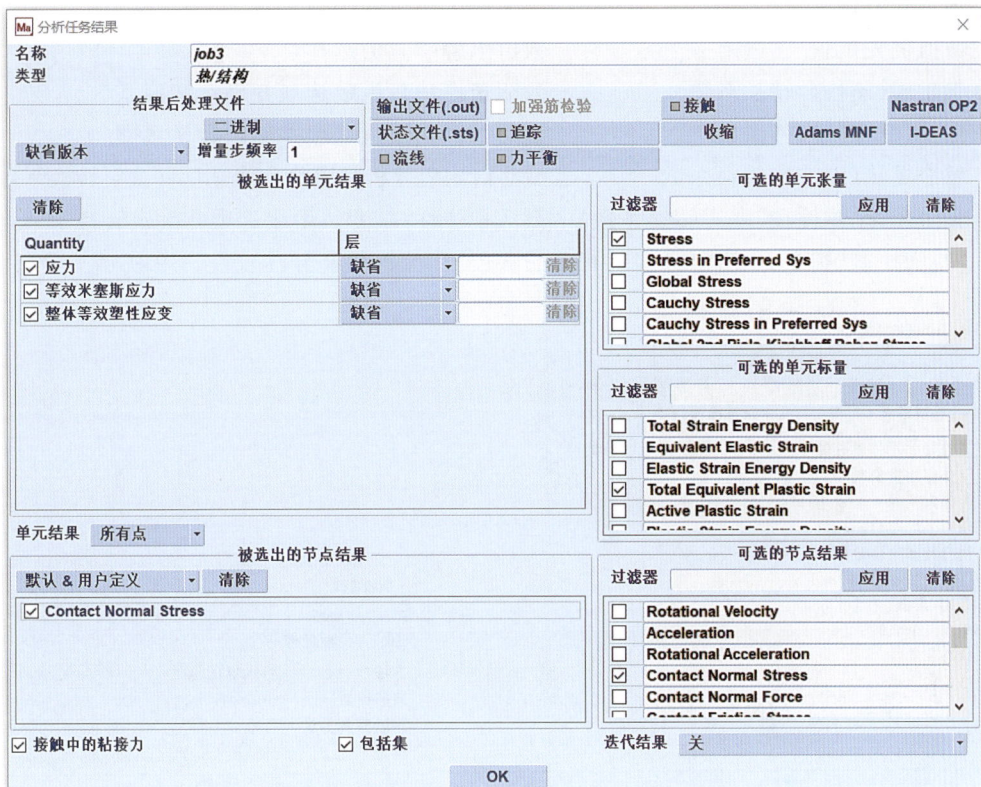

图 5-47 定义分析任务结果参数（输出变量）

可选的单元张量：列出单元张量类结果输出选择，如应力、应变等。

可选的单元标量：列出单元标量类结果输出选择，如等效应力、等效应变和温度等。

可选的节点结果：节点结果的后处理输出选择和列表。

输出文件：选择输出单元、节点结果等数据到（.out）文件上。

"初始条件"按钮，用于控制在 Marc 零增量步即模型定义时的初始条件和载荷，通常均处于被激活的状态。如要不用某一项，单击该项边界条件或初始条件名即可。

单击"分析任务参数"按钮，会弹出如图 5-48 所示的菜单窗口，指定其他一些作业参数。

Marc 输入文件	定义 Marc 的读入文件的版本格式（它可以指定输入以前的 Marc 版本格式的输入文件）。
外存单元信息存储	将单元变量存于外部文件上。大规模问题时用，节省内存。
存储方式	确定单元应力、应变的存储是采用高斯点的值，还是单元中心点的值。
壳/梁层数	指定壳/梁单元积分的层数。
状态变量数	指定状态变量数。

矩阵求解器	指定求解器的种类。
重启动	设置作业重启动求解参数。
单位和常数	定义温度单位和物理常数。
数值优先配置	数值求解参数的选择。
热生成(塑性)/转换系数	激活塑性功热生成选项并确定转换系数。
生热(摩擦)/转换系数	激活摩擦热生成选项并确定转换系数。
粘滞发热(谐波)/转换系数	激活谐响应分析粘滞热生成选项并确定转换系数。
热生成(粘弹性/蠕变)/转换系数	激活粘弹性/蠕变热生成选项并确定转换系数。

"接触控制"按钮,用于定义接触有关的参数,其参数菜单窗口如图 5-49 所示。

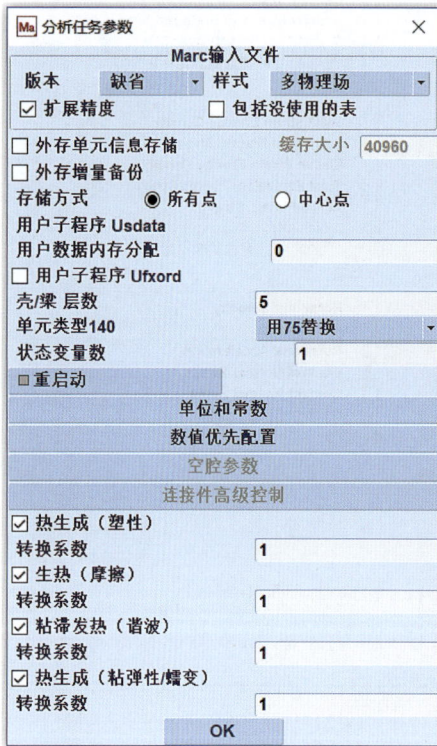

图 5-48　分析任务参数的定义菜单

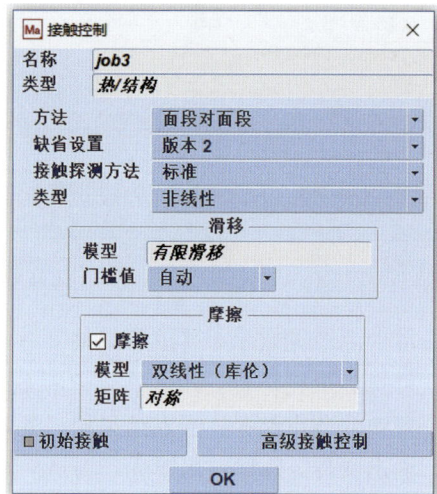

图 5-49　接触控制参数的定义菜单

方法	定义接触分析方法,节点对面段或面段对面段。
缺省设置	面段对面段法,一些参数缺省设置采用的版本。
方法	采用面段对面段法时探测方法的设定,标准或与接触体顺序无关。
类型	确定是线性还是非线性接触分析。
滑移	采用面段对面段法时设定不同滑移类型及门槛值。
摩擦:模型	定义摩擦类型,包括库仑(Coulomb)摩擦和剪切摩擦模型。
摩擦:方法	定义摩擦力的计算方法。
初始接触	选取接触表、接触区域、排除部分。
高级接触控制	弹出对话框如图 5-50 所示,进一步定义接触参数。

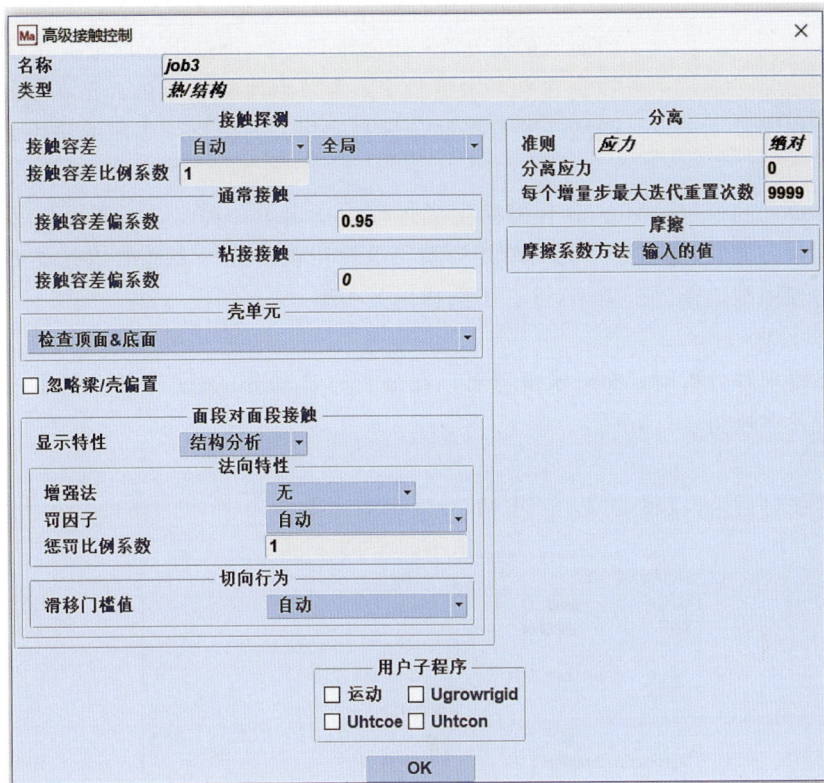

图 5-50　接触控制菜单的高级接触控制菜单

以下为高级接触控制中常用的一些菜单按钮功能的说明。

接触容差　　　　　　定义接触判断的容许距离。

接触容差偏系数　　　定义容许距离的偏差系数，介于 0～1 之间。

双边/单边　　　　　　变形体之间接触检查采用双边还是单边检查方式。

优化接触约束方程　　采用节点对面段算法且双边检查时对接触约束方程优化。

检查顶面 & 底面　　　在判断壳单元是否进入接触时，上、下面均要考虑，可以改为仅考虑上面或下面。

忽略梁/壳厚度　　　　在判断是否进入接触时，忽略梁/壳单元的厚度。

忽略梁/壳偏置　　　　在判断是否进入接触时，忽略梁/壳单元的偏置。

梁对梁接触　　　　　考虑梁单元之间的接触。

分离　　　　　　　　定义接触的分离检查准则菜单。

准则：力　　　　　　按接触力判断接触的分离。

分离力　　　　　　　定义判断接触分离的力的大小。当接触力大于给定的接触力阈值时，接触体分离。

准则：应力　　　　　按接触应力判断接触的分离。当选择接触应力作为接触体分离的判断标志时，可以选择定义接触应力的阈值是相对应力还是绝对应力。当接触力在接触点法向拉应力大于接触应力阈值时，接触体分离。

增量步　　　　　　　　在一个增量步中控制分离，如选择 CURRENT，即要分离节点在
　　　　　　　　　　　当前增量步分离；如选择下一个，即在下一增量步开始时分离。

振荡　　　　　　　　　控制在一个增量步中某个节点接触状态是否允许振荡。

用户子程序　　　　　　激活一些与接触分析直接相关的用户子程序的使用。

2）单元类型

非隐含单元的指定。Mentat 在网格生成过程中指定了一种默认的单元类型。如果采
用了非隐含单元类型，那么必须利用单元类型菜单按钮重新选择合适的单元类型。在分析
时应根据物理模型选择分析类型，进一步选择单元类型。

3）用户分区

采用并行求解分析时，Marc 求解器可以在分析时自动分区，用户可以利用前处理器中
的用户分析菜单按钮进行分区。

4）提交

模型定义好后，可以单击"提交"按钮，此时会弹出图 5-51 所示的窗口。

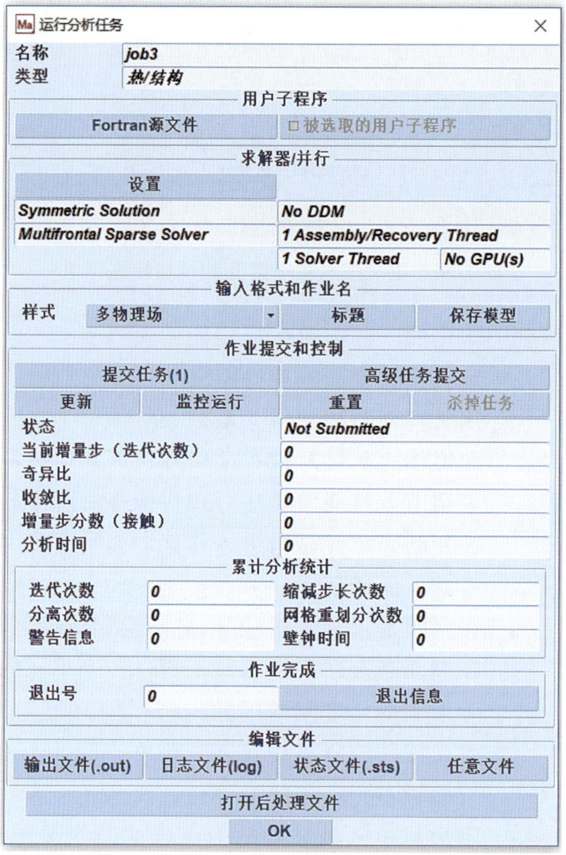

图 5-51　递交菜单

名称　　　　　　　　　输入作业的名称。

Fortran 源文件　　　　指定要使用的用户子程序。

求解器/并行　　　　　选择求解器以及并行分析数目等参数。

样式　　　　　　　　选择表格的样式。

标题　　　　　　　　设置分析任务标题(很少使用)。

保存模型　　　　　　保存模型到文件。

提交任务(1)　　　　用默认的批处理文件递交作业,生成 Marc 所需要的数据文件,
　　　　　　　　　　并运行 Marc 分析程序。

高级任务提交　　　　弹出对话框,定义更多的作业运行参数。

更新　　　　　　　　进行作业运行信息更新。

监控运行　　　　　　监控作业运行状态。

杀掉任务　　　　　　中断作业运行进程。

状态　　　　　　　　显示监控状态下作业的各种运行信息。

退出信息　　　　　　作业运行退出信息,正常退出号为 3004。

输出文件(.out)　　用记事本打开输出文件(.out)。

日志文件(.log)　　用记事本打开日志文件(.log)。

状态文件(.sts)　　用记事本打开状态文件(.sts)。

任意文件　　　　　　用记事本打开任意文件。

打开后处理文件　　　打开后处理文件(.t19 或.t16),到结果后处理菜单。

5.1.11 后处理

Mentat 的后处理功能以图形、动画、曲线、表格和文件等多种形式显示 Marc 程序进行分析后生成的结果。在 Mentat 主菜单中单击结果菜单,会出现如图 5-52 所示的动态菜单。

图 5-52 结果动态菜单

后处理的功能众多,其中查看结果时最常用的为模型图,单击图 5-52 中所示的"模型图"按钮,会弹出如图 5-53 左图所示的对话窗口。模型图结果的显示包括变形形状、标量结果、矢量结果、张量结果、模型剪裁、流线、粒子追踪等结果;各种结果的显示都需要进行一些结果选取和设置;图 5-53 右图为圆筒结构焊接仿真得到的第 14 增量步 X 方向位移云图,图 5-53 中图所示为增量步显示控制的一些图标,其功能对应关系如图 5-54 所示。

路径曲线显示结果变量沿指定节点或点的路径的分布和变化。首先确定节点或采样点路径,再选择添加曲线。路径曲线菜单如图 5-55 所示。确定点路径时可以通过两种方式。

- 节点:通过点选模型中的节点确定路径。
- 采样点:通过采样点方式确定路径,可以通过以下几种选项选择。
  - 从/到——分别输入起始和终止点,然后输入对构成曲线的分段数来确定采样点的位置;
  - 列表——输入采样点列表;
  - 曲线——通过输入曲线确定采样点的位置;
  - 位置——直接输入采样点的位置。

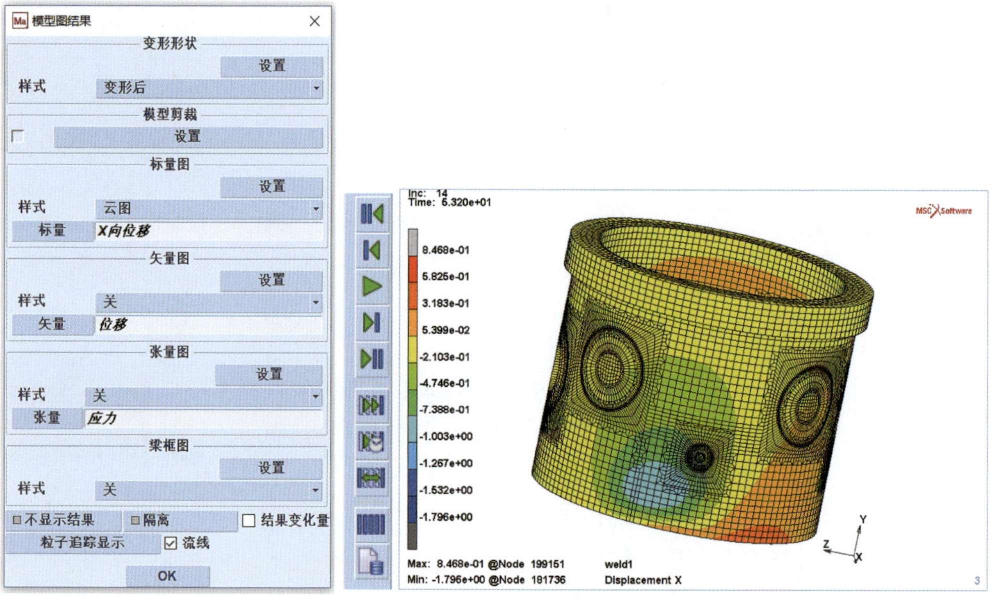

图 5-53　后处理菜单及云图显示举例

图 5-54　后处理显示控制快捷图标

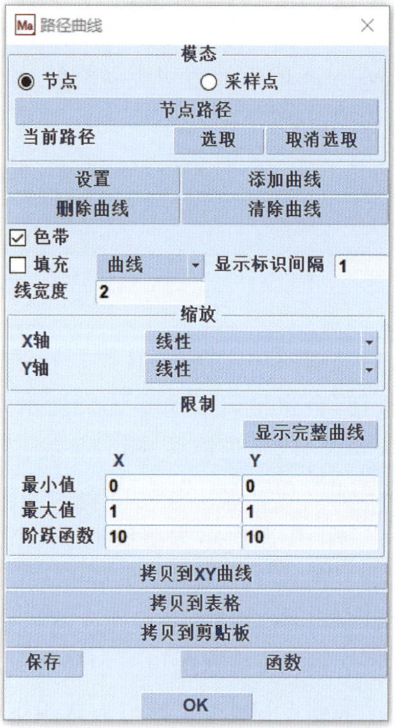

显示起始增量步结果（通常为0增量步）

显示前一个增量步的结果

连续显示后续结果

显示下一个增量步的结果

显示最后一个增量步的结果

显示指定增量步的结果

显示跳过指定增量步数后的结果

浏览结果

结果文件导航设置

图 5-55　路径曲线菜单选项

历程曲线允许用户用曲线显示某个变量在整个加载时间历程的变化。历程曲线子菜单如图 5-56 所示。通常操作时，首先要单击"设置位置"按钮选择节点，再通过单击"所有增量步"或者"指定增量步"按钮收集指定节点的结果数据，最后单击"添加曲线"来添加节点加载历程的结果曲线。在右上角的"设置"菜单按钮下还有一些参数设置，比如是否要随机打开文件（默认是随机打开文件，对于增量步多的大模型可以明显加快数据收集速度）、结果外插方式、坐标系的设置等。

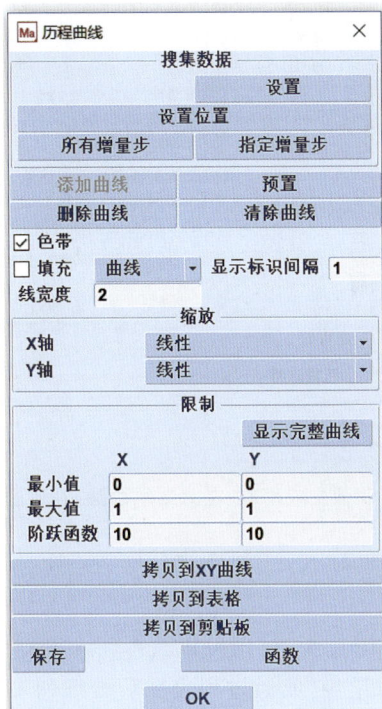

图 5-56　历程曲线菜单选项

　　Mentat 还有一个"结果动画"菜单按钮，如图 5-52 右上角所示，单击后会弹出如图 5-57 左图所示的对话窗口。该功能可以用于模态分析结果动画播放，可以采用比较经典方法实现结果的动画播放和动画文件制作。在菜单按钮的选项中有结果文件名称项，自动显示当前后处理的文件路径及名称。如下所述。

　　结果文件名称：显示当前后处理的文件路径及名称。

　　指数：将要创建动画片的帧序号。

　　单帧：按单幅动画存储到硬盘上。

　　增量步：通过收集和存储后处理文件中增量步值。

　　模态（式）：存储一组描述单个模态的动画文件。

　　谐波：存储一组描述简谐形态的动画文件。

　　播放：回放前面存储的动画文件。

　　制作动画：利用已有的动画文件生成电影文件。

　　播放动画：在新窗口播放由动画文件生成的电影。

　　清除文件：清除制作动画过程中产生的中间文件。

　　在 Mentat 中采用生成动画的功能更为便捷，使用也更多一些，单击"生成动画"按钮会出现如图 5-57 右图所示的菜单窗口，如下所述。

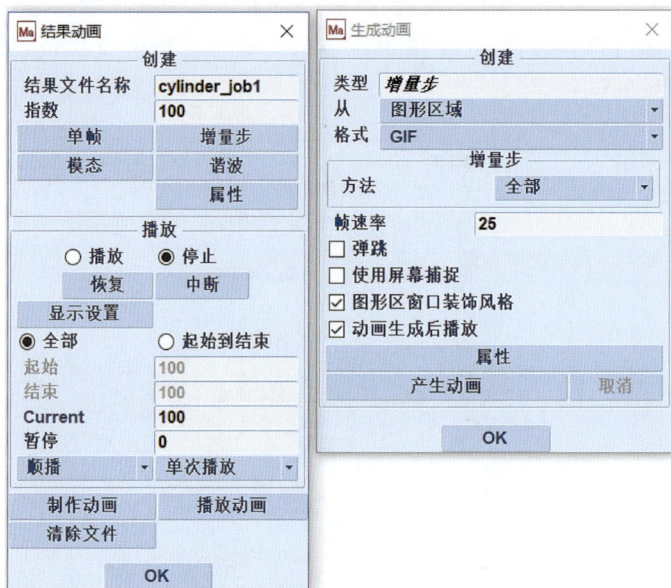

图 5-57　动画生成菜单（左为结果动画，右为生成动画）

格式：选择要创建的动画的格式，三种格式分别为 GIF、MPEG 和 AVI，这里 AVI 格式只能用于 Windows 操作系统。

增量步：指定生成动画的增量步，这里可以选择将全部增量步对应结果选取生成动画、选择范围指定第一个和最后增量步，或通过列表在后处理列表中指定绘制动画的增量步。

产生动画：单击后，会弹出对话菜单窗口，需要用户输入动画文件名称，如有需要则也可以更改存放的文件夹，一旦文件名称指定完毕，软件即进行动画制作。

取消：取消正在进行的动画制作。

在单击生成动画按钮之前，单击"属性"按钮，可以进行动画生成的背景、坐标系、模型的图例说明，以及模型线条和显示颜色的设置。

5.2　MSC.Marc 求解平板对接电弧焊接热过程

说明：

（1）右键单击表示确定的意思；

（2）G<ML>、G<MR>分别表示在屏幕中单击鼠标左键和右键；

（3）M<ML>、M<MR>分别表示在菜单中单击鼠标左键和右键；

（4）在命令栏输入一个数字后，需要按回车确认，标注为 Enter。

问题描述：

有两块 $50mm \times 50mm \times 10mm$ 的钢板通过钨极惰性气体保护电弧焊（TIG）焊接成一个平板，如图 5-58 所示，不开坡口，也不填丝。焊接的电压为 $200V$，电流为 $20A$，焊接速率为 $2mm/s$。请建立有限元模型进行焊接过程温度场计算。

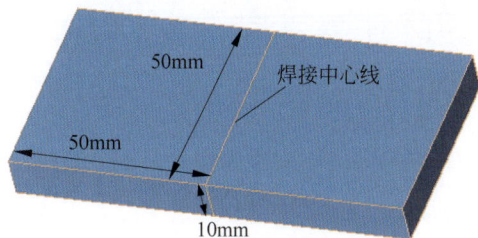

图 5-58　焊接示意图

5.2.1　平板模型的建立

文件➡当前工作路径

choose　　　　　/选择一个文件保存的位置,此时程序会默认在该路径下存储一个扩展名为 .mud 的文件。

/ * 路径名和文件名中只能用英文,不能有空格符,不能有中文。* /

分析类型➡热/结构分析　　/只计算温度场时可以选择热分析,温度场、应力/应变场同时计算时必须选择热/结构分析。

Main Menu ➡几何 分网➡基本操作➡几何 分网

节点➡添加

0 0 0　　　　　Enter　　　　/每个数字之间空一个空格即可,每输入三个数字后回车。

0.05 0 0　　　　Enter

0.05 0.01 0　Enter

0 0.01 0　　　Enter　　　　/在底下的命令栏由键盘输入以上数字串,每三个数字代表一个点的坐标。

⚙(重置视图),▨(全屏显示)　　　/让该四个 nodes 显示在当前屏幕合适位置。

单元➡添加

1 G<ML>

2 G<ML>

3 G<ML>

4 G<ML>　　　　/单击鼠标左键逆时针选取上述四节点,选择节点和单元时单击鼠标左键选择。

G<MR>　　　　　/选择完毕节点和单元后空白处单击鼠标右键确认。

OK

此时应该得到如图 5-59 所示的一个二维面单元。

下面将该二维面单元拉伸为三维体单元

Main Menu ➡几何 分网➡操作➡扩展

平移 从/到　/下面输入的数字串 0 0 0.05 在该菜单下。

0 0 0.05　/在相对应的表格中分别由键盘输入这三个数字,具体如图 5-60 所示。

模式➡平移

扩展单元

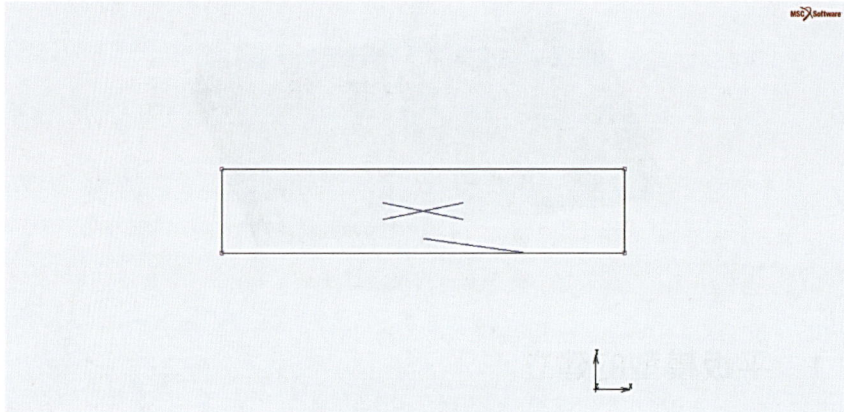

图 5-59　二维面单元

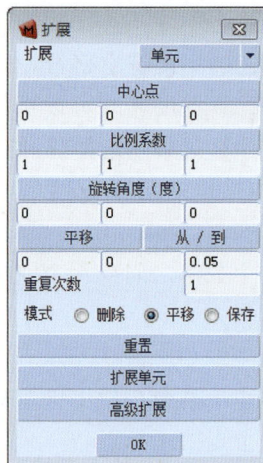

图 5-60　二维面单元扩展窗口

■（全部存在的）

G＜MR＞　　/空白处单击鼠标右键以确认。

■（重置视图），■（全屏显示）　　　　/让该三维体显示在当前屏幕合适位置。

■（切换鼠标驱动模型在视图空间中移动或转动）

此时在图形界面中按下鼠标中键（转轮）旋转可得到如图 5-61 所示的三维单元。

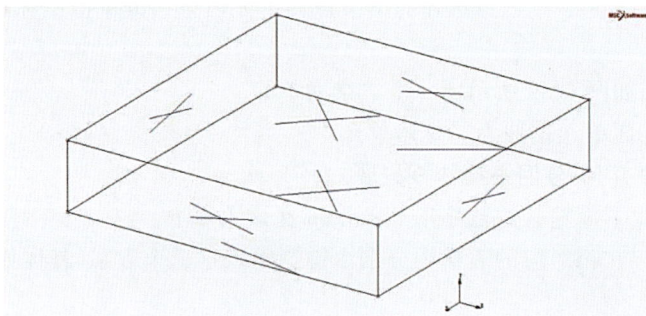

图 5-61　三维单元

5.2.2 网格划分

Main Menu →几何 分网→操作→细化

分割数 /下面输入的数字串 15 5 30 在该菜单下。

15 5 30 /在相对应的表格中分别由键盘输入这三个数字,具体如图 5-62 所示。

偏移系数 /下面输入的数字串 0.3 0.1 0 在该菜单下。

0.3 0.1 0 /在相对应的表格中分别由键盘输入这三个数字,具体如图 5-62 所示。

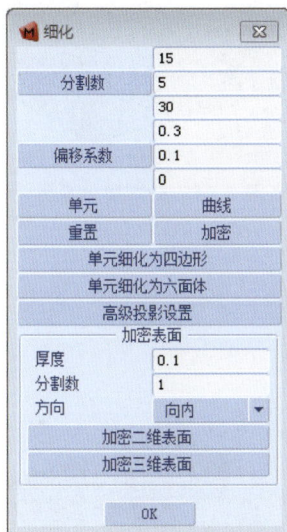

图 5-62 三维单元细化窗口

/ * 网格形状接以立方体最优,对于双椭球热源模型,焊缝中心网格尺寸不大于 3～
4mm,对于高斯体热源模型,网格尺寸不大于 1mm。 * /

单元

(全部存在的)

此时可得到如图 5-63 所示的三维网格。

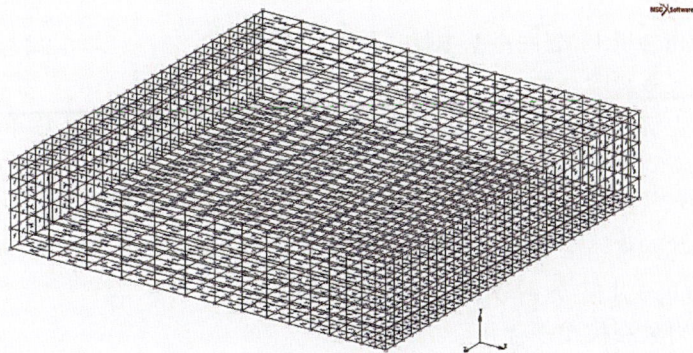

图 5-63 三维单元

▣(转换为单元的实体显示) /显示实体单元。

此时可得到如图 5-64 所示的三维实体网格。

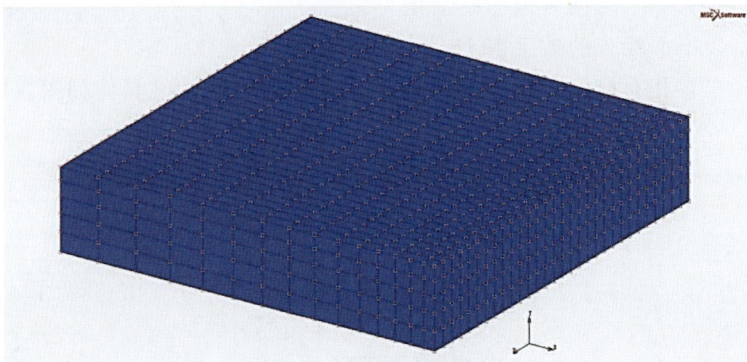

图 5-64 三维实体单元

▩(切换单元几何类型的识别)

得到如图 5-65 所示的图形。

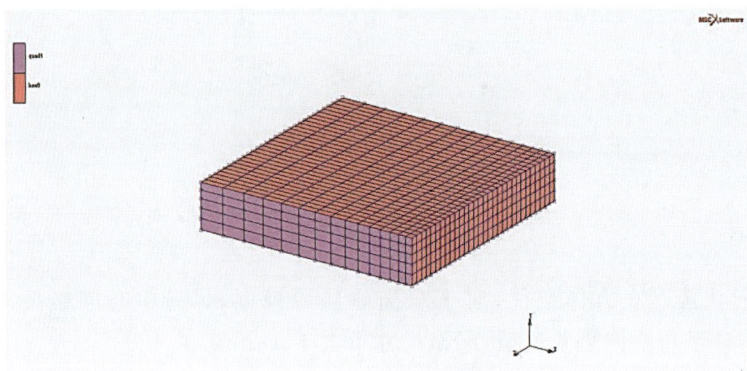

图 5-65 单元几何类型显示

粉色区域为二维面单元,说明此时存在二维面单元没有被删除,下面删除二维面单元。

▣(Right)

Main Menu →几何 分网→基本操作→几何 分网

网络→单元→删除

按住鼠标左键,框选图 5-66 中黑色框区域,框选完成在空白区域单击鼠标右键确认
选择。

OK

最终获得的网格结果如图 5-67 所示。

Main Menu →几何 分网→操作→清除重复对象

清除重复对象→模式→合并

全部 /清除重复的节点或单元,同时对几何体也有作用。

OK

Main Menu →几何 分网→基本操作→重新编号

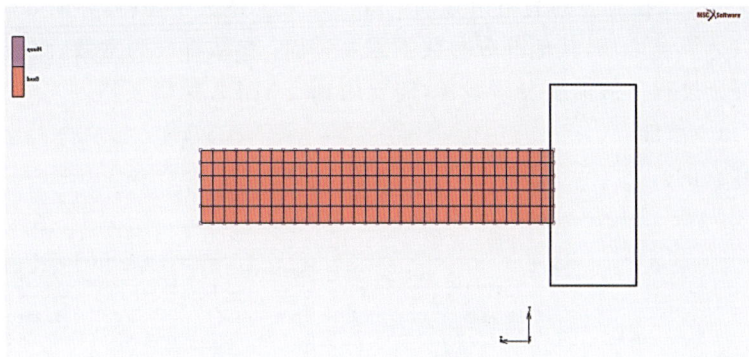

图 5-66　二维面单元删除示意图

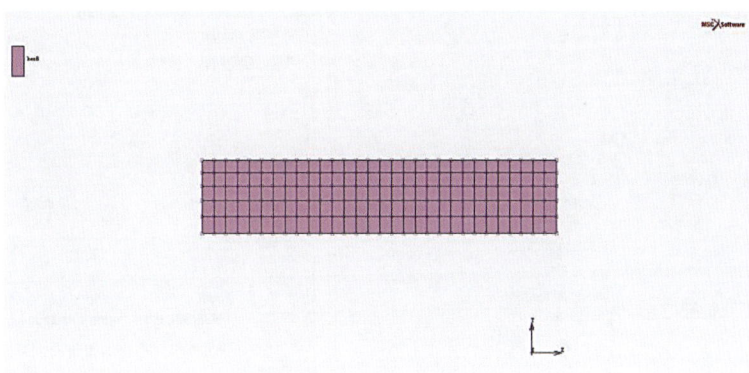

图 5-67　三维网格类型显示

所有几何和网络　　　/对节点和单元等进行重新排序,优化刚度矩阵。

OK

5.2.3　材料物性参数设置

Main Menu ➜材料特性➜材料特性➜新建➜有限刚度区域➜标准

一般特性➜质量密度

7800 Enter　　　/注意,这里的物性参数是设的估计值,真实计算过程需要查准确的参
　　　　　　　　　数,而且需要换算出单位。

显示特性➜结构分析

杨氏模量

2.11 E11 Enter

泊松比

0.33 Enter

显示特性➜热分析

K　　　　　　　　/热导率。

40 Enter

比热

500 Enter   /在对应的表格中分别由键盘输入上述数字,具体界面如图 5-68 所示。
/*由于只计算温度场,其他部分参数不需要添加;参数都设为常数,而不是分段线性,
真实焊接过程一般需要分段线性,需要用到 TABLE 编辑表格。*/

对象→单元→添加

(全部存在的)

OK

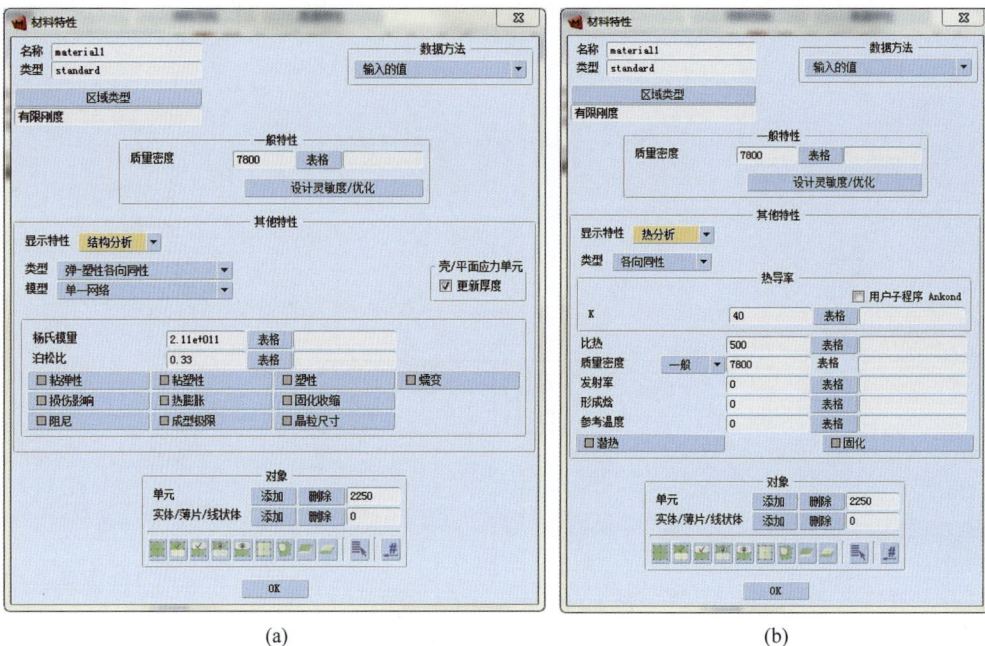

图 5-68   材料特性设置
(a) 材料力学特性设置;(b) 材料热学特性设置

5.2.4   焊接路线设置

Main Menu→工具箱→焊接路径
新建
名称→ weldpath1   /焊接路径的名称可以自己设置,只能是"英文+数字"的格式。
路径输入方法→节点→添加
点 1、点 2   /依次选择这两个节点,点 1 和点 2 分别是焊接线的起始点和终了点,也
就是电弧的起弧点和收弧点,节点 1 和节点 2 的位置如图 5-69 所示。
G<MR>   /确认选择。
方向输入方法→节点→添加
点 3   /选择该节点,该节点的选择依据是刚刚设定的焊接路径和电弧方向之间
的关系,焊接路径在上表面,焊接电弧指向工件内部,所以选择该路径正
下方的任何一个节点都是可以的。节点 3 的位置如图 5-69 所示。

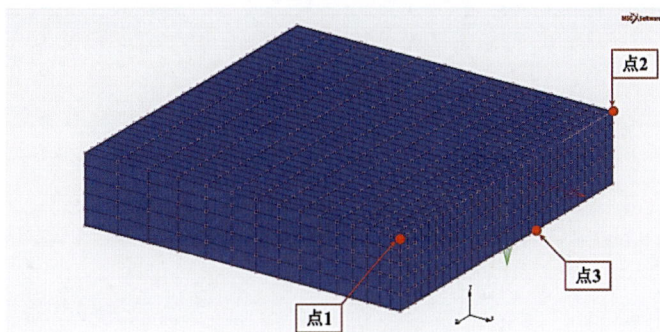

图 5-69　焊接路径设置

G<MR>　　　/注意,在节点和单元的选择过程中,快捷菜单栏里的 ▣(切换鼠标驱动
　　　　　模型在视图空间中移动或转动)是未被选的。

▣(切换箭头的实体显示)

此时应该得到如图 5-70 所示的结果。

OK

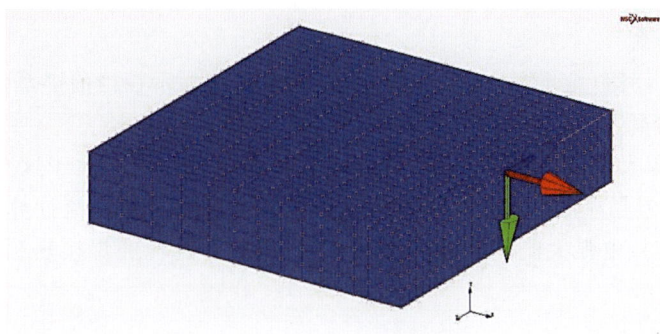

图 5-70　焊接路径示意图

5.2.5　定义初始条件

Main Menu →初始条件

新建(热分析)→温度→ TOP

20 Enter　　　/在对应的表格中由键盘输入该数字。

对象→节点→添加

▣(全部存在的)

OK

5.2.6　定义边界条件

Main Menu →边界条件

新建(热分析)→焊接体积热流

名称→ vflux1

属性→热流

功率

4000 Enter

效能

0.7 Enter

尺寸→宽度

0.006　Enter

深度

0.005　Enter

前端长度

0.005　Enter　　　　　　　　　　　/椭球前半轴长。

后端长度

0.02　Enter　　　　　　　　　　　/椭球后半轴长。

运动参数→速度

0.002　Enter　　　　　　　　　　　/在对应的表格中由键盘输入上述数字。

焊接路径

Weldpath1

⊙（重置视图），▦（全屏显示）　　　　/让三维网格显示在当前屏幕合适位置。

对象→单元→添加

估计一下热源大概能包括几个单元范围，选择的单元范围略大于这个范围即可，也可以选择所有单元，但是显然，这样所有单元都要参与焊接热源的热流计算，增加了计算量。如图5-71所示，焊接电弧大概能够笼罩到深色区域，那么选择的焊接热源的施加范围略大于这个区域即可。

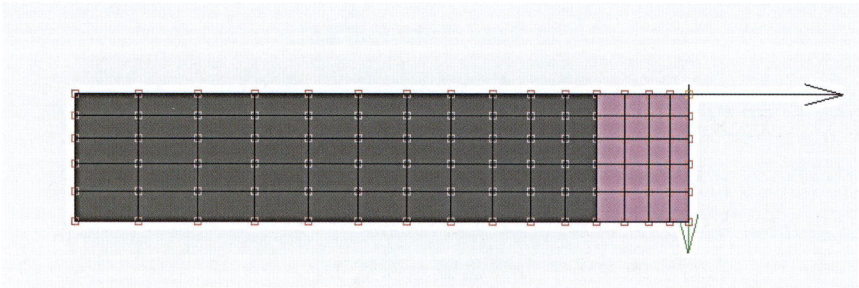

图 5-71　热源加载区域的设定

选择完毕，单击鼠标右键，以确定选择的区域。

OK

新建（热分析）→单元面对流

名称→ face1

属性→油膜

周围环境温度设置→周围环境温度

20 Enter

载荷幅值➜对流系数

40　Enter　　　　　/工件和外界环境的对流系数是 40。

对象➜单元面➜添加

拖动鼠标选择整个外表面,注意是外表面,绝不是▦(全部存在的)。

由于这是平板对接焊接,因此中间的那个对称面实际上是不参与散热的,故而中间的那个对称面不是外表面,因此不需要选择。

下面是散热边界条件的具体设置过程。

首先,如图 5-72 所示,

对象➜单元面➜添加

鼠标框选所有的单元外表面,绝不是▦(全部存在的)。此时对称面被选择,右键确定。

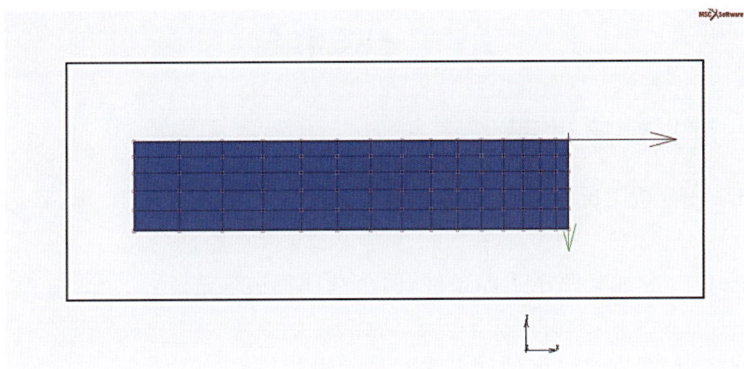

图 5-72　散热边界条件设置第 1 步

然后,如图 5-73 所示,

对象➜单元面➜删除

鼠标框选对称面所在的那部分单元面,此时只有对称面被选择,右键确定。

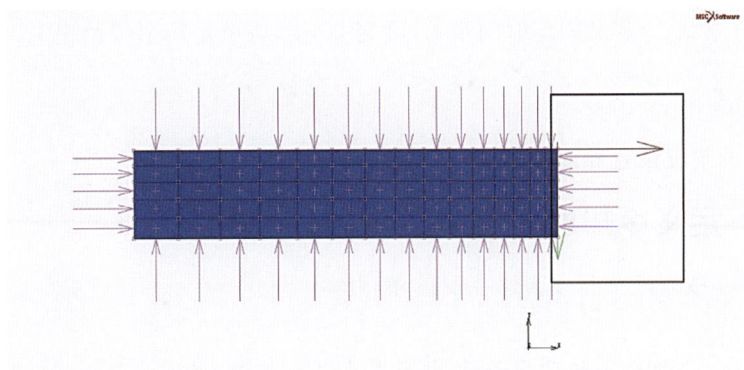

图 5-73　散热边界条件设置第 2 步

最后,正确的散热边界条件如图 5-74 所示,

至此,温度场边界条件定义完毕,仅计算温度场的话,则力学边界条件不需要定义。

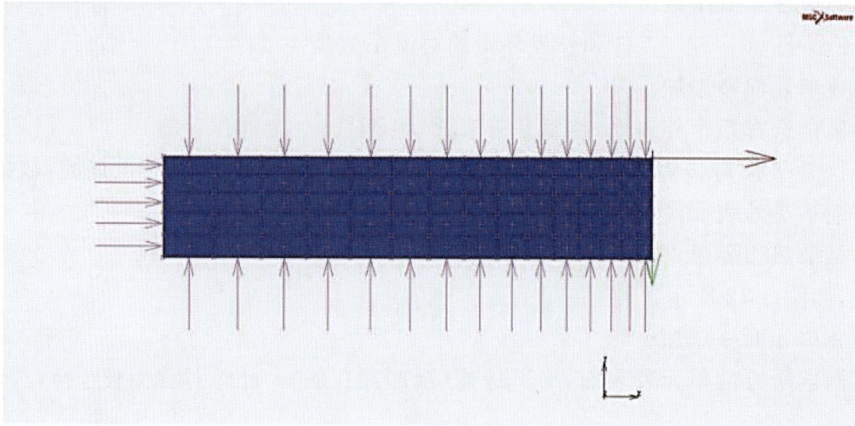

图 5-74　散热边界条件

5.2.7　定义焊接过程

Main Menu→分析工况→新建→瞬态/静力学

载荷

vflux1、face1　　　　/加载两个边界条件,两个选项都被勾选。

OK

热分析→收敛判据→对温度估计允许的最大误差

30 Enter　　　　　/一般设置为 30,除 30 外还可设置为 50。

OK

整体工况时间

25 Enter　　　　　/定义焊缝的焊接时间。

固定→固定时间步长→参数→步数

25　Enter　　　　/定义固定时间步长,确定 25 步,也就是每个增量步 1s。

OK

OK

焊缝焊接的工况设置界面如图 5-75 所示。

5.2.8　定义冷却过程

Main Menu→分析工况→新建→瞬态/静力学

载荷

face1　　　　　　/加载散热边界条件,焊接热源不再加载,此时只有 face1 选项被勾选。

OK

热分析→收敛判据→对温度估计允许的最大误差

30 Enter

OK

整体工况时间

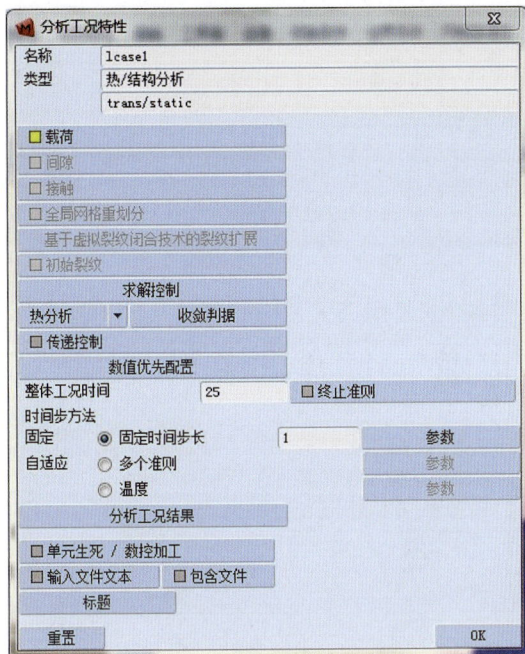

图 5-75　焊缝焊接工况设置

5000 Enter　　　 /5000s 冷却到室温,这个数值只能大概估计,有经验估计比较准确,可以
　　　　　　　　 多给一些时间冷却,但不能少给。

自适应→温度→参数

最大增量步数

500　Enter　　　 /此参数也是估计值,可以多给,不能少给。

初始时间步长

1　　Enter　　　 /探测增量步的时间步长是 1s,经验性参数,可以少给一点,计算时间长
　　　　　　　　 一些,精度高一些。

OK

OK

工件冷却的工况的设置界面如图 5-76 所示。

5.2.9　定义作业

定义作业一般需要定义作业类型,与分析工况的类型必须保持一致。选择输出的结
果,计算哪几个分析工况,分析的维数,等等。

Main Menu →分析任务→新建→热/结构分析

可选的

lcase1、lcase2　　　 /注意,lcase2 是冷却过程,所需时间较长,强烈建议初学者只加载
　　　　　　　　　　 lcase1,计算焊接过程即可。

选择结果如图 5-77 所示。

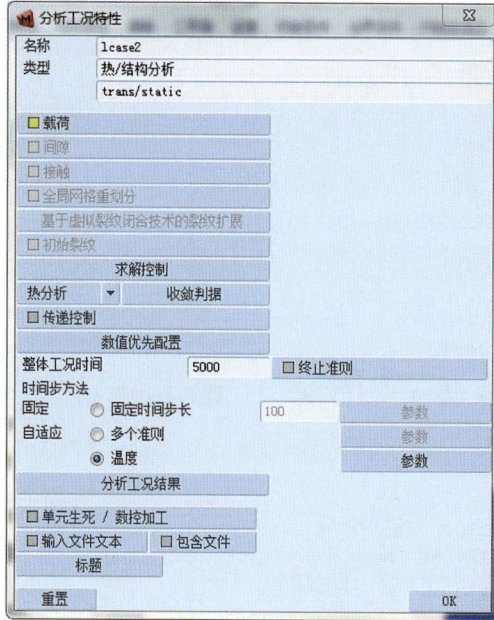

图 5-76 工件冷却工况设置

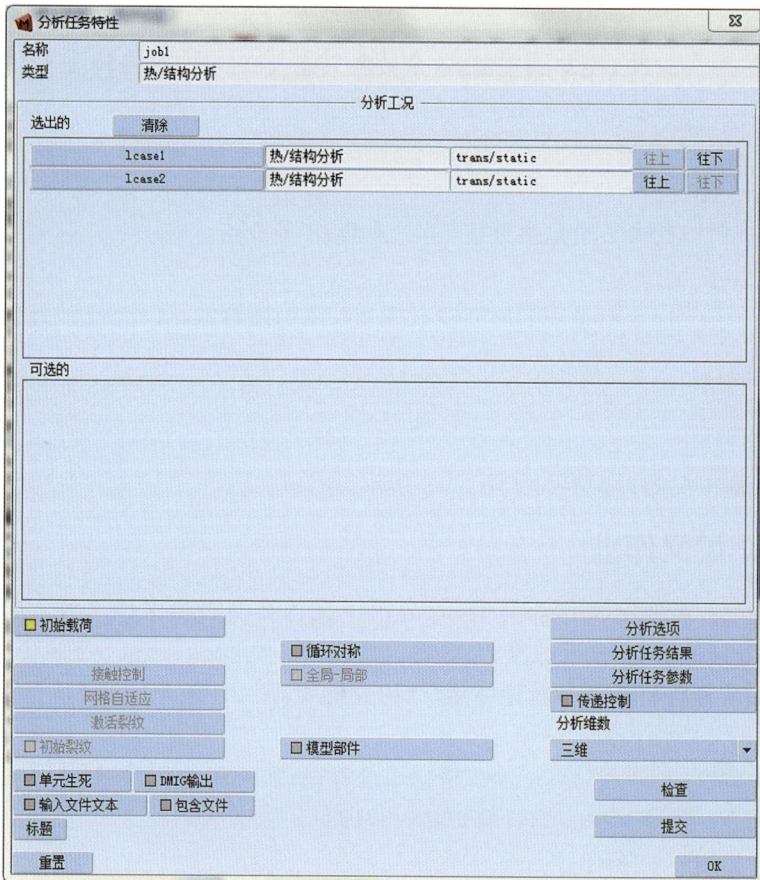

图 5-77 分析工况选择示意图

分析任务结果→可选的单元标量

Temperature (Integration Point)

OK

OK

Main Menu →分析任务→单元类型→单元类型→实体→ 84　/单元类型为84。

OK

■■（全部存在的）

🔧（切换单元物理类型的识别）

此时应该得到如图 5-78 所示的界面。

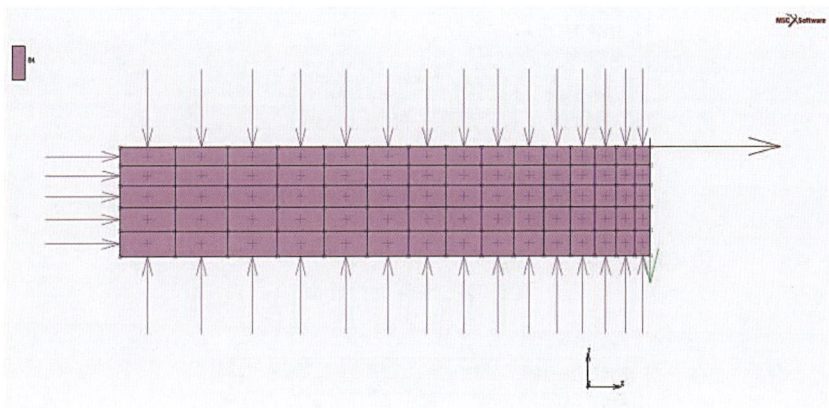

图 5-78　单元物理类型显示

Model →分析任务→热/结构分析→ job1

检查　/此时, Dialog 窗口显示检查的结果, 理想结果为"0 errors and 0 warnings"。

OK

文件→另存为→ My Computer → D:/此时文件保存在 D 盘根目录下, 文件的保存位置可以自己选择设置。

File name → pingbanduijie

Files of type →二进制模型文件(* . mud)

Save

Model →分析任务→热/结构分析→ job1

提交

提交任务(1)　/提交作业进行运算。

监控运行

任务运行界面如图 5-79 所示。

任务运行结束的界面如图 5-80 所示。

请注意: 在"运行分析任务"页面中, 退出号必须是 3004 才表示计算成功, 其他任何数字均表示错误。

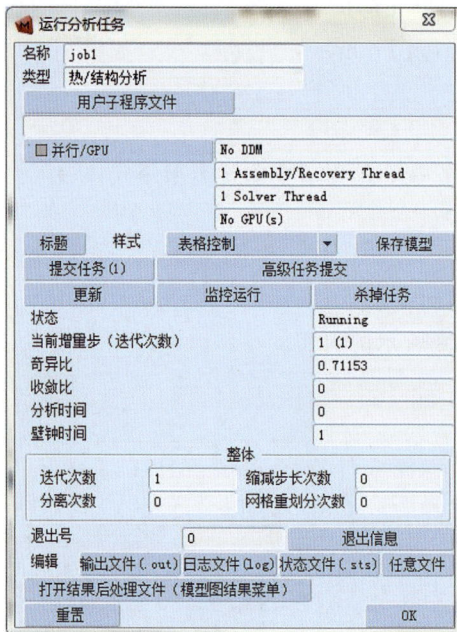

图 5-79　任务运行界面

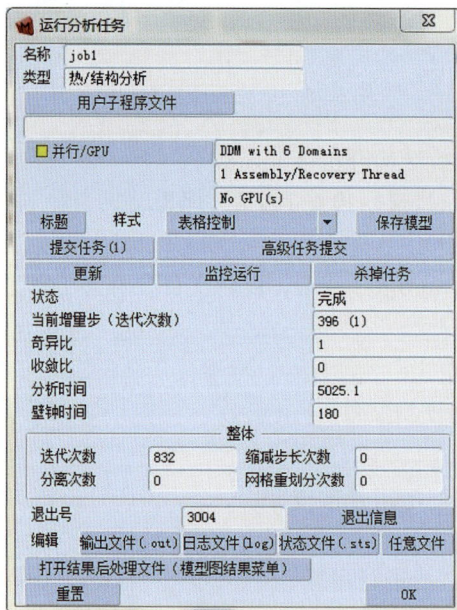

图 5-80　任务正确完成运行界面

5.2.10　后处理

📄（打开运行作业菜单）

打开结果后处理文件（模型图结果菜单）

标量图

样式→云图

标量→温度　/上述按键可查看计算结果,结果查看设置界面如图 5-81 所示。

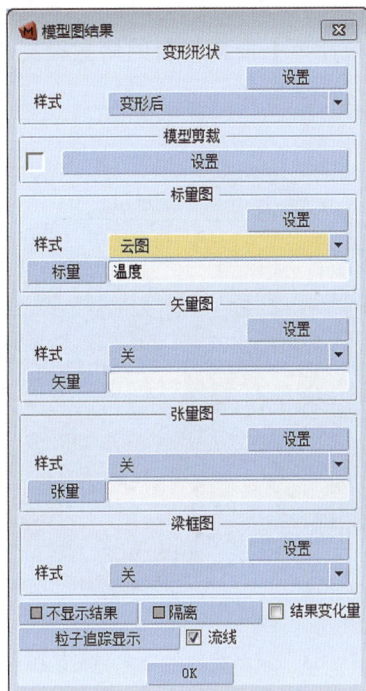

图 5-81　温度场查看

(显示指定增量步的结果)

Enter increment to skip to:

10 Enter　/显示增量步为 10 时的温度场结果,如图 5-82 所示。

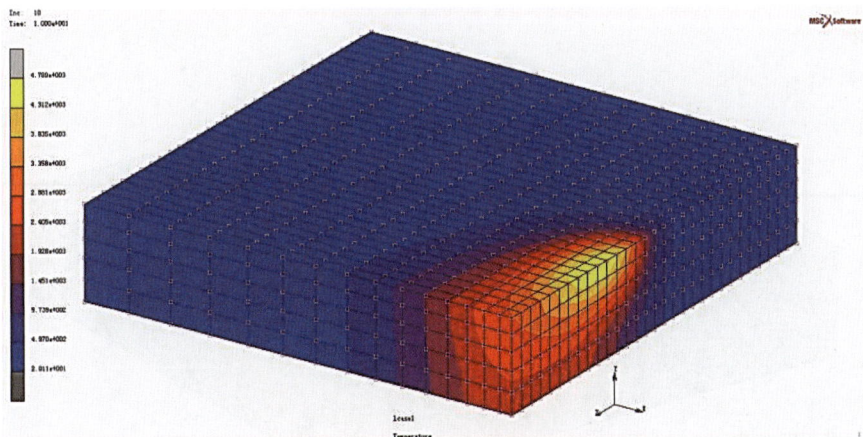

图 5-82　第 10 个增量步的温度场云图

作进一步处理,以看清熔池的大小。

标量图→设置→范围→手动

设置上下限

0 4000　　　/此时假定该材料的熔点温度为4000℃,所以这里仅显示0~4000℃的温度
　　　　　　　范围,具体材料计算中根据材料的熔点设置上限温度。

显示熔池的效果(焊接10s)如图5-83所示。

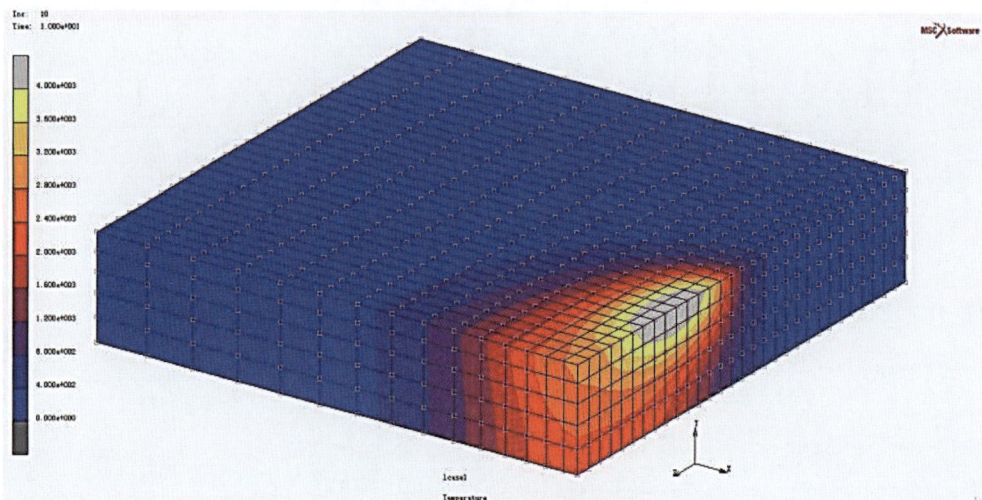

图 5-83　显示熔池的结果(焊接10s)

另外,也可以通过观察截面来确定熔池的尺寸和形貌。

(切换模型裁剪)

裁剪准则→模式→低于

裁剪平面→法线　从/到

点4、点5　　　　/这两个点的选择跟焊接路径方向一致即可,如图5-84所示。

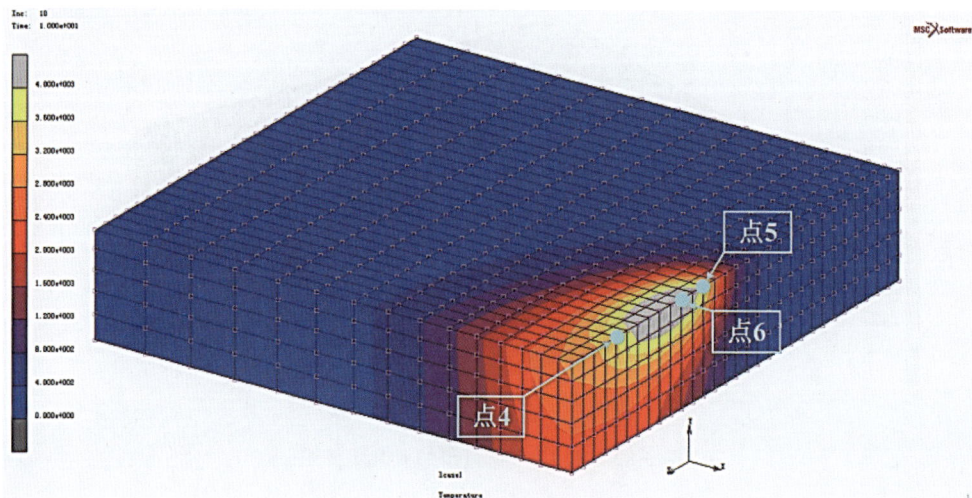

图 5-84　熔池截面裁剪示意图

模式➡以上

几何点➡基础位置➡基础位置

点 6 　　　　　/该点的选择必须在熔池的中心位置,如图 5-84 所示。

模式➡低于 　　　/模式的调换根据具体情况改变。

体现焊接熔池的截面效果如图 5-85 所示。

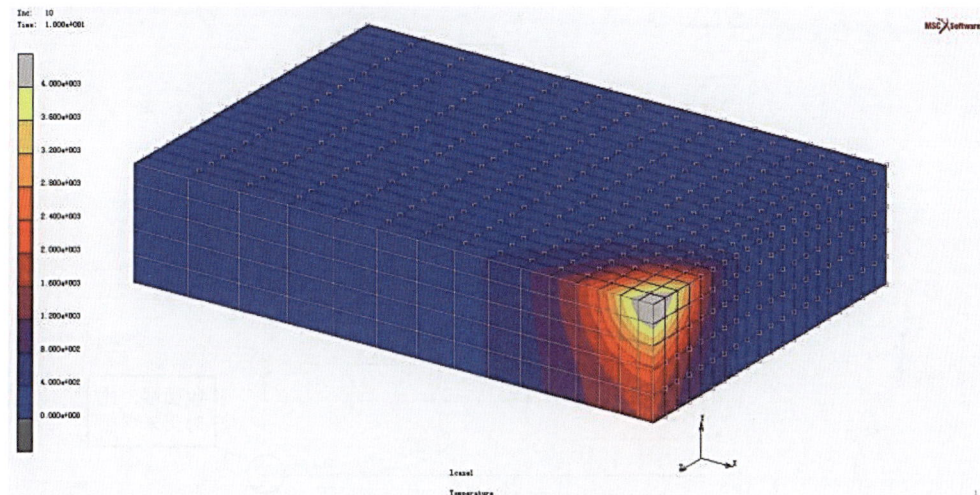

图 5-85 体现焊接熔池的截面效果

为了观察特定路径上的温度,可进行如下操作:

Main Menu ➡路径曲线➡模式➡节点➡节点路径

点 7、点 8、点 9 　　　/这三个点分别为焊接路径的起点,熔池的中心点以及焊接路径的终点,如图 5-86 所示。

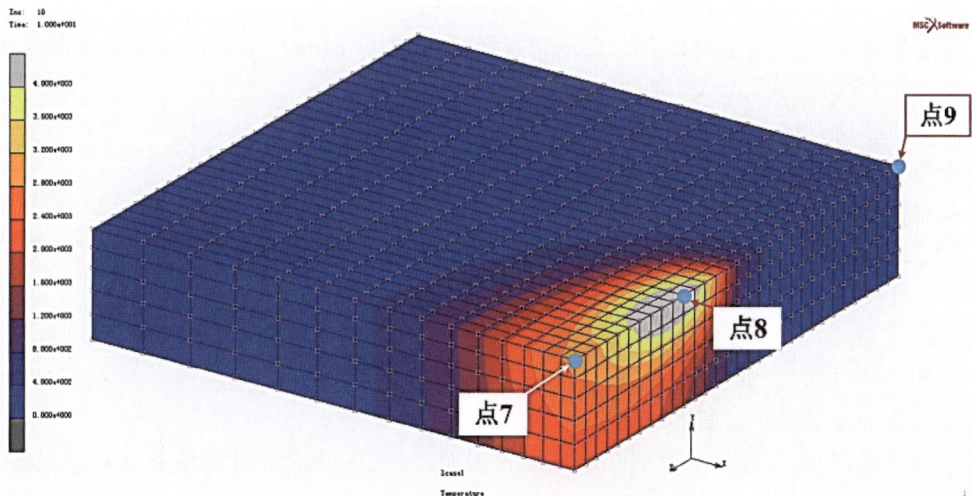

图 5-86 路径曲线选点示意图

添加曲线→变量→温度

OK

限制→显示完整曲线　　　/此时在窗口会显示如图 5-87 所示的路径曲线。

OK

焊接 10s 时,焊接路径上的温度分布如图 5-87 所示。

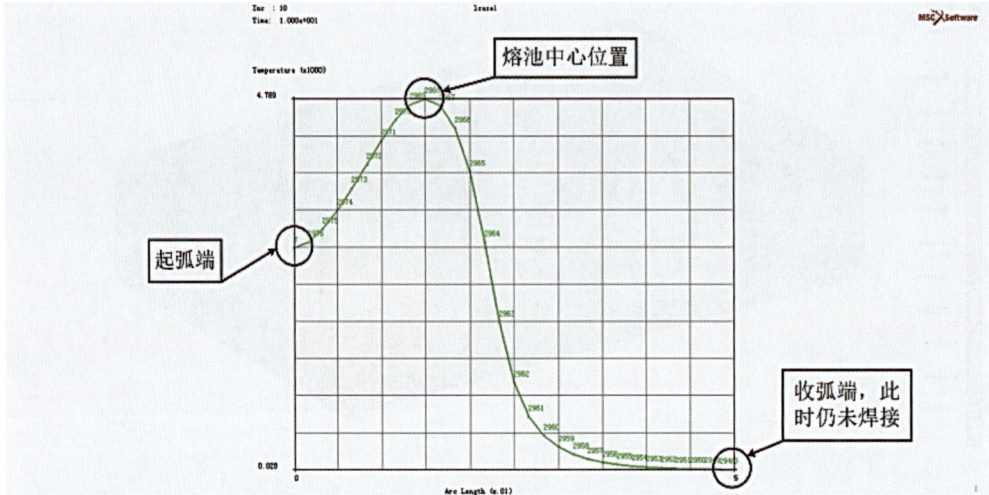

图 5-87　焊接 10s 时焊接路径上的温度分布

此外,还可以观察某些节点在整个焊接过程中的温度是如何随着时间变化的,也就是热循环曲线。

(模型窗口)

Main Menu 历程曲线搜集数据设置位置

点 8　　　　　　　/选择自己感兴趣的节点。

所有增量步　　　　/也可以自己设定指定增量步,如 0 Enter、50 Enter,此时获得的就是
　　　　　　　　　 0~50 增量步内的历程曲线。

添加曲线所有位置

全局变量增量步

选定位置变量温度

OK

显示完整曲线　　　/此时获得的热循环曲线如图 5-88 所示。

OK

至此,温度场的分析基本完毕。

需要特别注意的问题如下所述。

一般说来,初学者容易在以下几个方面犯错误,如果你的求解过程没有达到理想效果,可重新检查以下部分是否正确:

(1)边界条件→新建(热分析)→焊接体积热流页面中,是用来定义焊接热源的,一定要注意选上"热流"选择项;

(2)分析任务→单元类型→实体中,可选择热传输计算过程的单元类型,一般选六面

图 5-88　板材表面节点 8 的温度历程曲线

体→43,同理,分析任务→单元类型→实体中,可定义热力耦合计算的单元类型,一般定义六面体→84。

操作中,务必要注意的是,选择上述单元类型后,一定要加载:■(全部存在的)。

(3) 路径名和文件名中只能用英文,不能有空格符,不能有中文。

(4) 注意,在 weldpath 定义中,定义其方向(orientation)时,只需要点下面一个点即可。

5.3　本章小结

采用 MSC. Marc 进行焊接过程有限元分析主要包括基于 Mentat 的前处理、使用 Jobs 进行计算分析和结果后处理等步骤。本章首先重点介绍了 MSC. Marc 软件的前后处理功能模块,然后以平板对接焊接热过程求解为案例,介绍了模型建立、网格划分、材料物性参数设置、焊接路线设置、初始条件和边界条件定义、焊接过程和冷却过程定义、作业定义和结果后处理分析的模拟流程,认真学习本章并掌握本章内容,可以为进一步深入了解和学习 MSC. Marc 打下坚实的基础。

第6章

基于MSC.Marc求解典型结构激光与电弧焊接过程

6.1 基于 MSC.Marc 求解铝锂合金平板对接激光焊接过程

相对于普通的熔焊方法,高能束焊(包括电子束焊、激光焊和等离子束焊)的热流密度高、穿透能力强、热输入量小,采用普通的高斯面热源或双椭球热源无法准确描述该类焊接方法的特点,MSC.Marc 中自带的焊接功能模块也就不再适用。

子程序是 MSC.Marc 的一个重要组成部分,可帮助用户有效解决非典型问题。本节案例通过 2060 铝锂合金 2mm 薄板激光焊接过程仿真,借助 FORTRAN 语言编写复合热源子程序来描述高能焊接的特点。类似于第 5 章,建立有限元仿真数值模型,构建网格模型与热源模型,并通过试验对热源模型进行验证。

6.1.1 2060 铝锂合金焊接过程有限元模型的建立

1. 实体造型及网格划分

2060 铝锂合金试板几何造型如图 6-1 所示,试样尺寸为 100mm×50mm×2mm。

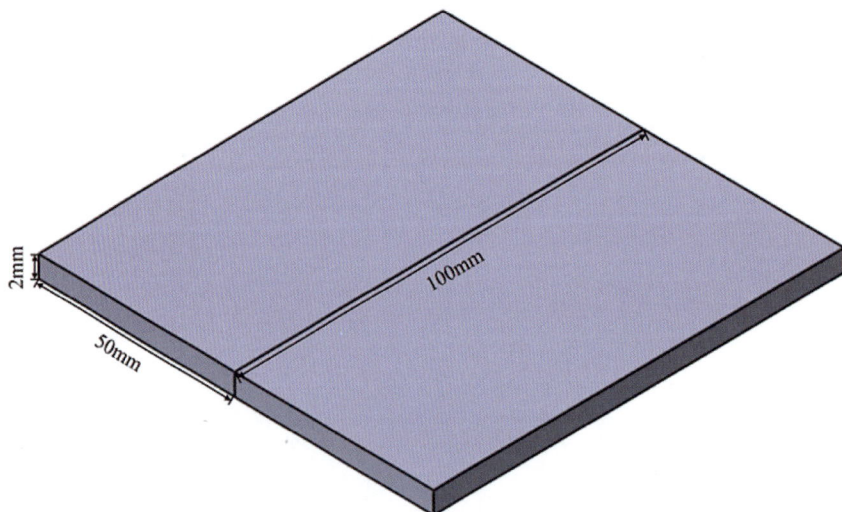

图 6-1 试板几何造型示意图

同样采用疏密过渡的六面体网格划分方法,实现网格尺寸沿焊缝远端方向的逐渐增大,降低整体网格数量。另外,由于焊板较薄,焊缝与热影响区部位的最小网格尺寸为0.5~1mm,以保证计算精度,得到的网格模型示意图如图6-2所示。

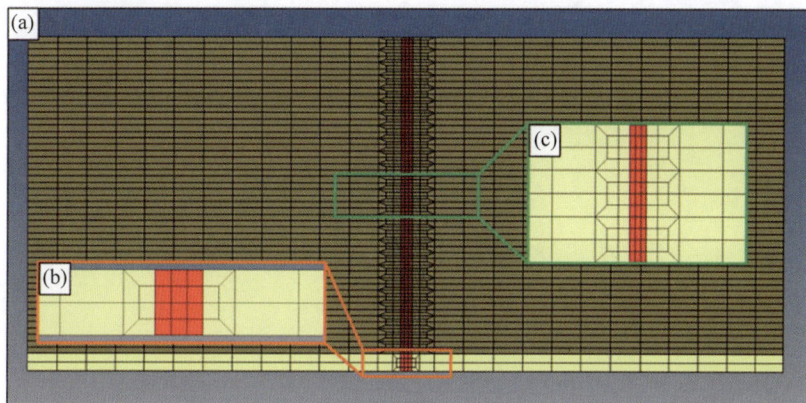

图 6-2 平板网格模型示意图

2. 2060 铝锂合金材料参数

建立 2060 铝锂合金的高温热物性参数(主要包括屈服强度、弹性模量、热膨胀系数、比热容与热导率)如图 6-3 所示。其中自变量为温度,单位为℃。

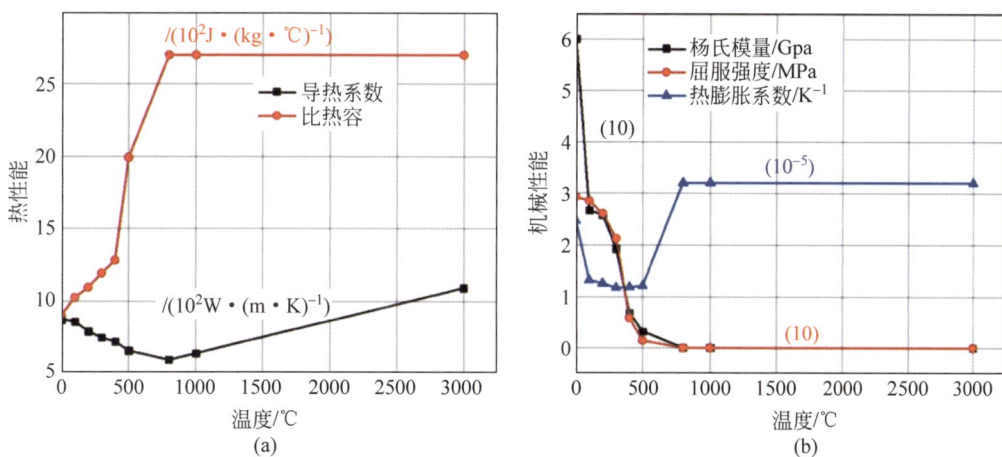

图 6-3 2060 铝锂合金热物性参数随温度变化曲线

(a) 热性能;(b) 机械性能

3. 初始条件及边界条件定义

设定的初始条件为室温(20℃)。位移边界条件与换热边界条件同第 5 章,不再赘述;这里热源的加载是模拟焊接过程中激光产生的热量,如图6-4所示。

基于激光焊接具有能量集中、焊缝深宽比大的特点,本节选用"高斯面热源+高斯旋转体热源"复合热源,如图6-5所示。其中面热源模拟的是等离子体对焊件的加热作用,其表达式见式(6-2)。体热源模拟的是激光束的匙孔效应,其表达式见式(6-3)。实际施加在工件上的总热量为两热源能量的代数和。

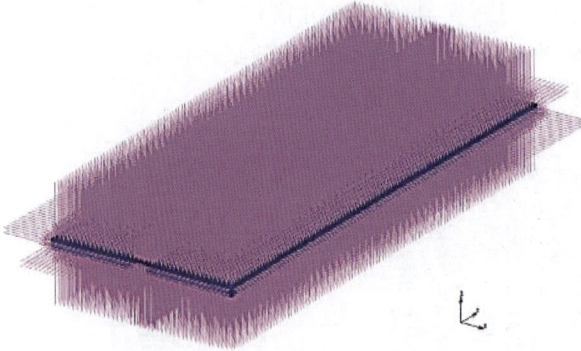

图 6-4   单元面对流定义结果

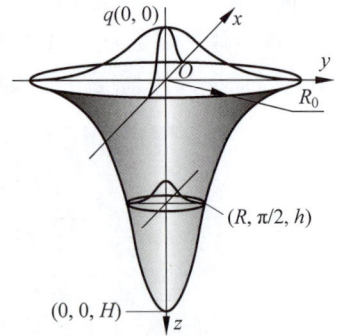

图 6-5   组合热源模型示意图

$$Q_L \eta = Q_S + Q_V \tag{6-1}$$

$$q_S(x,y) = \frac{\alpha Q_S}{\pi R_0^2} \exp\left[-\frac{\alpha(x^2 + y^2)}{R_0^2}\right] \tag{6-2}$$

$$q_V(x,y,z) = \frac{9Q_V}{\pi R_0^2 H(1-e^{-3})} \exp\left[-\frac{9(x^2+y^2)}{R_0^2 \log \frac{H}{Z}}\right] \tag{6-3}$$

其中，q_S 和 q_V 分别表示高斯面热源和高斯体热源的热流密度分布；Q_S 和 Q_V 分别表示两热源的有效功率；Q_L 为激光功率；α 为面热源能量集中系数；R_0 为体热源的有效半径；H 为体热源的作用深度；η 为热源的热效率系数。

4. 热源模型校核

由式(6-1)～式(6-3)可知，高斯面热源及高斯旋转体热源的热流密度均由多个参数决定。在相同的焊接工艺参数下，热源参数不同，所得到的温度场结果也会相差很大。因此，在进行工艺参数优化前，需要对热源进行校核，通过调整两热源的能量分配比、作用半径及体热源的作用深度等参数来获得与实际焊缝相吻合的熔池形貌，从而确保仿真结果的准确性。这里开展了 2060 铝锂合金平板对接结构激光焊接初步试验，用于校核热源模型。

选用激光功率 2300W、焊接速度 2m/min，对 2060 铝锂合金平板对接结构件进行初步焊接实验。该工艺参数下焊件横截面形貌与校核后温度场熔池形貌的对比如图 6-6 所示。设置焊件温度高于熔点温度 630℃的部分为灰色，以便观察。由图 6-6 可知，仿真结果与实际焊接结果具有相似的熔池形貌，上下熔宽较为吻合，因此认为该热源模型适用于这里所述平板对接结构件的仿真计算。

图 6-6   2060 铝锂合金平板对接焊件校核后模拟结果与实验结果对比图

6.1.2　2060 铝锂合金对接结构激光焊接温度场仿真分析

1. 2060 铝锂合金对接结构激光焊接温度场仿真结果分析

基于 6.1.1 节所述 2060 铝锂合金平板对接结构有限元模型及 6.1.1 节 4. 校核后的热源，开展了特定工艺参数下的温度场仿真研究。图 6-7 所示为激光功率 2300W、焊接速度 2m/min 下，焊件焊接过程中不同时刻的温度分布结果，由图可见，熔池随着热源沿着焊接方向向前移动，因此带动整个焊件的温度场不停地发生改变。在焊接起始阶段（图 6-7(a)），整个过程尚不稳定，熔池体积较小，等温线近似为圆形。随着焊接过程的向前推进，如图 6-7(b)～(d)所示，熔池产生拖尾，其形貌呈现椭圆形并基本保持稳定。

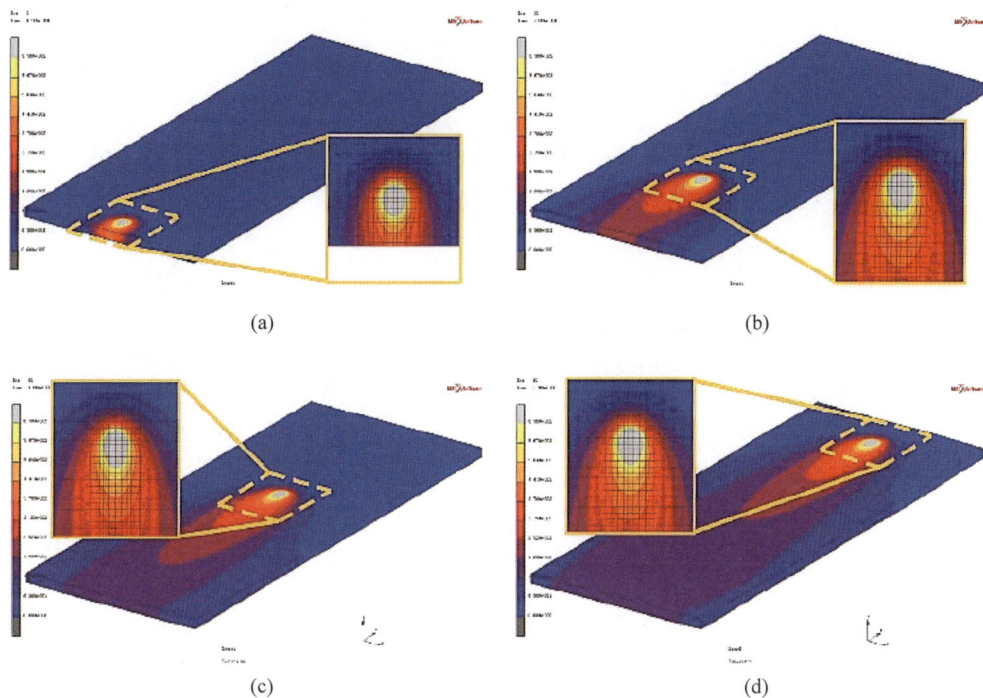

(a)　　　　　　　　　　　　　(b)

(c)　　　　　　　　　　　　　(d)

图 6-7　2060 铝锂合金平板对接结构件焊接过程中不同时刻的温度场仿真结果
（a）$t=0.15s$；（b）$t=0.9s$；（c）$t=1.8s$；（d）$t=2.7s$

选取时间为 1.5s 时的焊件上、下两表面温度分布进行分析，如图 6-8 所示。从上、下表面温度分布可以看出，铝合金板被焊透，且下熔宽远小于上熔宽，与实验结果相吻合。提取上下表面处距离熔池中心不同位置节点处的热循环曲线，可以发现，所有的热循环曲线都存在一个峰值，这是移动热源的热作用所造成的。由于铝锂合金导热系数大，当热源靠近某一节点时，该点温度迅速上升；当热源远离该点时，其温度又迅速下降。而且由于受到上一时间步热源的预热作用，节点处温度上升速率较下降速率稍快。由图 6-8(c)可见，焊件上表面由于受到激光热源的直接作用，温度最高，熔池中心峰值温度达 1702℃。随着距熔池中心的距离越来越远，节点处的峰值温度逐渐降低。节点 38126 处由于受到激光热作用较小，因此温度变化较小。由图 6-8(d)可见，焊件下表面温度变化趋势同上表面相近，但其温度远低于上表面。熔池中心峰值温度仅 740℃，略高于合金熔点。

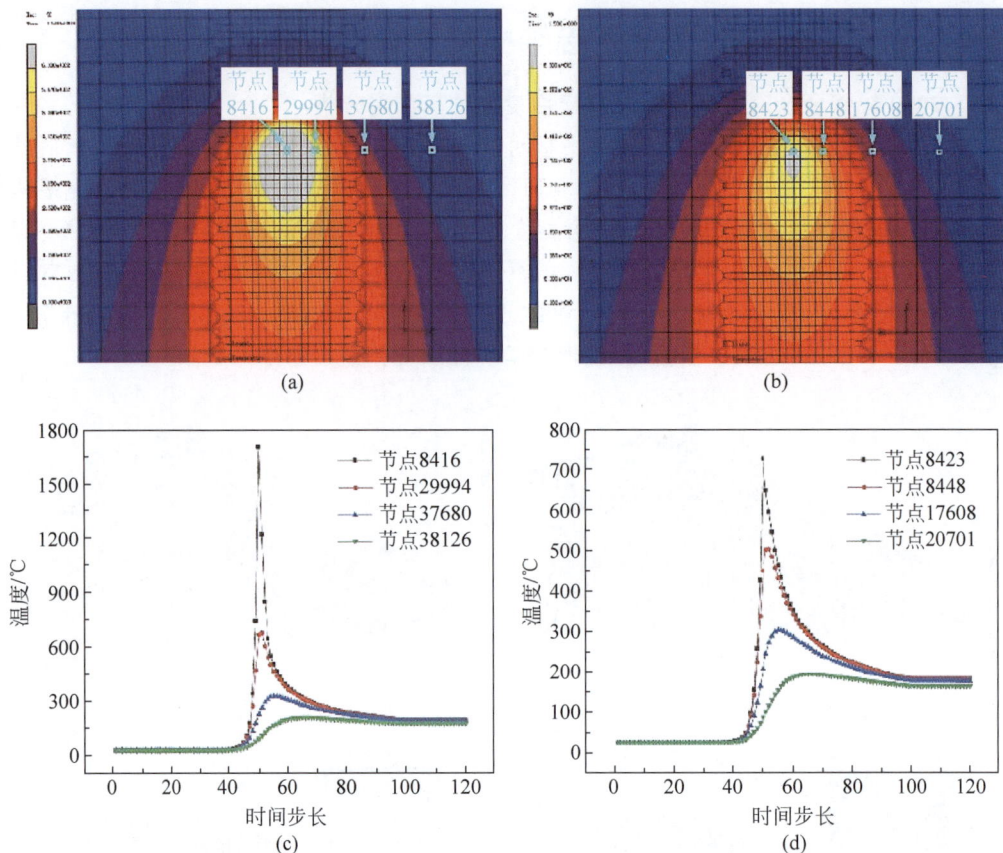

图 6-8　2060 铝锂合金平板对接结构件上、下两表面温度分布及热循环曲线

（a）焊件上表面温度云图；（b）焊件下表面温度云图；（c）焊件上表面不同节点处热循环曲线；
（d）焊件下表面不同节点处热循环曲线

　　针对这里所规定的 2060 铝锂合金平板对接结构件尺寸，当焊接速度为 2m/min 时，焊接过程在 3s 时结束。当 $t=3$s 时，热源停止加载，焊件开始进入冷却阶段。如图 6-9 所示，为冷却过程中不同时刻的焊件温度分布。由于合金导热系数大，因此冷却速度极快，由图可见，在焊件的冷却过程中，首先熔池迅速缩小至完全消失，然后焊件温度逐渐降低，温度梯度减小直至冷却至室温。

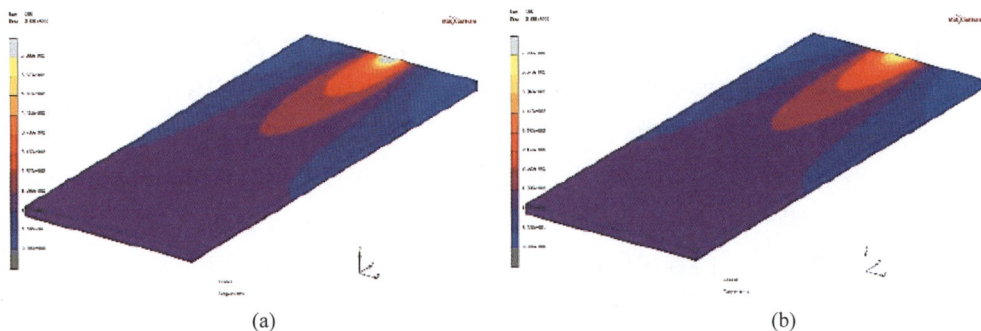

图 6-9　2060 铝锂合金平板对接结构件冷却过程中不同时刻的温度场仿真结果

（a）$t=3.0$s；（b）$t=3.066$s；（c）$t=3.331$s；（d）$t=11.82$s

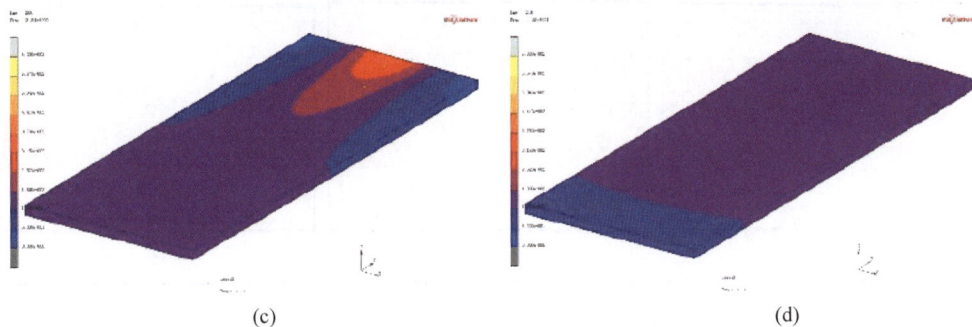

(c)

(d)

图 6-9　（续）

2. 工艺参数对对接结构件焊缝成形的影响规律

这里面向实际焊接条件及生产需求,初步选定激光功率范围为 2000～3500W、焊接速度范围为 2.4～4.2m/min,设计平板对接结构件仿真工艺参数,见表 6-1。

表 6-1　2060 铝锂合金平板对接结构件仿真工艺参数设计

方　　案	激光功率/W	焊接速度/(m/min)	离焦量/mm	热输入/(kJ/m)
1	2000	2.4	0	45.0
2	2300	2.4	0	51.8
3	2500	3.0	0	45.0
4	2700	2.4	0	60.8
5	3000	2.4	0	67.5
6	3000	3.0	0	54.0
7	3000	3.6	0	45.0
8	3000	4.2	0	38.6
9	3500	4.2	0	45.0

基于表 6-1 所设计的仿真工艺参数,对 2060 铝锂合金平板对接结构件开展激光焊接温度场仿真。截取不同工艺参数下焊件横截面,对其熔池形态进行分析,如图 6-10 所示。

采用方案 1 及方案 2 时,由于激光功率较小,铝板没有焊透,焊缝呈现 V 形。此时,两平板间结合区域较小,不利于接头的力学性能。增大激光功率和焊接热输入后,热源能量加强,焊缝形貌呈现"高脚杯"形(方案 1 和方案 2 以外的方案),接头结合性能较好。但是激光功率过高,会造成焊缝区域烧损严重,且焊缝区域面积过大会暴露其性能较差的缺点。

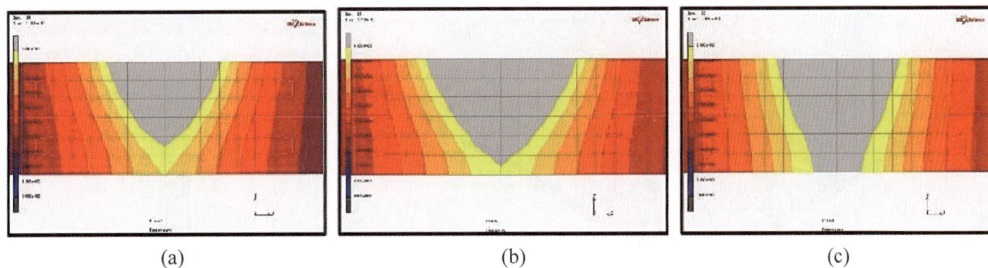

(a)

(b)

(c)

图 6-10　2060 铝锂合金平板对接结构件不同工艺参数下熔池形貌

（a）方案 1；（b）方案 2；（c）方案 3；（d）方案 4；（e）方案 5；（f）方案 6；（g）方案 7；（h）方案 8；（i）方案 9

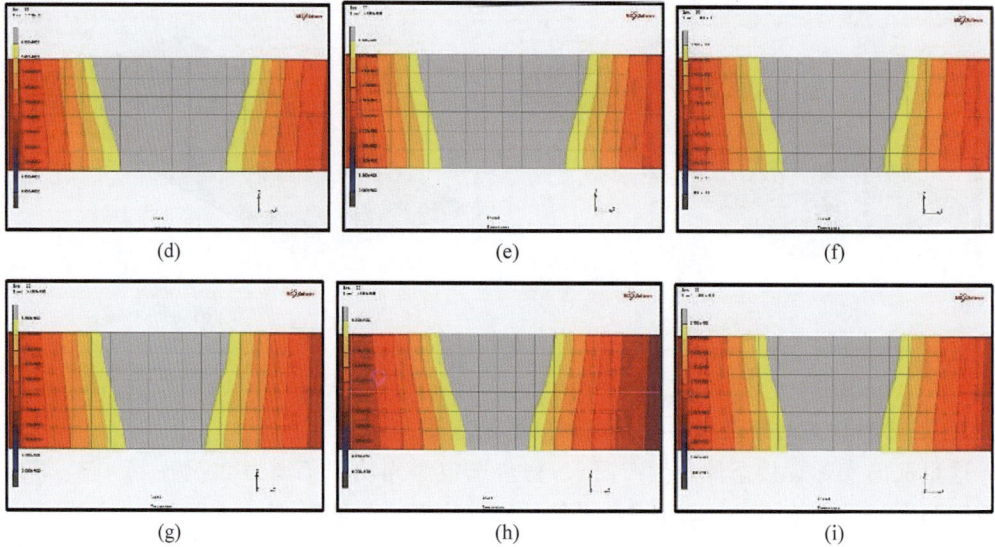

图 6-10 （续）

　　因此基于上述温度场仿真结果，为获得良好的焊缝成型，初步选定较优工艺试验参数范围，即激光功率为 2400～3000W，焊接速度为 2.4～4.2m/min。

6.2 基于 MSC.Marc 求解铝锂合金 T 型结构双激光束双侧同步焊接过程

6.2.1 2195 铝锂合金 T 型结构焊接过程有限元模型的建立

1. 实体造型及网格划分

　　该构件由 L 型桁条与蒙皮焊接而成，焊接接头为 T 型接头，焊缝为两条长直角焊缝。桁条与蒙皮的长度均为 200mm，蒙皮宽度为 200mm，针对试验采用的蒙皮-桁条结构，通过 CAD 软件对其进行实体建模与简化，最终的焊接几何模型及尺寸如图 6-11 所示。特别地，对蒙皮设计了代替焊丝的双小凸台，因此，几何模型将根据焊后截面形状进行构建。

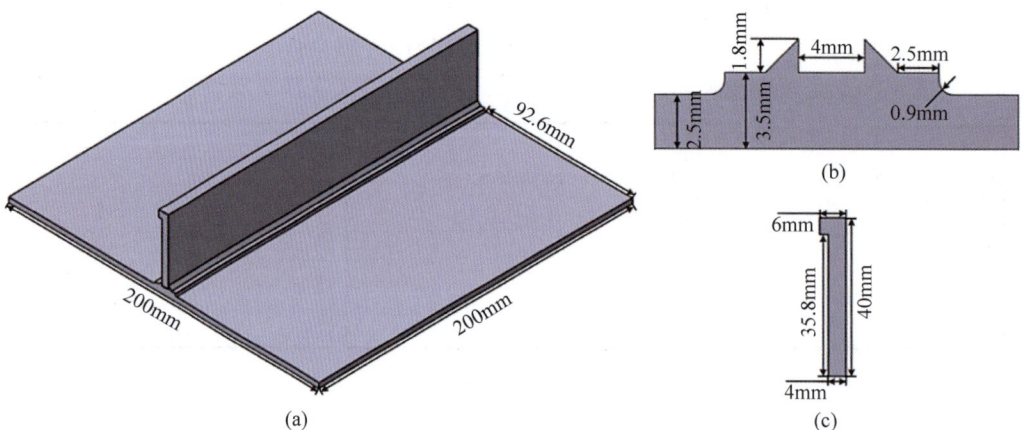

图 6-11 构件焊接几何模型及尺寸

接下来需将已建好的实体模型导入网格划分软件中进行网格划分。在保证计算精度的同时，还应兼顾计算效率，以保证模拟计算过程的顺利进行。由于焊缝和近焊缝区域的热输入量较大，非线性程度较高，而远离焊缝处的热输入量较小，非线性程度较小，因此，可采取过渡网格的方式以减少网格单元数量，即距离焊缝较近处网格单元尺寸小，分布密度大；而离焊缝较远处的网格单元尺寸较大，分布密度

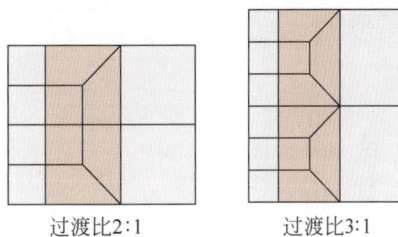

过渡比2:1　　过渡比3:1

图 6-12　六面体网格常见过渡比

也较小。本次仿真采用的网格单元类型为六面体网格，过渡方式为常见的 2∶1、3∶1 过渡，如图 6-12 所示，并对离焊缝较远的区域采用多次过渡以降低网格数量，减少计算时间，提高效率。最终的蒙皮-桁条焊接有限元网格模型如图 6-13 所示，模型网格单元总数为 36428，网格节点数为 42149。

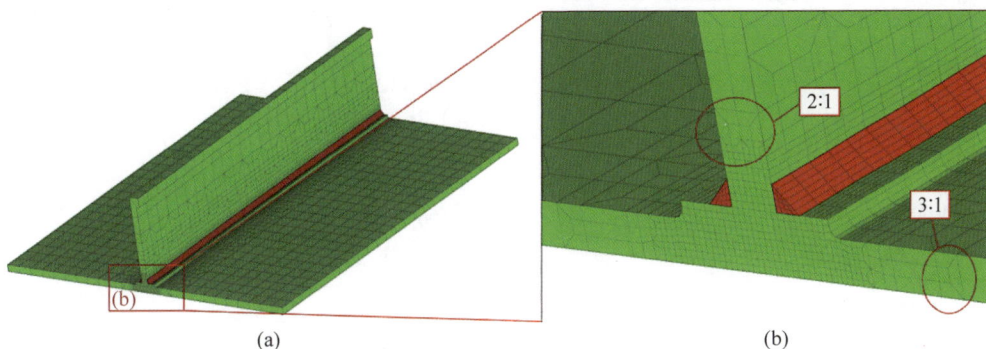

(a)　　　　　　　　　　　　　(b)

图 6-13　构件整体网格模型（红色网格单元为焊缝）

2. 2195 铝锂合金材料参数

材料物理性能参数的确定是进行有限元求解的关键，参数的选取正确与否，对模拟仿真结果的准确性有着显著的影响。但由于许多材料物理性能，如弹性模量、屈服强度、热膨胀系数、导热系数、比热容等都与温度有关，因此需获得这些性能参数与温度之间的关系，这也是焊接数值模拟分析的难点之一。一般情况下采用表格的形式来建立材料参数与温度的多段线性关系，以导入有限元软件中进行计算。这里选用的焊件材料为 2195 铝锂合金，其熔点约为 650℃，屈服强度约为 530MPa，其化学成分和各温度下的物理性能参数分别如表 6-2 和图 6-14 所示。

表 6-2　2195 铝锂合金成分

元素	Li	Cu	Mg	Ag	Zr	Ti	Al
/wt. %	1.0	4.0	0.4	0.4	0.12	0.07	余量

依据 Johnson-Cook 本构方程(6-4)，忽略其他因素对材料塑性的影响，将材料塑性视为与应变、应变速率和温度相关的力学性能，其参数定义见表 6-3。

$$\sigma = (A + B\varepsilon^n)\left[1 + C\ln\left(1 + \frac{\dot{\varepsilon}}{\varepsilon_0}\right)\right]\left[1 - \left(\frac{T - T_r}{T_m - T_r}\right)^m\right] \tag{6-4}$$

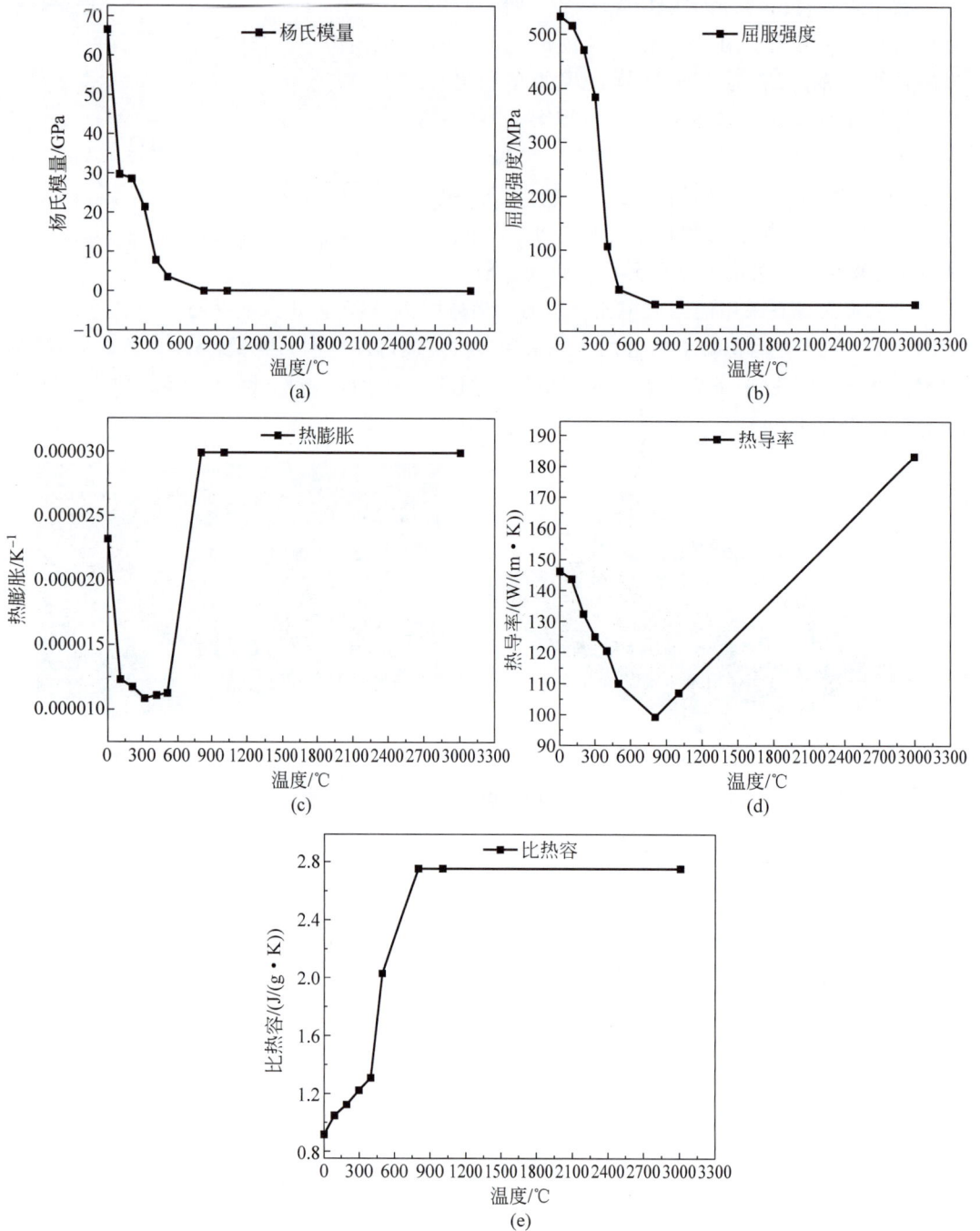

图 6-14　2195 铝锂合金热物理性能参数随温度变化曲线

（a）杨氏模量；（b）屈服强度；（c）热膨胀；（d）热导率；（e）比热容

表 6-3　2195 铝锂的 Johnson-Cook 本构参数

A/MPa	B/MPa	n	C	ε_0	m	T_m/K	T_r/K
495	257	0.68	0.002	0.01	1.58	878	293

3. 初始条件及边界条件定义

试片件焊缝为两条 T 型接头角焊缝,焊缝长度均为 200mm,焊接方法采用双激光束双侧同步焊接,具体的焊接路径如图 6-15 所示。

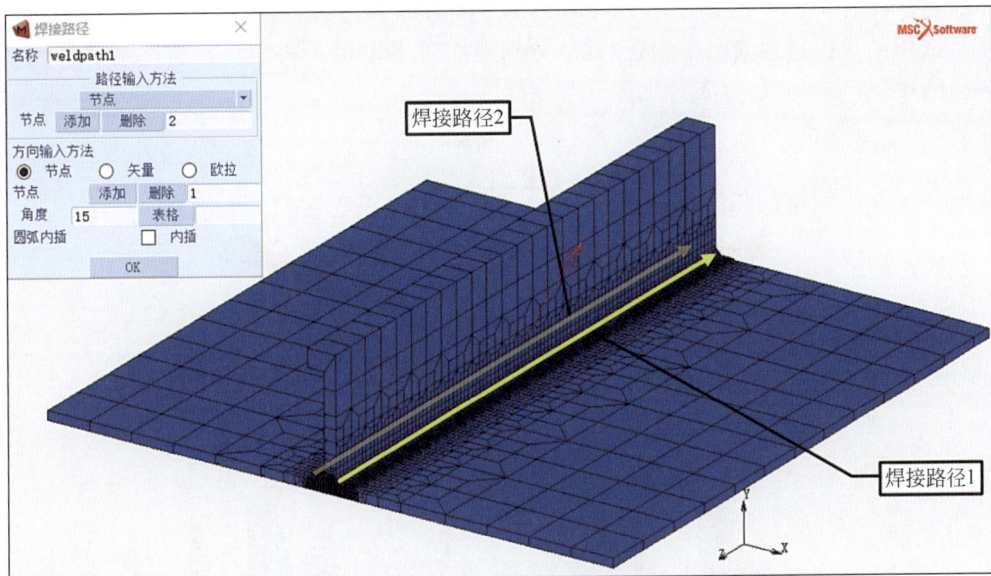

图 6-15　焊接路径设置

在焊接模拟仿真中,初始条件即焊件在焊前所处的状态,这里假设焊件在焊前无需预热,考虑到实际焊接情况,初始温度设置为周围环境温度,即室温 25℃,初始应力状态为无应力状态,施加对象为构件所有单元节点。具体设置如图 6-16 所示。

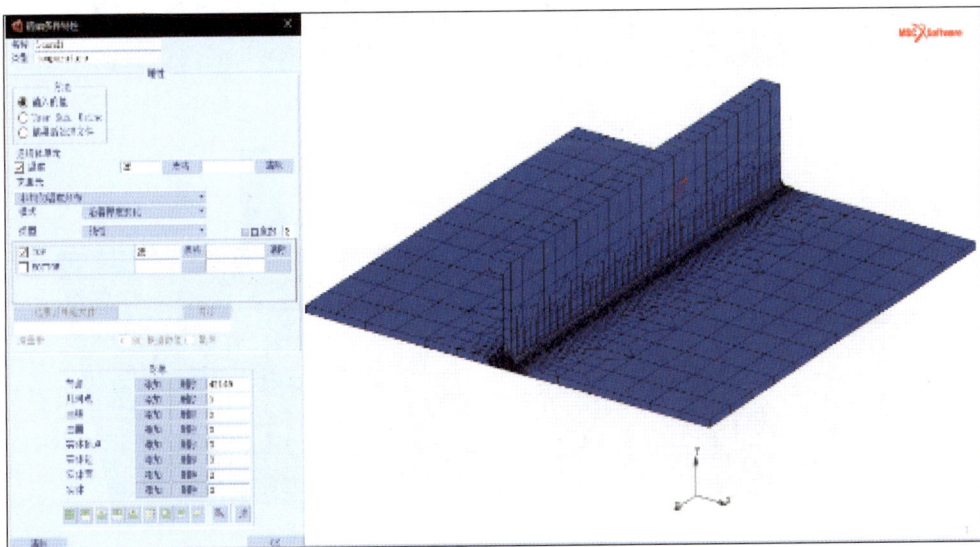

图 6-16　焊接初始条件设置

焊接边界条件的设定将直接影响模拟计算的结果,主要是通过设置热源边界条件、换热边界条件以及位移约束条件,以保证模拟过程的顺利进行。

1) 热源边界条件

焊接热源边界条件即焊接热源的施加情况。激光热源的加载通常是指通过施加焊接热源以模拟激光对焊缝的加热作用,通常情况下根据焊接实际情况选取合适的热源。这里模拟的是铝合金单桁条 T 型壁板的双激光束双侧同步焊接过程,其焊接过程示意图如图 6-17 所示。选用的焊接热源为两个组合热源(分别施加到 T 型接头两侧),并通过用户子程序加载到焊缝中,焊接热源边界条件如图 6-18 所示。

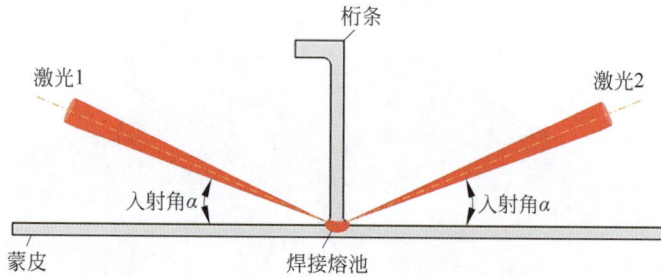

图 6-17　双激光束双侧同步焊接示意图

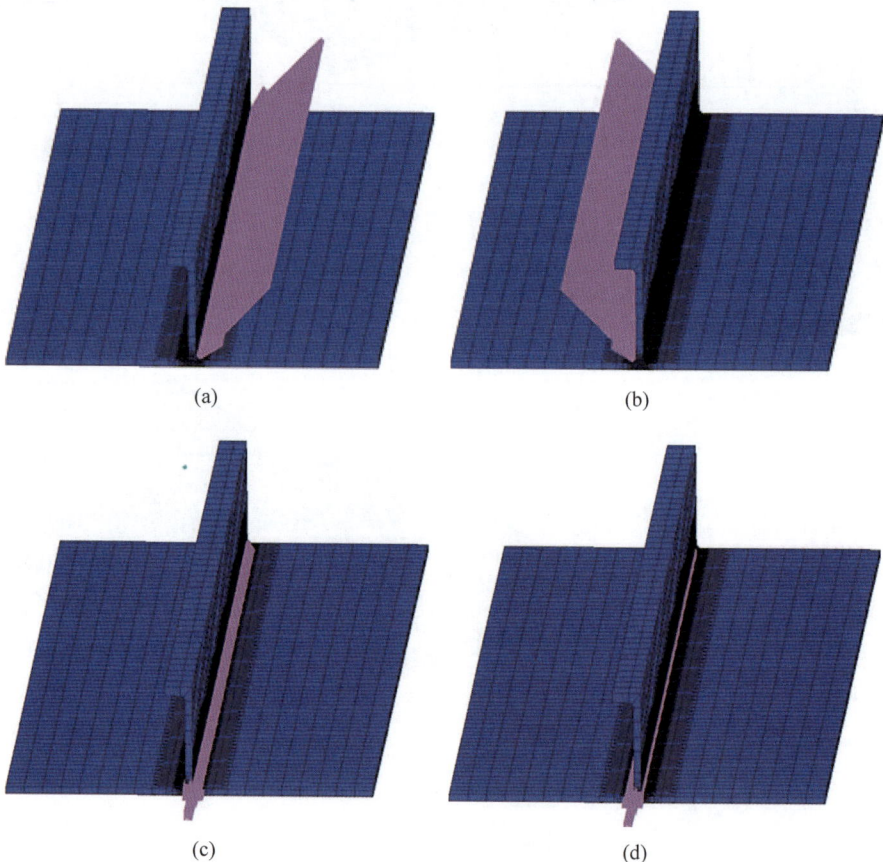

图 6-18　焊接热源边界条件

(a) 面热源 1;(b) 面热源 2;(c) 体热源 1;(d) 体热源 2

2）换热边界条件

焊接换热边界条件为表面换热，即焊件表面与周围环境介质间的热交换情况。在实际焊接过程中，表面换热主要分为对流和辐射两部分，在不同温度下，对流与辐射的程度也有所变化，且构件不同部位其表面换热情况也不同。这里为提高计算效率，将对流与辐射的作用转化为总的对流换热系数，根据实际焊接情况，将构件所有表面设定为对流换热面以进行计算，具体设置如图6-19所示。

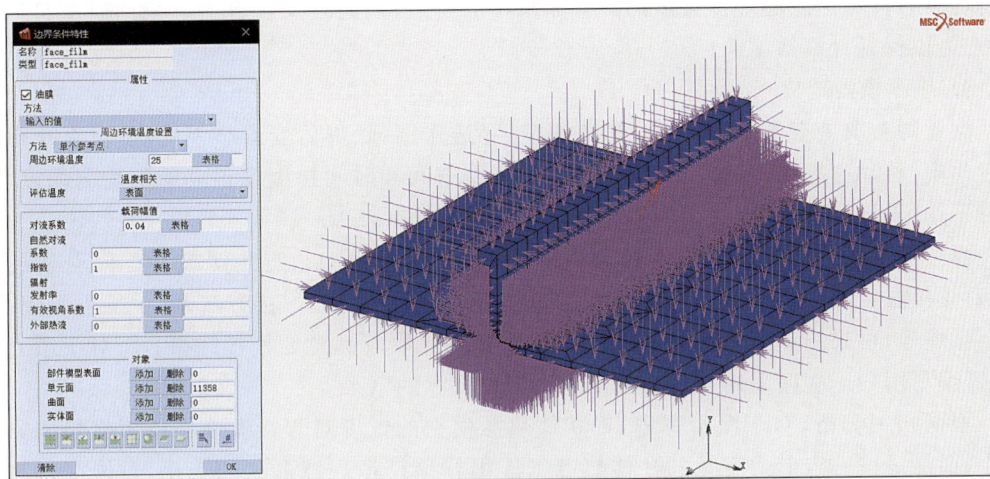

图 6-19 换热边界条件

3）位移约束条件

设定位移约束的目的是模拟焊件在实际焊接条件下的夹持状态，并防止模型在仿真计算过程中发生刚性位移而导致刚度矩阵不收敛。因此，位移约束需根据实际工件装夹条件而设定。此外，还应避免因施加的约束过多而产生过约束现象。因此这里选取的位移约束条件如图6-20所示。

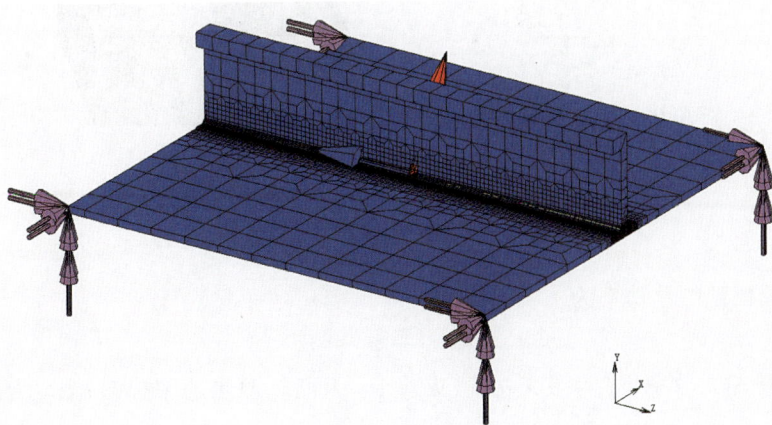

图 6-20 位移约束条件

载荷工况主要包括热源、换热、约束条件的加载，以及工况时间、时间步长的设置。在进行瞬态分析时，应对每个工况分析时间划分时间步长，即将整个焊接过程的时间分为若干小区间,从而对每一个小区间的温度场和应力应变场进行迭代计算。时间步长的设置会对模拟计算的精度产生影响,采用不同步长计算出的结果也大有不同,时间步长越小,计算精度越高,计算时间也越长,同时,对于计算机的性能要求也更高;反之,步长越大,计算时间缩短,但每一步的温度变化较大,计算结果精度下降,甚至造成计算不收敛。

这里将激光焊接过程分为加热和冷却两部分。两条焊缝同步同向焊接,各焊缝的工况时间 t =焊缝长度/焊接速度,时间步方法采用固定时间步长,步数根据工况时间而定。冷却过程具有冷却速度随焊件温度的降低而减小的特点,因此时间步方法可采用温度自适应的方式,以保证计算效率。

4. 热源模型建立

激光焊接具有热输入集中、加热范围窄、穿透作用强、焊后变形小等优点,但由于热源能量集中、移动速度快等,极易在焊接过程中产生空间和时间梯度都很大的不均匀温度场,这种不均匀温度场是焊接残余应力和变形的根本原因。

焊接温度场分析是应力应变场分析的基础,建立焊接工艺与热源模型之间合适的联系,对焊接温度场分析应用具有十分重要的意义。对于常用的焊接方法,如手工电弧焊、钨极氩弧焊等,可采用高斯分布热源进行仿真计算而获取较满意的模拟结果;而对于激光焊接,需编写用户子程序采用复合热源以达到更加满意的结果。

根据相关分析,对于深窄焊缝,锥状体热源模型的锥度对焊接温度场模拟结果的影响较小,而能量按一定形式衰减的柱体热源则能很好地模拟焊缝形状的变化,且能降低热源模型的复杂程度。根据激光焊缝特点,采用高斯面热源与高斯柱体热源叠加的组合热源模型(图 6-21)。面热源用来模拟等离子体和表面熔池对工件的加热作用,体热源用来模拟激光束挖掘作用所导致的匙孔效应。

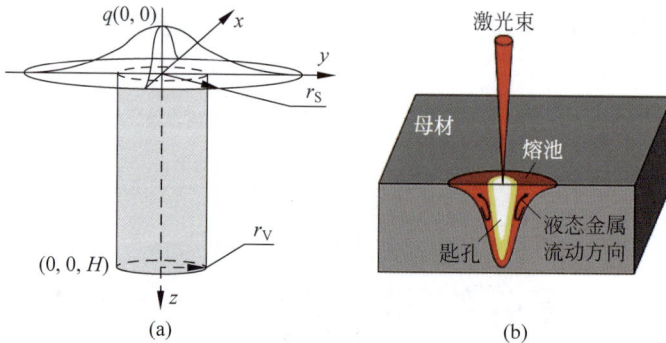

图 6-21 组合热源模型示意图

组合热源模型的总功率为

$$\varphi = \varphi_S + \varphi_V = \eta q \tag{6-5}$$

其中,η 为能量输入效率;q 为激光功率(W);φ_S 为面热源热功率(W);φ_V 为体热源热功率(W)。

$$\varphi_S = \gamma \varphi \tag{6-6}$$

$$\varphi_V = (1 - \gamma)\varphi \tag{6-7}$$

其中,γ 为面热源能量比例系数。

高斯分布面热源能量密度为

$$q_s(r) = \frac{\alpha\varphi_s}{\pi\sigma^2}\exp\left(-\frac{\alpha r^2}{\sigma^2}\right) \tag{6-8}$$

其中，r 为热源作用位置与焊缝中心的距离（mm）；α 为面热源能量集中系数；σ 为面热源作用半径（mm）。

体热源为线性衰减高斯柱热源，能量分布形式如下：

$$q_V(r,h) = \frac{\beta\varphi_V}{2\pi r_0^2 H + m\pi r_0 H^2}\exp\left(-\frac{\beta r}{r_0}\right)\left(\frac{mh+r_0}{r_0}\right) \tag{6-9}$$

其中，h 为加热位置与焊缝表面的距离（mm）；β 为体热源能量集中系数；r_0 为体热源作用半径（mm）；H 为体热源作用深度（mm）；m 为能量衰减系数。

这里实际焊接过程为双激光束双侧同步焊接，所以要对前文所述的子程序进行进一步的修改，以实现双光束的焊接模拟。

5. 热源模型校核

现对试验工艺参数（激光功率 $P=3700\text{W}$，焊接速度 $V=35\text{mm/s}$）下获得的仿真熔池结果与实验结果进行对比，结果如图 6-22 所示。通过热源对比可以发现，模拟结果与实验结果大致吻合，证明该热源适用于该仿真过程，通过其得出的工艺参数范围较为可靠。

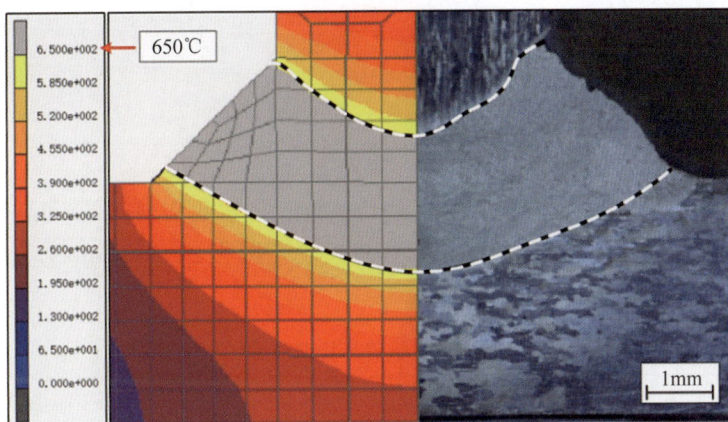

图 6-22　热源校核结果

6.2.2　2195 铝锂合金 T 型结构焊接工艺优化有限元分析

在焊接模拟仿真中，研究其焊接温度场变化分布规律，对于随后的应力应变场分析具有重要意义。通过调试各类焊接参数，可以获得不同的温度场模拟结果，从而探究最优的焊接工艺参数，为随后的应力应变仿真计算做准备。

1. 焊接工艺参数正交试验表设计

由于激光焊接的工艺参数较多，主要有激光功率、焊接速度、激光入射角度、离焦量和保护气体流量等，仿真计算中不能模拟所有的工艺参数，因此在这里主要针对激光功率、焊接速度、激光入射角度设计工艺参数正交试验表，以减少不必要的试验量，提高模拟仿真效率。首先针对激光入射角度开展有限元仿真研究，确定最优激光入射角，图 6-23 为激光功率 $P=3700\text{W}$、焊接速度 $V=35\text{mm/s}$ 时，不同激光入射角度下的熔池仿真结果。

(a)

(b)

(c)

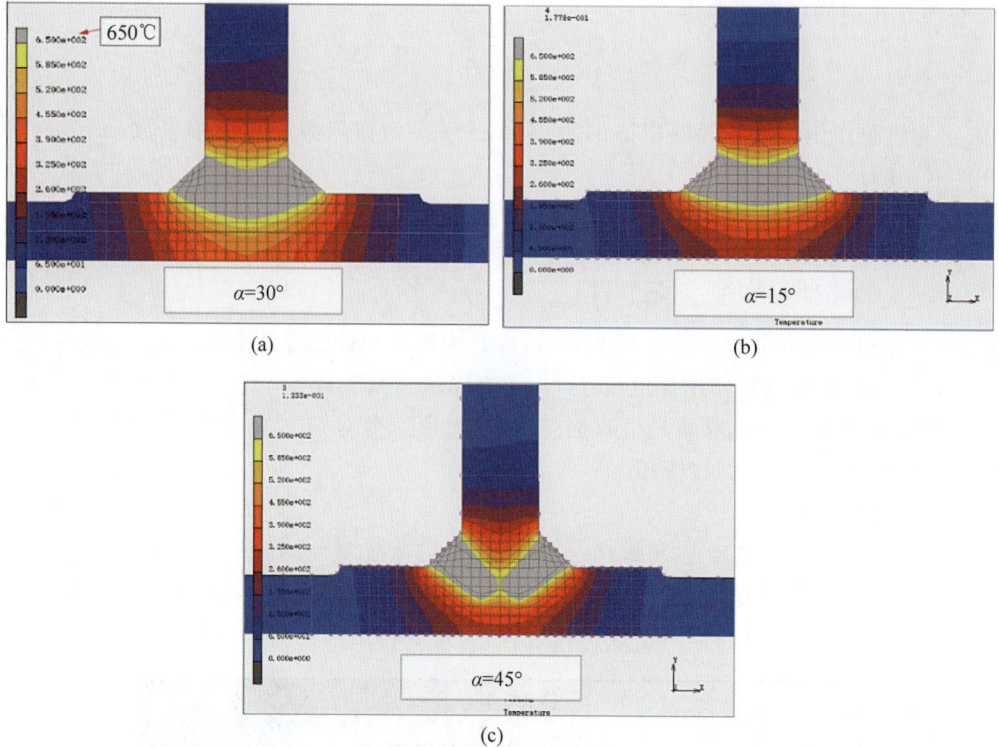

图 6-23　各激光入射角度下焊接熔池（灰色）仿真结果

(a) $\alpha=30°$；(b) $\alpha=15°$；(c) $\alpha=45°$

通过以上仿真结果，并综合考虑实际激光焊接入射角的实现问题，得知最佳入射角为 $30°$。设定激光功率范围为 $3000\sim5000\text{W}$，焊接速度范围为 $25\sim55\text{mm/s}$，设计了控制变量的试验参数表，共 16 组试验，见表 6-4。

表 6-4　焊接仿真正交试验表

试　验　号	激光功率/W	焊接速度/(mm/s)
1	3000	25
2	3000	35
3	3000	45
4	3000	55
5	3700	25
6	3700	35
7	3700	45
8	3700	55
9	4300	25
10	4300	35
11	4300	45
12	4300	55
13	5000	25
14	5000	35
15	5000	45
16	5000	55

2. 焊接熔池仿真结果分析

为探究不同工艺参数对焊接熔池形貌的影响，对以上16组试验分别进行焊接仿真，仿真结果如图6-24所示。

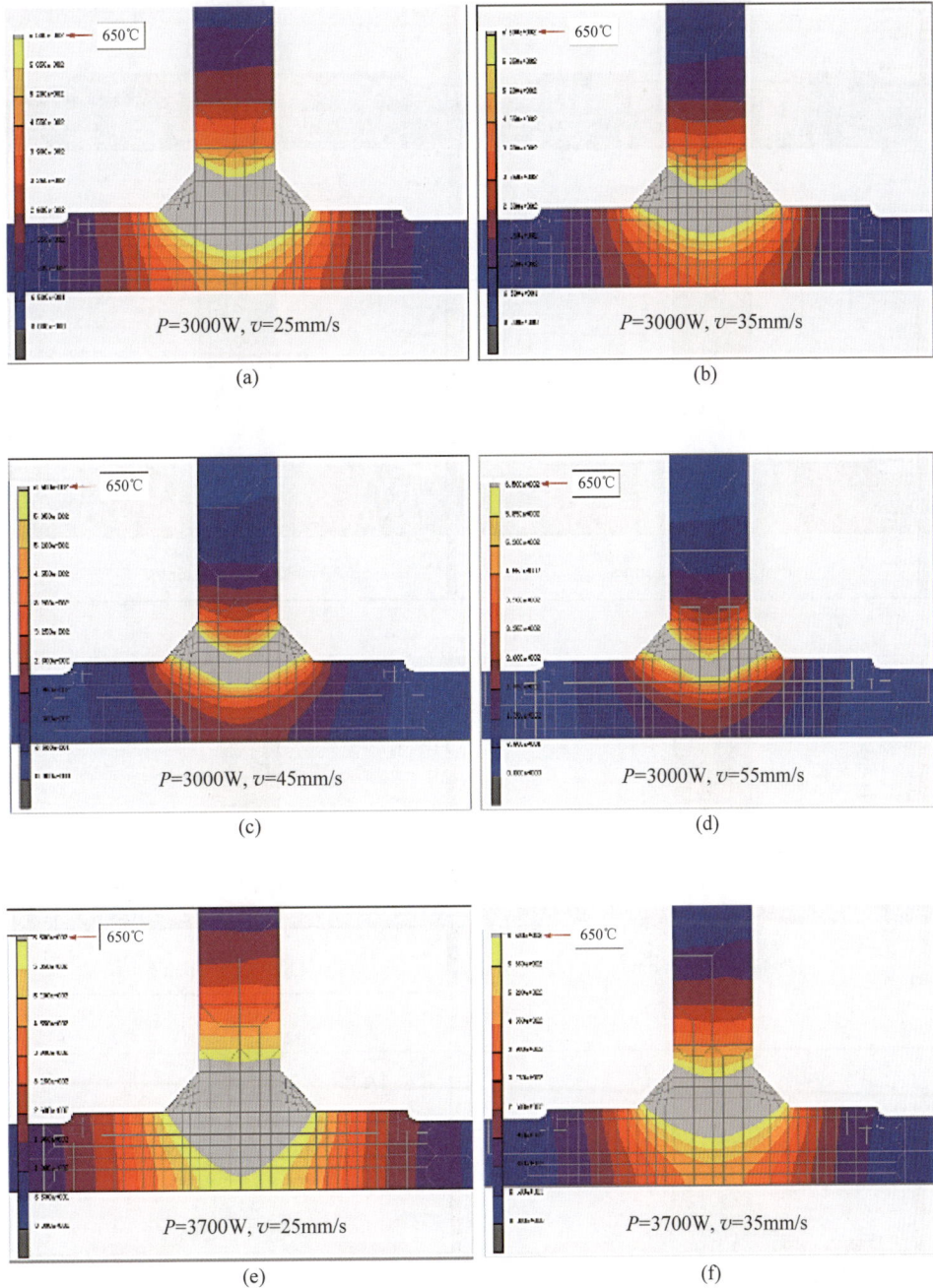

图 6-24 各工艺参数下焊接熔池（灰色）仿真结果

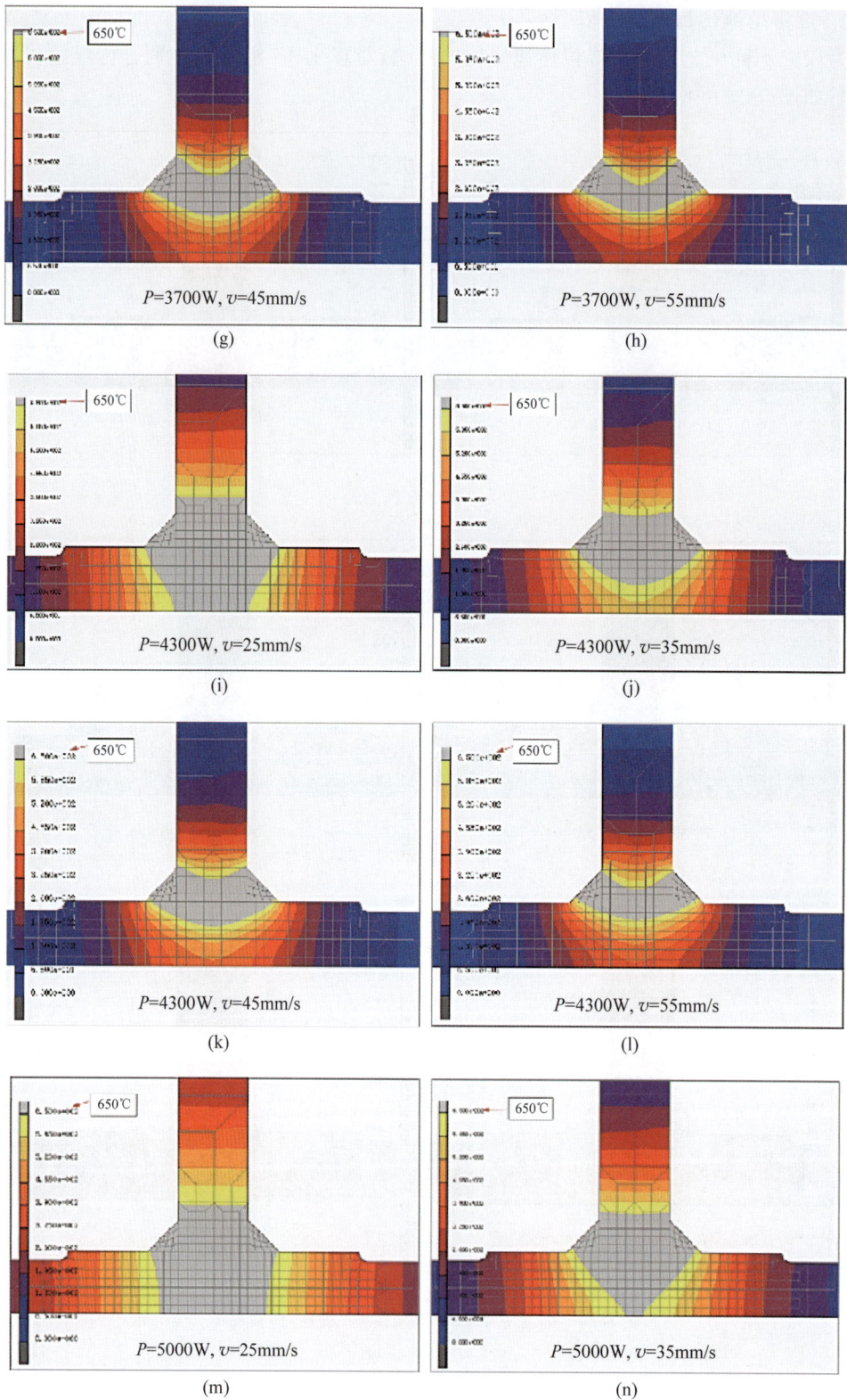

(g)   (h)

(i)   (j)

(k)   (l)

(m)   (n)

图 6-24 （续）

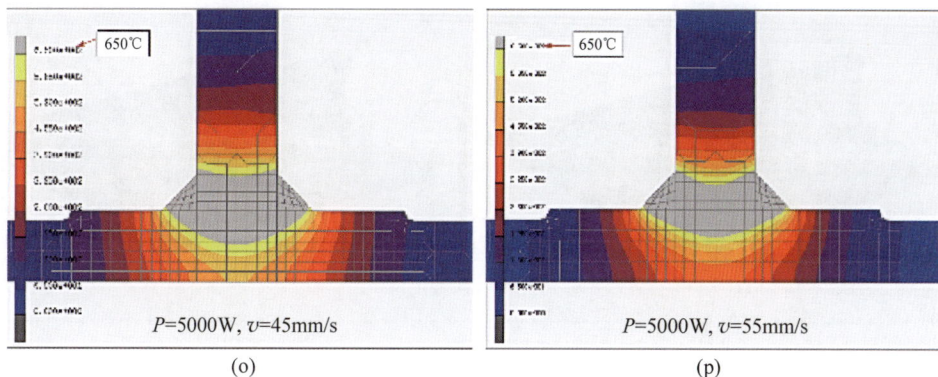

图 6-24 （续）

由图 6-24 可知,由于蒙皮存在凸台,因此熔池均没有出现不连通的现象。保持激光功率 $P=3000W$ 不变,增大焊接速度,如图 6-24(a)～(d)所示,熔深及熔池面积均逐渐减小,这是由于,增大焊接速度导致激光线能量降低。当焊接速度为 25mm/s 时,桁条被充分焊透,熔池的熔深略深,约为 3.5mm,达到蒙皮厚度的一半。增大焊接速度至 35mm/s,熔深约为 1.2mm,桁条约被焊透 0.9mm,熔池整体形貌良好。当焊接速度增大至 45mm/s、55mm/s 时,熔池面积明显减小,熔池虽贯通,但桁条均未焊透,因此连接效果较差,无法满足航天用焊接结构件的要求。

增大激光功率至 3700W,此时由于功率增加,热输入增大,相同焊接速度下的熔池面积均显著增大。在该激光功率下,熔池均贯通,没有出现桁条未焊透的情况。其中,当焊接速度为 25mm/s 时,熔深约为 3mm,蒙皮几乎被焊穿,这将降低蒙皮的力学性能;当焊接速度为 35mm/s 时,熔池形貌较为理想;继续增大焊接速度,熔池深度有所降低,其形貌逐渐变差。

当激光功率增大至 4300W 时,由于此时热输入较大,在较低的焊接速度 25mm/s 下,蒙皮被焊穿,表面完整性被破坏,在实际焊接过程中应避免这种情况的产生。增大焊接速度至 35mm/s 以上时,熔池形貌有所改善,其中 $v=45mm/s$ 下的熔池形貌最为理想,符合预期要求。激光功率增大至 5000W 时,较低焊接速度 25mm/s、35mm/s 时均出现了焊穿现象,在 $v=55mm/s$ 下的熔池仿真结果较好。

综上所述,图 6-24(i)、(m)、(n)中的焊接熔池在厚度方向贯穿了整个蒙皮,这会使接头的强度急剧下降,该情况对于 T 型焊接接头而言是不允许的。在这些工艺参数下无法实现蒙皮与桁条的可靠连接,其原因是这些试验中的工艺参数不匹配。其中,综合考量熔池的尺寸、圆滑程度等因素,熔池形貌较为理想的有图 6-24(b)、(f)、(k)、(p)。

通过对模拟结果的分析可知,随着激光焊接线能量的减小,熔深逐渐变小,熔宽变小。熔深过大导致蒙皮焊穿,焊缝成型不好;熔深过小导致蒙皮与桁条焊合度不高,焊缝成型也不理想。熔深约为蒙皮厚度 1/3 时焊缝成型效果最佳。从以上模拟结果可以判断出最优功率在 3700～4300W,焊速为 35～45mm/s。接下来选取试验组 6 工艺参数下的焊接温度场以及热循环曲线进行分析。

3. 焊接过程温度场分析

试验组 6 的激光功率为 3700W、焊接速度为 35mm/s,激光入射角度为 30°,整个焊接加热过程工况时间为 5.7s,先取该过程中 3 个不同的时刻(1s、2s、3s)温度场云图进行分析,如图 6-25 所示。

(a)

(b)

(c)

(d)

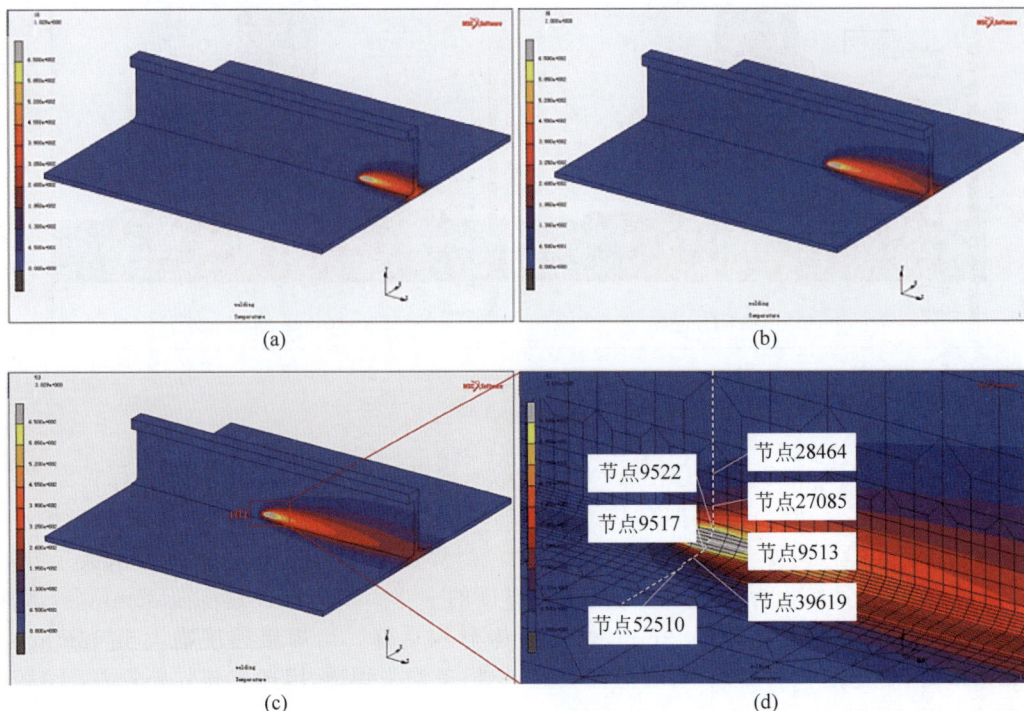

图 6-25　焊接过程温度场分布

(a) 1s时刻；(b) 2s时刻；(c) 3s时刻；(d) 3s时刻(局部)

由图可知，z 轴负向为焊接方向，在起焊的短时间内，温度迅速上升至金属熔点以上并形成焊接熔池，并在接下来的焊接过程中趋于稳定，温度场随着激光热源一同向焊接方向移动，此时的热源周围温度场分布较为稳定。

蒙皮背面温度场如图 6-26 所示。稳定后的温度场在沿焊接方向，等温线分布较密，即温度梯度较大；而在其反方向，情况却相反。这是由于焊接热源移动过程中，热源前端的焊缝金属受热源作用时间较长，使得高温区的分布更为集中，加之金属与环境介质的对流换热在热源后端焊缝中起主要作用，而在热源前端作用不明显，因此，焊接温度场的等温线呈现前密后疏的特征。

为了更为详细地分析焊接热过程，在此选取图 6-25(d)及图 6-26(b)所示节点的焊接热循环曲线进行研究，将热分析计算结果数据导出，分别绘制了如图 6-27 和图 6-28 所示的焊接温度场热循环曲线图。

由热循环曲线可知，当焊接热源移动至采样点所在横截面处，各点温度几乎同时开始上升。但不同位置节点升温速度不同，距焊缝中心距离由远到近，升温速度逐渐增大，其中，焊缝中心的升温速度远高于焊缝边缘，而距焊缝中心较远处的金属升温十分缓慢，在整个热循环曲线中，焊缝中心的温度峰值最高，达到了 1473℃，而焊缝边缘的温度明显较其更低，仅为 597℃，低于液相线温度 650℃，这是激光加热作用高度集中的结果。在随后的冷却阶段，焊缝区域的温度又迅速降低，其中焊缝中心温度从 1473℃降低到 600℃以下所需的时间不足 0.5s，这是由铝锂合金具有较高的导热系数导致的。而对于蒙皮背部而言，最高温度约 538℃，显著低于熔池中心最高温度，并且冷却速度也较低，从 538℃冷却到 200℃约需要 2s，这是由激光热源的热量集中于焊缝，而对于较远区域热源集中作用较低所致。

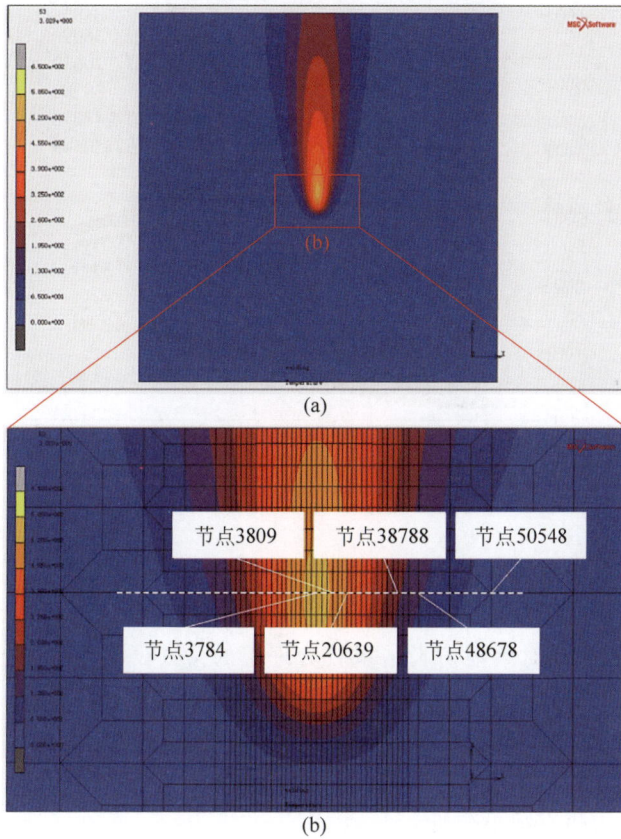

图 6-26　蒙皮背部温度场分布

（a）整体温度场分布；（b）局部温度场分布

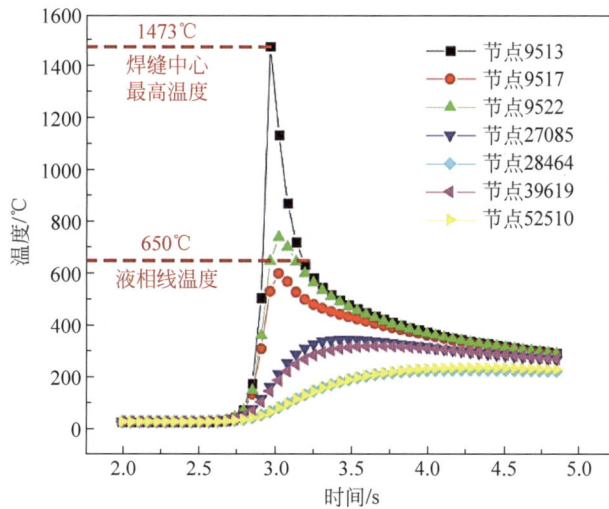

图 6-27　焊缝及附近区域热循环曲线

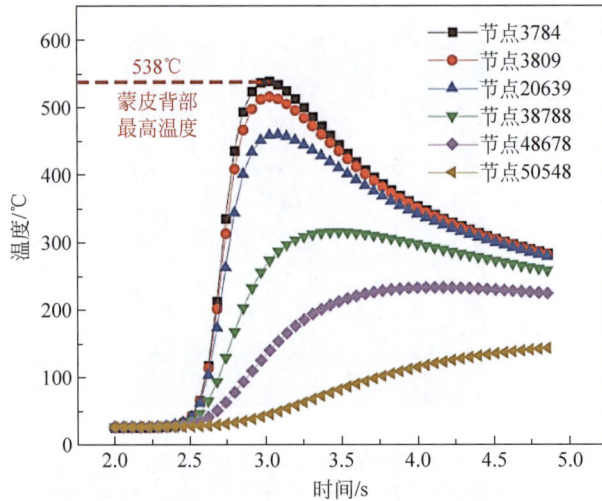

图 6-28 蒙皮背部焊缝处热循环曲线

4. 焊接应力应变场模拟

在温度场模拟结果基础上,可通过热力耦合分析法对构件的焊接残余应力及变形的分布规律进行模拟计算。现对熔池仿真结果较为理想的第 6 试验组(激光功率 3700W、焊接速度 35mm/s、激光入射角度 30°)的焊接应力应变场模拟结果进行分析,同时对该工艺参数下与第一阶段模型的应力应变场结果进行对比,以探究该工艺参数下不同结构的焊接残余应力及变形的分布规律。

1) 焊接残余应力仿真结果分析

为直观描述其焊后的残余应力分布情况,可根据第四强度理论对焊后残余应力分布规律进行分析,从而判定整体构件各部位的残余应力分布情况,因此选取等效 Mises 应力分布云图进行结果分析,该方法适用于碳钢、铝合金、铜合金等塑性材料的屈服失效形式分析。

焊件的整体等效 Mises 应力分布的仿真结果如图 6-29 所示。

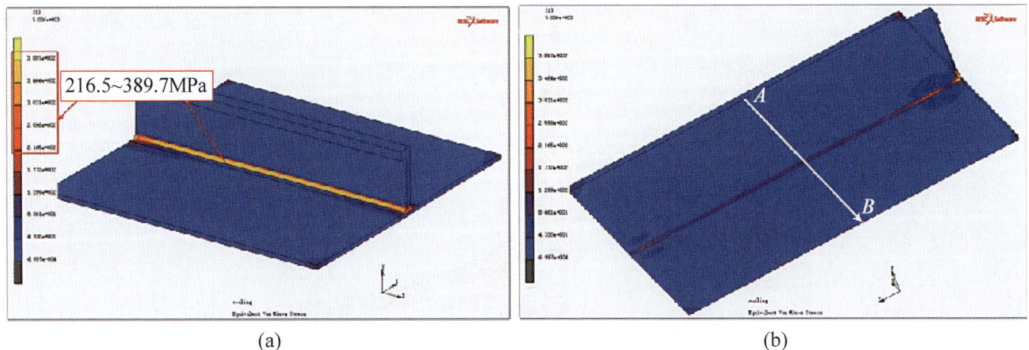

图 6-29 焊后等效 Mises 应力分布

从图 6-29 可知,构件残余应力分布规律主要在沿焊缝方向两侧呈面对称分布,并且在两侧角焊缝处存在明显的应力集中。残余应力主要分布于焊缝及其附近区域,其原因主要是,激光焊接时高热输入使焊缝附近高温区的金属产生热膨胀而受到周围冷态金属的制约,加之焊接熔池随后的凝固收缩也受到制约,使该处的塑性变形受到制约。焊件应力集中区域,即焊缝及其附近残余应力值主要在 216.5~389.7MPa 范围内。

为更加详细地研究构件的焊后残余应力分布情况,现对图 6-29(b)所示路径 AB 及其所在 XY 截面的蒙皮正面与桁条上的各节点残余应力值进行分析,分别得到以下的等效 Mises 应力曲线。

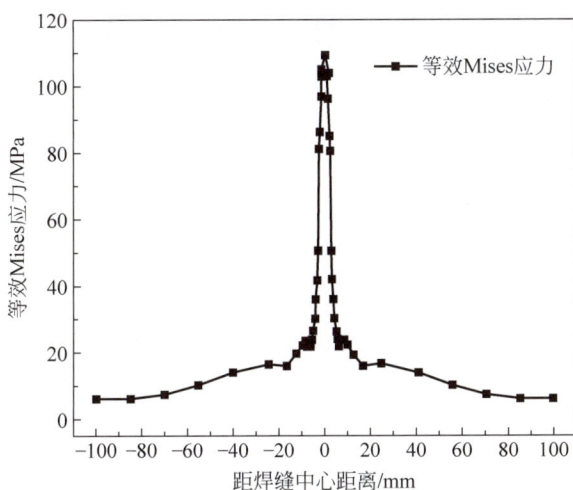

图 6-30　*AB* 路径上的等效 Mises 应力曲线

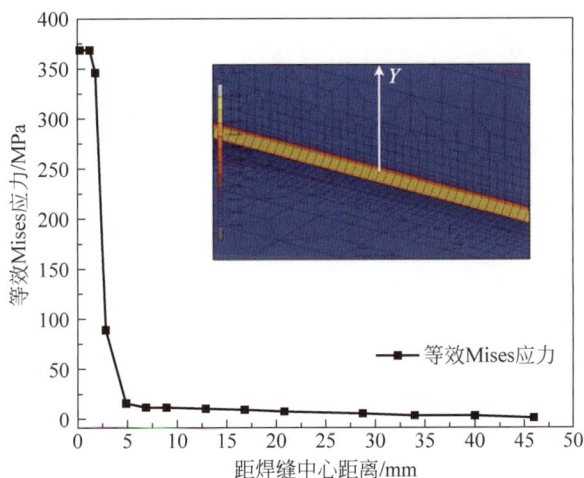

图 6-31　桁条处等效 Mises 应力曲线

通过曲线(图 6-30~图 6-32)可知,焊缝中心的残余应力值最大,最大应力值在 370MPa 左右;而焊缝中心两侧的应力值较其略低,并且随着离焊缝中心距离的增大,残余应力显著减小,充分体现出了焊后的应力集中效应。

上述分析以焊接工艺参数 $P=3700\text{W}$、$v=35\text{mm/s}$ 为例讨论了焊接过程中的应力分布规律,若改变焊接工艺参数,则将改变温度场分布,导致膨胀收缩程度不一致,最终将得到不同的残余应力分布。因此有必要探究焊接工艺参数对残余应力分布的影响,为准确调控

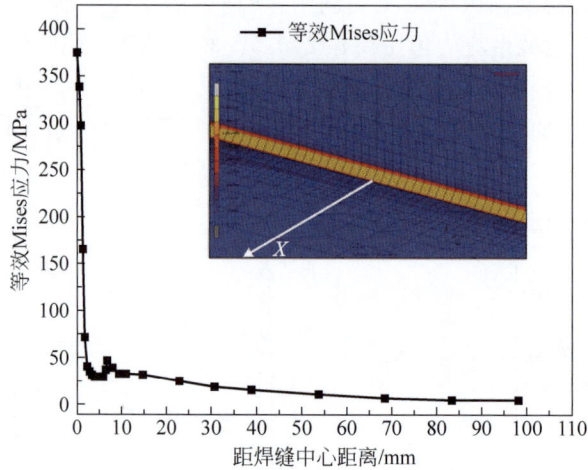

图 6-32　蒙皮正面等效 Mises 应力曲线

焊后残余应力提供理论基础。

给定激光功率 $P=3700\text{W}$，改变焊接速度，探究焊接速度对焊后残余应力分布的影响规律。图 6-33 分别为 $P=3700\text{W}$ 下不同焊接速度的残余应力分布云图。

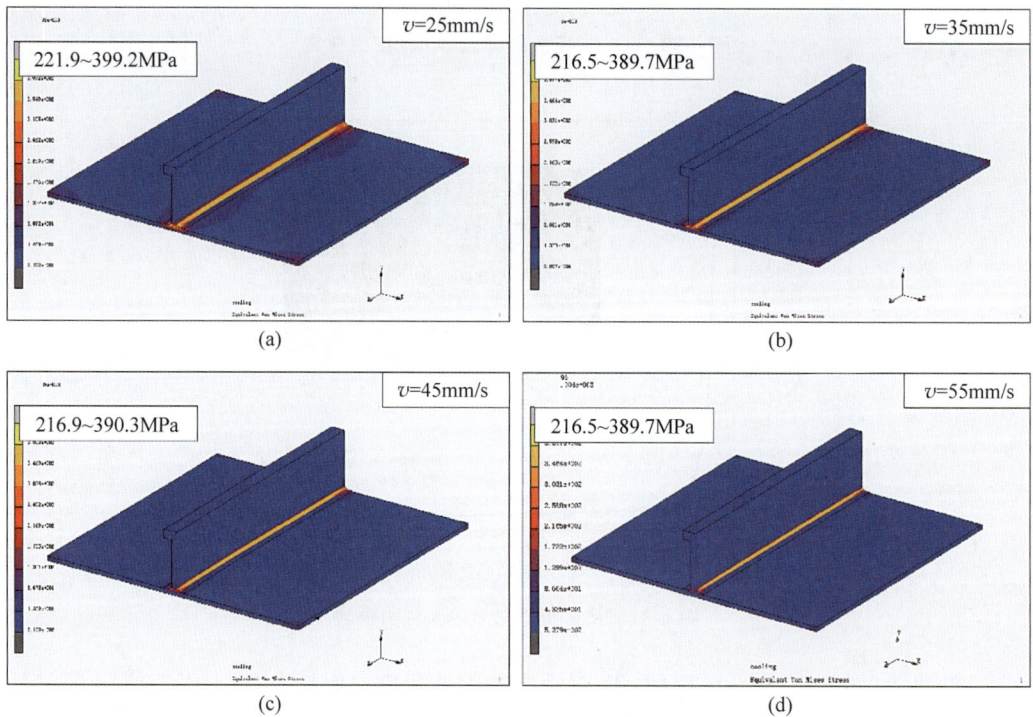

图 6-33　$P=3700\text{W}$ 时不同焊接速度的残余应力分布云图

(a) $v=25\text{mm/s}$；(b) $v=35\text{mm/s}$；(c) $v=45\text{mm/s}$；(d) $v=55\text{mm/s}$

从图 6-33 可知，不同焊接速度下的残余应力均集中分布在焊缝区域。焊接速度 $v=25\text{mm/s}$ 时的残余应力集中区间为 $221.9\sim399.2\text{MPa}$；$v=35\text{mm/s}$ 时的残余应力集中区间为 216.5～389.7MPa；$v=45$mm/s 时的残余应力集中区间为 216.9～390.3MPa；$v=55$mm/s 时的残余应力集中区间为 216.5～389.7MPa，可见，当 $P=3700$W 时取 $v=35$mm/s 可得到残余应力最小的焊件。此外还可观察到，随着焊接速度的增大，应力集中区域的范围逐渐减小。增大焊接速度会降低激光线能量，热输入量减少，从而引起不同程度的膨胀收缩量，导致了这种残余应力分布变化规律。

给定焊接速度 $v=45$mm/s，改变激光功率，探究激光功率对焊后残余应力分布的影响规律。图 6-34 为 $v=45$mm/s 下不同激光功率的残余应力分布云图。

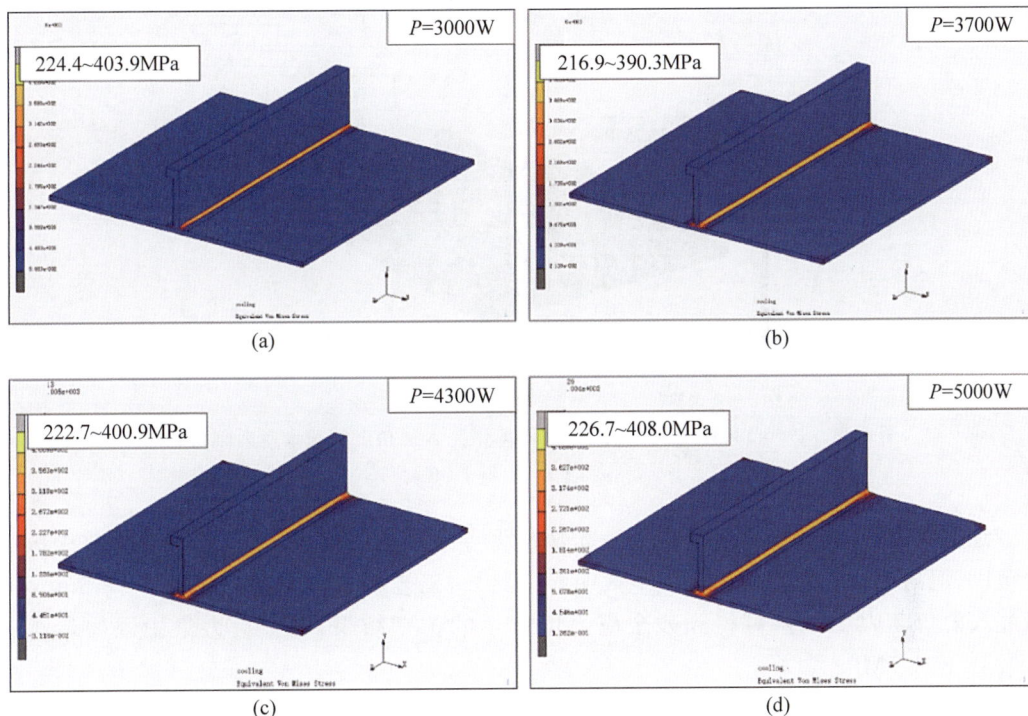

图 6-34 $v=45$mm/s 时不同激光功率的残余应力分布云图
(a) $P=3000$W；(b) $P=3700$W；(c) $P=4300$W；(d) $P=5000$W

从图 6-34 可知，不同激光功率下的残余应力均集中分布在焊缝区域。激光功率 $P=3000$W 时的残余应力集中区间为 224.4～403.9MPa；$P=3700$W 时的残余应力集中区间为 216.9～390.3MPa；$P=4300$W 时的残余应力集中区间为 222.7～400.9MPa；$P=5000$W 时的残余应力集中区间为 226.7～408.0MPa。可见，当 $v=45$mm/s 时，取 $P=3700$W 时可得到残余应力最小的焊件。此外，随着激光功率的增大，热输入量增大，应力集中的区域范围逐渐扩大。

图 6-35 为 $P=4300$W、$v=45$mm/s 情况下，不同激光入射角的残余应力分布云图。由图可知，不同激光入射角度下的残余应力均集中分布在焊缝区域，且入射角度增加时残余应力值随之增大。激光入射角度 $\alpha=30°$ 时的残余应力集中区间为 222.7～400.9MPa，$\alpha=45°$ 时的残余应力集中区间为 227.9～410.2MPa，$\alpha=15°$ 时的残余应力集中区间为 209.8～377.7MPa，可见当 $\alpha=15°$ 时可得到残余应力最小的焊件。

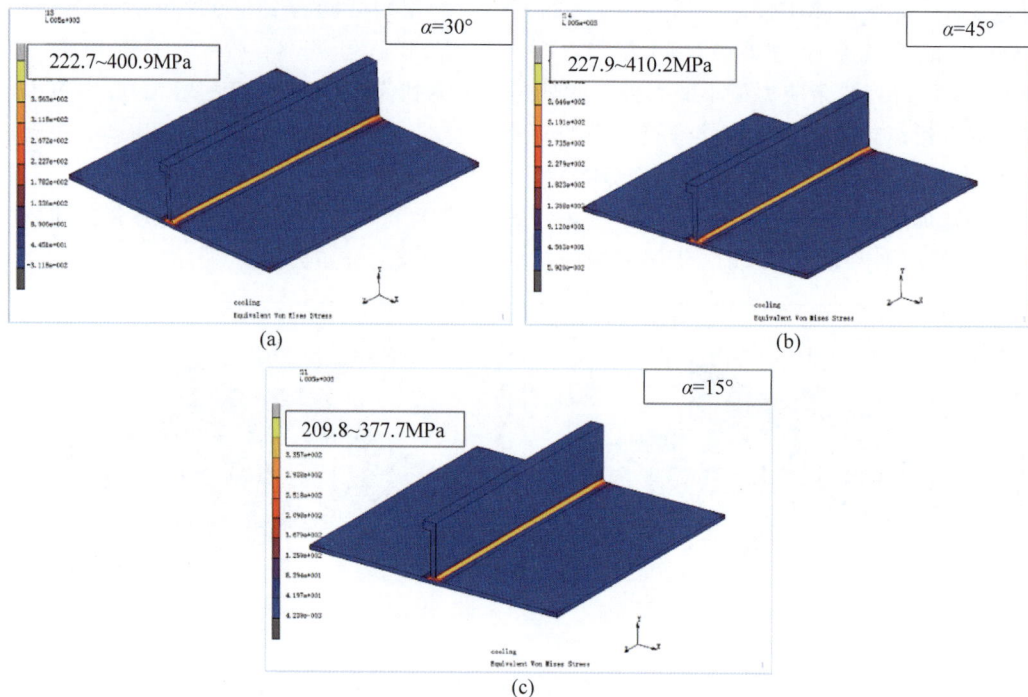

图 6-35　$P = 4300\mathrm{W}, v = 45\mathrm{mm/s}$ 时不同激光入射角度的残余应力分布云图

(a) $\alpha = 30°$；(b) $\alpha = 45°$；(c) $\alpha = 15°$

综上所述，降低焊接速度及增大激光功率将导致热输入增大，从而扩大应力集中区域的范围，但与残余应力值的相关性不太明显。此外，工艺参数为 $P = 4300\mathrm{W}$、$v = 45\mathrm{mm/s}$，激光入射角度为 15°时，可得到残余应力值最小的仿真结果，残余应力集中区间最小为 209.8～377.7MPa。

2）焊接变形仿真结果分析

焊接变形会直接影响焊件的形状与尺寸精度，更为严重时还会影响其装配或服役效果，因此，为更加详细地研究构件的焊后变形情况，还需对该工艺参数下两种结构的焊后变形分布云图（图 6-36）进行分析。

由图可知，构件主要的焊后变形位于桁条以及蒙皮部分两侧区域，其中，最大变形量为 0.8977mm。蒙皮部分在轴向产生了挠曲变形，蒙皮沿焊缝方向的两侧边缘的挠曲变形最大，为 0.09786mm；此外，桁条也在轴向负方向产生了 0.8962mm 的塌陷。

接下来对蒙皮沿焊缝方向边缘上的背面各节点的变形情况进行分析，其焊接变形曲线如图 6-37 所示。

由焊接变形曲线可知，在蒙皮纵向边缘的中部区域变形最大，变形量约为 0.1mm，变形从中部向两侧逐渐减小直至 0，整个区域变形的范围较小，可以看出，该工艺参数下的焊接变形较为理想。

图 6-38 为 T 型接头中间位置的截面，模拟得到的角变形为 0.5°，变形结果较为理想。

激光焊接的焊缝很窄，熔化时焊缝中心熔池的压缩塑形变形较小，导致最终的底板横向收缩很小，模拟结果如图 6-39 所示，横向收缩变形接近于零。

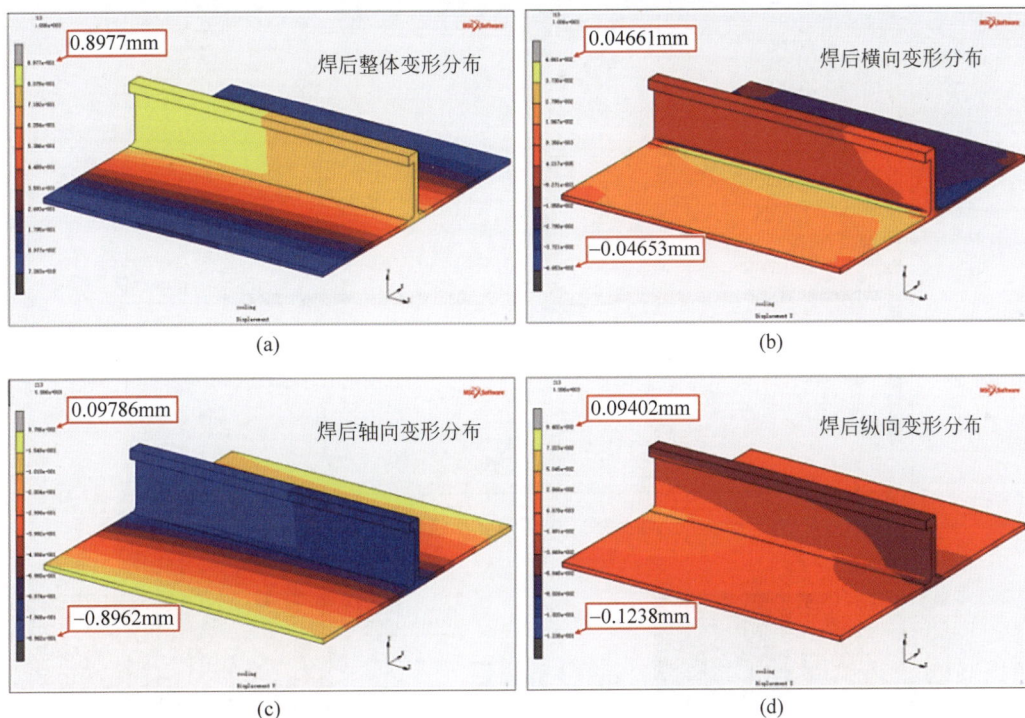

图 6-36　焊后变形分布情况

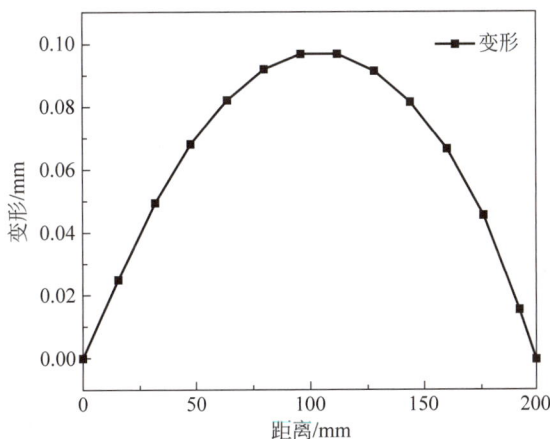

图 6-37　焊接变形曲线

　　底板纵向收缩变形量较横向收缩要大,这是因为焊缝长度较长,焊缝加热时在长度方向上的压缩塑形变形的累积量较大。模拟结果如图 6-40 所示,以构件长度方向的中心截面为对称面,两侧的纵向收缩对称。长度方向两侧的焊缝部位收缩变形量最大,达0.09402mm,焊缝两边随距焊缝的距离增大,纵向变形量逐渐减小。

　　上述分析以焊接工艺参数 $P=3700\text{W}$、$v=35\text{mm/s}$ 为例讨论了焊接过程中的变形分布规律。已经知道,改变工艺参数将改变温度场与应力场的分布情况,显然也将对焊后变形的分布产生影响。而焊后变形直接影响着构件的可靠性和装配精度,针对不同工艺参数下

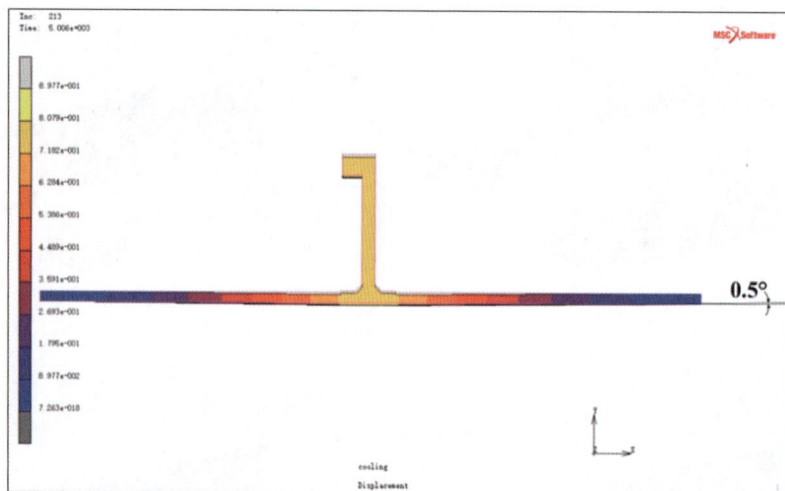

图 6-38　构件角变形结果图

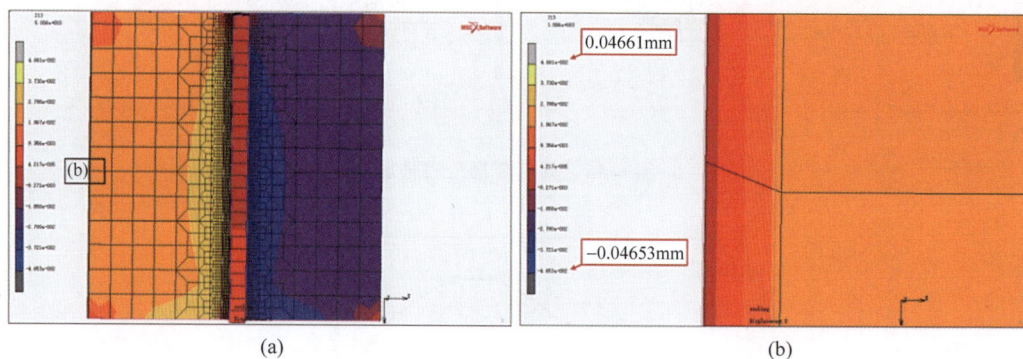

(a)　　　　(b)

图 6-39　构件横向变形结果

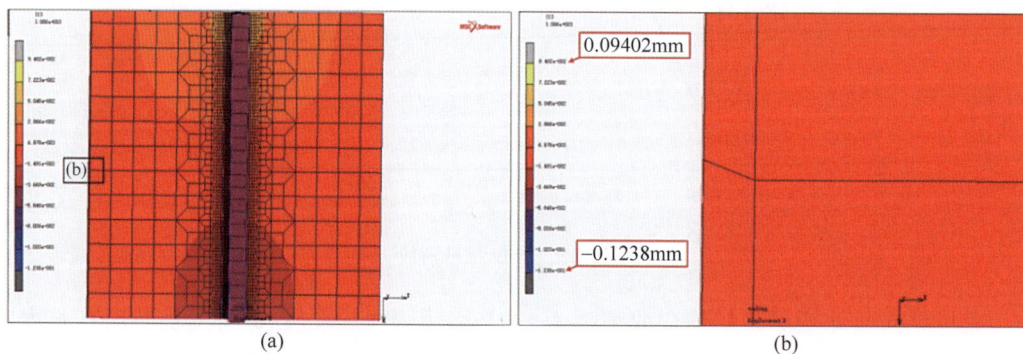

(a)　　　　(b)

图 6-40　构件纵向变形结果

的焊后变形开展仿真模拟,为调控焊后变形奠定理论基础。

　　给定激光功率 $P=3700\text{W}$,改变焊接速度,探究焊接速度对焊后变形分布的影响规律。图 6-41 为 $P=3700\text{W}$ 情况下不同焊接速度的焊后变形分布云图。

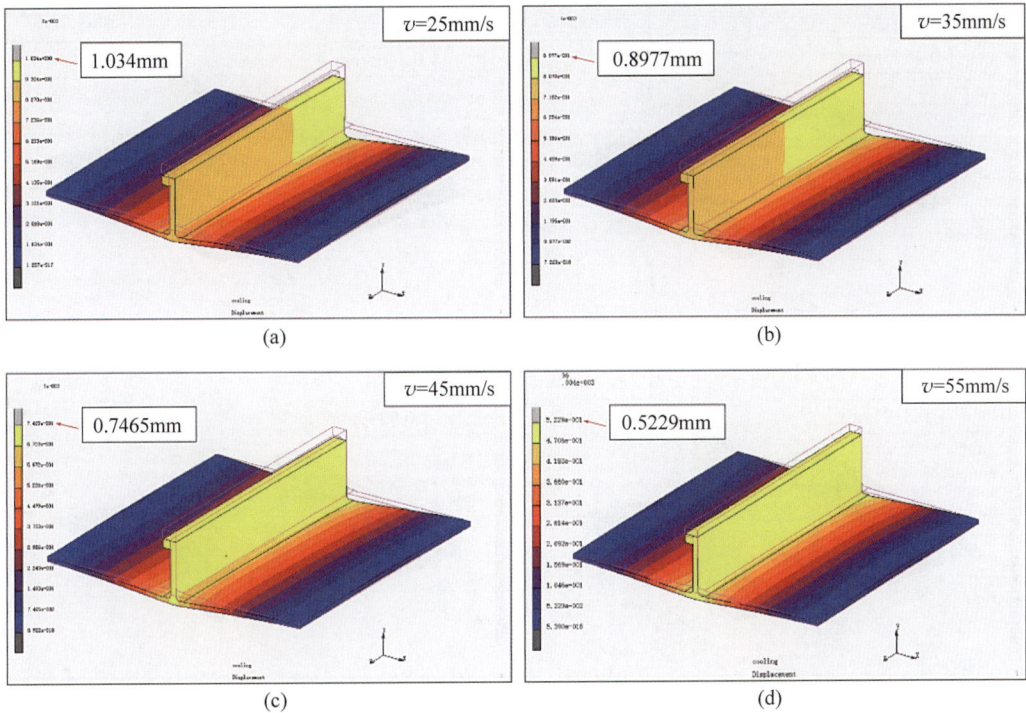

图 6-41 P＝3700W 时不同激光功率焊后变形分布云图（模型变形×10 倍显示）

(a) v＝25mm/s；(b) v＝35mm/s；(c) v＝45mm/s；(d) v＝55mm/s

　　由图可知,不同焊接速度下焊后变形的分布规律基本一致,均表现为桁条中心较大的凹陷变形及蒙皮边缘微小的拱曲变形。焊后变形与焊接速度呈现明显的线性相关：随着焊接速度的增大,热输入减小,焊后变形峰值逐渐减小。焊接速度 v＝25mm/s 时的焊后变形峰值为 1.034mm；v＝35mm/s 时的焊后变形峰值为 0.8977mm；v＝45mm/s 时的焊后变形峰值为 0.7465mm；v＝55mm/s 时的焊后变形峰值为 0.5229mm,可见,不同焊接速度下的焊后变形均较小,当 P＝3700W 时取 v＝55mm/s 可得到焊后变形最小的焊件。

　　给定焊接速度 v＝45mm/s,改变激光功率,探究激光功率对焊后变形分布的影响规律。图 6-42 为 v＝45mm/s 下不同激光功率的焊后变形分布云图。

　　由图可知,不同激光功率下焊后变形的分布规律基本一致,均表现为桁条中心较大的凹陷变形及蒙皮边缘微小的拱曲变形。激光功率的影响规律类似于焊接速度,随着激光功率的增大,热输入增大,焊后变形峰值逐渐增大。激光功率 P＝3000W 时的焊后变形峰值为 0.4546mm；P＝3700W 时的焊后变形峰值为 0.7465mm；P＝4300W 时的焊后变形峰值为 0.8491mm；P＝5000W 时的焊后变形峰值为 0.9399mm,可见,不同激光功率下的焊后变形均较小,当 v＝45mm/s 时,取 P＝3000W 可得到焊后变形最小的焊件。

　　图 6-43 为 P＝4300W、v＝45mm/s 情况下,不同激光入射角的焊后变形分布云图。由图可知,不同激光入射角度下的焊后变形分布规律基本一致,均表现为桁条中心较大的凹陷变形及蒙皮边缘微小的拱曲变形,且对最大变形的影响并不显著。激光入射角度 α＝30° 时的焊后变形峰值为 0.0416mm；α＝45° 时的焊后变形峰值为 0.0453mm；α＝15° 时的焊后变形力峰值为 0.0457mm,可见,当 α＝30° 时,可得到焊后变形最小的焊件。

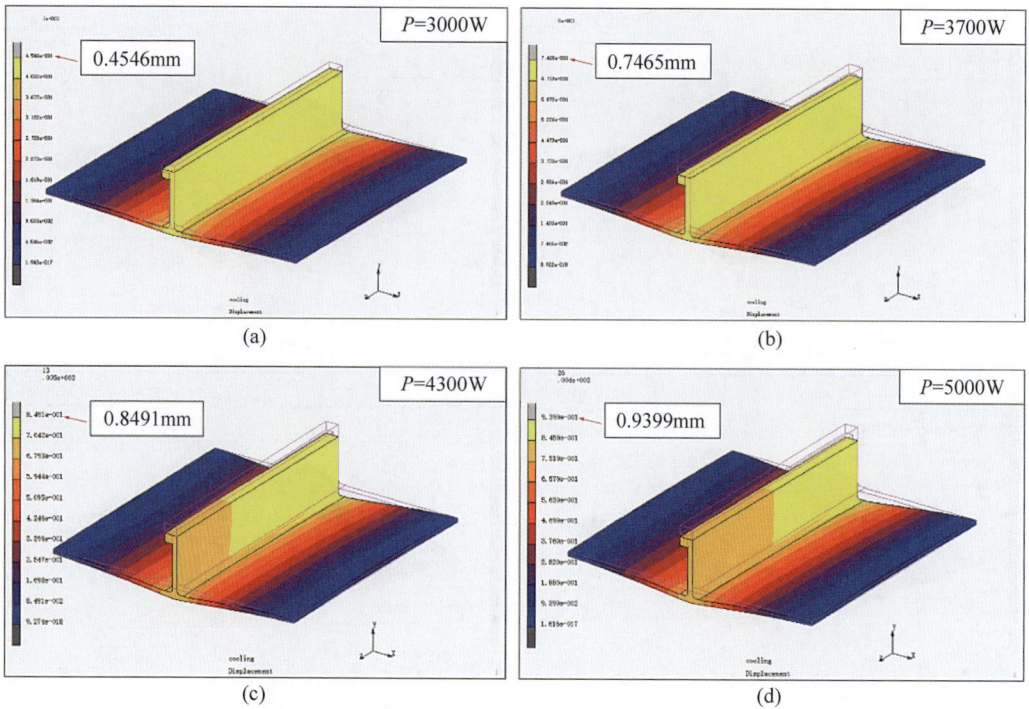

图 6-42　$v=45\text{mm/s}$ 时不同激光功率焊后变形分布云图（模型变形×10 倍显示）

（a）$P=3000\text{W}$；（b）$P=3700\text{W}$；（c）$P=4300\text{W}$；（d）$P=5000\text{W}$

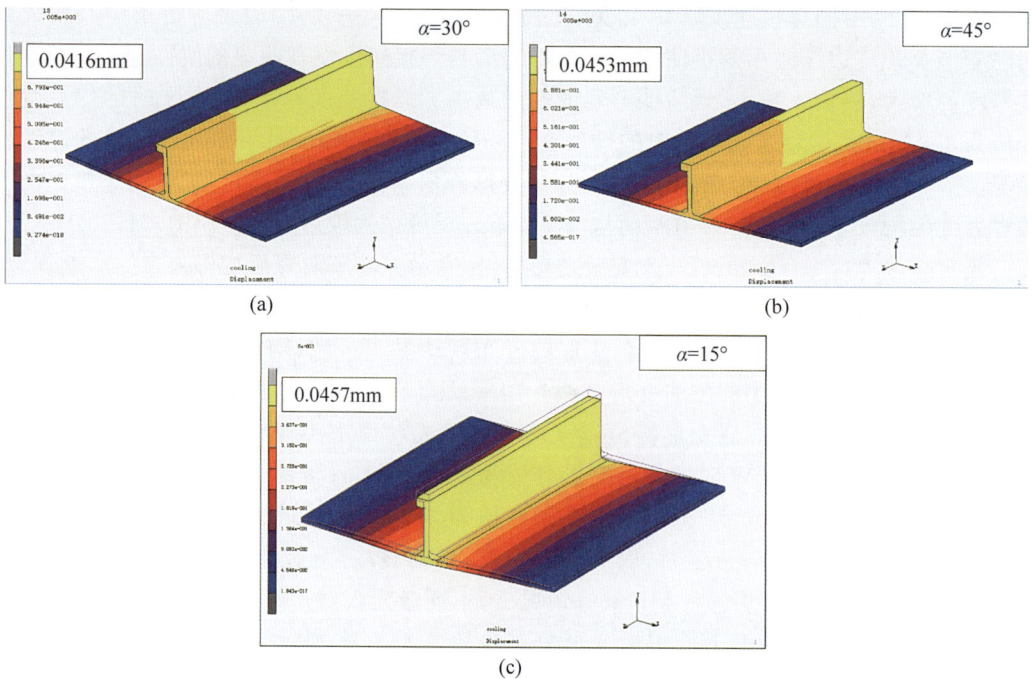

图 6-43　$P=4300\text{W}$、$v=45\text{mm/s}$ 时不同激光入射角度的焊后变形分布云图

（a）$\alpha=30°$；（b）$\alpha=45°$；（c）$\alpha=15°$

综上所述,改变工艺参数对焊后变形分布特征的影响甚微,不同工艺参数下的变形均为桁条中心的凹陷变形和蒙皮边缘的拱曲变形。各参数下的焊后残余变形量均较小,低于1mm。较大的激光功率或较小的焊接速度将导致较大的焊后变形,表明焊接过程中的热输入直接影响着焊后变形峰值。

6.3 基于 MSC.Marc 求解 Invar 合金激光-电弧复合焊接过程

激光-MIG(熔化极惰性气体保护电弧焊)复合焊将两种热源一同加载于 Invar 合金焊缝处,整个过程会涉及电弧和激光相互作用、金属的熔化、传热与凝固、电磁感应、等离子云对激光的反射作用等各种复杂的物理现象。本节基于上述物理现象,提出假设条件简化过程,通过建立几何模型,划分有限元网格,初始条件和边界条件的设置,以及热源模型的加载等过程,建立了 Invar 合金激光-电弧复合焊接有限元仿真模型。

6.3.1 Invar 合金复合焊接有限元模型建立

1. 复合焊几何模型建立

温度场仿真是基于材料实体,因此首先要建立几何模型。这里实验是对 Invar 合金对接接头进行激光-电弧复合焊,尺寸为 $100\text{mm} \times 100\text{mm} \times 7\text{mm}$。针对该接头形式,利用 CATIA 软件构建 Invar 合金试件的三维几何模型。考虑到几何模型为对称模型,只需建立一半模型即可,如图 6-44(a)所示。因为 Invar 合金激光-MIG 复合焊接可熔化焊丝作为电极,因此在焊接后会产生较大的余高和熔宽,为了精确描述热源对材料的传热过程,基于校核试样在几何模型中加入抛物线形状的余高,最终得到的几何模型如图 6-44(b)所示。

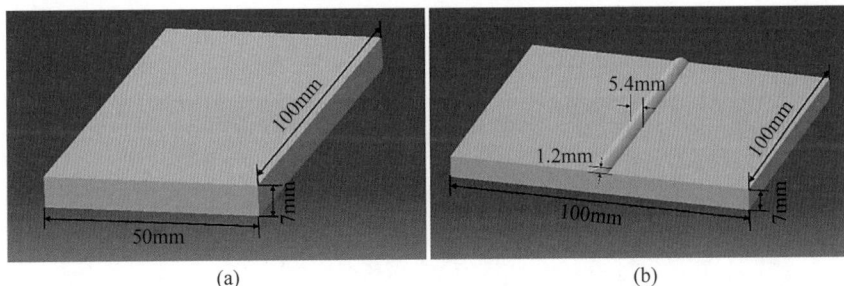

图 6-44　几何模型
(a) 基体几何模型;(b) 余高几何模型

2. 复合焊网格模型建立

专业软件 Hypermesh 具备有限元网格划分工具,对 Invar 合金几何模型网格划分。有限元法是一种采用变分方法、加权余量法等策略,用各个网格单元内的简单近似解来逼近复杂问题的近似解的数值计算方法。计算过程中通过前后单元节点的迭代过程一步步传递时间、温度、位移等增量,因此网格划分的质量越高,越容易逼近复杂问题的近似解,从而计算的正确性和精确性就越高。但同时如果网格数目过多,在有限元法求解过程中迭代的次数也将增加,不仅会大大增加求解时间和难度,而且对计算机 CPU 性能要求也更高。综上所述,网格的划分区域和数量应该根据具体过程进行调整,在保证计算精确性的基础上提高仿真效率。

Invar 合金激光-MIG 复合焊接过程热源作用区域在焊缝中心线周围,同时仿真求解重点关注的结果也集中在焊缝区域。为了更容易地处理上述难题,将焊缝的网格稠密化,将远离焊缝的母材网格稀疏化,并通过过渡网格的形式将稠密网格和稀疏网格进行连接。采用 4∶2 的网格过渡形式,如图 6-45 所示。

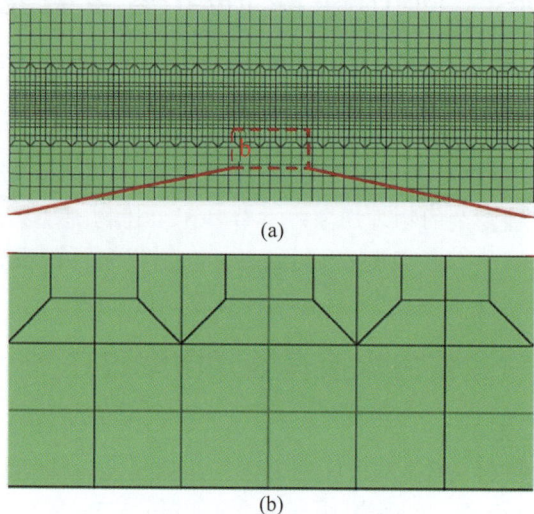

(a)

(b)

图 6-45　过渡网格划分方法

图 6-46(a)为 7mm 厚 Invar 合金对接接头的网格模型立体图,焊缝区域网格尺寸为 0.5mm×0.5mm×1mm;焊缝区域横截面如图 6-46(b)所示,划分的网格形状都为四边形,尽量避免三角形网格的出现。远离焊缝的母材区域的横截面如图 6-46(c)所示,在经过一次 3∶1 的过渡网格后,又采用了偏置的方法使靠近焊缝的网格偏小,偏置系数为 5.0。经计算,该模型总节点数为 34388,单元总数为 27048。

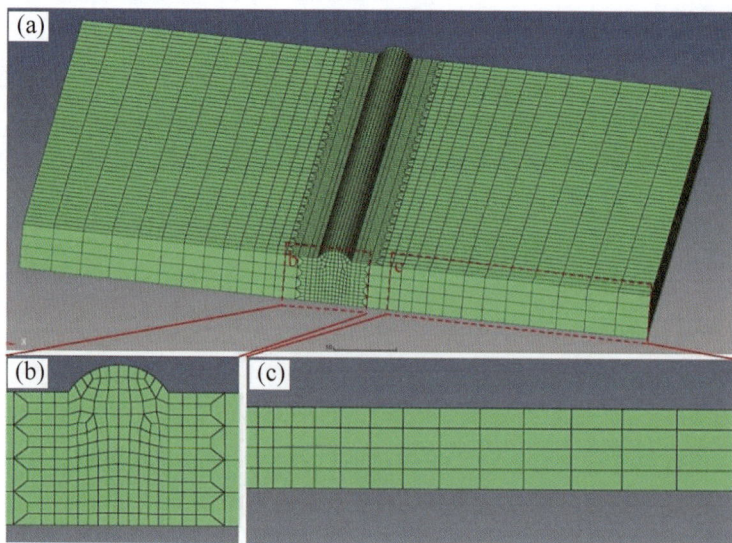

图 6-46　网格划分结果

(a) Invar 合金试样网格模型;(b) 焊缝区域横截面网格划分;(c) 母材区域横截面网格划分

3. Invar 合金热物性参数的获取

除了网格划分的质量以外,有限元法的基础是热传导方程,用于计算每个单元内的热过程。而材料的热物性参数是构成热传导方程的重要参数,对焊接过程中的传热有着重要影响。根据热传导方程,热物理性能参数包括比热容、热膨胀、热导率。温度升高时,分子的平均运动速度增加导致平均分子动能增加,从而在温度不同时,与内部、外界交换的能量都会改变。因此热物性参数在温度升高时会改变,同时因为分子运动情况复杂,绝大多数热物性参数与温度之间不呈简单的线性关系。这里通过查阅大量文献完成了低温时参数的获取,另对 Invar 合金的高温热物性参数进行了测量,并利用外推或线性插值的方法获得了高温材料参数。表 6-5 为 Invar 合金热物性参数常数及其他计算参数,图 6-47 为不同温度下 Invar 合金热导率和比热容的大小。

表 6-5 Invar 合金热物性参数及其他计算参数

名　　称	符　　号	单　　位	数　　值
环境温度	T_∞	K	300
固相线温度	T_S	K	1727
液相线温度	T_L	K	1811
蒸发温度	T_G	K	3200
密度	ρ	kg/m^3	8130
熔化潜热	L_m	J/kg	2.74×10^{-5}
蒸发潜热	L_v	J/kg	6.34×10^{-6}
表面张力温度系数	$\dfrac{\partial \gamma}{\partial T}$	N/(m·K)	-0.0002
热膨胀系数	β	K^{-1}	3.54×10^{-5}
黑体辐射系数	ε	—	0.4
对流换热系数	h_{conv}	W/(m^2·K)	80
电弧热效率	η	—	0.75
重力加速度	g	m/s^2	9.81
摩尔质量	M_a	kg/mol	55.847
玻尔兹曼常量	k_B	J/K	1.38×10^{-23}
阿伏伽德罗常数	N_A	mol^{-1}	6.022×10^{23}

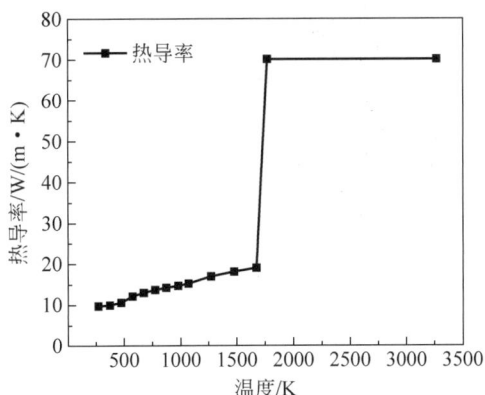

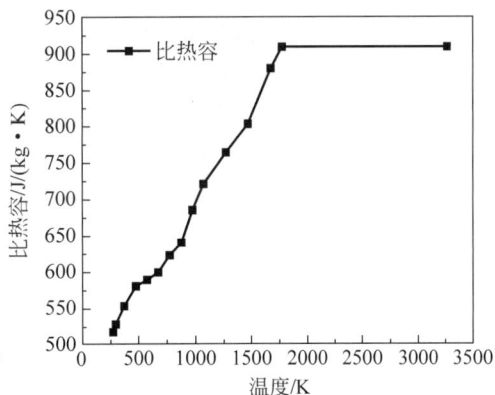

(a)　　　　　　　　　　　　　　　　　(b)

图 6-47 不同温度下 Invar 合金热物性参数

(a) 热导率;(b) 比热容

由表 6-5 可知,Invar 合金的熔点为 1727K,密度为 8130kg/m³,热膨胀系数为 3.54×10^{-5} K⁻¹。由图 6-47 可知,在室温下热导率约为 9.7W/(m·K),随着温度的升高,在 273~1727K 缓慢增加,在到达熔点后热导率迅速增加到 70W/(m·K)并保持不变。比热容在室温时为 528J/(kg·K),随着温度的升高,也逐渐升高且增长速度较快,在温度到达熔点 1727K 时,比热容达到最高值 910J/(kg·K)并保持不变。

4. 初始条件和边界条件的设置与加载

激光-MIG 复合焊过程会涉及电弧和激光相互作用、金属的熔化、传热与凝固、电磁感应、等离子云对激光的反射作用等各种复杂的物理现象。如果考虑每个影响因素对焊接热过程焊缝的影响,就可能会造成计算效率过低甚至结果不收敛,因此需要对仿真有限元模型进行一定的假设进行简化。这里对模型的假设如下:

(1) 假设焊件的初始温度与环境温度一致,即 300K;

(2) 焊接过程中产生的热量仅通过所有表面边界对流到空气中;

(3) 激光-MIG 复合焊接是一个准稳态过程,混合热源以恒定速度进行;

(4) 材料为各向同性,其物性参数与材料内部位置无关,且忽略温度对材料密度的影响;

(5) 忽略激光-MIG 复合焊接过程中气体对输入激光的作用、熔池内部液体的流动特性对热传导的影响;

(6) 假设受电弧压力、熔池重力及熔池表面张力的熔池表面是静态平衡的。

在激光-MIG 复合焊焊接过程及其冷却过程中,焊接边界条件包括试件表面与环境热交换、位移约束边界条件以及施加的焊接热源。热交换包含焊件表面与周围环境介质发生的热对流作用,以及热辐射作用,经计算,通过热对流方式而损失的热量占绝大部分。为了简化仿真过程,这里将热辐射系数通过一定公式转化成热对流系数,从而焊件表面与环境介质的热交换统一为热对流,如图 6-48 所示。

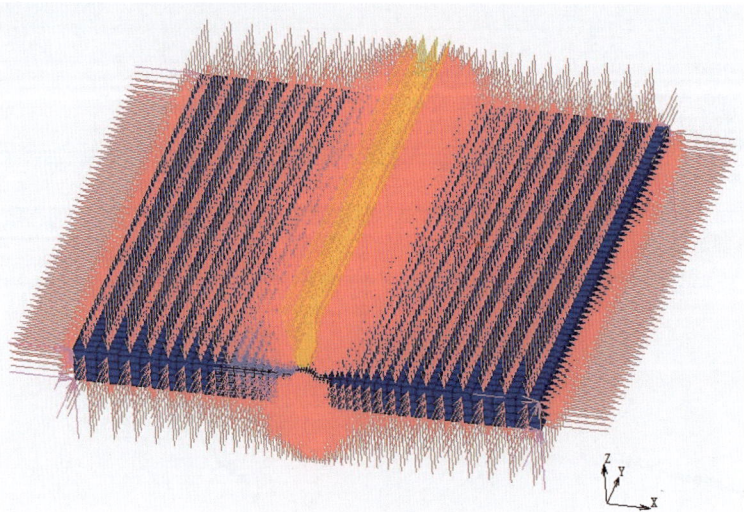

图 6-48 热交换边界条件

除了热交换边界条件外,还需要位移约束边界条件。在实际焊接中都需要夹具对焊件进行固定防止焊件移动,因此在有限元仿真中也需要对焊件进行位移约束,防止热量过大使焊件发生刚性位移而导致计算不收敛。对于一般的焊接过程只需要对焊件的八个角进行位移约束,如图 6-49 所示。

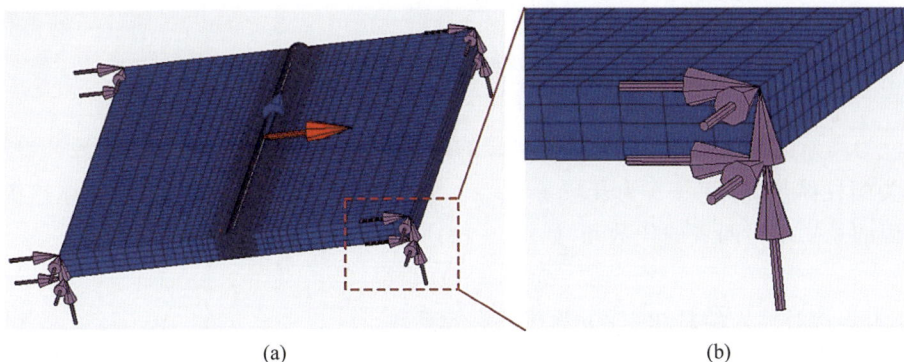

(a)　　　　　　　　　　　　　　　　　　(b)

图 6-49　位移约束边界条件

(a) 整体视图;(b) 局部放大图

5. 焊接热源模型建立

在整个有限元仿真过程中最重要的就是添加焊接热源模型,通过数学公式建立热输入在空间的分布来近似真实地代替焊接热源。在焊接过程中,加载热源后产生的热能通过热传导方式熔化材料,随着焊枪沿着焊缝的移动,逐渐使熔池向前推进,则热源的选择直接影响着熔池的深度和宽度、瞬态温度场的计算精度等,因此热源的选择极为重要。目前还没有单独的热源模型描述激光-MIG 复合热源,因此这里将采用激光热源模型与电弧热源模型组合的形式来模拟复合热源的特征。激光热源熔深较大、加热宽度较窄,因此这里选取"高斯面＋圆柱体"复合热源模型来表征激光束的热作用;复合焊中 MIG 热源以 45°加载,导致熔池后方比前方作用的热范围更广,因此选取双椭球模型来表征电弧热作用。图 6-50 为两种热源模型。

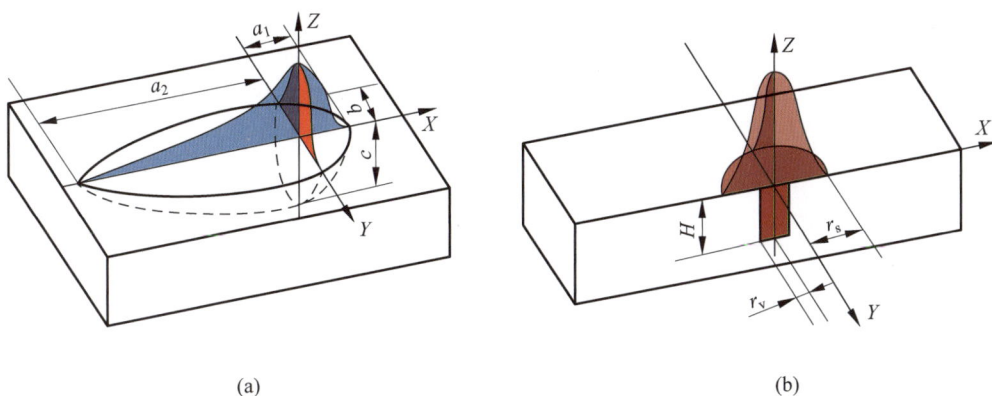

(a)　　　　　　　　　　　　　　　　　　(b)

图 6-50　热源模型

(a) 双椭球热源模型;(b) "高斯面＋圆柱体"复合热源模型

利用表面热源模拟等离子体和表面熔池对工件的加热效应,式(6-10)为高斯面热源的热流分布公式。利用体热源模拟激光束所引起的小孔效应,式(6-11)为高斯圆柱体的热流分布公式。

$$q_s(x,y) = \frac{aQ_s}{\pi r_s^2}\exp\left[-\frac{a(x^2+y^2)}{r_s^2}\right] \tag{6-10}$$

$$q_v(x,y,z) = \frac{6Q_v(H-bz)}{\pi r_v^2 H^2(2-b)}\exp\left[\frac{-3(x^2+y^2)}{r_v^2}\right] \tag{6-11}$$

其中,Q_s 为高斯面热源功率;a 为表面热源的能量集中系数;r_s 为高斯面热源开口端面半径;H 为圆柱体热源深度;b 为衰减系数;r_v 为圆柱体热源半径;Q_v 为圆柱体热源功率。激光热源的总功率为两者的代数和,如式(6-12)所示:

$$Q \cdot \eta = Q_s + Q_v \tag{6-12}$$

其中,Q 为焊接时输入的总功率;η 为热源有效系数。

双椭球体热源的特征在于前方、后方的热作用范围不一致,因此由两个大小不同的半椭球组成。前、后半椭球体热流密度的数学表达式如式(6-13)和式(6-14)所示:

$$q(x,y,z,t) = \frac{6\sqrt{3}f_f Q}{a_f bc\pi\sqrt{\pi}}\,\mathrm{e}^{-3x^2/a_f^2}\,\mathrm{e}^{-3y^2/b^2}\,\mathrm{e}^{-3z^2/c^2} \tag{6-13}$$

$$q(x,y,z,t) = \frac{6\sqrt{3}f_r Q}{a_r bc\pi\sqrt{\pi}}\,\mathrm{e}^{-3x^2/a_r^2}\,\mathrm{e}^{-3y^2/b^2}\,\mathrm{e}^{-3z^2/c^2} \tag{6-14}$$

其中,Q 代表电弧功率;a_f、a_r、b 和 c 为热源模型参数;f_f 和 f_r 分别为热源模型前、后热量分布函数,并且 $f_f + f_r = 2$。

6. 热源模型校核

采用激光热源模型与电弧热源模型组合的形式来模拟激光-MIG 复合热源的特征,选取"高斯面+圆柱体"复合热源模型来表征激光束的热作用,选取双椭球热源模型来表征MIG 电弧的热作用。由图 6-50 可知,热源模型的热输入分布都是通过许多参数来调节的。双椭球模型含有 5 个参数,分别为电弧功率 Q、宽度 w、深度 d、前段长度 a_f、后端长度 a_r。"高斯面+圆柱体"复合热源模型含有 7 个参数,分别为高斯面热源功率 Q_s、圆柱体热源功率 Q_v、表面热源的能量集中系数 a、高斯面热源开口端面半径 r_s、圆柱体热源深度 H、体热源能量衰减系数 b、体热源有效作用半径 r_v,其中体热源能量衰减系数 b 一般为定值。

这里基于实验熔池形貌校核复合焊热源模型的准确性。通过不断调节热源模型参数,最后得到焊接实验熔池与仿真熔池对比图,见图 6-51。由表 7.5 可知,Invar 合金的熔点为 1454℃,因此设置高于 1454℃的单元为灰色部分用于表示熔池形状。由图可知,仿真得到的熔池形状与实验结果吻合良好,因此该参数下的组合热源模型可以用于以后的 Invar 合金激光-电弧复合焊仿真实验中。

6.3.2 Invar 合金激光-MIG 复合焊温度场求解与分析

在 Invar 合金激光-电弧复合焊接有限元模型基础上,通过改变激光与电弧热源模型的参数,使最后得到仿真熔池与焊接实验熔池形貌相似,即完成了热源模型校核。设计仿真正交实验表,用校核好的热源完成实验。通过温度场、热循环曲线分析等手段,研究电弧热输入、电弧能量配比分别对熔池形貌的影响,得到较优的工艺参数范围来指导实验。

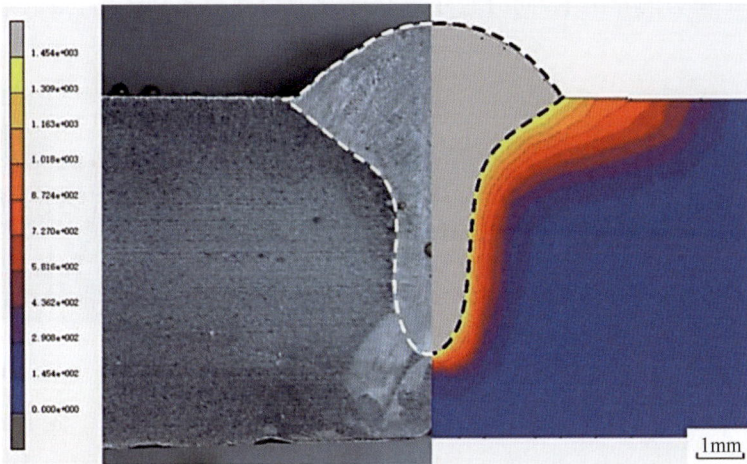

图 6-51　Invar 合金校核后模拟结果与实验结果对比图

1. Invar 合金激光-电弧复合焊接仿真结果分析

在 Invar 合金激光-电弧复合焊接有限元校核模型的基础上,通过对其温度场的分析来研究复合热源对 Invar 合金的热作用。为了得到更精确的仿真结果,焊接过程根据实际焊接情况分为加热和冷却两种工况,在这里的仿真模型中,激光-MIG 复合焊接加热过程共100 个时间步长。校核模型焊接速度为 1m/min,Invar 合金长度为 100mm,因此加热过程需要 6s,每一个时间步长为 60ms,以提高仿真温度场的精确性。在加热完成之后,卸载复合焊热源模型,只保留初始条件、与周围环境介质发生的热交换作用和位移约束边界条件,此时就进入冷却过程。校核模型冷却过程共 243 个时间步长,直至冷却到室温 25℃。

选取加热过程 $T=3s$ 时的温度场,如图 6-52 所示。Invar 合金的熔点为 1454℃,因此在图 6-52 中灰色部分代表熔池。图 6-52(a)为立体图,熔池从远处观察大概是一个半椭圆形。复合热源匀速向前移动时,由于存在一定的光丝间距,激光热源首先作用在 Invar 合金。激光热源的能量密度相比于 MIG 电弧高很多,因此试样的最高点在激光直射下迅速升温到 3904℃,并且高于 Invar 合金气化温度。Invar 合金蒸发后形成大量的金属蒸气,并且在激光的热作用下具有一定速度,大量的金属蒸气向下运动形成了反冲压力。瞬间形成的反冲压力大于表面张力和重力的总和,在反冲压力的持续作用下,激光束使熔池不断向材料底部前进,最后形成了细长匙孔。当金属蒸气的反冲压力等于表面张力和流体静压力的总和时,匙孔便逐渐稳定,深度不再继续增加,横截面如图 6-52(b)所示。激光和电弧热源之间存在一定的光丝间距,且激光热源在前、MIG 热源在后。在激光作用下形成匙孔后,电弧的高温作用将焊丝末端熔化形成熔滴,熔滴在力的作用下通过自由过渡的方式进入熔池中,从而形成了较大余高的熔池。

MIG 电弧的热源模型为双椭球模型,后端长度比前段长度长很多,从图 6-52(c)的俯视图可以观察到,熔池为长宽比较大的半椭球形。等温线在前端和后端分布差异明显,在熔池前端由于大部分受到激光热作用,等温线十分密集,温度梯度也较大;熔池后端受到加热区域更广的 MIG 电弧影响,同时在高功率激光热源离开之后开始凝固,因此等温线就比较稀疏,形成较小的温度梯度。熔池的纵截面如图 6-52(d)所示,在电弧后端热源造成的焊接电弧力和等离子流力的作用下,同时较小的熔滴冲向熔池形成冲击力,最后熔池形成下凹的形态。

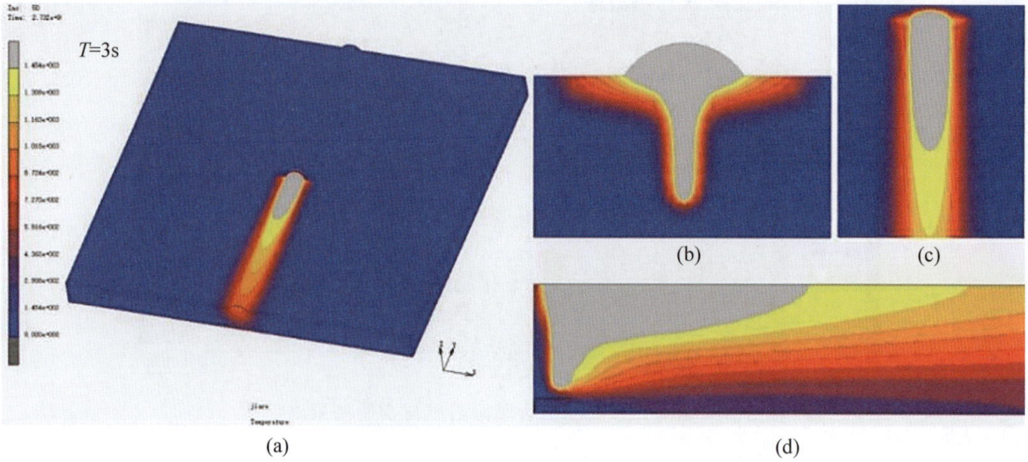

图 6-52 T=3s 时的熔池形态
(a) 立体图;(b) 横截面图;(c) 俯视图;(d) 纵截面图

图 6-53 分别为 T=1s、2s、4s、5s 时的温度场分布。激光-MIG 复合热源随着时间增加匀速向前移动,熔池也稳定向前移动,几乎没有什么变化。在 T=5s 时刻,我们可以观察到,已经加热过的区域温度依旧很高,这是由于两种热源叠加功率也会相应地叠加,因此对 Invar 合金造成较大的热输出。

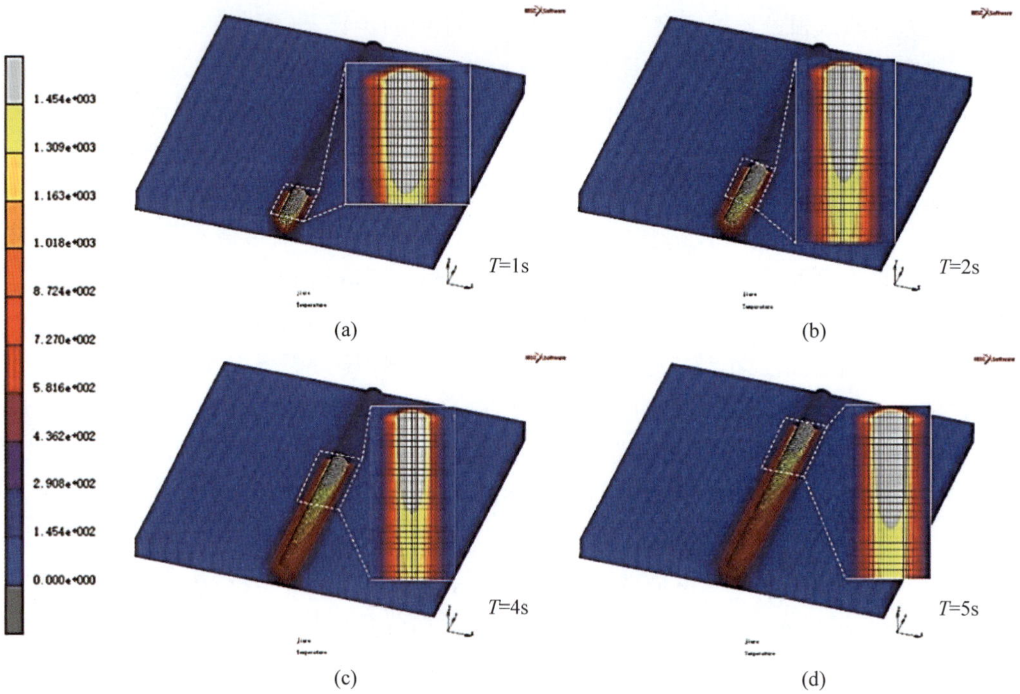

图 6-53 不同时刻的温度场仿真结果

　　在复合焊焊接过程中,Invar 合金模型上的每个节点的温度都会随时间有一个升高、降低的变化过程,每个节点因为受到热源的热作用不同,加热速度、峰值温度、高温停留时间、冷却速度等参数都会截然不同。通过研究焊接热循环曲线,可以用定量关系来描述不均匀加热和冷却的焊接过程,甚至可以为组织与性能分析做出解释。图 6-54 选取了第 50 步的横截面上的 6 个点,分别分析横轴、竖轴方向上的热循环曲线。

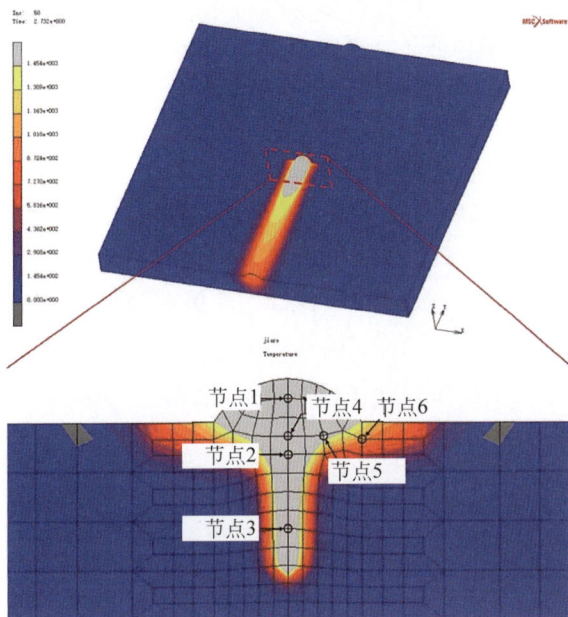

图 6-54　焊缝横截面节点选取示意图

　　选取焊缝中心线上三个节点 1、2、3,获取热循环曲线,结果如图 6-55(a)所示。很明显,当焊接热源移动到该步长时,这三个点基本受到激光-电弧的热作用不再保持室温,开始迅速升温,并在短暂的 0.1s 左右同时达到了峰值温度。从图中可以看出,节点 1、2、3 的峰值温度分别为 3751℃、2786℃、2012℃,说明在焊缝中心线的上部到下部存在一定的温度梯

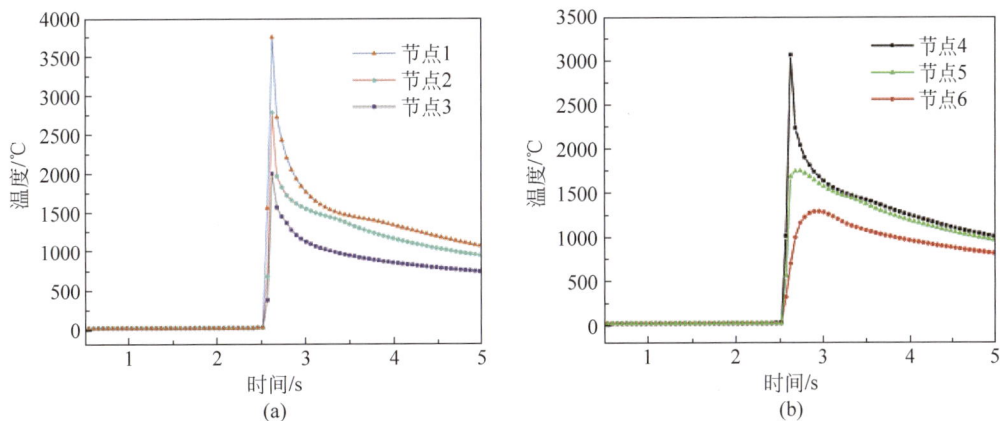

图 6-55　焊缝横截面热循环曲线
(a) 焊缝竖轴节点;(b) 焊缝横轴节点

度。Invar合金的相变点为1454℃,在该温度以上停留的时间为高温停留时间。通过分析,节点1、2、3高温停留时间分别为0.5s、0.3s、0.1s,停留时间过长会引起晶粒粗大。可以发现这三个点的冷却速度都很缓慢,这是由于MIG热源作用范围很大会造成持续的热输入。

选取平行于横轴方向上三个节点4、5、6,获取热循环曲线,结果如图6-55(b)所示。可以发现,这三个点也在同一时刻升高温度,而且节点4、5由于靠近激光热源而升温速度非常快。但明显可以看出,三个点达到峰值温度的时间并不相同,越远离焊缝中心,达到峰值温度的时间就越长,且峰值温度越低。这是因为激光-MIG热源会直接作用于焊缝中心,而远离焊缝中心的节点更多地会受到热传导能量的影响。

2. 电弧能量对Invar合金复合焊接过程温度场分布的影响

这里将在上述已经校核的热源基础上,进行正交组合不同工艺参数的仿真研究,来定量研究不同变量对焊接过程温度分布的影响。通过进行仿真研究,能够对电弧能量与焊缝熔池形貌的关系起一定的指导作用,节约大量实验时间和资源。因为这里是研究电弧能量对接头形貌的影响,所以核心参数包括焊接电流、焊接电压、焊接速度等,通过结合文献初步设计了Invar合金复合焊仿真工艺参数,见表6-6。

表6-6 Invar合金激光-MIG复合焊接仿真参数

仿真组别	激光功率/W	焊接速度/(m/min)	电流/A	电压/V
1	4000	0.6	0	0
2	4000	1	0	0
3	4000	1.5	0	0
4	4000	0.6	160	15.3
5	4000	1	160	15.3
6	4000	1.5	160	15.3
7	3500	0.6	200	22.8
8	5000	0.6	200	22.8
9	4000	0.6	200	22.8
10	4000	1	200	22.8
11	4000	1.5	200	22.8
12	4000	0.6	270	22.6
13	4000	1	270	22.6
14	4000	1.5	270	22.6

在表6-6的基础上,选取了6组不同MIG热输入的仿真实验,探究不同MIG热输入对Invar合金激光-MIG复合焊接温度场的影响。详细的仿真组别与计算所得的MIG热输入见表6-7。

表6-7 不同MIG热输入下Invar合金激光-MIG复合焊接仿真参数

仿真组别	激光功率/W	焊接速度/(m/min)	电流/A	电压/V	电弧功率/kW	MIG热输入/(kJ/m)
2	4000	1	0	0	0	0
5	4000	1	160	15.3	2448	146.6
9	4000	0.6	200	22.8	4560	456

续表

仿真组别	激光功率/ W	焊接速度/ (m/min)	电流/A	电压/V	电弧功率/ kW	MIG 热输入/ (kJ/m)
10	4000	1	200	22.8	4560	273.1
11	4000	1.5	200	22.8	4560	182.4
13	4000	1	270	22.6	6102	365.4

由表 6-7 可以发现,通过改变电弧电流、电压以及焊接速度的大小,达到了改变 MIG 热输入的目的。当电弧电流、电压增大时,会增加 MIG 电弧热源的功率,因此会促进 MIG 热输入;当焊接速度变小时,单位时间内 Invar 合金受到的能量会增大,因此也会增加 MIG 热输入。基于以上函数关系,令激光功率不变,电弧功率和焊接速度改变,即可得到 6 组不同 MIG 热输入的仿真实验。提取以上 6 组的温度场分布,如图 6-56 所示。第 2 组(图 6-56(a))只有激光功率的作用,由于激光能量高度集中,因此在焊接过程中形成的熔池较小。第 5、10、13 组通过增加电弧的电流和电压来增加 E_M,第 9、11 组通过改变焊接速度来改变 E_M。当使用了激光-MIG 复合焊接时,由于电弧焊的热源作用范围比激光焊大,导致复合焊的温度场范围较激光焊明显增大。通过分析图 6-56,当 MIG 热输入 E_M 增加时,熔池的等温线形状变宽、变长。当焊接速度为 0.6m/min、电弧功率为 4560kW 时,E_M 达到最大值 456kJ/m,此时熔池尺寸的宽度和长度均达到最大。

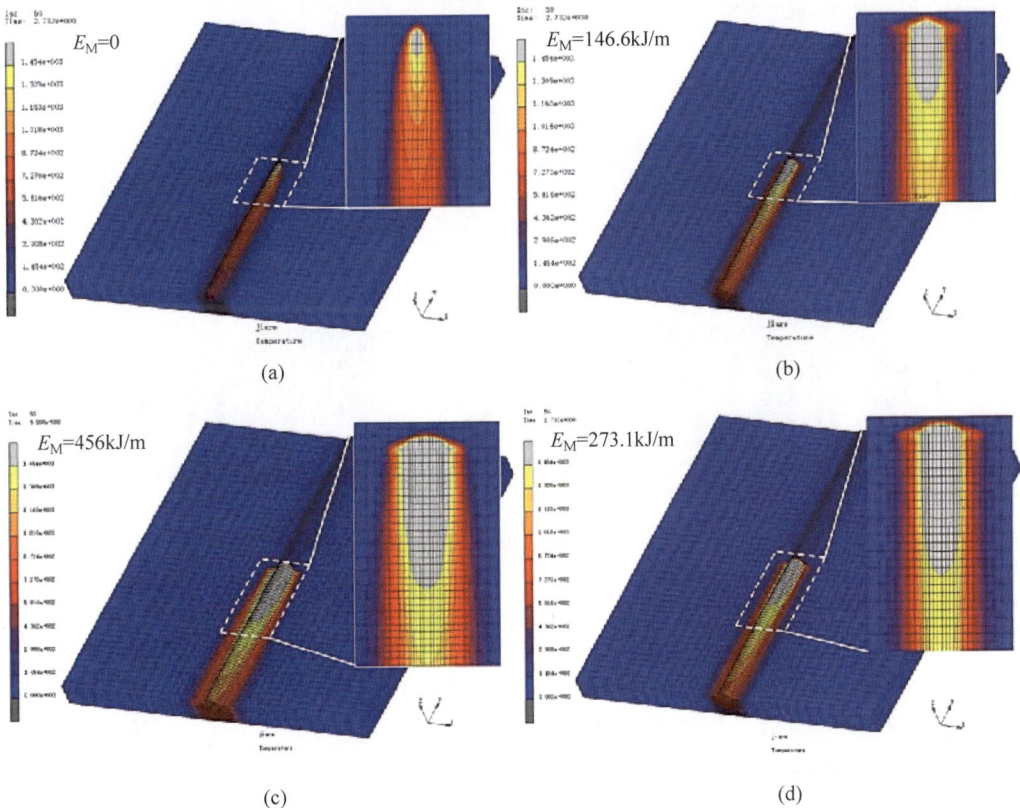

(a)　　　　　　　　　　　　　　　　　(b)

(c)　　　　　　　　　　　　　　　　　(d)

图 6-56　不同 MIG 热输入下同一时刻时温度场分布

(a) 组别 2;(b) 组别 5;(c) 组别 9;(d) 组别 10;(e) 组别 11;(f) 组别 13

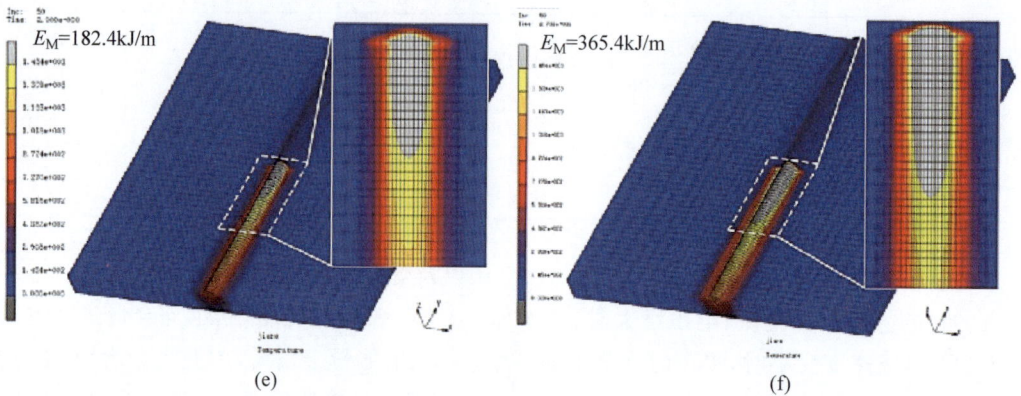

图 6-56 （续）

为了研究不同 MIG 热输入对熔池的横截面形貌的影响,对同一时间步长的横截面进行了截取,如图 6-57 所示。在没有电弧热输入的情况下,激光匙孔形成了棒状熔池。当增加了电弧热源之后,熔池横截面的上部分受到双椭球模型的电弧热作用后,形状从棒状变成了扇形,变成了典型的高脚杯状。当电弧的热输入不断变大时,熔宽明显增大,熔池上部的扇形扩张的范围也随着变大。当热输入增加到 456kJ/m 时,熔池熔宽、焊缝面积达到最大,甚至对下部分的熔池宽度也有增大的作用。因为采用的模型都是一样的,因此此仿真无法研究 E_M 对余高的影响。

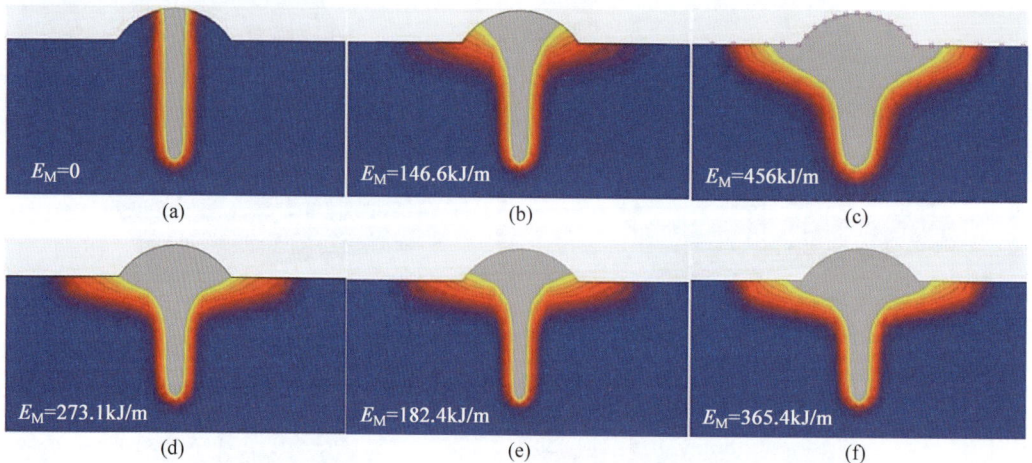

图 6-57 不同 MIG 热输入下同一时刻时熔池横截面形貌
(a) 组别 2；(b) 组别 5；(c) 组别 9；(d) 组别 10；(e) 组别 11；(f) 组别 13

为了研究不同 MIG 热输入对热循环过程的影响,在焊缝中心线的上方和下方各取一点,分别为节点 1 和 2。由于第 2、5、10、13 组焊接速度相同,因此分别提取了这些组别的节点 1、2 的热循环曲线,结果如图 6-58 所示。从图 6-58(b)可以看出,当 E_M 从 273.1kJ/m提升到 456kJ/m 时,峰值温度从 3062.4℃ 升高到了 3297.2℃,说明随着 E_M 的不断增加,节点 1 处的峰值温度也在不断升高。但是从 6-58(c)却得到相反的结论,节点 2 的峰值温度一直稳定在 2500℃ 附近,说明 MIG 电弧对横截面下方的区域热作用很小。同时从两条曲线我们都可以发现，E_M 的大小对冷却速度的影响也微乎其微。

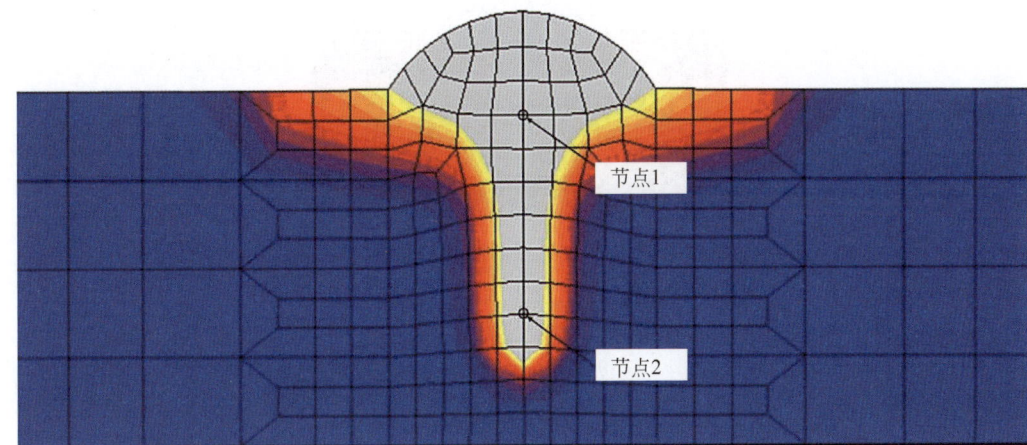

(a)

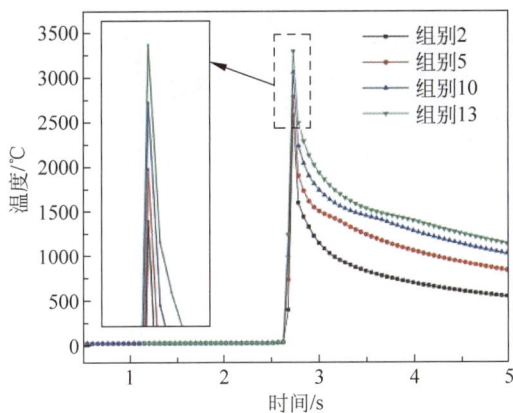

(b)

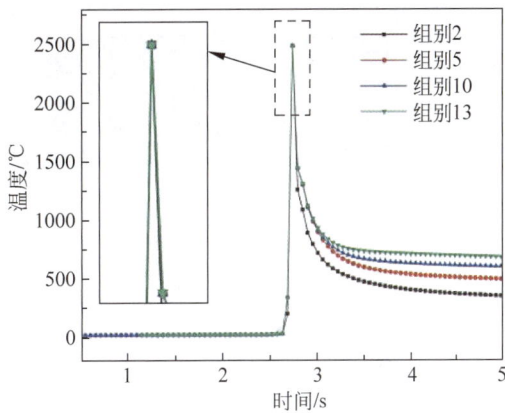

(c)

图 6-58　不同 MIG 热输入热循环曲线

（a）焊缝中心线取点；（b）节点 1 处不同组别的热循环曲线；（c）节点 2 处不同组别的热循环曲线

3. 电弧能量配比

能量比系数 η 的计算公式如式（6-15）所示：

$$\eta = \frac{E_M}{E_L} \tag{6-15}$$

其中，η 为能量比系数；E_M 为激光热输入；E_L 为激光热输入，η 为能量比系数。

将激光和 MIG 两种能量产生与传导机制完全不同的热源复合，必然会产生耦合作用。焊接过程中电弧可以稀释等离子体从而使激光束更少地被其吸收，同时激光能够增加电弧的稳定性和能量密度。因此这里提出能量比系数 η，通过研究激光能量与电弧能量的分配关系来研究对横截面形貌的影响。通过上文的分析，电弧能量主要集中在上方，几乎不对下方的形貌造成影响。因此为了定量研究 η 的影响，我们定义四个量电弧作用深度 H_M、激光作用深度 H_L、电弧作用宽度 W_M、激光作用宽度 W_L，具体如图 6-59 所示。

能量比系数 η 的大小与电弧功率成正相关、与激光功率成负相关，与焊接速度无关，这里只考虑焊接速度为 $0.6\text{m}/\text{min}$ 的组别。因此筛选出 1、4、7、8、9、12 这些组别，并计算出它

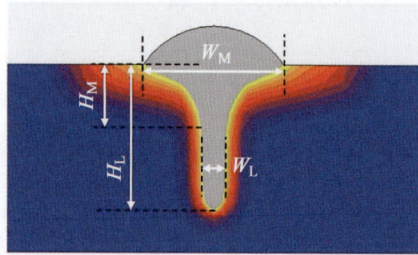

图 6-59 仿真结果横截面电弧作用深度 H_M、激光作用深度 H_L、
电弧作用宽度 W_M、激光作用宽度 W_L 的示意图

们的 MIG、激光热输入和能量比系数 η，通过截取仿真结果的横截面而获取电弧作用深度 H_M、激光作用深度 H_L、电弧作用宽度 W_M、激光作用宽度 W_L，横截面图见图 6-60，参数见表 6-8。

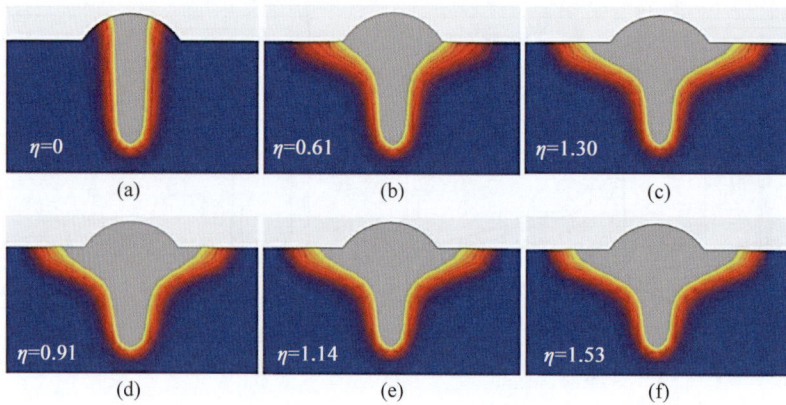

图 6-60 不同能量比系数 η 同一时刻熔池横截面形貌

(a) 组别 1；(b) 组别 4；(c) 组别 7；(d) 组别 8；(e) 组别 9；(f) 组别 12

表 6-8 不同能量比系数 η 下 Invar 合金激光-MIG 复合焊接仿真参数

仿真组别	MIG 热输入 E_M/(kJ/m)	激光热输入 E_L/(kJ/m)	能量比系数 η	电弧作用深度 H_M/mm	激光作用深度 H_L/mm	电弧作用宽度 W_M/mm	激光作用宽度 W_L/mm
1	0	400	0	0	5.5	0	1.56
4	244.8	400	0.61	2.51	5.58	5.56	1.70
7	456	350	1.30	2.77	5.44	8.07	1.66
8	456	500	0.91	2.85	5.58	8.15	2.23
9	456	400	1.14	2.85	5.49	8.14	1.82
12	610.2	400	1.53	3.03	5.51	9.27	1.88

从表 6-8 可以看出，第 1、4、7、12 组固定了激光热输入，通过增加 MIG 热输入来增加能量比系数；而第 7、8、9 组固定了 MIG 热输入，通过改变激光热输入来改变能量比系数。将表 6-8 作曲线（图 6-61），横轴为 η，纵轴为 H_M、H_L、W_M 和 W_L。由图 6-61(a)可知，当能量

比系数增加时,电弧作用宽度和深度总体呈上升趋势;但当激光热输入增大时,宽度和深度甚至都会略微增加,说明激光能略微增加电弧的能量密度,使其熔池在宽度和深度方向上分布更广。由图 6-61(b)可知,能量比系数的改变几乎不会改变熔深,但是很明显与常识违背,这可能是由于使用了激光圆柱热源模型,固定了热源深度。同时当添加了电弧热源后,激光作用深度都会增加,说明电弧能够降低等离子体云浓度从而使激光能更多地被 Invar 合金吸收。

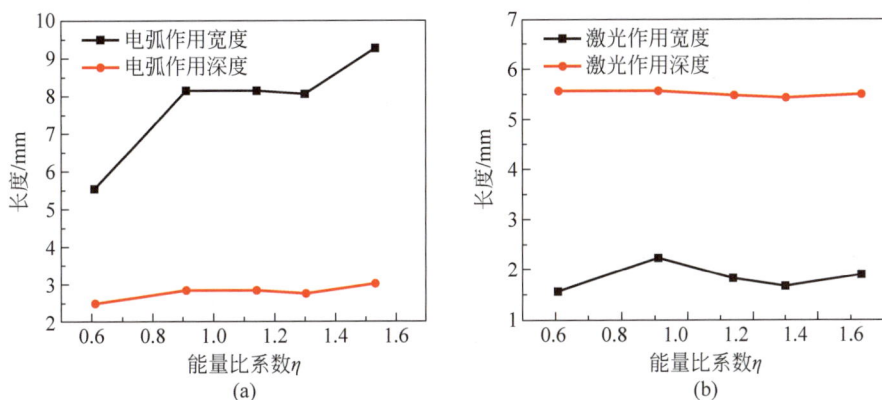

图 6-61　能量比系数对宏观形貌参数的影响曲线

6.4　基于 MSC.Marc 求解 Invar 钢多层多道 MIG 自动焊接过程

本节案例针对 Invar 钢 19.05mm 厚板 MIG 自动焊接过程,逐步建立其有限元仿真数值模型,构建网格模型与热源模型,并通过试验对热源模型进行验证。采用有限元分析方法对 Invar 钢机器人 MIG 自动焊接过程进行数值模拟,获得不同工艺下温度场、应力/应变场的演变特点。对比不同填充层数下焊接接头质量,针对焊道顺序与焊层顺序进行优化,为 Invar 钢模具焊接制造提供指导。

6.4.1　Invar 钢焊接过程有限元模型的建立

1. 焊接有限元模拟的基本假设

Invar 合金模具焊接过程和应力变形模拟是以热传导以及热弹塑性法为理论依据。对焊接过程的求解,归根结底是对导热微分方程的求解。想要完全模拟实际焊接过程,以目前的计算手段还无法达到,很多专家学者在进行焊接过程有限元计算时都会进行部分简化。下面是计算过程中进行的部分简化:

(1)实际焊接时选用与母材相近的材料,焊缝填充金属与母材看作是连续介质、各向同性的同种材料,材料的热物理性质取决于温度的变化;

(2)忽略合金在焊接过程中熔池内部发生的化学反应、组织变化以及其引起的温度变化;

(3)在合金焊接过程中简化构件本身与周围环境的热交换,焊接过程中构件只通过对流与周围环境发生热交换,换热表面为整个构件的表面,忽略焊缝金属与母材接触位置的散热情况。

焊接应力应变场中存在着材料非线性及几何非线性等多种非线性问题。在考虑到焊接应力与变形过程的复杂性的同时,为保证计算的准确性,可将复杂的焊接应力与变形过程看作材料非线性瞬态问题。在焊接过程中会出现固液两相共存的区,为简化计算过程则主要考虑固相区。固相区的应力、应变服从热弹塑性理论,在热弹塑性分析时有如下假定:

(1) 材料屈服过程服从 Mises 屈服准则,塑性区域的行为服从塑性流动准则和强化准则;

(2) 弹性应变、塑性应变与温度应变三者相互联系,不可分割;

(3) 材料的机械性能随温度变化而变化,与温度有关的力学性能、应力应变在微小的时间增量内呈线性变化;

(4) 不考虑粘性和蠕变的影响。

2. 实体造型及网格划分

考虑到 Invar 钢模具焊接制造过程中厚板不易反转,试板几何造型如图 6-62 所示,试样尺寸为 $100\text{mm} \times 50\text{mm} \times 19.5\text{mm}$。采用单侧 30° V 形坡口、钝边高与钝边间隙均为 2mm。忽略焊缝余高对有限元计算的影响,焊缝采用等截面积填充策略。

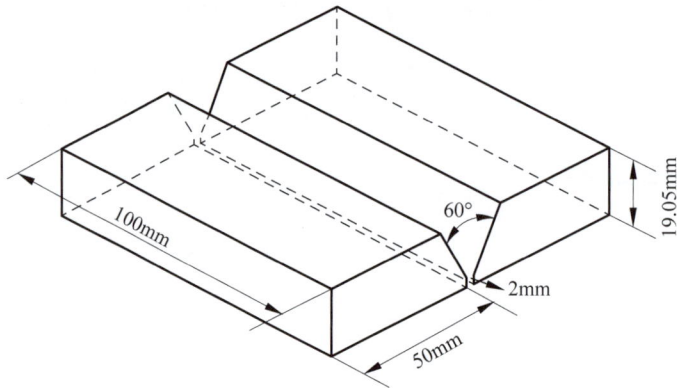

图 6-62 试板几何造型示意图

有限元分析中网格划分的原则是在保持计算精度的同时尽量减少计算单元的数量,本案例采用专业网格划分软件,焊缝与热影响区部位的最小网格尺寸为 2~3mm,以保证计算精度,并通过过渡网格划分技术实现网格尺寸沿焊缝远端方向逐渐增大,从而降低整体网格数量。网格划分时以六面体为主,六面体网格差值计算误差较小且计算容易收敛。

依据等面积填充策略,填充层数确定后每层焊道数也随之确定,基于填充策略研究中相关计算公式可计算出不同填充方式下的形状参数。本案例设计了三种典型的焊接填充方式:三层六道焊接、四层十道焊接与五层十五道焊接,并针对 Invar 钢焊接不同多层多道填充方式进行模拟计算。建立 Invar 钢试板焊接有限元模拟网格模型,其模型示意图、节点数与网格数分别如图 6-63 所示。

3. Invar 钢焊接数值模拟材料参数库建立

在实际焊接过程中,焊缝附近材料经历了加热、熔化、凝固、冷却的过程。在此过程中

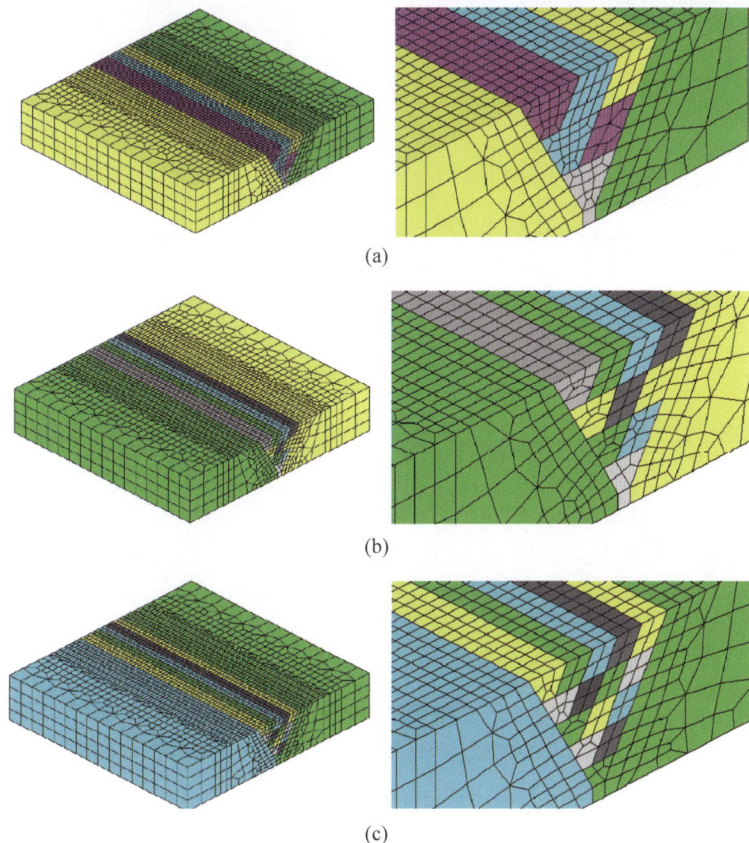

图 6-63　不同填充策略下的试片件有限元网格划分示意图以及局部放大图
(a) 填充策略一(节点数：13248，网格数：15375)；(b) 填充策略二(节点数：13312，网格数：15310)；
(c) 填充策略三(节点数：12928，网格数：14920)

金属的屈服应力、比热、热导率、热膨胀系数等材料物理性能参数，一般都与温度呈非线性关系。焊接加工过程中的焊件温度场急剧变化，若材料各项物理性能参数不准确或恒定不变，必将导致模拟出现较大偏差，因而对于焊接过程的模拟计算必须建立与温度相关且相对准确的数值模拟材料参数库。但是材料高温物性参数尤其是熔点附近的参数难以获得，而该部分参数对焊接过程模拟仿真极为重要，不恰当的设定会造成结果不准确甚至计算不收敛。

建立 Invar 钢的高温热物性参数(主要包括屈服强度、弹性模量、热膨胀系数、比热容与热导率)，如图 6-64 所示。

4. 初始条件及边界条件定义

热传导方程的求解需要具备一定的初始条件与边界条件。经简化处理，认为焊接过程热-机耦合仿真由瞬态的热传导与准稳态的运动状态组成，需设定的初始条件通常为温度描述，即母材与环境在热分析开始时的温度分布，一般设定为室温(20℃)。

边界条件主要包括位移边界条件、表面换热条件与热源的加载，具体要求如下。

(1) 位移边界条件是针对实际焊接过程工装夹具的近似，虽不能保证完全再现实际工装，但以保证变形趋势与计算收敛为前提而设定。

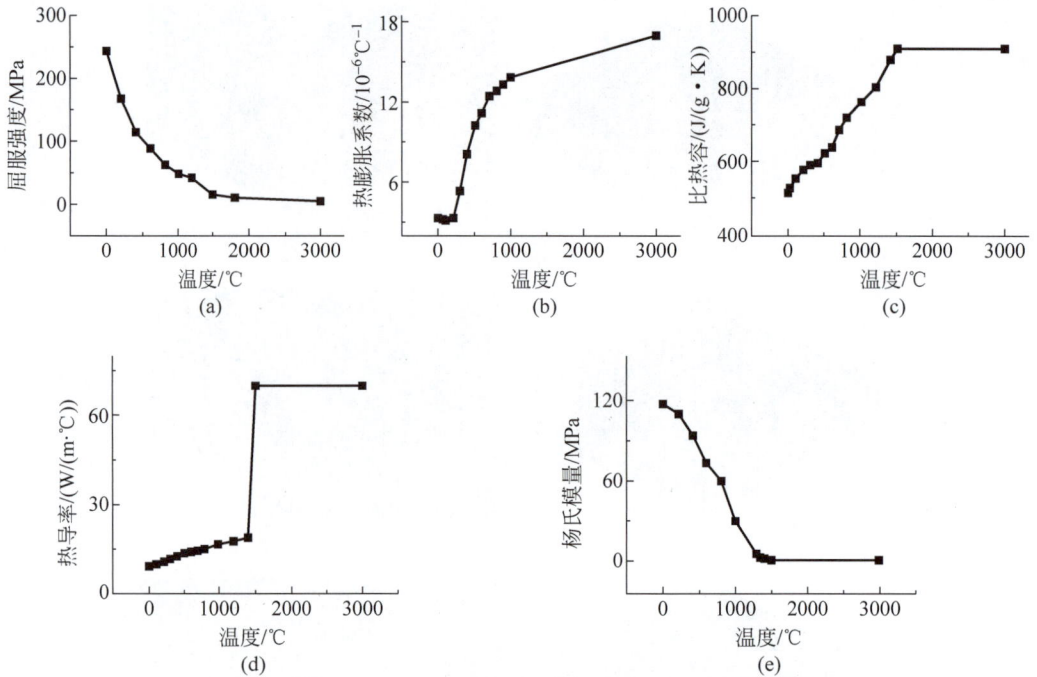

图 6-64　Invar 钢热物性参数随温度变化曲线
（a）屈服强度；（b）热膨胀系数；（c）比热容；（d）热导率；（e）杨氏模量

（2）热交换包括对流、辐射与热传导，表面换热条件是指焊件表面与周围空气通过对流及辐射进行的热量交换情况，通常对流与辐射强度会随工件表面位置与温度的改变而发生变化，本案例采用在有限元分析软件中由经验适当放大对流换热系数的方法以近似模拟表面换热情况。

（3）热源的加载是模拟焊接过程中电弧产生的电阻热，电弧焊接数值模拟热源模型采用双椭球热源模型，模型形状参数须实验验证，而针对 MIG 焊接填丝过程的仿真，通过生死单元法实现。

（4）热学边界条件。

热学边界条件的设置主要是指焊接热源各项设置。焊接热源的加载是对焊缝及其周围区域施加一定的热流密度来模拟实际热源对焊缝的加热情况。焊接热源选用双椭球热源模型，热源模型的各项形状参数已根据试验结果完成校核。在焊接热源的设置中还包括热源所对应的运动路径、焊缝填充材料以及加载单元。运动路径为前文设置完成的焊接路径，填充单元与加载单元也在网格划分阶段完成定义，此处可直接调用。

下面为定义一个热源的部分代码。其中，热源类型定义为焊接体积热流（volume weld flux），名称定义为 weldflux1.1；Q 为功率，η 为热源效率，v 是焊接速度，a_f、a_r、w、d 是椭球形状参数。焊接路径与焊缝单元分别对应，最后把热源施加到加密网格与焊缝区域。在使用同一热源参数时，热源形状参数无需改变，只需将热源的名称、焊接路径、焊缝单元名称相应进行修改即可。

```
* new_apply * apply_type volume_weld_flux          /定义边界条件种类为焊接体积热流/
* apply_name weldflux1.1                            /定义焊接体积热流的名称/
```

```
* apply_dof q
* apply_param_value weld_power Q                    /定义焊接功率/
* apply_param_value weld_efficiency η               /定义焊接效率/
* apply_param_value weld_width w                    /定义热源形状参数称/
* apply_param_value weld_depth d
* apply_param_value weld_fwd_length a_f
* apply_param_value weld_rear_length a_r
* apply_param_value weld_velocity v                 /定义焊接速度/
* set_apply_weldpath                                /定义焊接路径/
weldpath1.1
* set_apply_weldfill                                /定义焊缝单元/
weldfill1.1
* add_apply_elements                                /定义加载的单元集合/
denser
#  | End of List
```

5. 热源模型建立

热源是产生焊接温度场和应力应变场的先决条件。双椭球热源模型可以通过改变双椭球热源模型的形状参数改变双椭球热源形状,而且还能适用于不对称的热源。通过完整的形状参数和热输入参数的设置,双椭球热源模型保证了计算结果更合理,计算的熔池形貌更接近真实焊缝的熔池形貌。

利用有限元分析中的单元"生死"方法来模拟多层多道焊接过程的热源加载模型,可方便地控制焊缝单元的"生死"。焊接热源模型可直接施加在处于激活状态的单元上,而不需要以构建热流密度函数且设定相应参数的方式来实现热源加载,这对于大型工程机械结构件尤其是厚板焊接的有限元计算具有无与伦比的优越性。

采用生死单元方法的热源模型是在计算前预先将全部焊缝单元设定为"死"的状态,当热源移动至该部分时将单元状态激活为"生",使其参与焊接有限元计算。该计算步结束后,关闭之前所设定的生热率,并且将刚刚获得的温度场结果作为初始条件加载于下一步计算,从而循环往复完成焊接计算。使用该技术最大的好处是它不会受到任何误差积累所产生的病态问题影响,可以确保加载过程正确进行。然而在大变形的焊接分析中,这可能导致填充单元的失真。对于这种问题,可以通过热源校核,调整生死单元的参数来确保结果的正确。

6. 焊接路径设置

焊接路径的加载方式有节点、曲线、矢量和用户自定义路径等方式。实际计算过程中,出于易收敛考虑,焊接路径加载一般采用节点或节点和矢量相结合的方式。对于热源移动方向的路径,采用节点加载,只需通过确定起弧和收弧两个节点,即可描述热源在全路径上的移动;熔深方向,即焊枪位姿角,本节案例通过前处理软件获得焊枪位姿矢量,后导入至有限元计算软件中直接读取焊枪位姿矢量(熔深方向),而熔宽方向一般与热源移动方向及熔深方向垂直,由右手定则判断,无需另行设定。以四层十道焊接为例,焊枪位姿矢量及焊接路径加载情况如图 6-65 所示。

7. 工况的加载

工况的加载,主要是为了定义计算过程以及一些计算细节等,其中包括边界条件的激活、收敛判据的选择、工况时间及时间步长的设置等。焊接过程选择的工况类型是瞬态静力学。不同工况边界条件的激活情况是有差别的,主要分为两大类,即焊接工况与冷却工

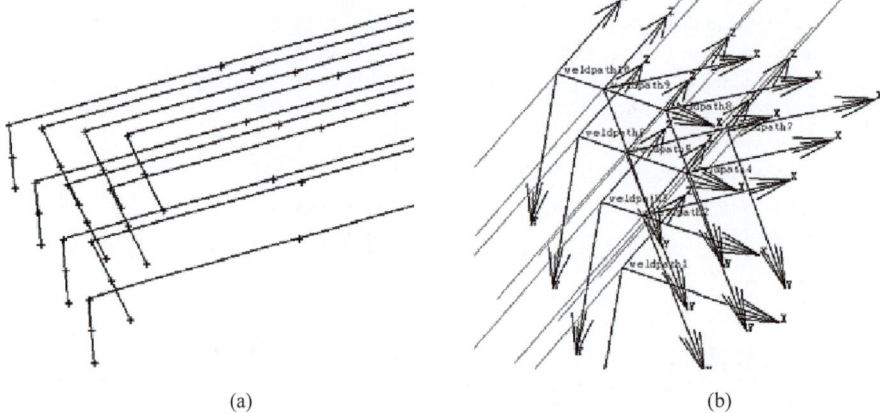

(a)   (b)

图 6-65　Invar 钢 V 型坡口焊接路径加载情况

（a）焊枪位姿与焊接方向定义；（b）焊接路径加载

况。焊接工况对应的是每一个焊接过程,有多少道焊缝即有多少工况。冷却工况有焊接过程冷却和最后的冷却,这个根据用户的实际情况定义。

在工况设置过程中需要对每个工况的时间步长进行定义,即将整个焊接过程的时间分为若干个小区间,对每一个小区间的温度场和应力应变场进行迭代计算。时间步长的设置会对模拟计算的精度产生影响,采用不同步长则计算出的结果也大有不同,时间步长越小,计算精度越高,计算时间也越长;反之,步长越大,计算时间缩短,但每一步的温度变化较大,计算结果精度下降,甚至造成计算不收敛。下面是部分命令流文件中的工况代码。

```
* new_loadcase * loadcase_type therm/struc:trans/static    /定义工况的种类为瞬态静力学/
* clear_loadcase_loads                                      /定义工况中载荷的激活情况/
* add_loadcase_loads weld1 - 1
* add_loadcase_loads fix
* add_loadcase_loads flim
* loadcase_option converge:displacements                    /定义结构与热分析的收敛判据/
@set( $ lcase_curr_conv_phys,thermal)
* loadcase_value dt_error 50
* loadcase_value time 15                                    /定义工况加载时间/
* loadcase_value nsteps 150                                 /定义固定时间步/
#│ End of List
* new_loadcase * loadcase_type therm/struc:trans/static    /定义工况的种类为瞬态静力学/
* clear_loadcase_loads                                      /定义工况中载荷的激活情况/
* add_loadcase_loads fix
* add_loadcase_loads flim
* loadcase_value dt_error 50                                /定义结构与热分析的收敛判据/
@set( $ lcase_curr_conv_phys,structural)
* loadcase_option converge:displacements
* loadcase_value time 3000                                  /定义工况加载时间/
* loadcase_option stepping:transient                        /定义时间步方法为自适应/
* loadcase_value maxinc 1000                                /定义最大增量步数/
* loadcase_value inittime 1
#│ End of List
```

最后是分析任务的定义,这部分需要人为干涉才可以达到最好的结果。其中,人为干涉的部分主要为工况顺序的选择,即焊接顺序的定义。通过调整计算工况的顺序完成焊接顺序的调整,进行有限元计算,对比计算结果,即可获得最优的焊接工艺参数。

8. 热源模型校核

焊接过程中的应力与应变场变化均为温度场作用于母材的结果,温度场变化由焊接热输入直接影响,故热源有限元模型是否合理直接关系着计算结果的精确性,本案例选用双椭球热源模型来表征焊接热源。本案例采用熔池形貌与焊接角变形校核的方法来共同验证 Invar 钢焊接有限元热源模型的合理性。

试板采用 100mm×50mm×19.05mm 的 Invar 钢,开单侧 30° V 形坡口。模拟部分所设定网格模型、材料参数、初始边界条件、载荷工况均为实际焊接过程的仿真,试板不做严格装夹,以模拟自由变形。焊接实验主要相关工艺参数为:电流 200A,焊接速度 0.34m/min。有限元模拟热源模型采用与实验部分相同的焊接参数,完成数值模拟计算后提取焊缝熔池形貌,模拟结果与实验结果对比如图 6-66 所示。

图 6-66 熔池形貌校核

观察熔池对比结果可以看到,模拟结果与实验结果吻合较好,说明在选用该热源模型作用下,温度场结果较为准确,热源模型参数具有一定合理性。但是,针对焊接应变即焊后变形仍需进一步验证。

焊前与焊后试板对比情况如图 6-67 所示,实验结果数据读取是通过 CAD 软件完成,首先通过软件读取各标线之间的距离,然后通过图中标准刻度予以校正。试板中部纵向收缩约为 1.82mm,横向收缩量约为 1.32mm。

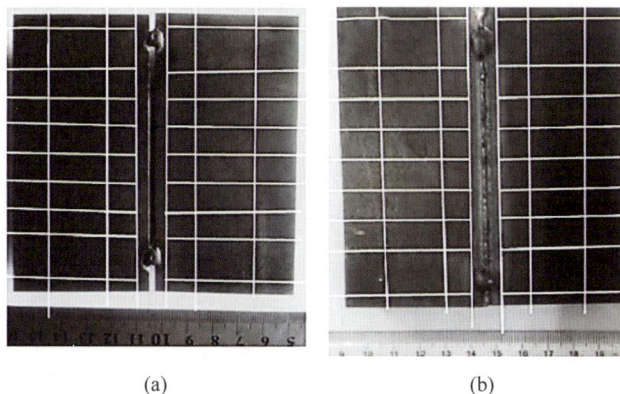

(a)　　　　　　　　　　　　　(b)

图 6-67 焊接变形结果

(a)焊接前;(b)焊接后

试板角变形如图 6-68 所示,两块试板之间夹角可直接通过软件进行读取,焊接角变形约为 2.1°。

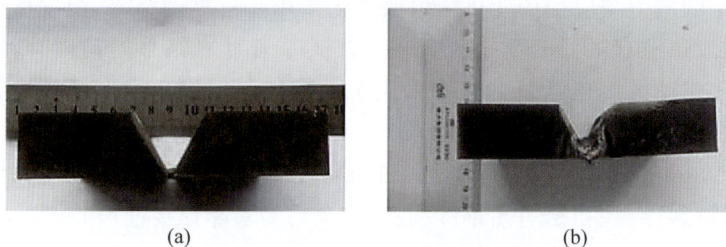

图 6-68 焊接角变形结果
(a) 焊接前;(b) 焊接后

模拟结果如图 6-69 所示,通过有限元软件直接读取各组数据,试板纵向变形与横向变形两者趋势相同但数值相差较大,分析是由试板尺寸与模拟值存在差值,且测量存在误差所致。

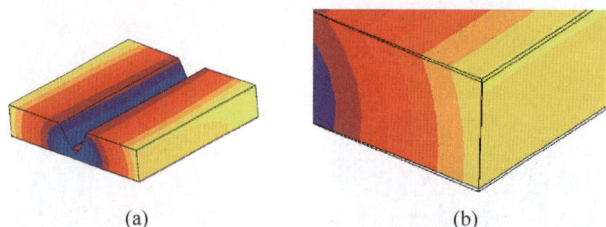

图 6-69 焊后变形图
(a) 整体变形图;(b) 局部放大图

试板角变形模拟值约为 1.56°,与实测值存在 25.7% 的误差。现有条件下的焊接有限元计算只能尽可能去仿真实验过程,但考虑到实际情况极为复杂,误差是难以避免的,通常如果误差在 30% 以内就可以认为仿真结果是较为准确的,故判定本案例所设定的焊接热源模型参数是合理的。

6.4.2　Invar 钢焊接工艺优化有限元分析

为深入了解 Invar 钢厚板 MIG 自动焊接的热物理特性以及进一步优化工艺,本案例采用有限元分析方法对 Invar 钢机器人 MIG 自动焊接过程进行数值模拟。针对 Invar 钢厚板对接焊填充策略以及路径规划进行了深入的研究,研究了基于等面积填充思想的不同填充层数下 Invar 钢厚板焊接温度场、应力/应变场演变规律,并研究了焊接路径规划过程中焊道顺序以及焊层顺序的优化方案,从而优化工艺并指导 Invar 钢模具焊接制造。

1. Invar 钢多层多道焊接填充层数优化

基于等面积填充策略,对比三层六道、四层十道与五层十五道三种填充方式对 Invar 钢厚板多层多道焊接的影响。焊道顺序均采用从右向左焊接,层间选择顺序焊接方式。

在 Invar 钢试片件背面中部取截面 A-A,如图 6-70 所示。厚板焊接过程中,根部节点温度场变化更具有代表性,故分别选择距离焊缝 0mm 与 2mm 处两侧的节点 a、b、c、d,分别得到不同填充方式下各节点随时间变化的热循环曲线。

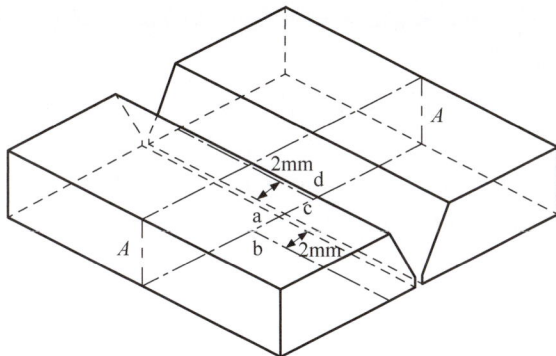

图 6-70　温度热循环曲线取点位置示意图

图 6-71 为三种填充策略下四个测试点的热循环曲线。由图可知,改变填充策略后对测试点温度场影响最为明显的是其所受热循环,数量与焊道数相同。同时只有前道焊缝对其

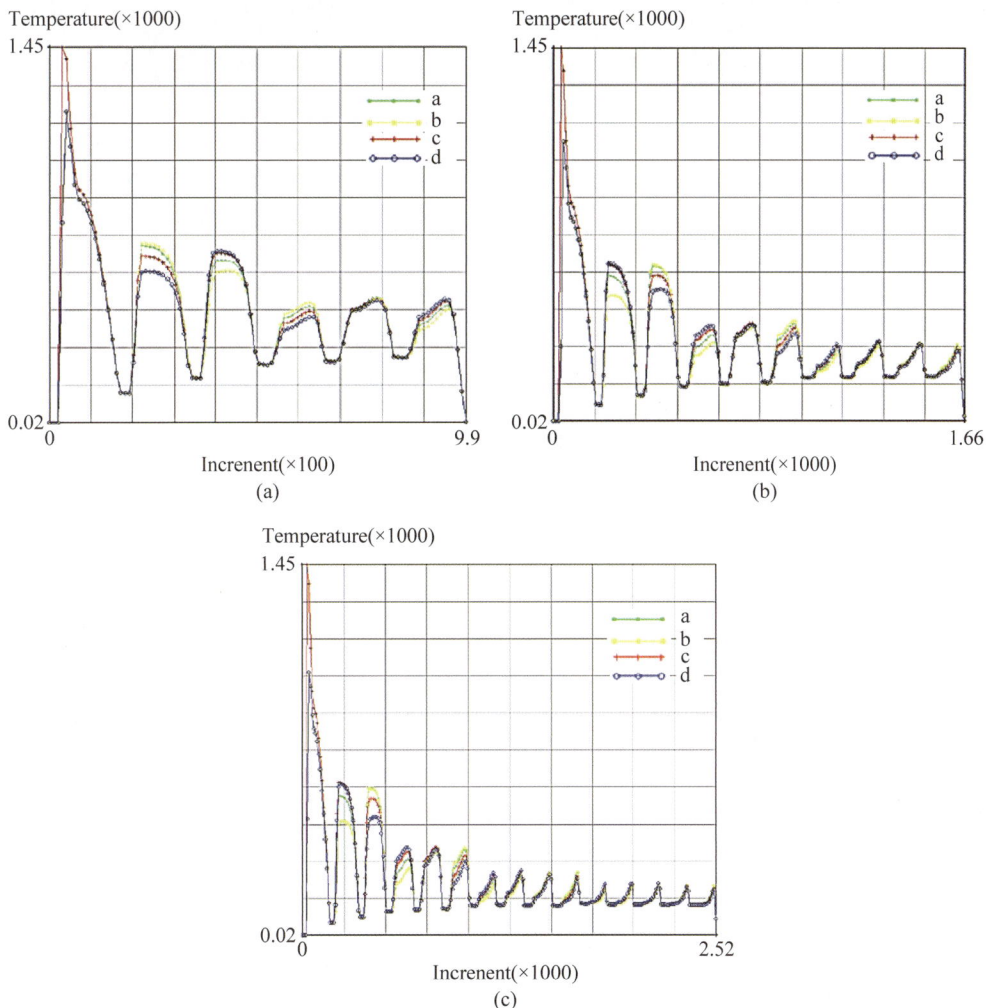

图 6-71　不同填充策略下测试点热循环曲线

(a) 三层六道焊接;(b) 四层十道焊接;(c) 五层十五道焊接

温度值影响程度较大,可能使焊缝组织发生回复再结晶现象,之后的焊道所产生的热循环峰值温度较低,影响程度有限。

本案例选用 Mises 屈服准则以评定焊后等效应力,认为当单位体积的材料弹性形变能达到一定程度时材料即发生屈服现象。焊接完成并冷却至室温后,三种填充策略下试板焊接残余应力分布情况如图 6-72 所示。三种填充策略位移边界条件相同,在相同总热输入作用下,三种填充策略下试板等效峰值相差不大,分别为 266.2MPa、259.1MPa 与 250.2MPa,三层时最大,五层时最小。

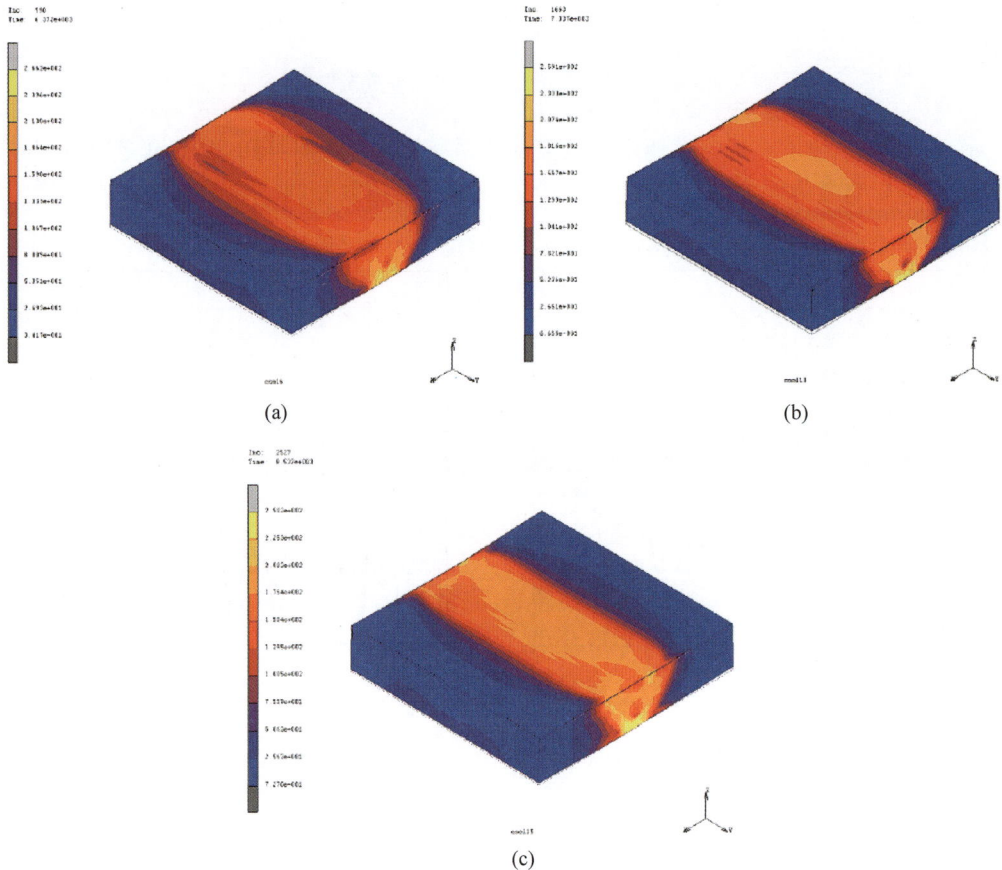

(a)

(b)

(c)

图 6-72　不同填充策略下测试板焊接残余应力分布

(a) 三层六道焊接;(b) 四层十道焊接;(c) 五层十五道焊接

受试板尺寸以及有限元仿真位移边界条件与实际装夹存在偏差的影响,纵向收缩、横向收缩模拟值与实际值相差较大,但角变形量相差不大。不同填充方式的焊后变形如图 6-73 所示。

由焊接变形分布结果可知,三种填充策略下焊接变形主要为角变形,不同填充层数下的最大变形量分别 1.512mm、1.915mm 与 1.480mm。其中五层十五道焊接变形量最小,四层十道最大。值得注意的是,受焊层数增加的影响,试板两侧变形程度区别越来越明显,图 6-74 为试板上表面焊接收弧一端两顶点间焊接变形分布图。

(a)

(b)

(c)

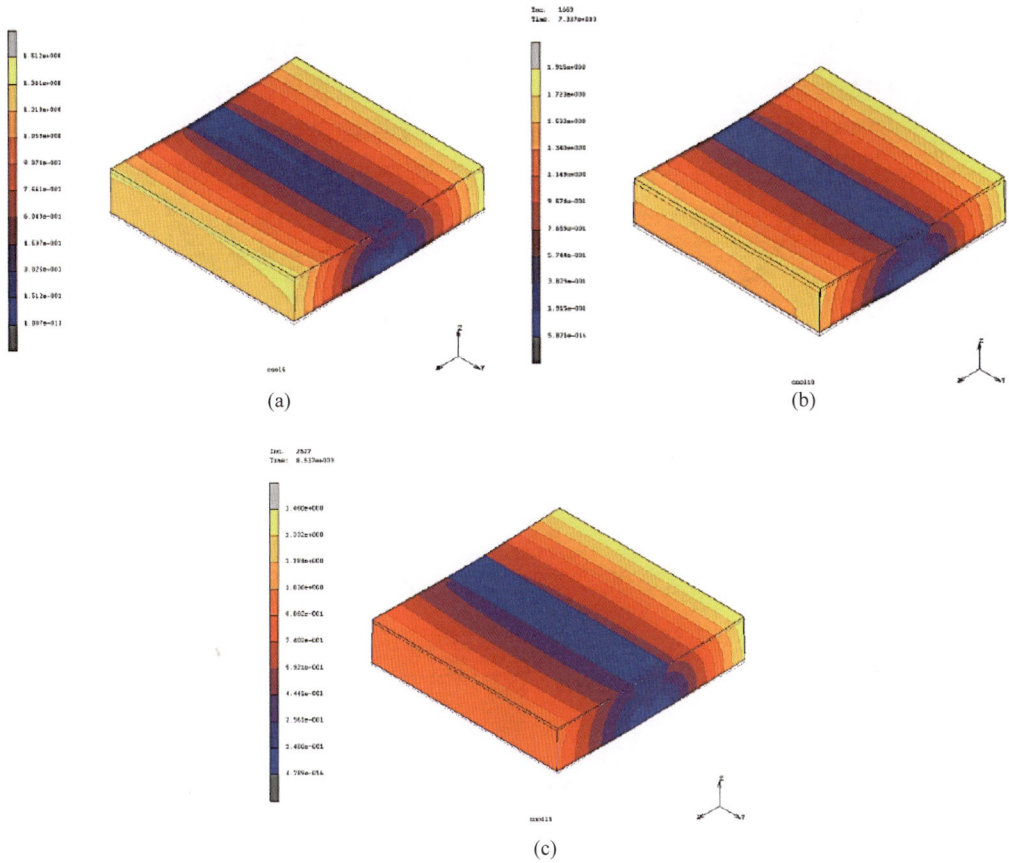

图 6-73　不同填充策略下测试板焊接变形分布

（a）三层六道焊接；（b）四层十道焊接；（c）五层十五道焊接

观察不同填充策略下测试板上表面收弧端两顶点间焊接变形分布可知,冷却后收弧端上表面两顶点焊接变形量分别为 0.07709mm、0.26249mm 与 0.484521mm。五层十五道焊接时试板两顶点变形差最大,三层十道焊接时变形差值最小。说明受焊道层数增加的影响,试板两侧变形差值变小,变形朝后焊接一侧试板方向集中,因而实际焊接时更应注意此侧试板的装夹。

2. 五层十五道焊接焊道顺序优化

通过不同填充层数情况下 Invar 钢多层多道焊接有限元分析可知,五层十五道焊接策略下焊接试板变形量与残余应力值均为最小,在三种填充策略下最优,因而焊道顺序优化在此基础上开展。针对从两边向中间焊接的焊道顺序重新进行网格划分,不同焊道顺序下的有限元模型对比情况见图 6-75。然后通过有限元分析软件完成焊接初始、边界条件加载,完成计算并提取结果。

采用 Mises 屈服准则,以 Mises 等效应力评定不同焊道顺序下五层十五道焊接焊后残余应力分布情况。从两边向中间焊接时试板等效应力分布如图 6-76 所示。与从右向左焊接时相比,试板等效应力分布情况基本相同,焊缝尤其是坡口及打底焊附近应力水平值较高。最大等效应力为 247.5MPa,而优化前为 250.2MPa,实现了焊后残余应力优化。

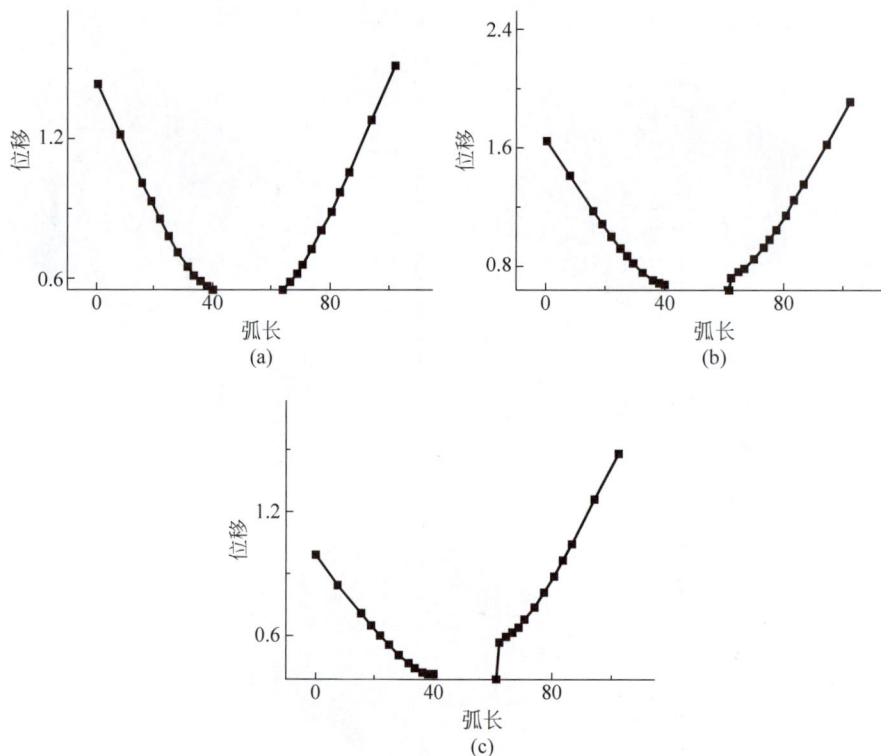

图 6-74 不同填充策略下收弧端上表面顶点间焊接变形分布

（a）三层六道焊接；（b）四层十道焊接；（c）五层十五道焊接

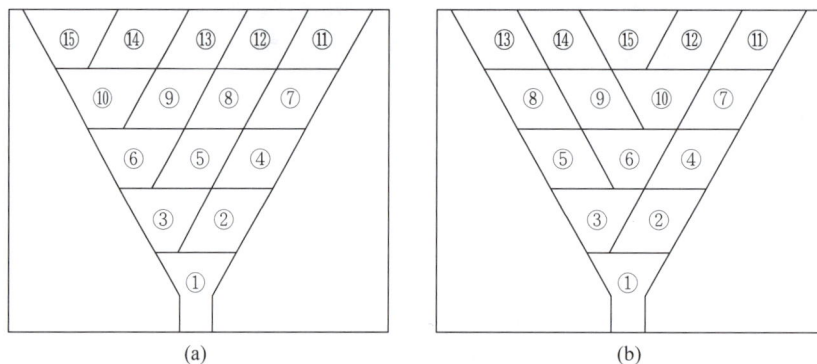

图 6-75 不同焊道顺序焊道填充顺序对比

（a）从右向左焊接；（b）从两边向中间焊接

从两边向中间的焊道顺序下的试板焊接变形如图 6-77 所示，角变形依然是主要的焊接变形方式，从两边向中间焊接时最大焊后变形为 1.323mm，与从右向左焊接时的最大焊接变形相比降低 10.6%，所以从两边向中间焊的焊道顺序可以有效控制焊接变形。

此时试板上表面焊接收弧一端两顶点间焊接变形分布如图 6-78 所示，两上顶点位移差为 0.19558mm。与从右向左焊接时相比明显降低，表明焊道顺序优化后两侧试板受焊道施焊顺序影响的程度逐渐相同。

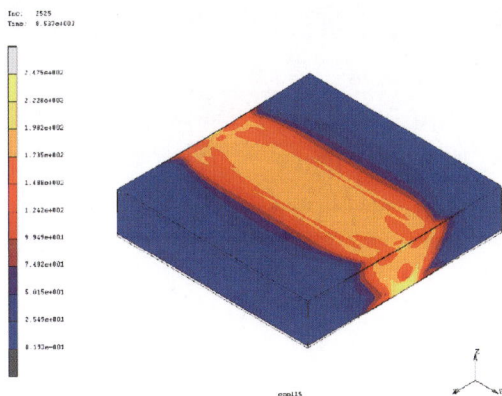

图 6-76　从两边向中间焊接时等效应力分布

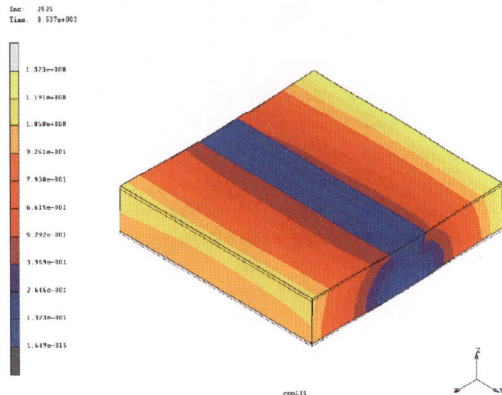

图 6-77　从两边向中间焊接时的焊后变形

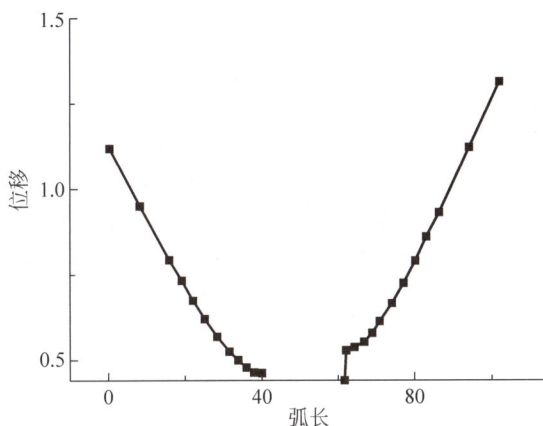

图 6-78　从两边向中间焊接时收弧端上表面顶点间焊接变形分布

3．五层十五道焊接焊层顺序优化

焊层顺序主要有顺序焊接与交替焊接两种,基于 Invar 钢焊道顺序优化研究可知,从两边向中间焊接的方式其接头质量较好,因而 Invar 钢五层十五道焊接焊层顺序优化是在从两边向中间焊的焊道顺序上展开,其焊接路径对比如图 6-79 所示。

采用 Mises 屈服准则,以 Mises 等效应力评定 Invar 钢试片件五层十五道交替焊接时焊接焊后残余应力分布情况。焊接结束并冷却至室温时,Invar 钢试片件等效应力分布如图 6-80 所示。试板焊接残余应力仍集中在坡口及打底焊缝附近,等效应力峰值有所上升,为 249.1MPa。试板变形趋势会随着交替焊接而发生相应改变,材料热膨胀与收缩所造成的塑性应变相互作用也会有所增强,故其等效应力峰值有所上升。

交替焊接方式的试板焊接变形如图 6-81 所示,变形方式主要为角变形,试板最大焊后变形为 1.299mm,与顺序焊接方式时相比降低了 1.8%,与不做优化时相比降低了 12.2%。所以 Invar 钢五层十五道焊接时采用交替焊接的焊层顺序可以有效控制其焊接变形。

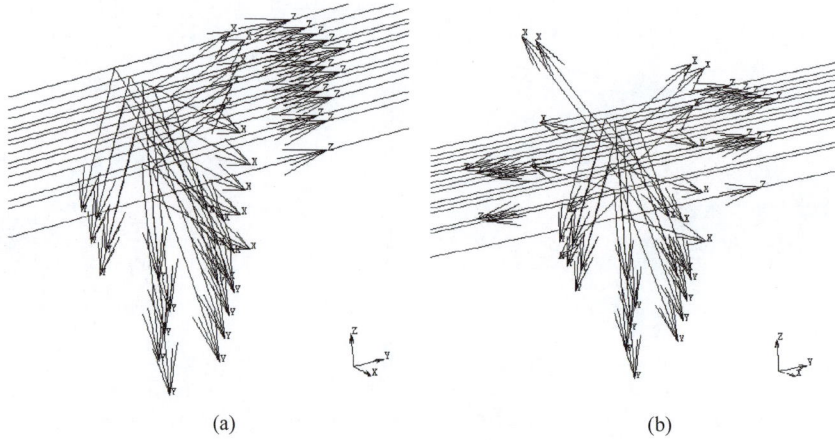

(a)　　　　　　　　　　　　　　　　(b)

图 6-79　不同焊层顺序焊接路径对比

（a）顺序焊接；（b）交替焊接

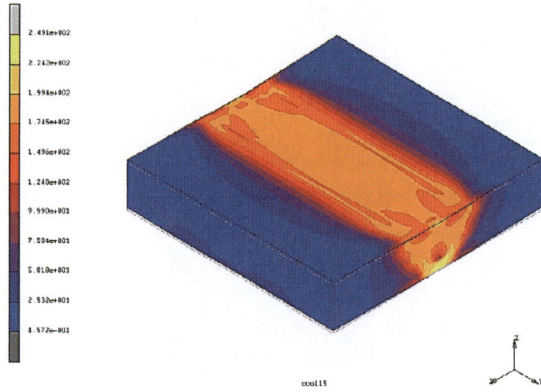

图 6-80　交替焊接等效应力分布

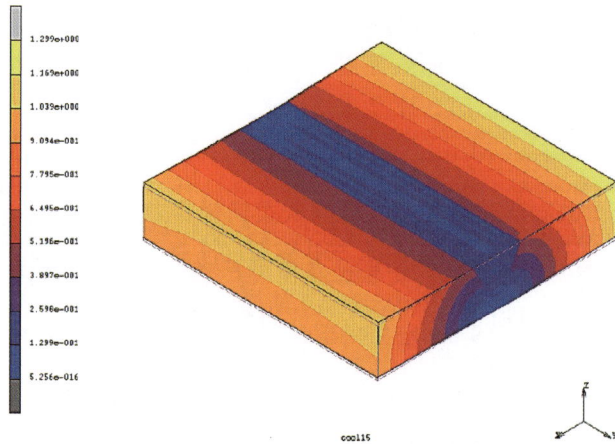

图 6-81　采用交替焊接时的焊接变形分布

6.5 本章小结

本章利用 MSC.Marc 的子程序实现了平板对接、T 型结构和多层多道三种典型焊接结构焊接过程有限元模型的设置,阐述了相应仿真的实现方法及操作步骤,给出了焊接过程中的温度场和应力应变场的变形云图。通过本章的讲述,相信读者能够熟练掌握典型结构激光与电弧焊接过程的有限元模拟方法。

第7章

典型工程机械结构焊接过程建模与仿真案例分析

7.1 问题描述

国家经济的全面快速发展,工业化步伐的不断加快,使得基础设施投资处于持续旺盛的态势。近年来蓬勃发展的风力发电、核电、近海工程、道路桥梁、交通枢纽场站等大型项目的密集上马,带动了起重机市场的大发展。

随着施工周期、施工工序、施工质量、施工安全等要求的提高,传统的吊装方法已经无法满足现代施工管理上的要求,且人工费用越来越高。因此,使用吊装重量大、吊装施工周期短的大吨位和超大吨位履带吊已成为最佳方案。

大吨位履带吊结构组成如图 7-1 所示。

图 7-1 大吨位履带吊结构组成

　　履带吊由转台、车架、履带梁、臂架等结构件组装而成。其中,转台、车架、履带梁结构件由立板、耳板、弯板、加强板等焊接而成,是典型的焊接结构件。

　　本案例针对大吨位履带吊焊接生产过程中遇到的实际问题,开展以有限元模拟仿真为主的焊接变形预测研究,主要模拟转台结构件的焊接应力与变形,为优选焊接工艺、控制焊接应力和变形提供理论依据。

7.2　大吨位履带吊转台结构件有限元模型的建立

7.2.1　几何模型及单元网格划分

　　转台结构件由底板、立板、耳板、盖板等焊接而成,圆筒、管、箱型梁、支架等起支撑加强作用,如图 7-2 所示;主要焊缝总计 197 条,长约 105m,含 30 余种接头形式。由于构件尺寸较大,形状较为复杂,在 Marc 中直接建模比较复杂,因而采用三维造型软件 CATIA 进行造型。其结构如图 7-2 所示。

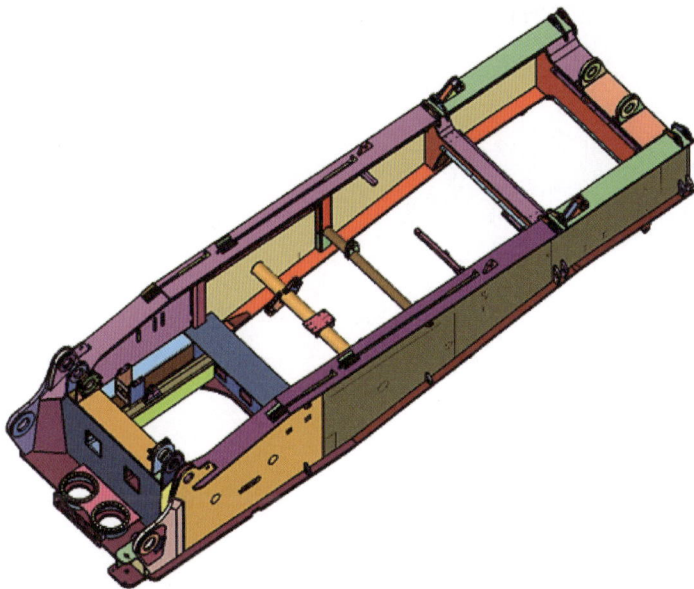

图 7-2　转台焊接结构件

　　由于构件尺寸较大,形状较为复杂,在 Marc 中直接进行网格划分比较复杂,因而将三维实体模型导入 Hypermesh 中进行网格划分。最终网格划分的结果如图 7-3 所示。

7.2.2　大吨位履带吊转台结构件材料参数库建立

　　金属材料的物理性能参数,如比热、导热系数、屈服应力等一般都随温度的变化而变化,是非线性的。在焊接过程中,焊件温度变化十分剧烈,如果不考虑材料的各项参数随时间的变化,那么计算结果会产生很大的偏差。所以在焊接温度场的模拟计算中必须给定材料的各项物理性能参数随温度的变化。通常假设两者之间为多段线性的关系,这个关系常用表格来定义。本例中转台结构件的材料为 Q550D、Q690D。采用 JMatPro 软件模拟的材

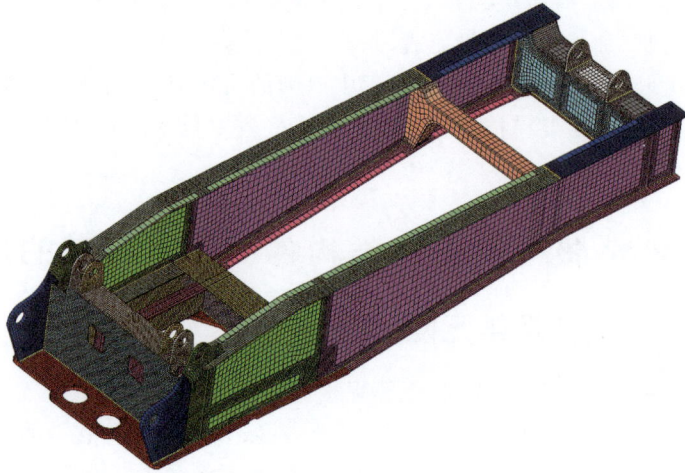

图7-3 转台网格划分结果

料热物性参数和试验修正过的材料热物性参数构建 MSC. Marc 软件计算的材料热物性参数库。

```
TABLE & COORDSYST: TABLES
   NEW: 1 INDEPENDENT VARIABLE
   NAME: YOUNGER                    定义杨氏模量
   TYPE: temperature                表格主要定义杨氏模量随温度的变化关系
      ADD                           输入材料参数
   OK
```

根据以上方法,可依次定义屈服强度、热膨胀系数、导热系数和比热容等随温度变化的多段线性关系。相关表格如图7-4、图7-5所示。

```
MATERIAL PROPERTIES: MATERIAL PROPERTIES
NEW: FINITE STIFFNESS REGION
STANDARD
   MASS DENSITY                     设置材料密度
      7.33417e-009
   SHOW PROPERIES: STRUCTURAL
   TYPE: ELASTIC-PLASTIC ISOTROPIC  材料的本构选为弹塑性
   YOUNGER'S MODULUS
1                                   这个参数是对应的表格的系数,也可以在表格制作完成
                                    后,直接对表格的纵坐标进行放大。获得相应参数的实
                                    际数值,那么,在相应条件下,这个系数要定义为1
TABLE: YOUNGER                      选择相应的表格
POISSON'S RATIO                     设置材料的泊松比
   0.393935
      PLSTICITY
         YIELD STRESS
         2.5E8
         TABLE: YIELD
         OK
   THERMAL EXPSIONAN
      ALPHA 1.5
```

```
    TABLE: EXPAND
      OK
SHOW PROPERIES: THERMAL
TYPE: ISOTROPIC                          定义材料为各向同性
HEAT TRANSFER
   CONDUCTIVITY                          定义对流系数
     40
   TABLE: THERMAL
   SPECIFIC HEAT
   500
   TABLE: SPECIFIC
   MASS DENSITY
   7.33417e-009
ADD                                      将材料性能施加到相应材料单元上
OK                                       材料性能定义完毕
```

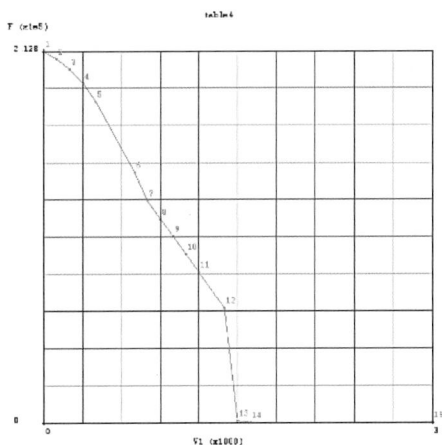

(a)

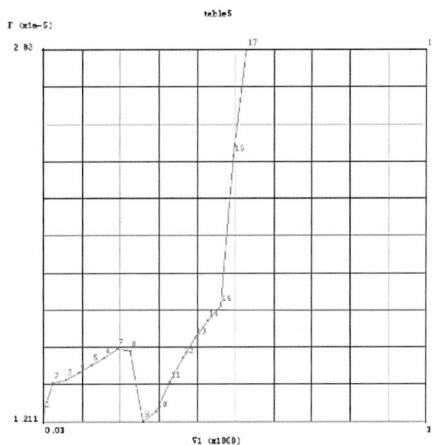

(b)

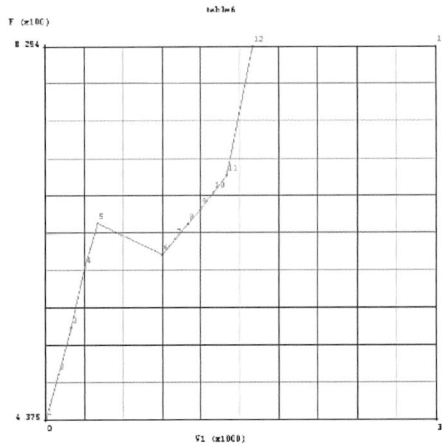

(c)

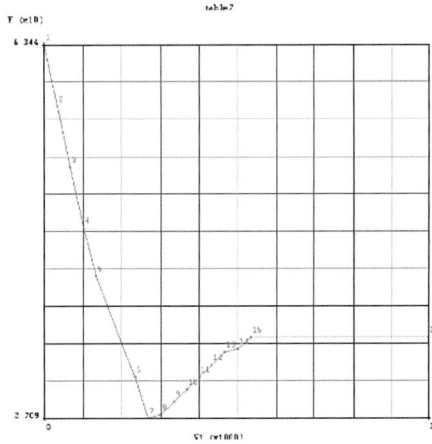

(d)

图 7-4 Q550D 材料热物性参数库

(a) 弹性模量；(b) 热膨胀系数；(c) 比热容；(d) 热导率

(a)

(b)

(c)

(d)

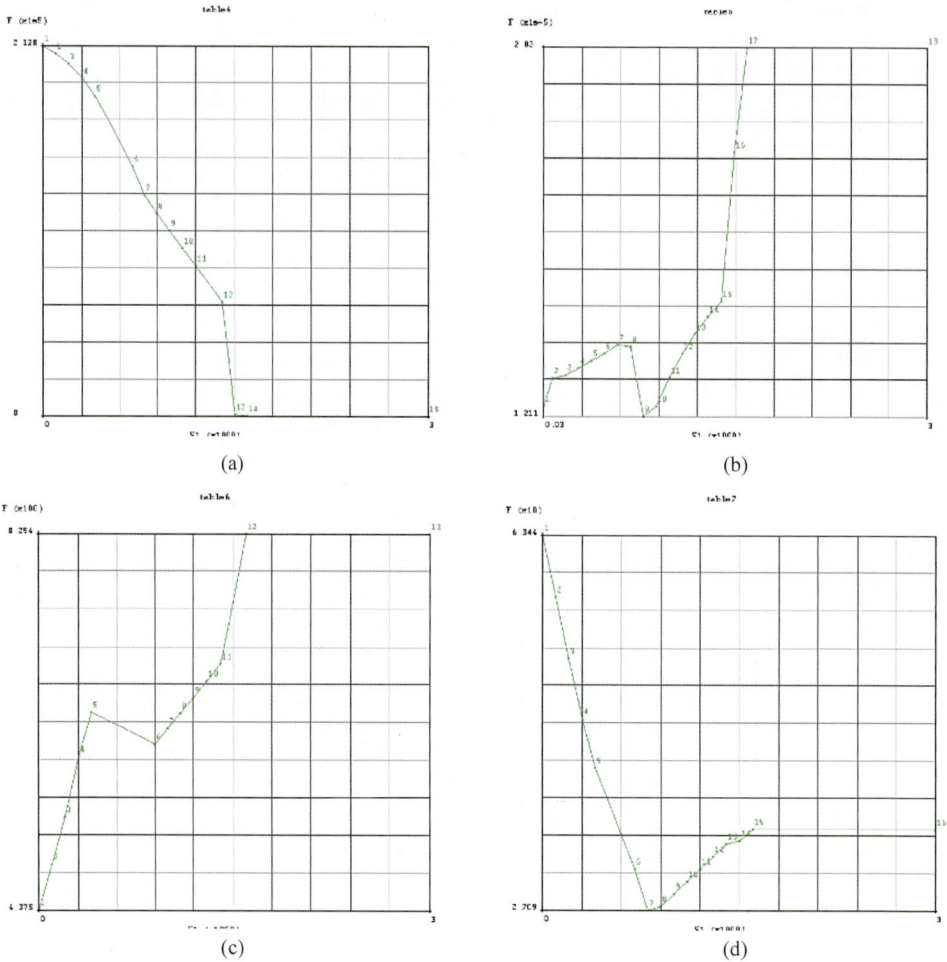

图 7-5　Q690D 材料热物性参数库
（a）弹性模量；（b）热膨胀系数；（c）比热容；（d）热导率

7.2.3　焊接路径定义

焊接路径的加载包括热源路径的加载与填充金属的路径的加载。路径的加载方式有节点、曲线、矢量和用户自定义路径等方式。

转台构件的焊接路径加载采用节点和矢量相结合的方式。对于热源移动方向的路径，采用节点加载。例如长直焊缝的热源移动，只需通过确定起弧和收弧的两个节点，即可描述热源在全路径上的移动。熔深方向，即焊枪指向方向，一般采用矢量方式，用矢量指向来描述焊枪的指向。熔宽方向一般与热源移动方向及熔深方向垂直，由于 Marc 软件自动计算熔宽方向，所以不需要额外设置熔宽的方向。

转台结构焊接路径定义如图 7-6 所示。

焊接的起弧点和收弧点、热源移动路径、焊接路径、节点路径分别如图 7-7、图 7-8、图 7-9、图 7-10 所示。

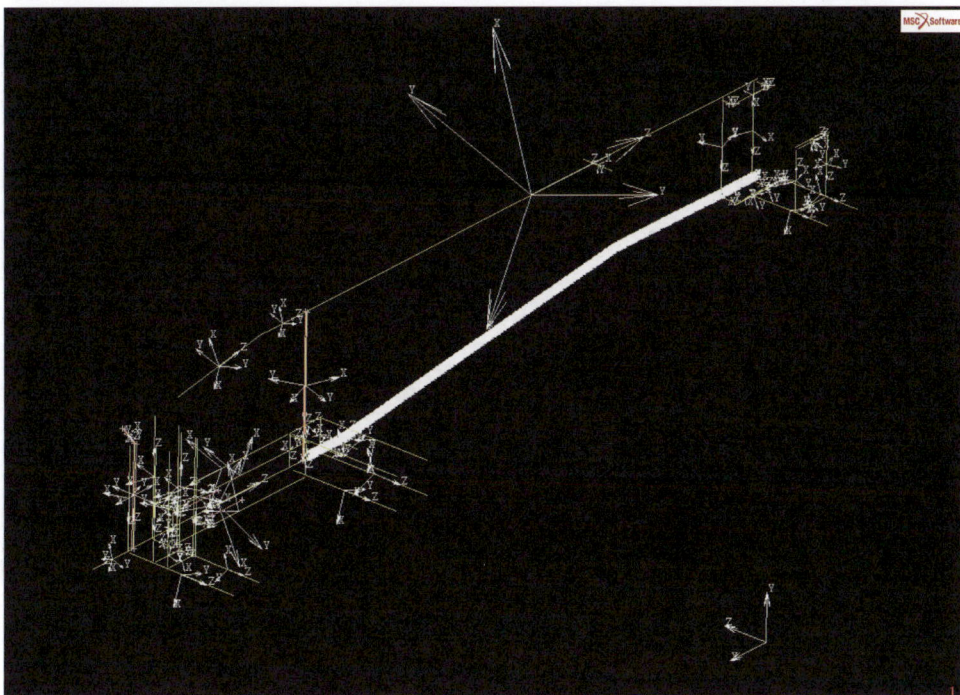

图 7-6　转台件焊接整体焊接路径示意图

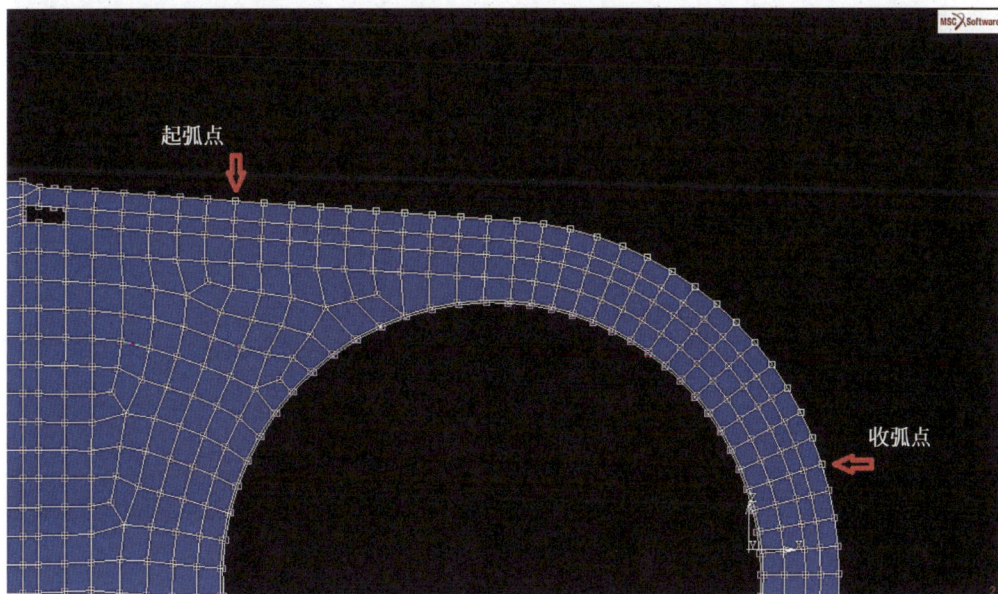

图 7-7　起弧点和收弧点

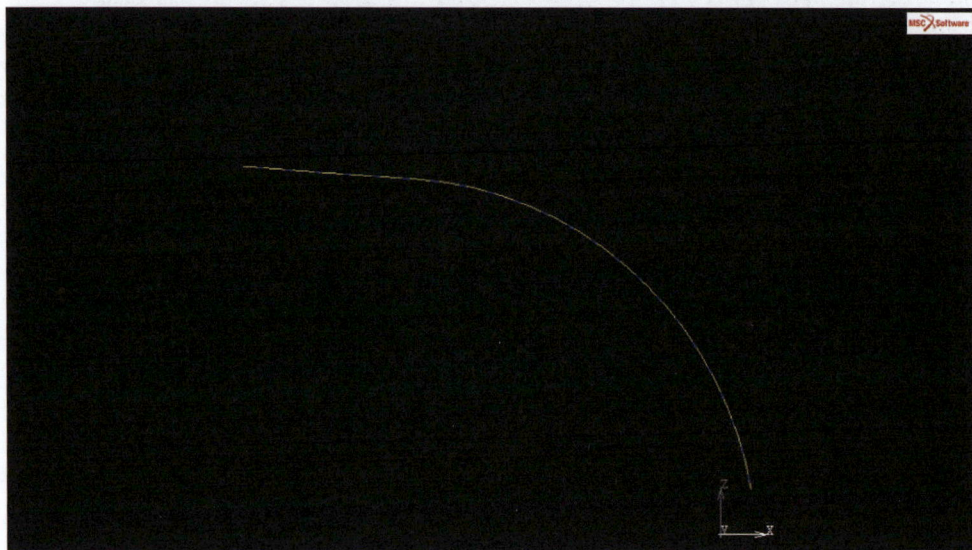

图 7-8　热源移动路径

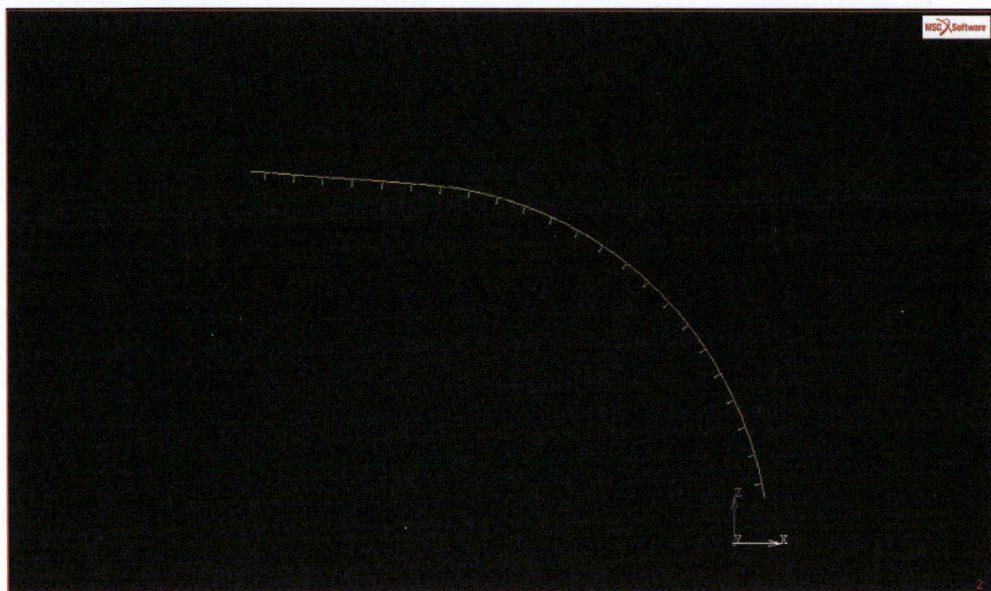

图 7-9　焊接路径

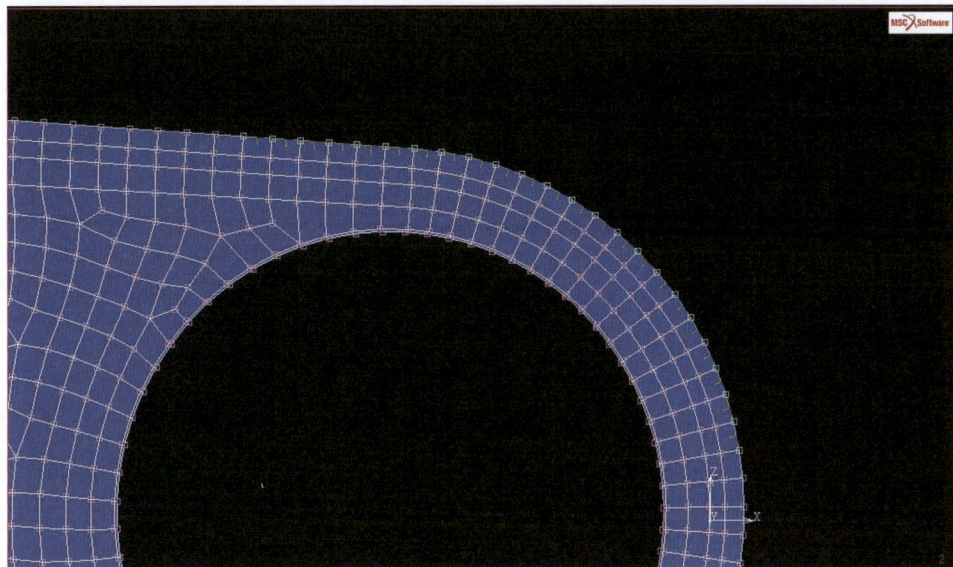

图 7-10　节点路径

曲线(面)焊接路径加载方式如下。

1）加载热源(焊枪)移动路径(path input nodes)

```
MODELING TOOLS
    WELD PATHS
        PATH INPUT METHOD
        NODES                    选择以节点方式加载路径
        SELECT
        STORE NODE PATH
        PATH1                    创建一个节点路径,并命名为 PATH1
                                 选择起弧点和收弧点,选完之后点 END LIST (#)
                                 右键返回上一个菜单
        ADD
        SET
        PATH1                    将之前建大 PATH1 节点路径设为焊接路径
```

至此,热源移动的路径加载完毕。

若路径较复杂、不规则,应多设置识别点,以自动获取路径。

2）加载焊枪指向路径(orientation input method)

```
MODELING TOOLS
WELD PATHS
    ORIENTATION INPUT METHOD
    VECTOR                   选择以矢量方式加载指向路径
    COMX 0                   定义 Z 轴负向为焊枪指向
    COMY 0
    COMZ － 1
```

Marc 会根据矢量和 path 确定一个平面,然后在这个平面内自动作出垂直于 path 的焊枪指向。

注意,只能保证与矢量夹角在 90°之内是垂直向内的,超过 90°可能垂直向外。

3）以 node 方式加载(orientation input method)

操作过程同 path input nodes：

（1）新建 node path，PATH2；

（2）选择起弧点和收弧点；

（3）将 orientation input method 选为 nodes；

（4）添加 set，PATH2。

采用此法亦能得到相同效果，而且不会出现矢量的方向朝外的情况。

7.2.4　填充金属定义

填充金属定义包括定义填充金属的熔化温度、激活时间、激活范围、激活单元等。熔化温度一般设置为材料的熔点，例如 Q550D 熔化温度设为 1500℃。激活时间默认为是零；如果热激活时间为非零值，则填充金属单元仍然保持"静"或"死"状态直到通过热激活持续时间，在此期间，将该单元的所有应力和应变都复位到零。激活范围用于定义填充金属一次填充量，通常可依据焊接速度和焊丝用量换算。激活单元即定义的静单元或生死单元。转台的填充金属定义如图 7-11 所示。

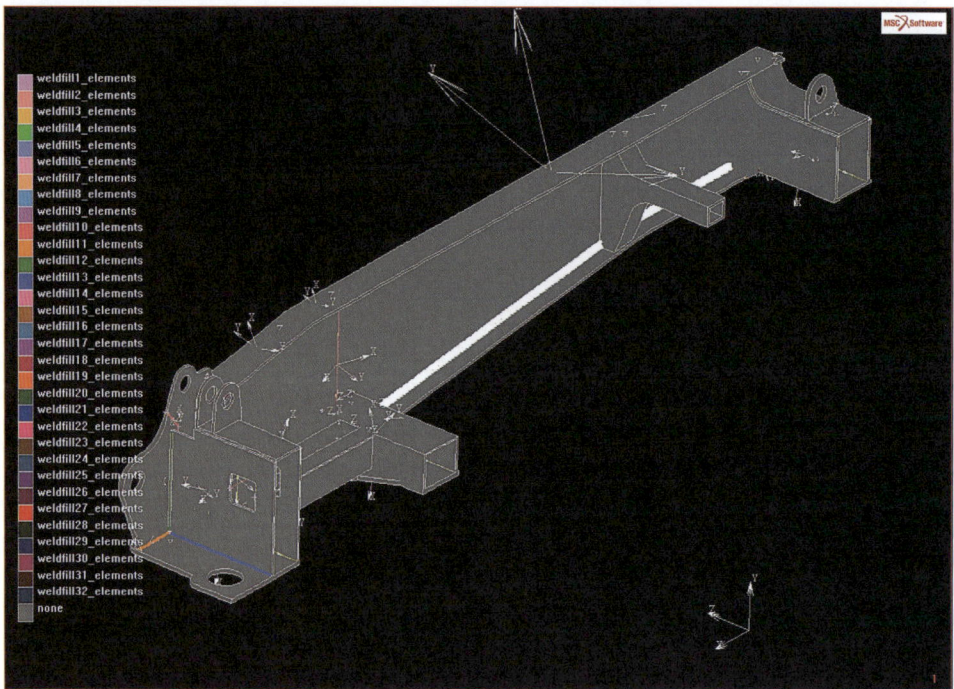

图 7-11　转台件填充金属分布示意图

7.2.5　初始条件及边界条件定义

转台焊接过程的参数加载在有限元分析中表现为初始条件和边界条件设置。

1. 初始条件

初始条件为焊前构件的整体状态，包括热状态和力学状态。一般的焊接模拟中，只需考虑室温这一初始条件,如构件采用预热的方法,则还需进一步考虑构件预热之后的温度分布。

转台构件的初始条件为室温。

转台初始条件设置如图 7-12 所示。

```
MAIN
  INITIAL CONDITIONS
  NEW(THERMAL)
    TEMPERATURE
    ENTER VALUES                勾选此选项
    TEMPERATURE(TOP)      20    设定试件的初始温度为20℃
    NODES
    ADD
      ALL: EXIST
    OK
```

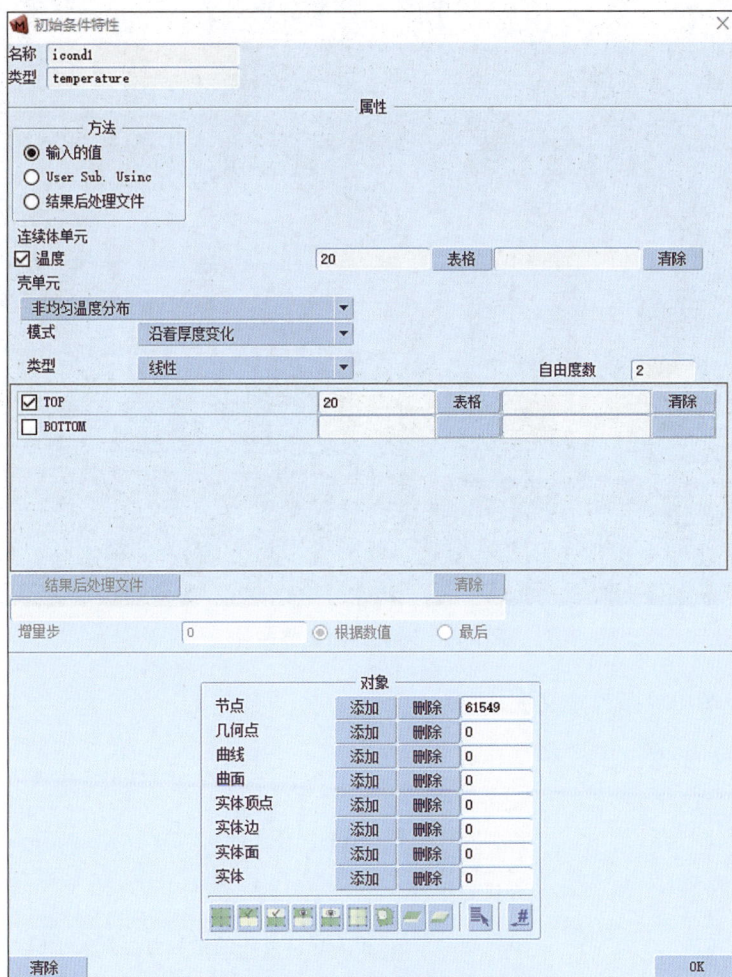

图 7-12　转台初始条件设置

2. 边界条件

边界条件可分为热边界条件和力学边界条件。考虑转台构件的实际焊接过程,应包含以下边界条件:

```
BOUNDARY CONDITIONS
NEW(THERMAL)
FACE FILM                        工件和外界环境的对流边界条件
  FILM                           勾选此选项
  SINK TEMPERATURE               设置周围环境的温度
    20
  FILM: COEFFICIENT              工件和外界环境的对流系数是40
    40
  FACES: ADD                     拖动鼠标选择整个外表面
OK
```

对流散热边界条件如图7-13所示。

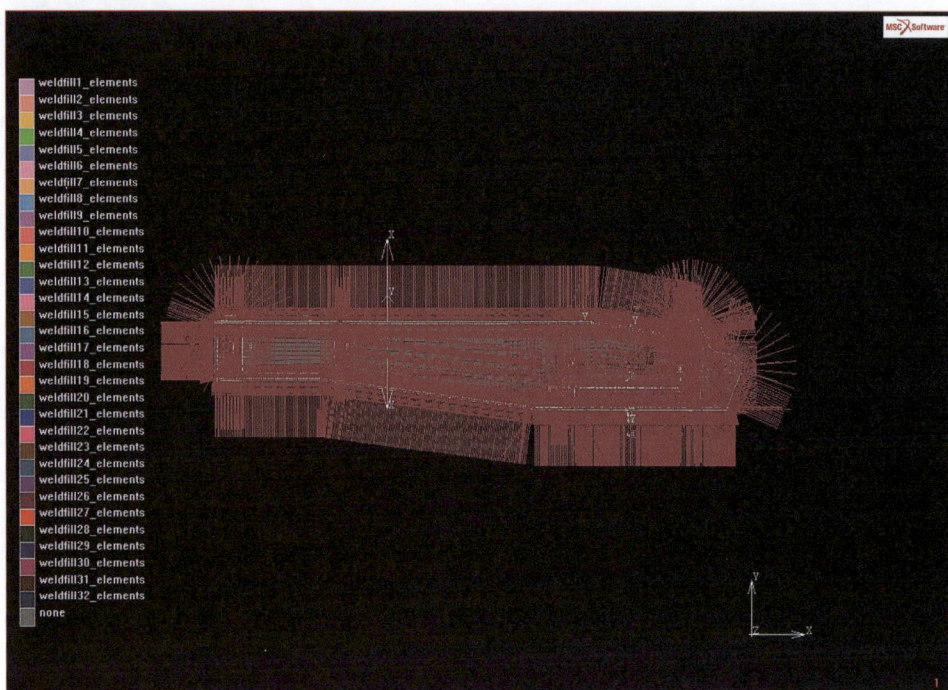

图7-13　对流散热边界条件

至此,温度场边界条件定义完成。

```
BONDARY CONDITIONS
NEW
  THERMAL                        热边界条件
  VOLUME WELD FLUX               施加焊接热源为双椭球体热源
  FLUX                           勾选此选项
  POWER                          焊接能量
    4000
  EFFICIENCY                     有效功率系数,相关焊接方法的系数可以查阅手册
    0.7
  DIMENSIONS:                    热源尺寸参数
  WIDTH                          热源宽度
    60
  DEPTH                          热源深度
    60
  FORWARD LENGTH                 热源前半椭球长度
    20
```

```
REAR LENGTH                    热源后半椭球长度
  120
VELOCITY                       焊接速度
  5
WELD PATH: weld path 1         焊接路径选择
  OK
ELEMENTS ADD:                  估计热源大概能包括的单元范围,选择的单元范围略大于这个范围
                               即可,也可以选择所有单元。
```

焊接加热边界条件如图 7-14 所示。

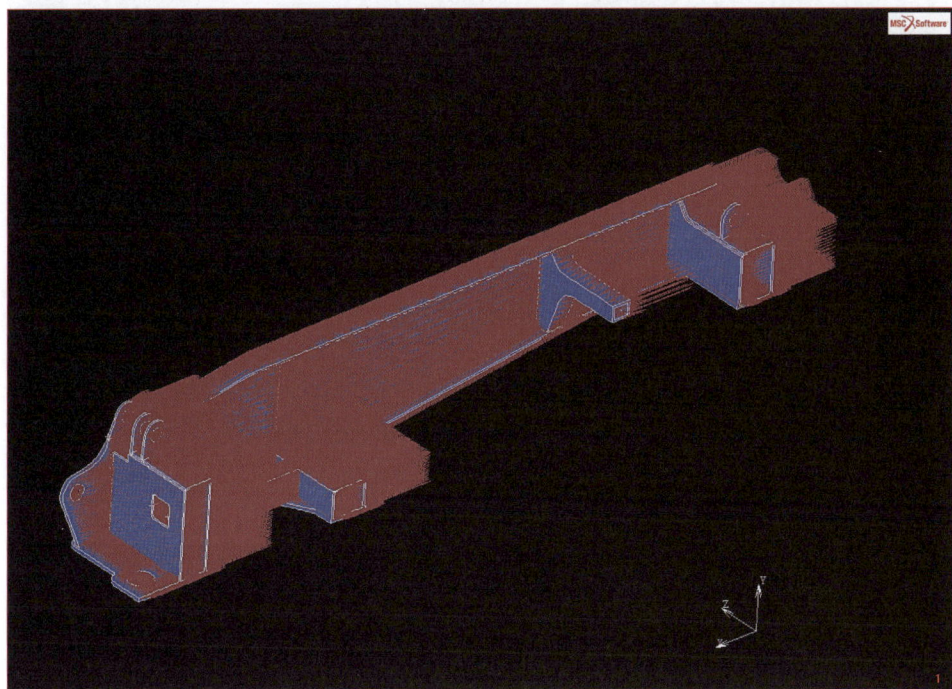

图 7-14　焊接加热边界条件

根据以上方法,可依次定义每条焊缝的加热边界条件。

```
NEW
MECHANICAL                     定义力学边界条件
FIXED DISPLACEMENT             主要是防止物体发生刚性位移,而使计算无法进行。
  DISPLACEMENT X               限制 X 方向位移
  OK
  NODES: ADDS                  选中如图 7-15 所示的节点
NEW
  MECHANICAL                   定义力学边界条件
  FIXED DISPLACEMENT
  DISPLACEMENT Z               限制 Z 方向位移
  OK
  NODES: ADDS                  选中如图 7-16 所示的节点
NEW
MECHANICAL                     定义力学边界条件
  FIXED DISPLACEMENT           模拟重力装夹的固定位移边界条件
  DISPLACEMENT Y               限制 Y 方向位移
  OK
```

```
    NODES: ADDS              选中如图 7-17 所示的节点
OK
```

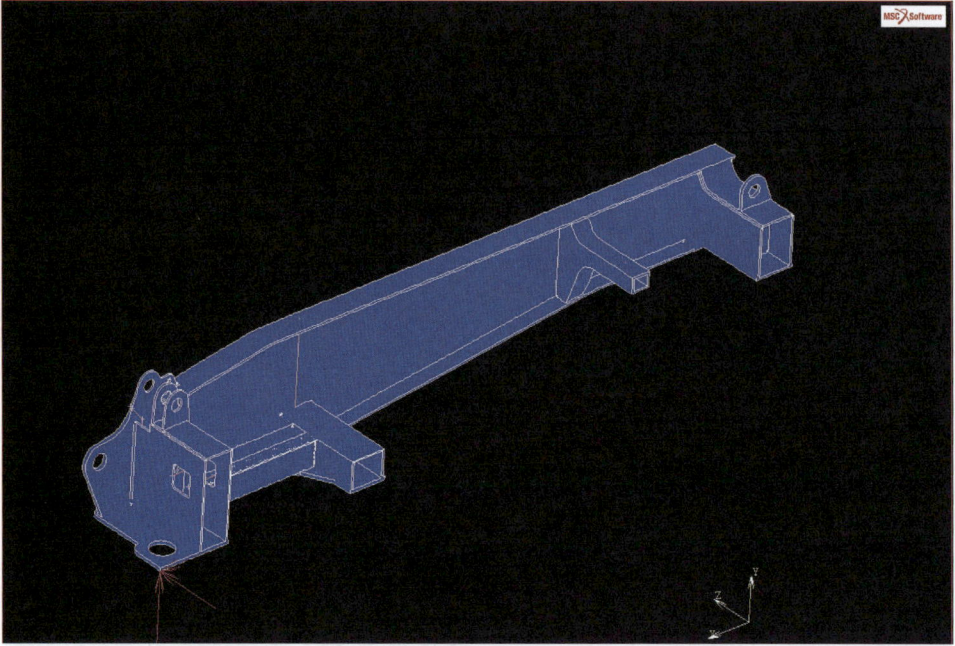

图 7-15　固定位移边界条件

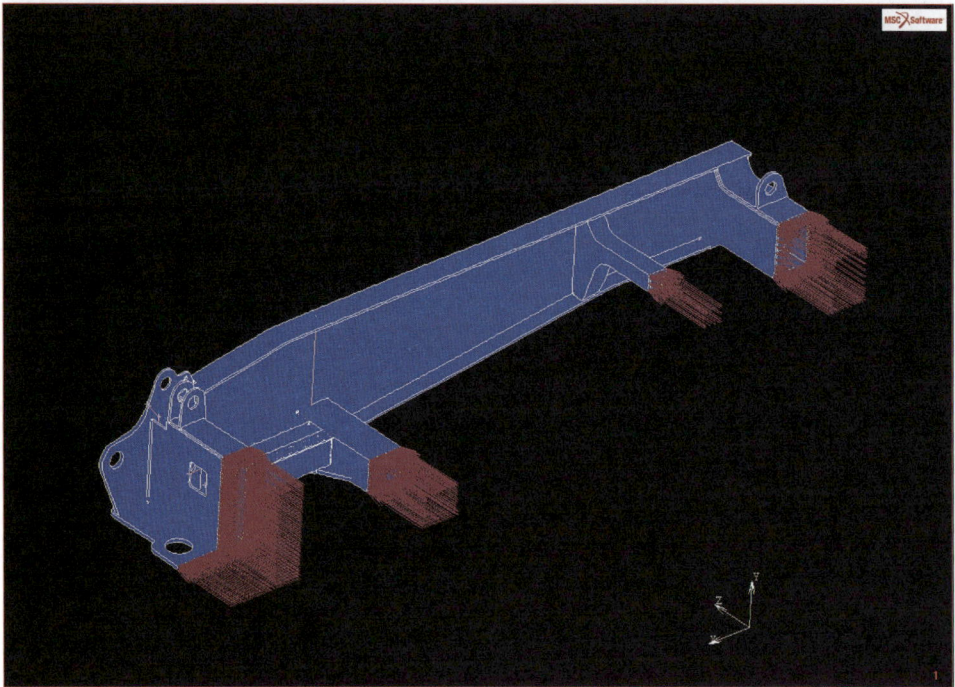

图 7-16　对称边界条件

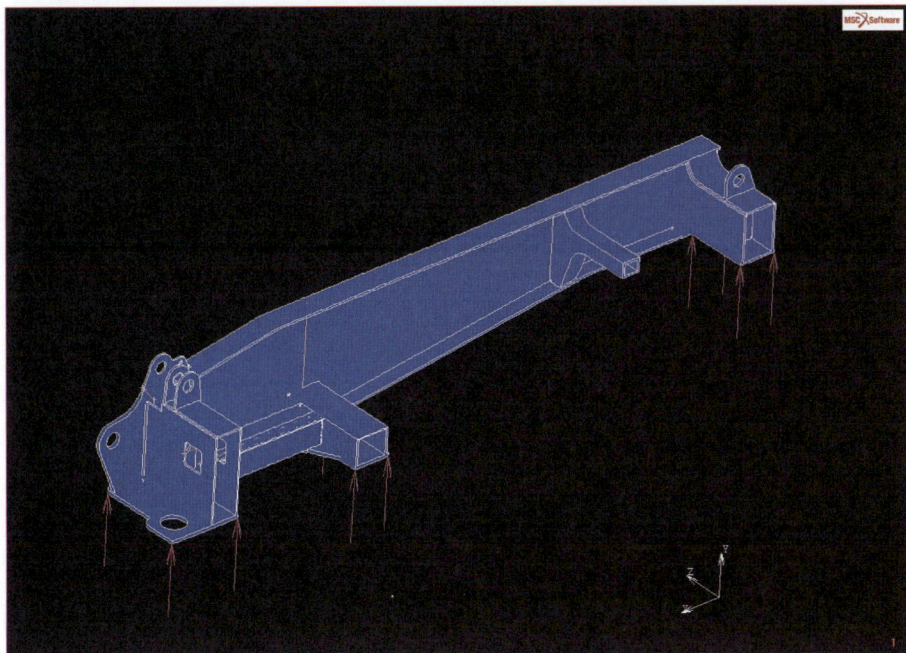

图 7-17　模拟重力装夹的固定位移边界条件

7.2.6　定义工况

1. 定义焊接过程

```
LOADCASES
NEW (TRANS/STATIC)                    选择热-机耦合算法
LOADS                                 选择需要的载荷,默认是全选,如果载荷比较多,可以用界面上
                                      的 CLEAR 按钮去除所有的选择,之后再选择需要的载荷
OK
  CONVERGENCE TESTING                 计算收敛检查
  DISPLACEMENTS                       位移检查准则,最精确
  RELATIVE DISPLACEMENT TOLERANCE
    0.1                               一般取默认值,值越小,计算越精确,但是有时收敛困难,反之则
                                      相反。一般建议不要超过 0.2
  MAX ERROR IN TEMPERATURE ESTIMATE
    30
  TOTAL LOADCASE TIME                 定义工况对应的时间,计算方法为 $t = $ 焊缝长度 $l$/焊接速度 $v$
    532.95
  CONSTANT TIME STEP                  定义时间步长
  PARAMETERS
  ♯STEPS
  88
  OK
OK
```

根据以上方法,可依次定义各条焊缝的工况。本例中共定义 67 个焊接工况。

2. 定义冷却过程

```
NEW (QUASI - STATIC)
  LOADS
```

```
CONVERGENCE TESTING                              收敛性测试
DISPLACEMENTS                                    位移检查准则,最精确
RELATIVE DISPLACEMENT TOLERANCE
  0.1
MAX ERROR IN TEMPERATURE ESTIMATE
  30
TOTAL LOADCASE TIME
  5000                                           5000s冷却到室温,这个数值是大概估计的,可以多给一些冷却
                                                 时间,但不能少给
ADAPTIVE: TEMPERATURE
PARAMETERS
MAX ♯ INCREMENTS
  500
INITIAL TIME STEP
  1                                              探测增量步的时间步长是1s
  OK
OK
```

7.2.7   定义作业

定义作业如图7-18所示。一般需要定义作业类型,作业类型必须与LOADCASE的类型保持一致。选择输出的结果,计算所述LOADCASE和分析的维数等。

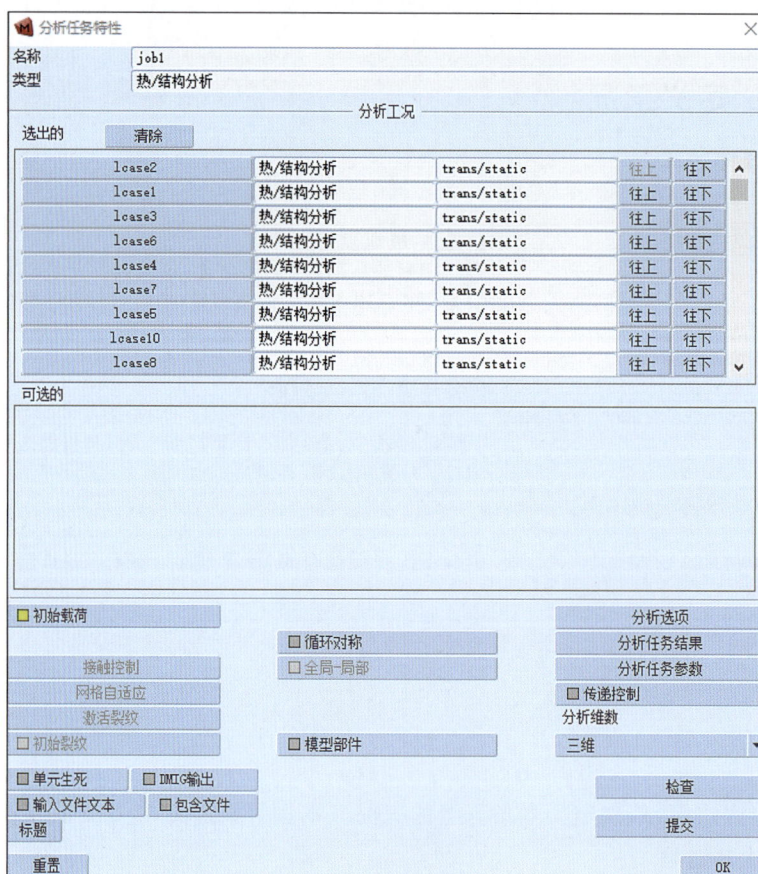

图 7-18   作业定义

```
JOBS
  NEW(THERMAL/STRUCTUAL)
  AVAILABLE
  Lcases1
  Lcases2                                按照焊接顺序选择所有的工况
  ……
  INITIAL LOADS                          选择初始载荷
  ANALYSIS OPTIONS
    PLASTICITY PROCEDURE:
    LARGE STRAIN ADDITIVE
    LUMPEDMASS & CAPACITY
  OK
JOB RESULTS
  STRESS
    Equivalent Von Mises Stress          输出应力和 Mises 应力
OK
CHECK                                    检查模型
RUN                                      提交作业进行运算
```

至此,大吨位履带吊转台结构的焊接有限元模型已经基本建立。

7.3　大吨位履带吊转台结构件模拟结果分析和验证

7.3.1　转台结构件焊后残余应力分布

1. x 方向残余应力分布

```
OPEN POST FILE(RESULT MEAU)            进入结果查看界面
Deformed Shape
  Style: Contour Bands
  SCALAR: comp 11 of Stress            选择要分析的结果
  Open Results File Increment menu     选择合适的增量步
  2908
```

图 7-19 为第 2908 个增量步的应力场云图,从图中可以看出,当前为第 2908 个增量步,时间为 2203s,最大应力值为 1297MPa。

x 方向(comp 11 of stress)残余应力分布如图 7-19 所示。由于各方向焊缝的冷却收缩作用,沿 x 方向存在两种应力,分别是沿 x 方向焊缝的纵向残余应力和垂直于 x 方向焊缝横向残余应力。平板及角接接头焊缝以及近焊缝区等经历过高温的区域中存在较大的纵向残余拉应力,纵向残余应力分布沿焊缝方向分布如图所示,当焊缝较长时,焊缝中段会出现一个拉应力稳定区,对于低碳钢材料来说,稳定区中的纵向残余应力将达到材料的屈服强度。在焊缝端部存在应力过渡区,纵向应力逐渐减小。

纵向应力沿焊缝界面上的分布表现为,中心区域是拉应力,两边是压应力,拉应力和压应力在截面内平衡。

图 7-20 所示为外耳板沿 x 方向焊缝纵向残余应力分布。其中,沿焊缝方向平面以拉应力为主,两端拉应力较小。垂直于焊缝方向分布为中间呈拉应力状态,两端为压应力。

为了观察特定路线上的应力值,可进行如下操作:

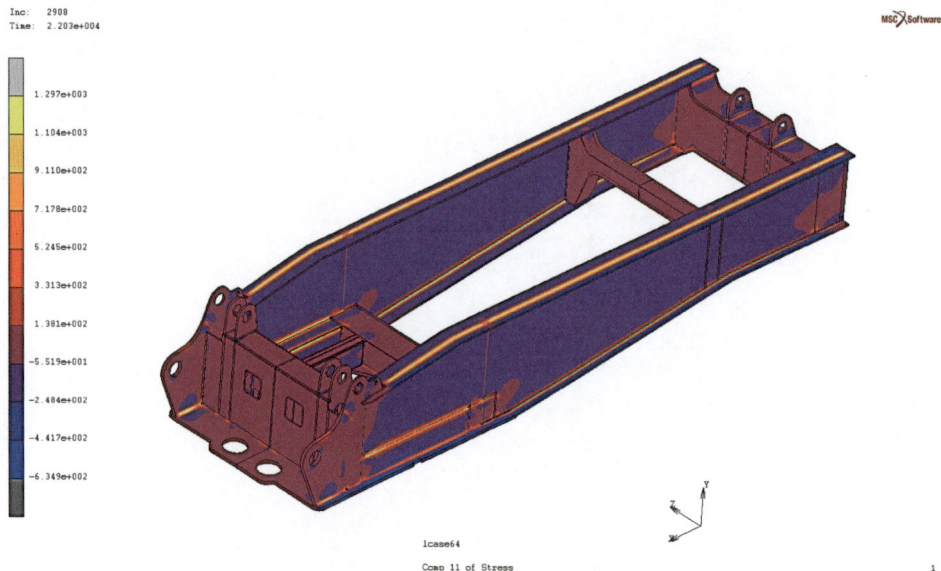

图 7-19　*x* 方向残余应力分布

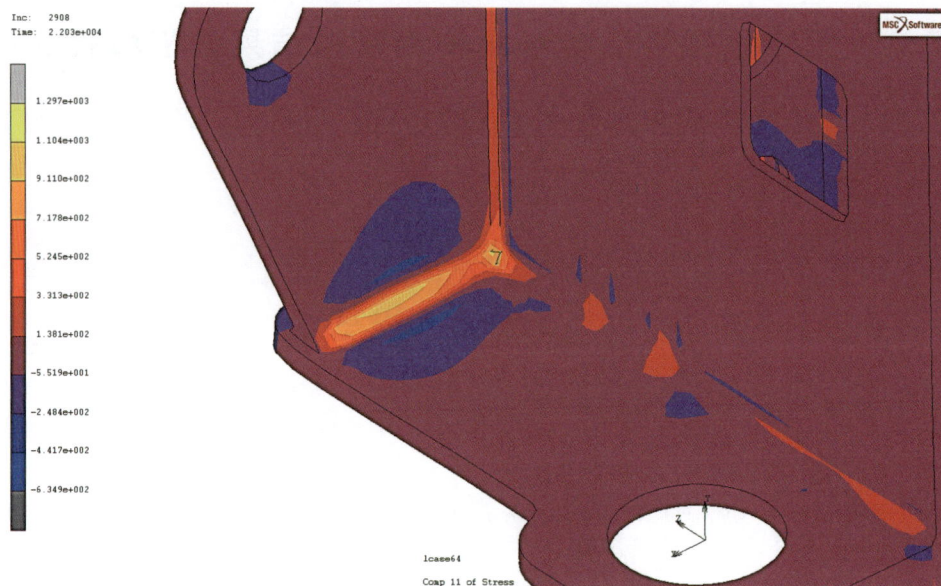

图 7-20　外耳板 *x* 方向残余应力分布

```
    PATH PLOT              观察特定路径上的应力分布
    NODE PATH
    4296 4846             选择焊接路径的起点和终点,右键确认
ADD CURVE
Arc length
Stress
Fit                      显示完整曲线
Copy To Clipboard        复制数据到剪切板,可导入 ORIGIN 中作图
OK
```

垂直于焊缝方向的应力曲线如图 7-21 所示(节点 4296、4256、4077、3930、4566、4846)，焊缝处有较大残余拉应力，最大应力为 1030MPa。距焊缝中心 100mm 处出现了残余压应力峰值，最大压应力为−298MPa。

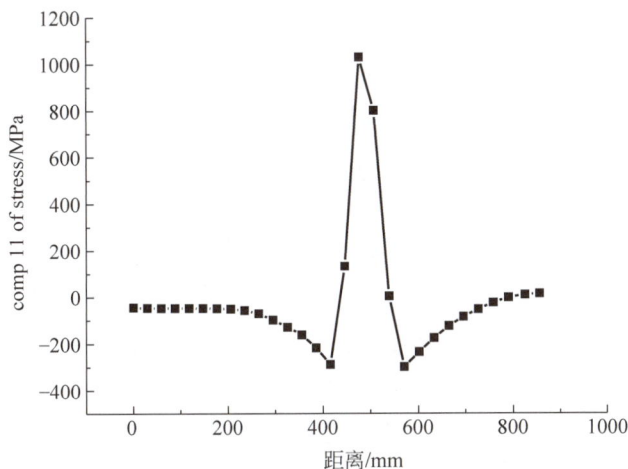

图 7-21　外耳板 x 方向垂直于焊缝方向纵向残余应力分布

图 7-22 所示为中间组件与侧板焊接焊后纵向残余应力分布。沿焊缝方向，纵向残余应力以拉应力为主，在焊缝方向首尾端逐渐降低。受相邻焊缝冷却作用，两焊缝之间纵向残余应力以压应力为主，分布均匀。

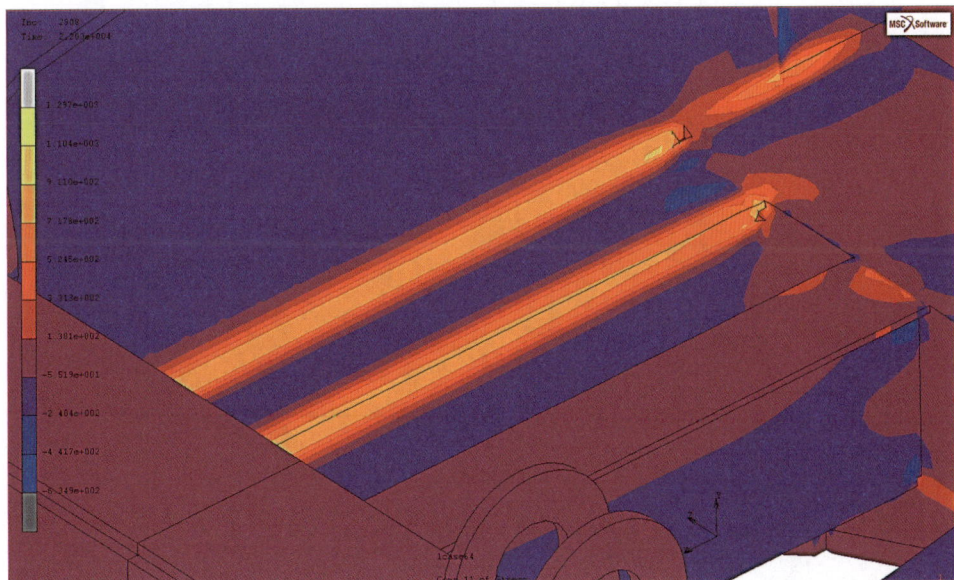

图 7-22　中间组件与侧板焊接焊后纵向残余应力分布

如图 7-23 所示(节点 29296、14584、24189)，垂直于焊缝方向的应力出现了两个峰值，对应着两条焊缝中心，第一个应力峰值为 869MPa，第二个峰值为 819MPa。受两焊缝约束作用，拉应力峰值之间出现了压应力峰值，压应力最大为−164MPa。远离焊缝中心，由于焊缝中心纵向冷却收缩，对两端形成了纵向挤压作用，表现为压应力。距离焊缝中心越远，挤压作用越明显。由焊缝中心至远端，纵向残余应力由拉应力逐渐过渡为压应力。

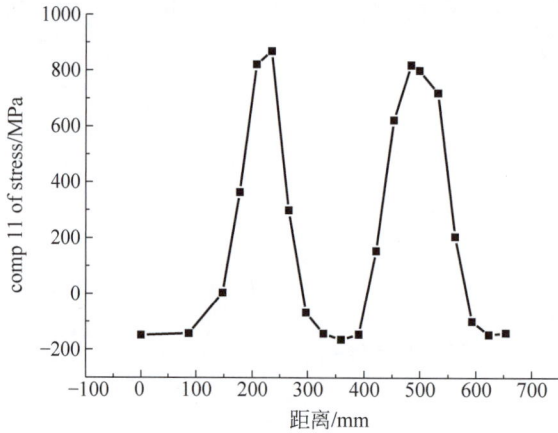

图 7-23　中间组件与侧板焊接焊后纵向残余应力分布

横向残余应力的产生，直接原因是来自焊缝冷却时横向收缩，间接原因是来自焊缝的纵向收缩。另外，表面和内部不同的冷却过程以及可能叠加的相变过程也会影响横向应力的分布。

外耳板横向残余应力分布如图 7-24 所示，焊缝中心存在一定的拉应力，随着距焊缝中心线距离的增加，应力值降低。距焊缝中心右侧 50mm 处出现压应力峰值，主要原因是背面焊缝冷却收缩对此处产生挤压作用，表现为压应力。

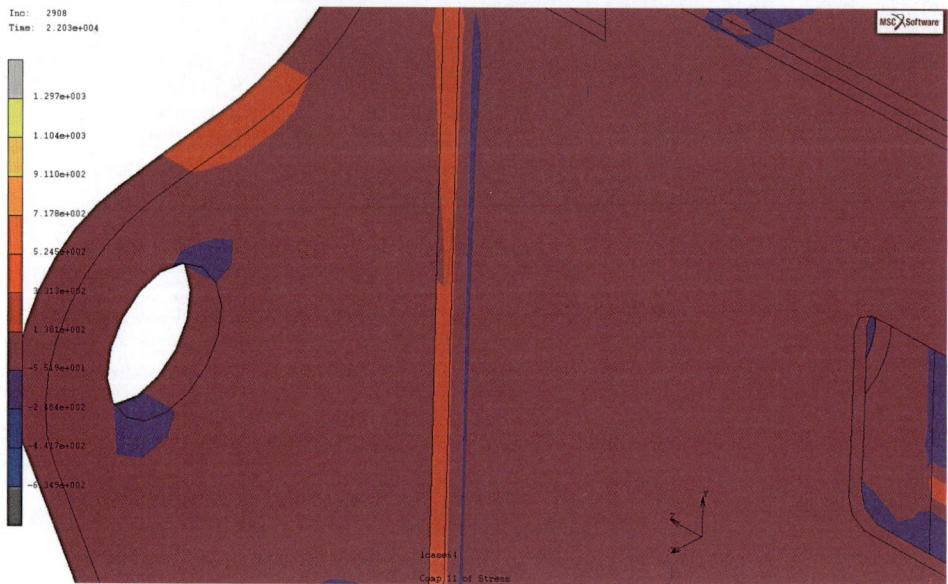

图 7-24　外耳板横向残余应力分布

图 7-25 所示（节点 4194、3791、1689）为外耳板横向残余应力曲线分布，最大拉应力为169MPa，最大压应力−65MPa，两端应力幅值较小。

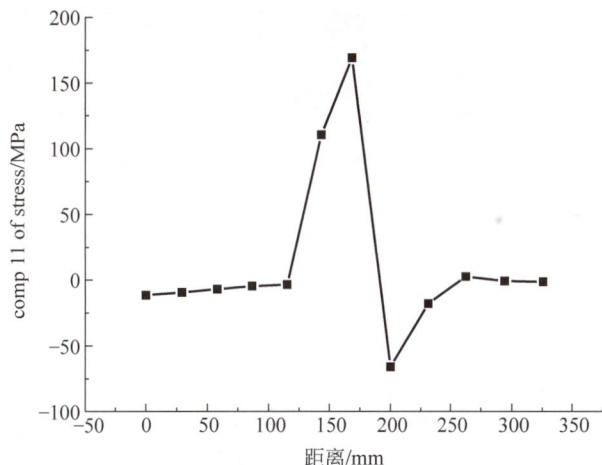

图 7-25　外耳板横向残余应力曲线分布

2. y 方向残余应力分布

y 方向（comp 22 of stress）残余应力分布如图 7-26 所示。由于各方向焊缝的冷却收缩作用，沿 y 方向存在两种应力，分别是沿 y 方向焊缝的纵向残余应力和垂直于 y 方向焊缝横向残余应力。由图 7-26 可知，沿 y 方向焊缝的纵向应力分布形成了许多应力环，焊缝中心以拉应力为主，而周围形成压应力环。

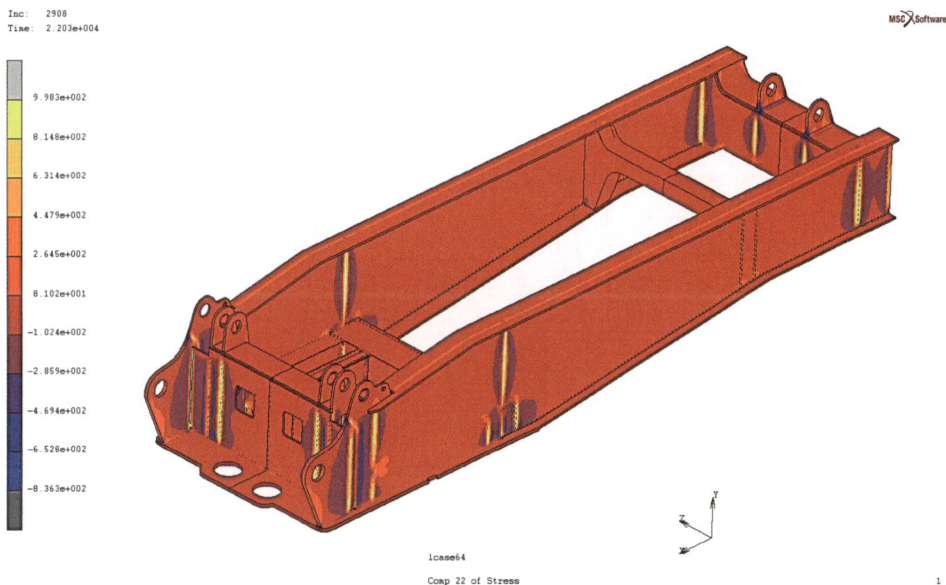

图 7-26　y 方向残余应力分布

图 7-27 所示为近外耳板侧 y 方向残余应力分布，由于焊缝多为 y 朝向，故为纵向残余应力。y 方向纵向残余应力分布规律与 x 方向相同，焊缝及近焊缝区以拉应力为主，远离焊缝处以压应力为主，由于 2、3 焊缝是在背面焊接，综合焊缝在厚度方向上的应力变化，此处纵向残余应力分布与之前焊缝在纵向残余分布上略有不同。

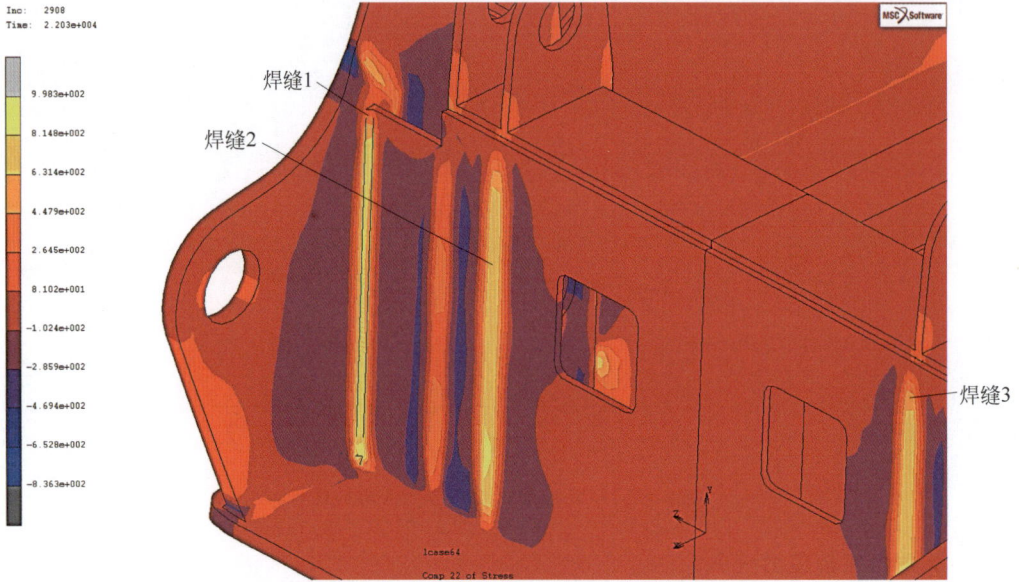

图 7-27　近外耳板侧 y 方向残余应力分布

　　近外耳板侧 y 方向残余应力分布曲线如图 7-28 所示(节点 4222、1531、1081),1、3 焊缝处出现了较大的拉应力峰值,而 2 焊缝处则存在一个较小的拉应力峰值,且 2 焊缝周围的压应力数值要大于 1、3 焊缝,最大压应力为 -300MPa,1、3 两侧焊缝的最大压应力分别为 -242MPa、-193MPa。可见,考虑焊缝在厚度方向的变化,纵向残余应力分布规律与之前焊缝分布规律基本相同,但在峰值大小和特征点数值上,存在着一定的差异。

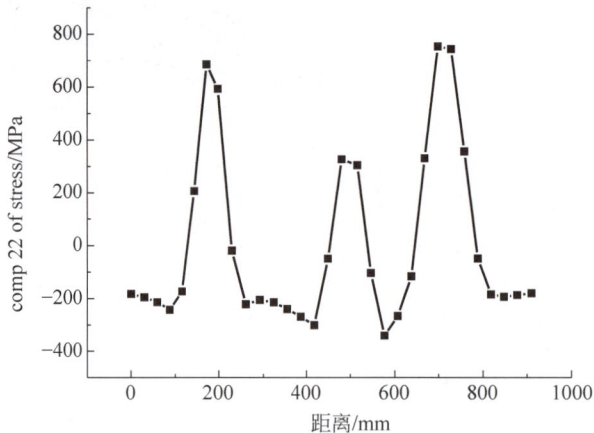

图 7-28　近外耳板侧 y 方向残余应力分布曲线

　　横向残余应力受纵向收缩和横向收缩的双重影响,其分布规律较纵向残余应力更为复杂。

　　图 7-29 所示为外耳板侧横向残余应力分布(节点 4081、4564、4740)。焊缝中心为拉应力区,近焊缝区为压应力区,焊缝两侧应力分布幅值较小,但受周围焊接结构和焊接工况制约,存在着一定的差异(图 7-30,图 7-31)。

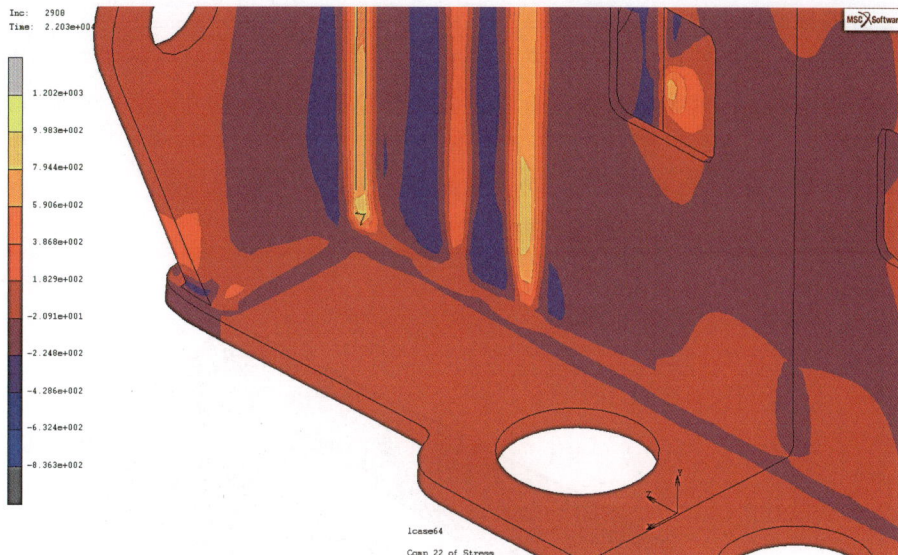

图 7-29　外耳板侧 *y* 方向横向残余应力分布

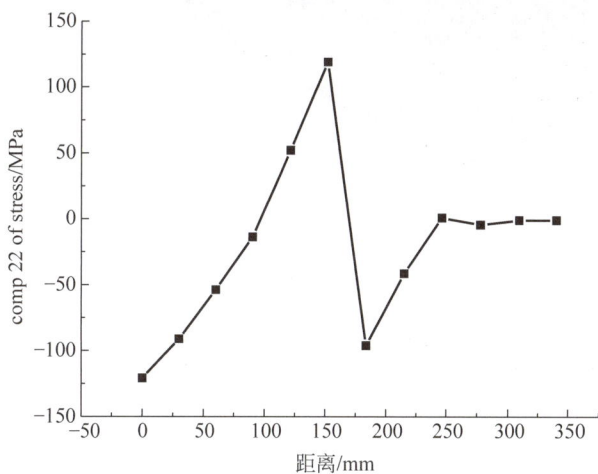

图 7-30　横向截面 1 沿 *y* 方向横向残余应力分布

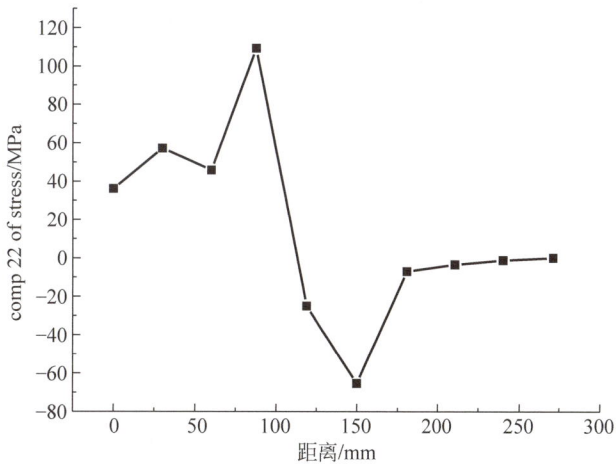

图 7-31　横向截面 2 沿 *y* 方向横向残余应力分布

3. z 方向残余应力分布

转台结构 z 方向残余应力分布如图 7-32 所示。与 x、y 方向类似,z 方向残余应力可分为沿 z 方向焊缝的纵向残余应力和垂直于 z 方向焊缝横向残余应力。沿 z 方向焊缝的纵向应力主要集中于 z 方向焊缝中心及近焊缝侧,焊缝处为拉应力,近焊缝处为压应力。焊缝处的横向应力为拉应力,与纵向应力相比,横向应力要远小于纵向应力。远离焊缝处的应力则为压应力,横向压应力也远小于纵向压应力。

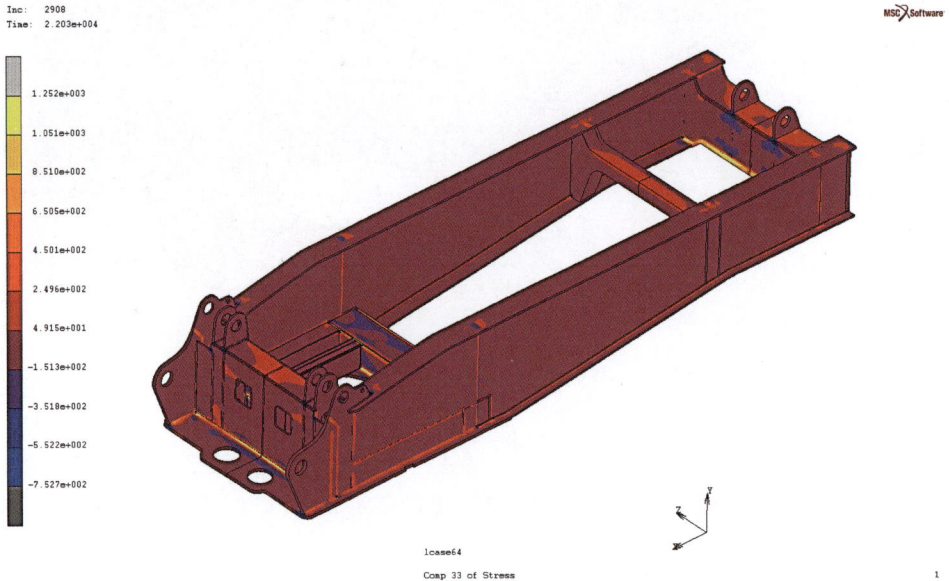

图 7-32　转台结构 z 方向残余应力分布

7.3.2　转台结构件焊后等效应力分布

转台构件焊后等效 Mises 应力分布如图 7-33 所示,最大应力为 965.2MPa,应力主要集中在焊缝及焊缝周围,而自由端焊缝应力几乎可以忽略。焊缝由于局部的高温作用,会产生很大的应力/应变,由于周围金属的约束作用,焊缝的应力/应变无法得到充分释放,所以在焊后残留了较大的应力和应变。而自由端本身离焊缝较远,应力较小,且自由端受周围金属约束作用较小,在变形过程中,应力/应变得以释放,所以自由端应力/应变较小。

1. 单侧坡口角接接头等效 Mises 应力分布

单侧坡口角接接头焊接过程中,焊接熔池毗邻的高温材料区的热膨胀受到 T 型接头三侧冷态材料的制约,产生不均匀的压缩塑形变形。在冷却过程中,已经发生压缩塑形的这部分材料同样受到周围金属的制约而不能自由收缩,并在一定程度上受到拉伸而卸载。与此同时,熔池凝固,焊缝金属冷却收缩也因受到制约而产生收缩拉应力和变形。

分析图 7-34 和图 7-35 等效应力分布云图可知,等效应力最大处位于焊缝处,约为800MPa,并且等效应力沿 T 型接头向焊缝远端逐渐降低,在距焊缝约 1.5 倍熔宽处降低至最小值。此外,图中直角接头焊接过程中相对热输入量低于 T 型接头,同时散热条件好于后者,因而塑形变形量较少,使得其等效应力低于后者。

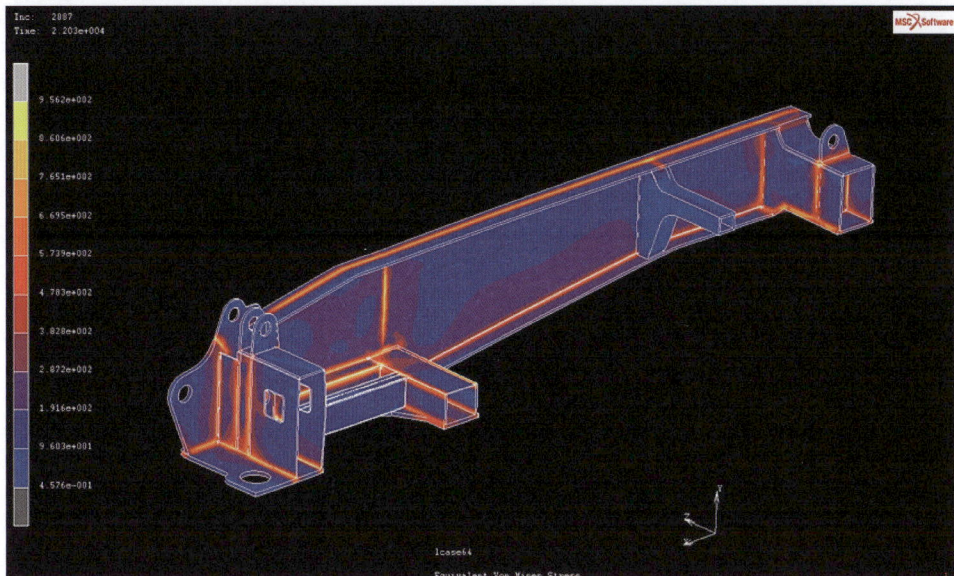

图 7-33 转台构件焊后等效 Mises 应力分布

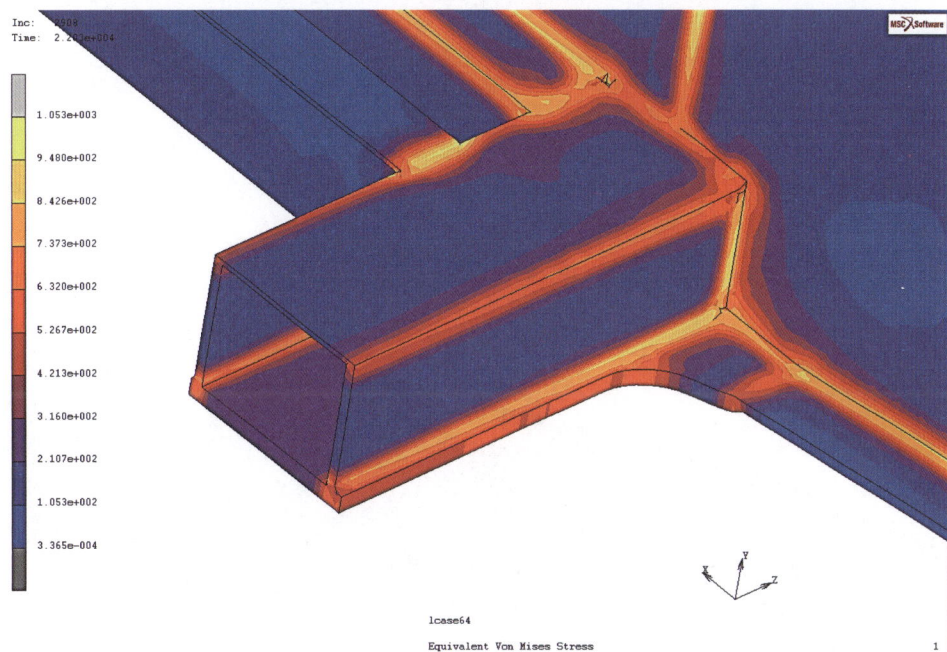

图 7-34 转台构件单侧坡口角接焊缝焊后等效 Mises 应力分布

2. 双侧坡口角接接头等效 Mises 应力分布

双侧坡口角接接头焊接过程中,焊接熔池毗邻的高温材料区的热膨胀同样受到 T 型接头三侧冷态材料的制约,产生不均匀的压缩塑形变形。在冷却过程中,已经发生压缩塑形的这部分材料同样受到周围金属的制约而不能自由收缩,并在一定程度上受到拉伸而卸载。与此同时,熔池凝固,焊缝金属冷却收缩也因受到制约而产生收缩拉应力和变形。并

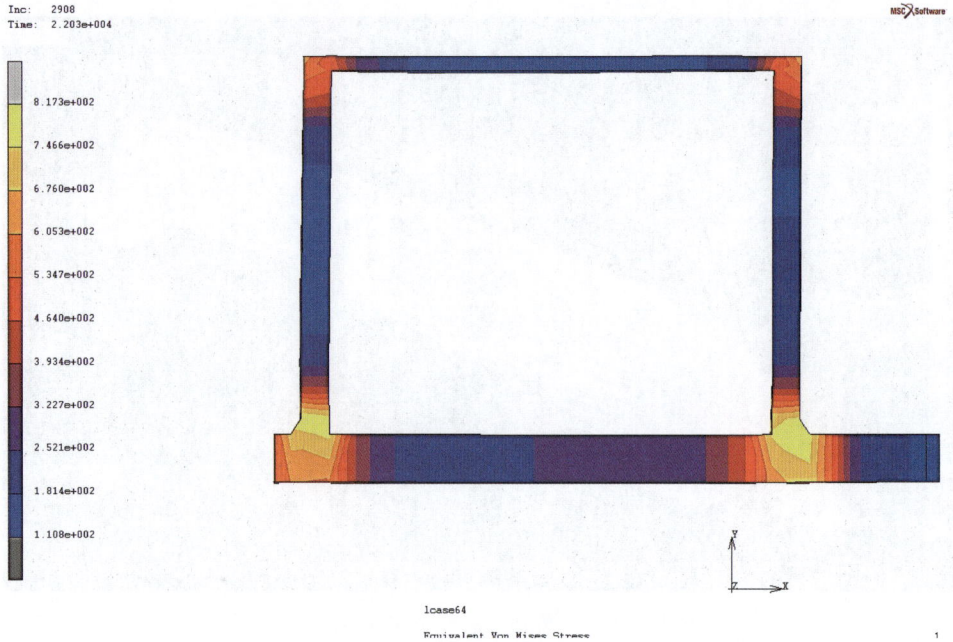

图 7-35　转台构件单侧坡口角接截面焊后等效 Mises 应力分布

且由于双侧坡口相对单侧坡口增加了一次热输入,加剧了材料的塑形变形,使得等效应力值增大。

分析图 7-36 和图 7-37 等效应力分布可知,最大等效应力约为 1000MPa,高于单侧接头等效应力值;其等效应力最大值一样出现在焊缝处,并且沿 T 型接头向焊缝远端逐渐降低,在距焊缝约 3 倍熔宽处降低至最小值。

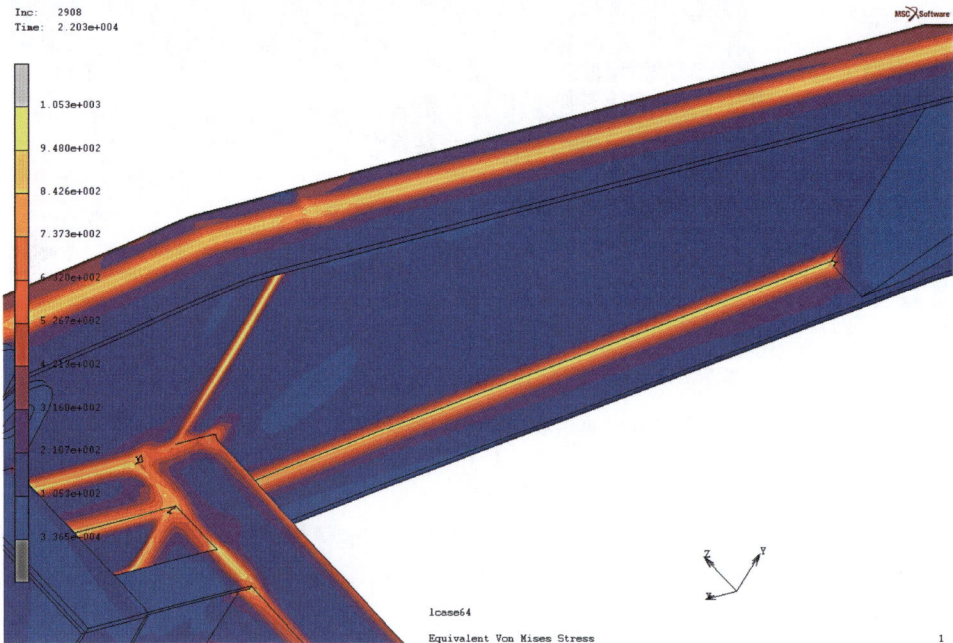

图 7-36　转台构件双侧坡口角接焊缝焊后等效 Mises 应力分布

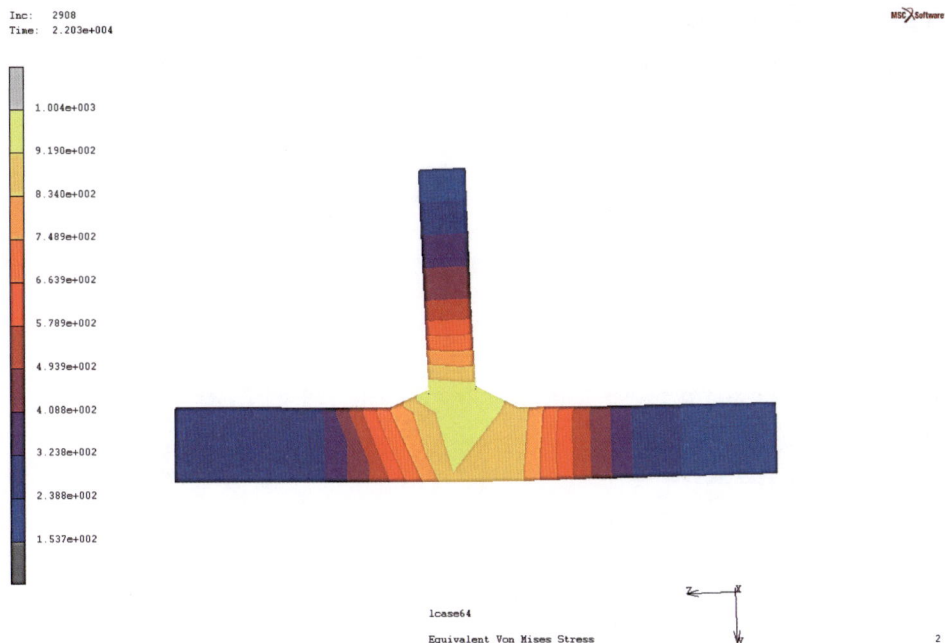

图 7-37　转台构件双侧坡口角接截面焊后等效 Mises 应力分布

3. 等厚对接接头等效 Mises 应力分布

等厚对接接头焊接过程中,焊接熔池毗邻的高温材料区的热膨胀只受到等厚对接接头两侧冷态材料的制约,产生不均匀的压缩塑形变形。在冷却过程中,已经发生压缩塑形的这部分材料同样受到周围金属的制约而不能自由收缩,并在一定程度上受到拉伸而卸载。与此同时,熔池凝固,焊缝金属冷却收缩也因受到制约而产生收缩拉应力和变形。

分析图 7-38 和图 7-39 等效应力分布可知,最大等效应力分布于焊缝处,约为 700MPa,

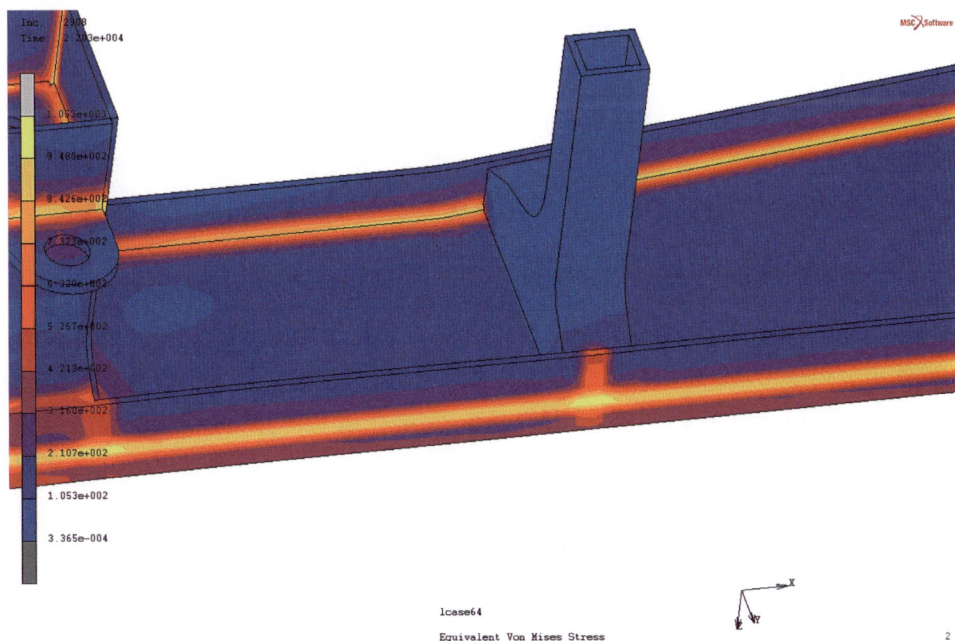

图 7-38　转台构件等厚接头焊缝焊后等效 Mises 应力分布

在距焊缝约 1.5 倍熔宽距离处降低至最小值。同时,考虑到焊缝处特殊结构造型以及与其相交互的双侧坡口角接接头的影响,焊缝两侧等效应力分布并不完全对称。

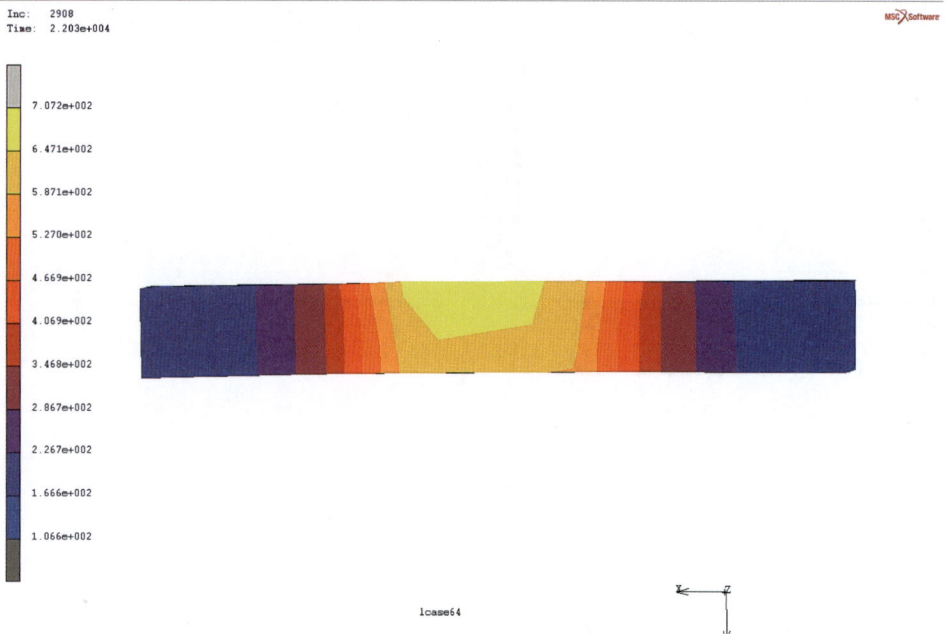

图 7-39　转台构件等厚接头截面焊后等效 Mises 应力分布

4. 不等厚对接接头等效 Mises 应力分布

不等厚对接接头焊接过程中,同等厚焊接接头相似,焊接熔池毗邻的高温材料区的热膨胀只受到等厚对接接头两侧冷态材料的制约,产生不均匀的压缩塑形变形。在冷却过程中,已经发生压缩塑形的这部分材料同样受到周围金属的制约而不能自由收缩,并在一定程度上受到拉伸而卸载。与此同时,熔池凝固,焊缝金属冷却收缩也因受到制约而产生收缩拉应力和变形。

分析图 7-40 和图 7-41 等效应力分布图可知,等效应力最大值约为 1000MPa,位于焊缝处;等效应力沿对接接头向两端远离焊缝处逐渐降低,在距焊缝约 3 倍熔宽处降低至最小值。同时,虽然两侧板厚不同,但焊缝两侧等效应力分布趋势大致相同。

7.3.3　转台结构件焊后残余变形分布

焊接残余变形是指焊后残存于转台结构中的变形。焊接变形可以发生于转台的某一平面内,称为面内变形;也可以发生于平面之外,称为面外变形。转台构件焊接残余变形包括纵向收缩变形、横向收缩变形、挠曲变形、角变形、波浪变形等,构件各处变形趋势和变形程度因材料、工艺、结构形式而异。在转台构件实际焊接生产中,各种焊接变形通常会同时出现,互相影响。这一方面是由于某些种类的变形的诱发原因是相同的,因此这样的变形就会同时表现出来;另一方面,转台构件作为一个整体,在不同位置焊接不同性质、不同数量和不同长度焊缝,每条焊缝所产生的变形要在构件内相互作用和相互协调,因而互相影响。

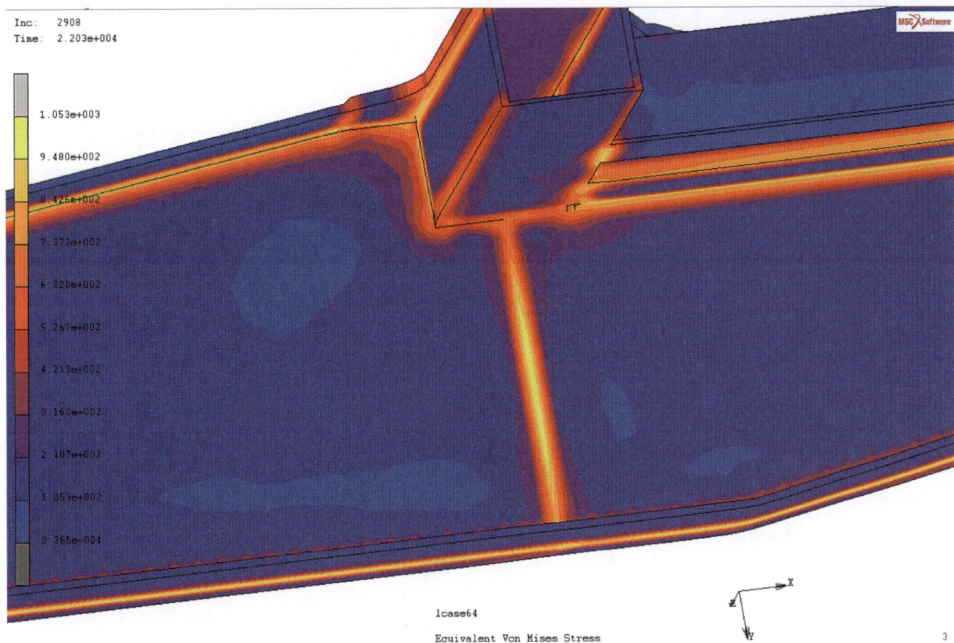

图 7-40　转台构件不等厚对接接头焊缝焊后等效 Mises 应力分布

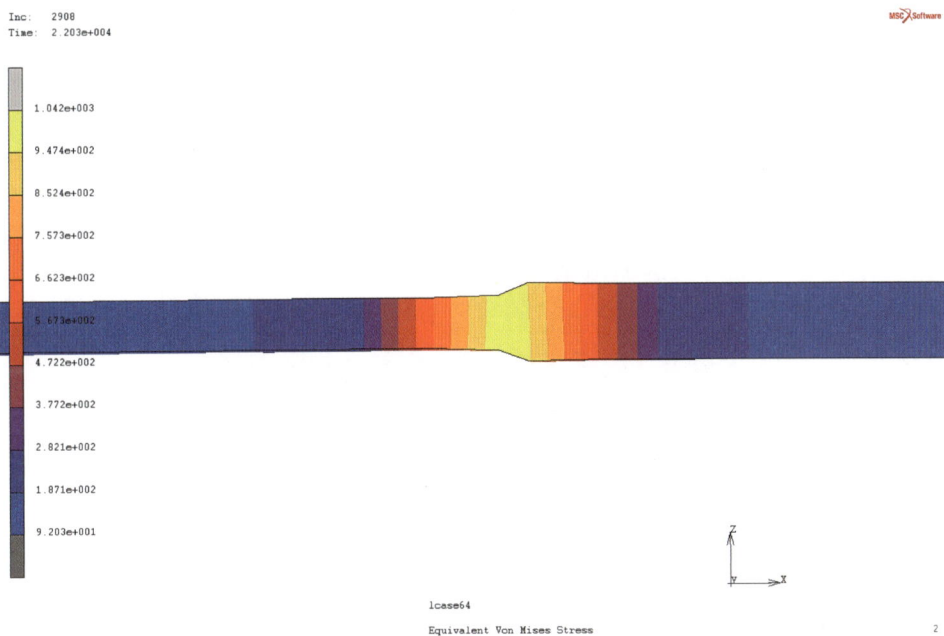

图 7-41　构件不等厚对接接头截面焊后等效 Mises 应力分布

图 7-42 所示为转台构件焊后总体变形情况,以图所示参考点为基准,最大变形为 23.98mm。大端组件最大变形集中在耳板附近,其中以外耳板 1 和耳板 2 变形最为严重。耳板 1、2 最大变形为 11.9～14.39mm,如图 7-43 所示。耳板 3、4 最大变形为 9.59～11.9mm,如图 7-44 所示。耳板与平板交接处相对较小,为 7.19～9.59mm。各耳板、平板与底板交汇处变形又进一步降低,底板的变形在 2mm 范围内。

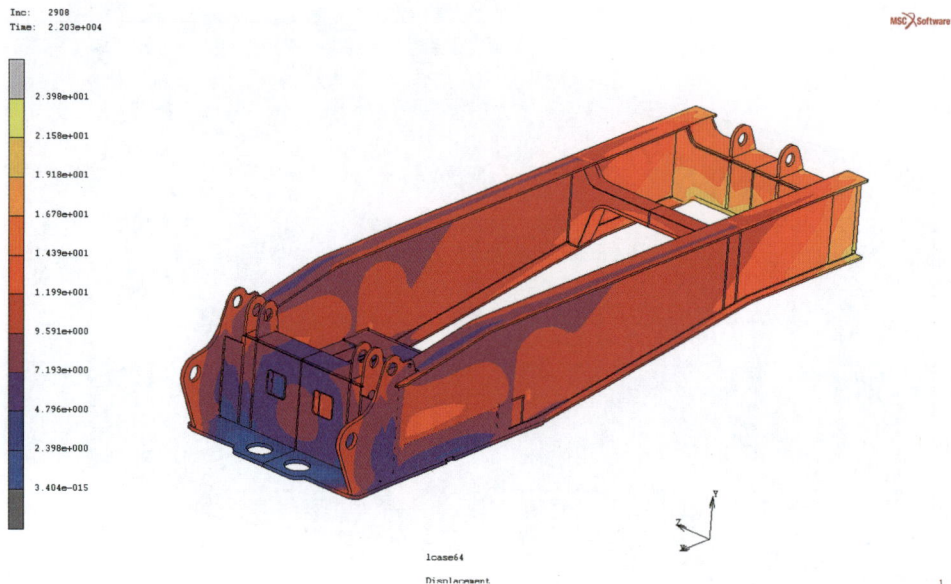

图 7-42　转台构件焊后总体变形

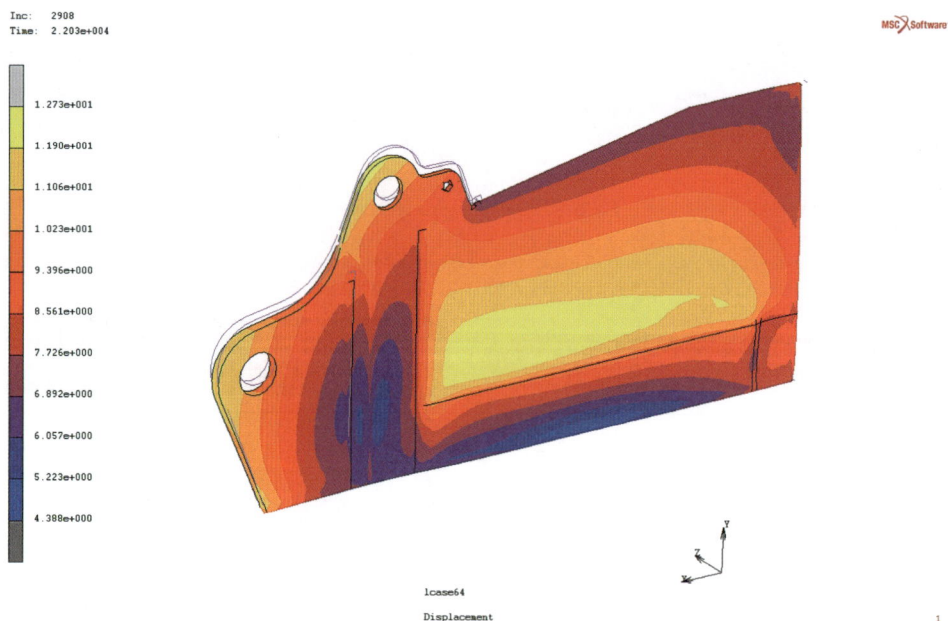

图 7-43　转台构件耳板 1、2 焊后变形

外耳板 1 的变形主要是受与底板交汇的两条角接填充焊缝以及与外耳板交汇的两平板四条角接填充焊缝的影响,如图 7-45 所示。另外,大端组件和侧板其他焊缝焊接过程也会对其造成一定的影响,不过受焊接位置和焊接顺序的限制,其影响不如前面几条关键焊缝。由之前的分析可得,耳板 1 的变形趋势和变形程度主要取决于上述几条关键焊缝的焊接顺序和焊接工艺,大端组件及侧板其他焊缝焊接过程对其变形程度有一定影响。

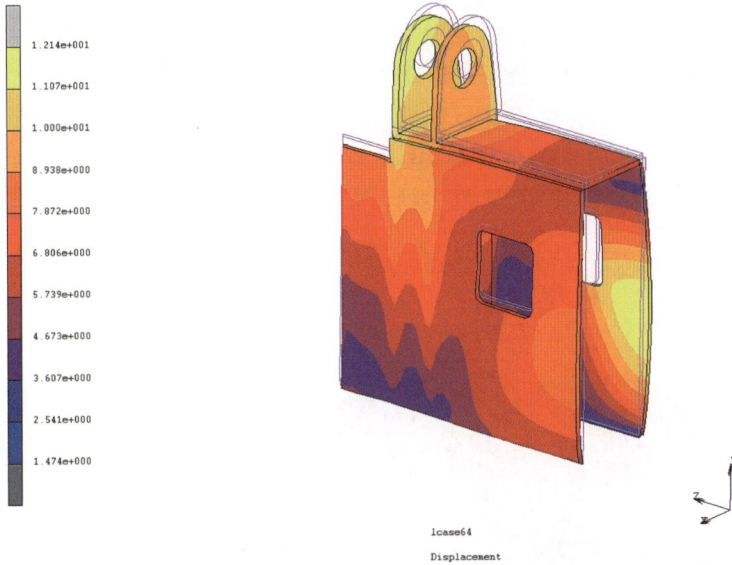

图 7-44　转台构件耳板 3、4 焊后变形

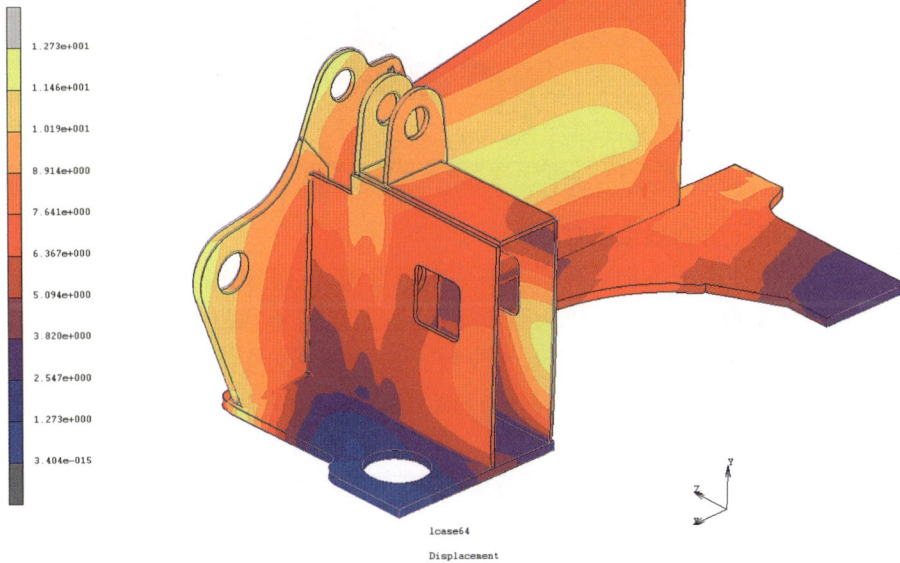

图 7-45　影响外耳板变形的关键焊缝

　　耳板 2 的变形规律与耳板 1 类似,除受与底板交汇的两条角接填充焊缝影响以及与外耳板交汇的两平板四条角接填充焊缝的影响之外,因其位置与侧板较近,故受侧板焊接变形影响较大。由于侧板焊缝长度很大,约束构件较少,其整体结构刚度较小,所以在侧板几条关键焊缝焊接过程中,会引起较大的角变形。这种角变形在很大程度上会使得耳板 2(甚至耳板 1)也会受较大影响。在实际焊接过程中,这种多焊缝、多结构的焊接变形交互作用,

使得真实构件的变形情况更为复杂。

耳板3、4的变形规律较耳板1、2相对简单,侧板的角变形并不会对耳板3、4造成过多的影响。在大端组件焊接完整的情况下,侧板的角变形对其形成 z 向的拉伸作用,由于大段组件自身结构的特点,这种拉伸作用不会对其造成较大的变形,相对于耳板3、4与大端平板的角焊缝变形,这种变形几乎可以忽略不计。耳板3、4的关键焊缝为与上下盖板交汇的单侧角焊缝,以及与前后挡板交汇的单侧角焊缝,这几条关键焊缝的焊接工艺和焊接顺序将对耳板3、4的最终变形起着重要的作用,见图7-46。

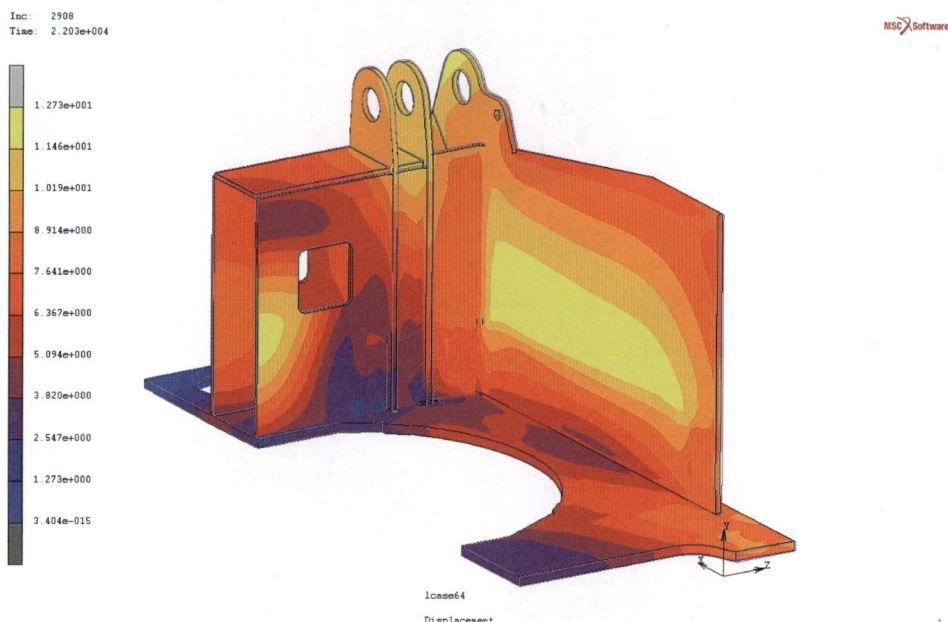

图 7-46　影响耳板 3、4 变形的关键焊缝

1. 转台结构件沿 x 方向残余变形

图7-47为转台构件在 x 方向的残余变形分布示意图,由图可知,x 方向的变形主要集中在小端处,大端处变形较小,并且由大端到小段变形逐渐增加。最大变形23.37mm,小端向基准点沿 x 轴正方向发生了较大的收缩。最小变形为11.41mm,大端组件外侧挡板外 y 轴正方向发生了较大的膨胀,同时内侧挡板沿 y 轴正方形发生同样大小的膨胀(图7-48)。

x 方向的残余变形是由 x 方向的纵向收缩,y 向和 z 向的横向收缩或角变形引起的。

x 方向的纵向收缩是指由平行于 x 方向的焊缝在焊缝长度方向上发生收缩,使长度缩短。由图7-48可知,x 方向的焊缝包括两侧板与上下盖板之间的角接焊缝、外耳板与底板相接的角焊缝、大小端组件盖板对接焊缝及与耳板交汇的角接焊缝等。其中,侧板与上下盖板之间的角接焊缝由于其长度较长、数量较多(1、2、3、4、1'、2'、3'、4'),小端组件在 x 方向的强烈收缩主要受这些焊缝影响。图7-48的变形结果采用的是连续焊接工艺,在实际焊接过程中应采用分段焊接,尽可能地避免热输入集中,防止由热输入过大引起较大的应力和变形。

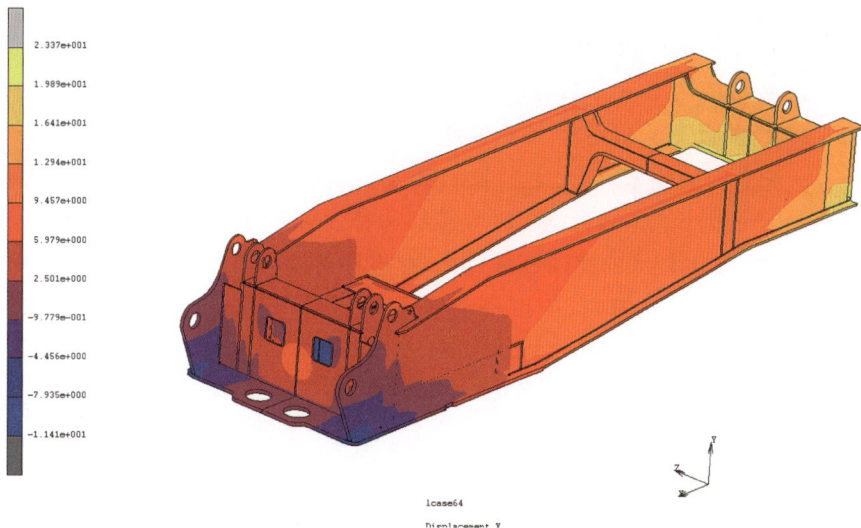

图 7-47 转台构件在 x 方向的残余变形分布示意图

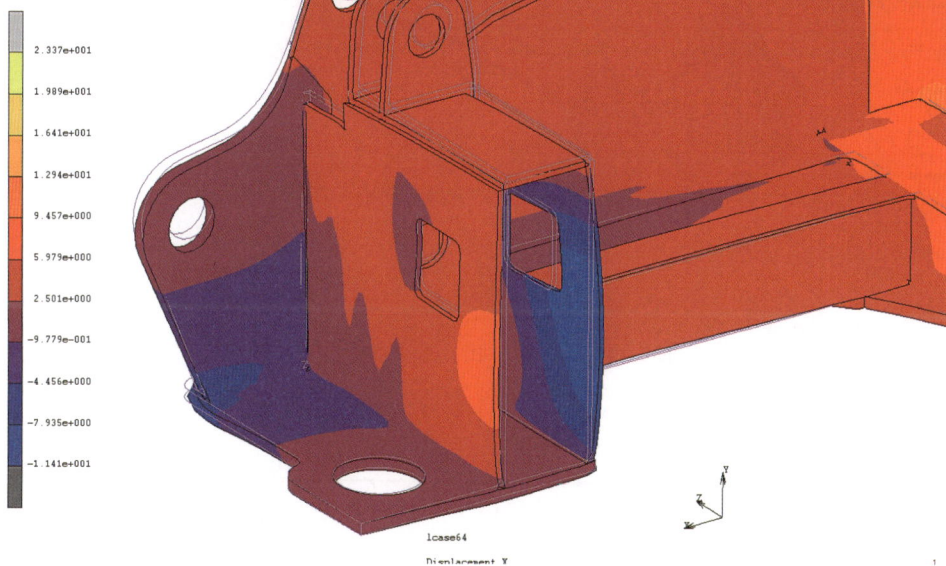

图 7-48 大端组件内外侧挡板膨胀变形

y 方向和 z 方向的横向收缩是指平行于 y 方向和 z 方向的焊缝在垂直于焊缝长度方向上发生的收缩。如图 7-48 所示,y 方向和 z 方向的焊缝包括大、中、小两端组件和侧板中的 y 方向和 z 方向焊缝。其中,组件内部焊缝会引起组件各部位的相对变形,而组件交汇处的焊缝则会引起组件间的相对变形。焊缝 7、7′、8、8′为小端组件前后挡板与上下盖板之间的角接焊缝,这些组件内部角焊缝引起了小端组件内部扭曲,表现为前后挡板 x 方向位移分布不均匀,而焊缝 5、5′、6、6′ 为小端组件与侧板交汇处的角焊缝,这些角焊缝加剧了小端组件沿 x 方向的收缩,同时也会对小端组件内部的扭曲造成一定影响。

2. 转台结构件沿 y 方向残余变形

图 7-49 所示为转台结构沿 y 方向的残余变形,由图可知,y 方向的变形主要集中在侧板上盖板和外耳板处,侧板上盖板沿 y 轴正向膨胀,最大变形 7.12mm。外耳板和小端上盖板处发生了沿 y 轴负向的收缩,最大变形 13.43mm。由于侧板在 y 方向刚度很大,所以侧板的 y 方向残余变形较小。由转台结构件焊接结构特性可知,侧板与上下盖板所组成的工字梁在焊接过程中将发生较大的挠曲变形,由于在边界条件中给底板设置了 y 方向的固定位移约束来模拟重力作用的影响,所以挠曲变形主要集中侧板上盖板和外耳板处自由端。

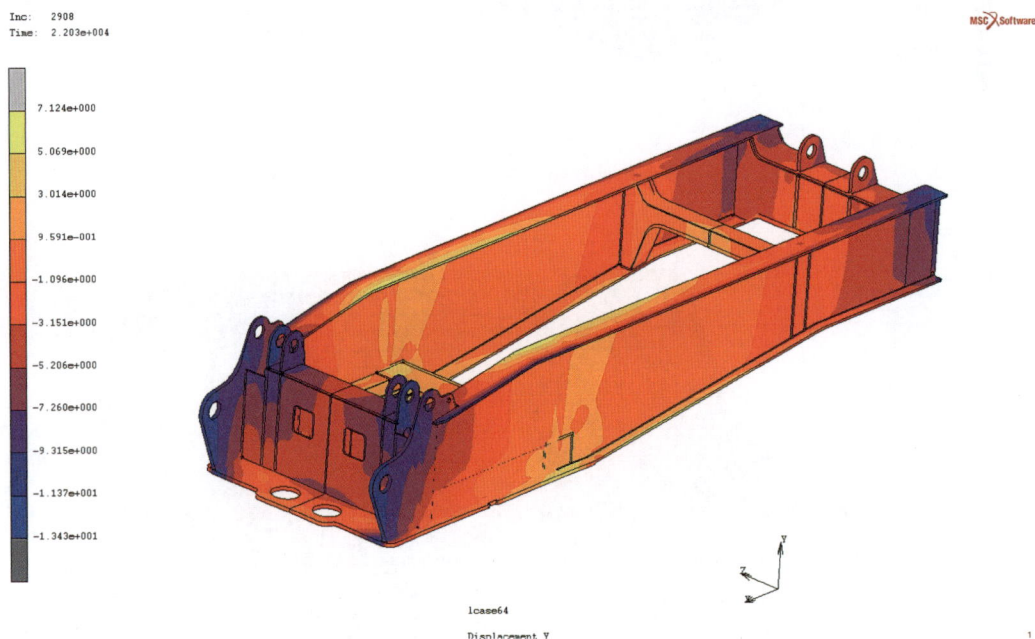

图 7-49　转台结构沿 y 方向的残余变形

3. 转台结构件沿 z 方向残余变形

图 7-50 所示为转台结构沿 z 方向的残余变形,由图 7-50 可知,z 方向的变形主要集中在侧板,且沿 z 轴正向和负向的最大变形都位于侧板,沿 z 轴正向最大变形为 4.36mm,沿 z 轴负向最大变形为 11.9mm。耳板件的变形较复杂,总体上 1、2 耳板沿 z 轴负向收缩,而 3、4 耳板沿 z 轴正向膨胀。耳板 1、2 最大变形为 7.07mm,耳板 3、4 最大变形为 4.36mm。由前面分析可知,外耳板变形主要受与底板交汇的两条角接填充焊缝,以及与外耳板交汇的两平板四条角接填充焊缝的影响,而耳板 3、4 的关键焊缝为与上下盖板交汇的单侧角焊缝以及与前后挡板交汇的单侧角焊缝,这几条关键焊缝的焊接工艺和焊接顺序将对耳板的变形趋势和变形程度起着决定性作用。

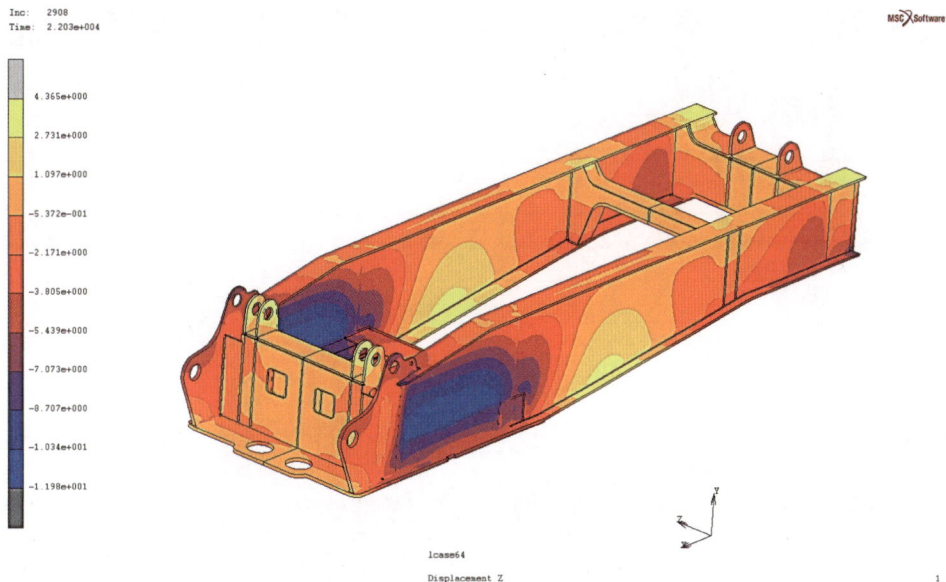

图 7-50 转台结构沿 z 方向的残余变形

7.3.4 转台结构件焊后残余变形结果验证

1. 转台结构件焊后残余变形结果验证

采用三维激光扫描仪对转台样件进行了局部变形测量,测量结果如图 7-51 和图 7-52 所示。

图 7-51 转台结构样件外耳板实测残余变形

外耳板实测 z 向距离为 2989mm,数模值为 2998mm,耳板实际 z 向收缩变形为 9mm; 小端耳板实测 z 向距离为 745mm,数模值为 748mm,耳板实际 z 向收缩变形为 3mm。

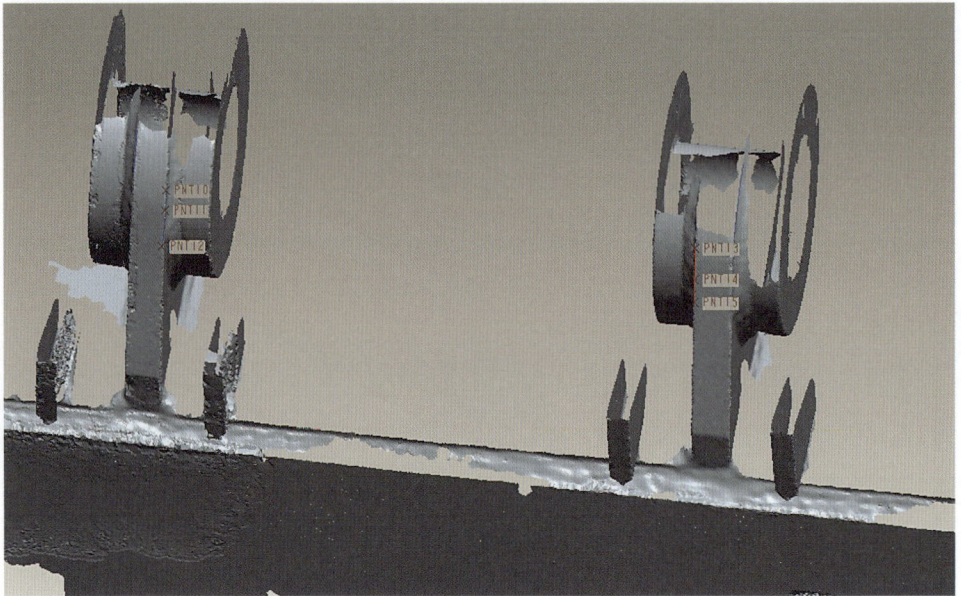

图 7-52　转台结构样件小耳板实测残余变形

2. 转台结构件局部变形对比

大端外耳板内侧变形模拟结果为 z 向收缩 $7.4\sim8.5$mm，如图 7-53 所示。

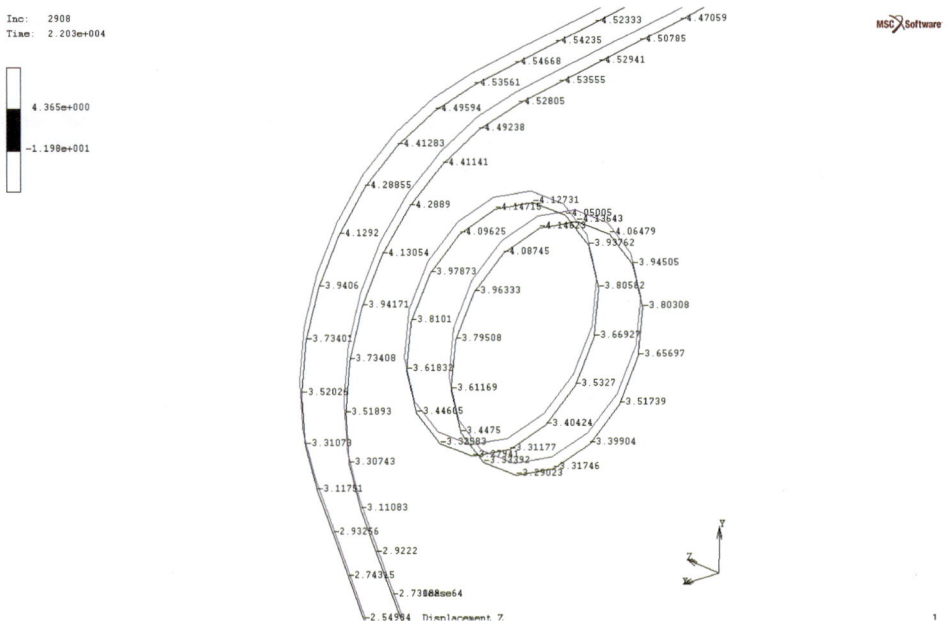

图 7-53　大端外耳板内侧变形模拟结果

小端耳板内侧变形模拟结果为 z 向收缩 $2.2\sim2.8$mm，如图 7-54 所示。

将模拟结果与实测结果对比分析，外耳板平均变形误差为 11.67%，小端耳板平均误差为 16.7%，模拟结果与实测结果吻合良好。

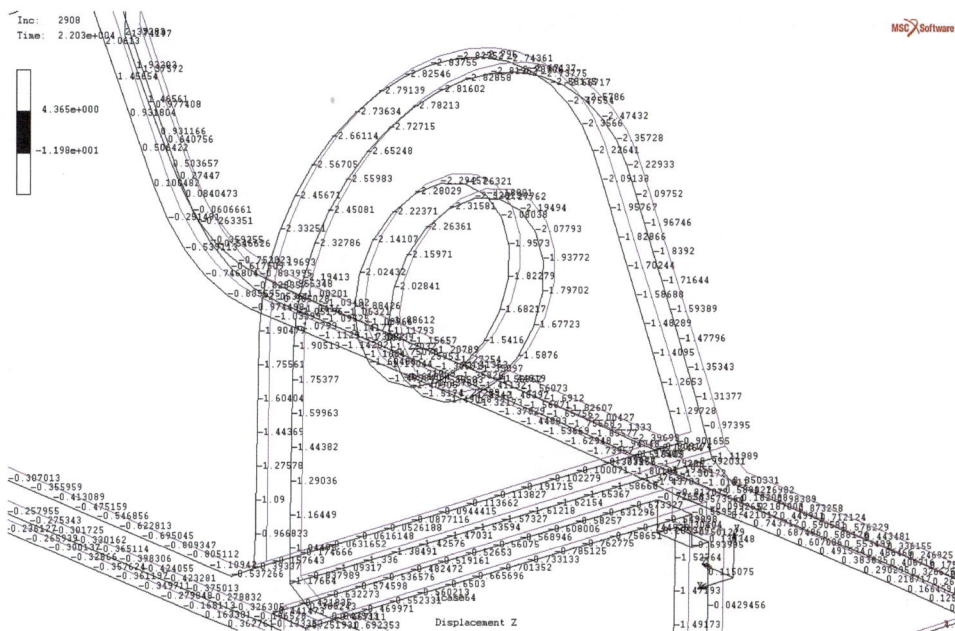

图 7-54 小端耳板内侧变形模拟结果

7.4 转台结构焊接变形控制与优化

在焊接过程中由于急剧的非平衡加热及冷却,结构将产生不可忽视的焊接残余变形。焊接残余变形是影响结构设计完整性、制造工艺合理性和结构使用可靠性的关键因素。

本例主要是通过改变焊接顺序来优化转台焊接结构变形。

7.4.1 组件焊接顺序优化

根据转台结构焊接特性,如图 7-55 所示,将整个转台结构分为大端、中端、小端和侧板四个组件,通过计算这四个组件不同焊接顺序下的转台结构焊接变形,考察各组件焊接顺

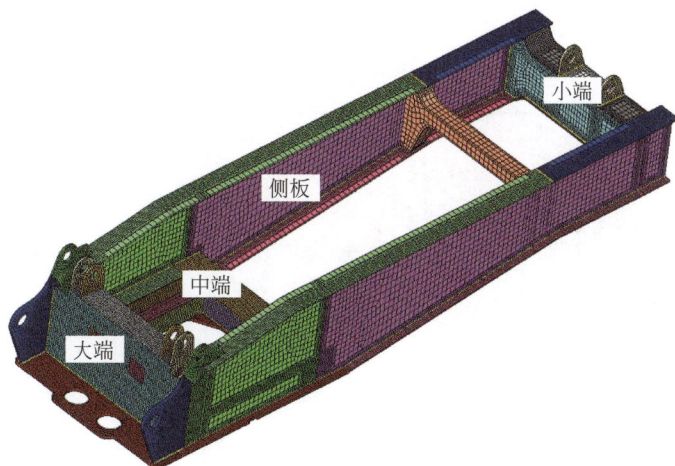

图 7-55 转台结构组件划分

序对转台结构变形的影响,并选出最优焊接顺序方案。

为进一步考察耳板处变形程度,选取图 7-56 所示采样点,对各焊接顺序下耳板的焊接变形进行了收集。

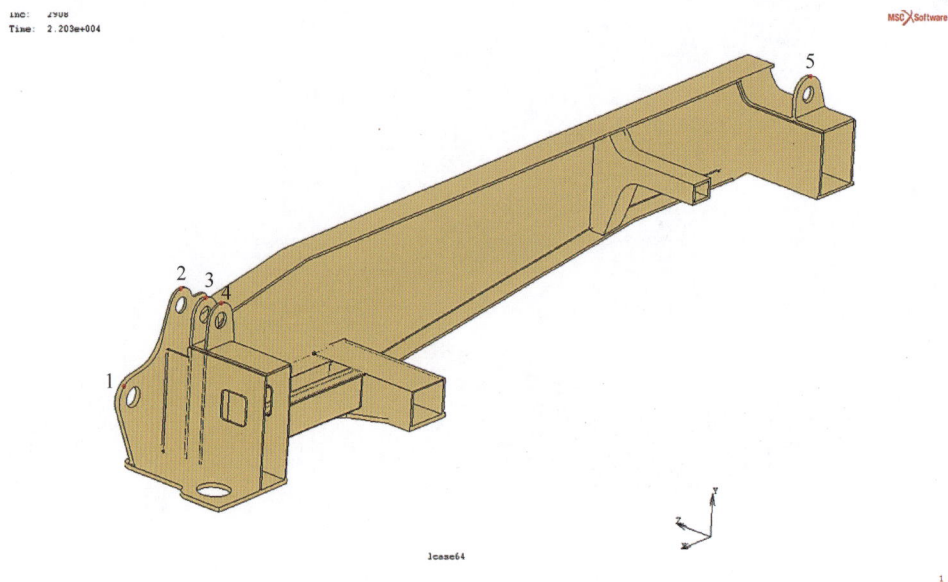

图 7-56　耳板变形采样点分布示意图

1. 边大小中焊接顺序下的变形

首先,按照拼点顺序对转台结构进行焊接作业,各组件焊接顺序为边、大、小、中,模拟结果如图 7-57 所示,最大变形为 23.98mm,主要集中在小段底板处。耳板处变形分布不均匀,最大变形为 9.5～14.3mm。各组件变形程度从大到小依次为小端、侧板边、大端、中端。

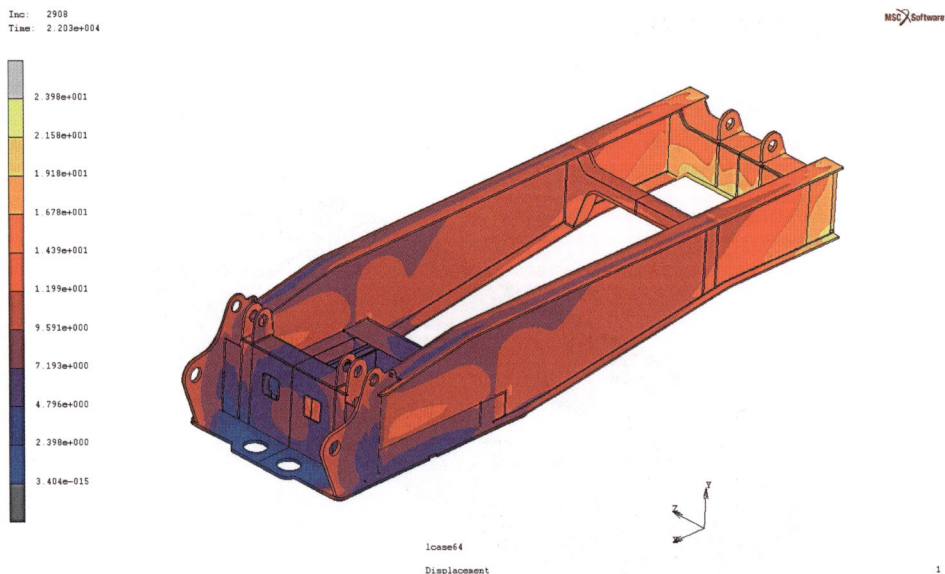

图 7-57　按边大小中焊接顺序下的整体变形

侧板边—大端—小端—中端焊接顺序下,采样点变形情况如下所述。

总体焊接变形：11.8122mm、12.0019mm、11.239mm、10.0083mm、14.625mm。

x 方向焊接变形：1.76763mm、6.87856mm、5.82398mm、3.17273mm、13.5415mm。

y 方向焊接变形：－10.9623mm、－7.72254mm、－9.22604mm、－8.29003mm、
－4.53912mm。

z 方向焊接变形：－4.49262mm、－6.34995mm、1.14189mm、4.09928mm、－2.80929mm。

参考点 1 的焊接变形以 y、z 方向变形为主,x 方向变形较小。参考点 2、3、4 的变形较复杂,x、y、z 三个方向均在一定的变形。而参考点 5 变形则以 x 方向的收缩为主,y、z 方向变形较小。

2. 边大中小焊接顺序下的变形

考虑组件连续焊接的情况,模拟结果如图 7-58 所示,最大变形为 24.28mm,主要集中在小段底板处。耳板处变形分布不均匀,最大变形为 9.7～14.5mm。各组件变形程度从大到小依次为小端、侧板边、大端、中端。

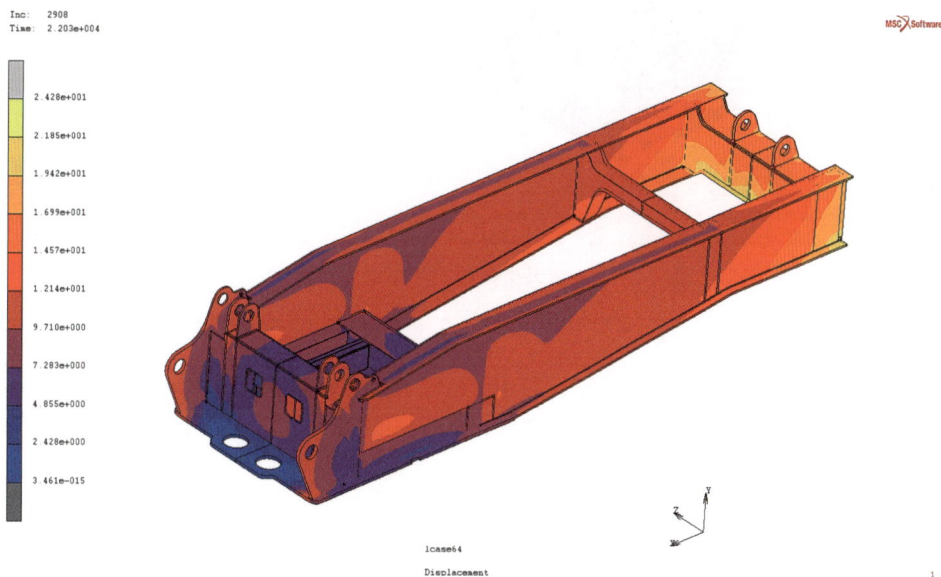

图 7-58　边大中小焊接顺序下的整体变形

采样点变形情况如下所述。

总体焊接变形：12.0413mm、12.2423mm、11.4963mm、10.1722mm、14.6591mm。

x 方向焊接变形：1.76646mm、7.22981mm、6.43793mm、3.77123mm、13.4009mm。

y 方向焊接变形：－11.1231mm、－7.83731mm、－9.4557mm、－8.49668mm、
－5.236889mm。

z 方向焊接变形：－4.26006mm、－6.01498mm、1.14325mm、4.13015mm、－2.80703mm。

参考点 1 的焊接变形以 y、z 方向变形为主,x 方向变形较小。参考点 2、4 的变形较复杂,x、y、z 三个方向均存在一定的变形。参考点 3 的焊接变形以 x、y 方向变形为主,z 方向变形较小。而参考点 5 变形则以 x 方向的收缩为主,y、z 方向变形较小。

3. 边小大中焊接顺序下的变形

考虑先对小端组件进行焊接,模拟结果如图 7-59 所示,最大变形为 23.95mm,主要集中在小段底板处。耳板处变形分布不均匀,最大变形为 9.5～14.3mm。各组件变形程度从大到小依次为小端、侧板边、大端、中端。

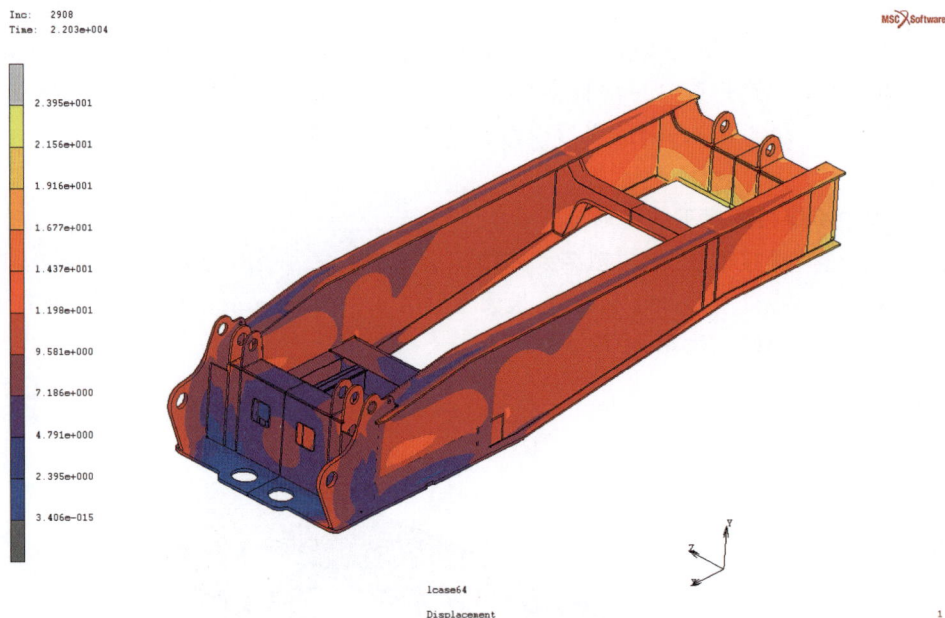

图 7-59　边小大中焊接顺序下的整体变形

采样点变形情况如下所述。

总体焊接变形:11.6402mm、12.1357mm、10.9701mm、9.77726mm、14.5557mm。

x 方向焊接变形:1.76763mm、6.87856mm、5.82398mm、3.17273mm、13.5415mm。

y 方向的焊接变形:$-$10.9623mm、$-$7.72254mm、$-$9.22604mm、$-$8.29003mm、$-$4.53912mm。

z 方向焊接变形:$-$3.49262mm、$-$6.34995mm、1.14189mm、4.09928mm、$-$2.80929mm。

参考点 1 的焊接变形以 y、z 方向变形为主,x 方向变形较小。参考点 2、4 的变形较复杂,x、y、z 三个方向均在一定的变形。参考点 3 的焊接变形以 x、y 方向变形为主,z 方向变形较小。而参考点 5 变形则以 x 方向的收缩为主,y、z 方向变形较小。

4. 大小中边焊接顺序下的变形

考虑先对侧板组件进行焊接,模拟结果如图 7-60 所示,最大变形为 18.82mm,主要集中在小段底板处。耳板处变形分布不均匀,最大变形为 9.5～14.3mm。各组件变形程度从大到小依次为小端、侧板边、中端、大端。

采样点变形情况如下所述。

总体焊接变形:10.8173mm、9.97687mm、10.0777mm、9.15288mm、13.7819mm。

x 方向焊接变形:0.782214mm、6.29879mm、5.26968mm、2.7874mm、13.1528mm。

y 方向焊接变形:$-$9.80904mm、$-$7.22676mm、$-$8.422815mm、$-$7.48872mm、$-$3.02367mm。

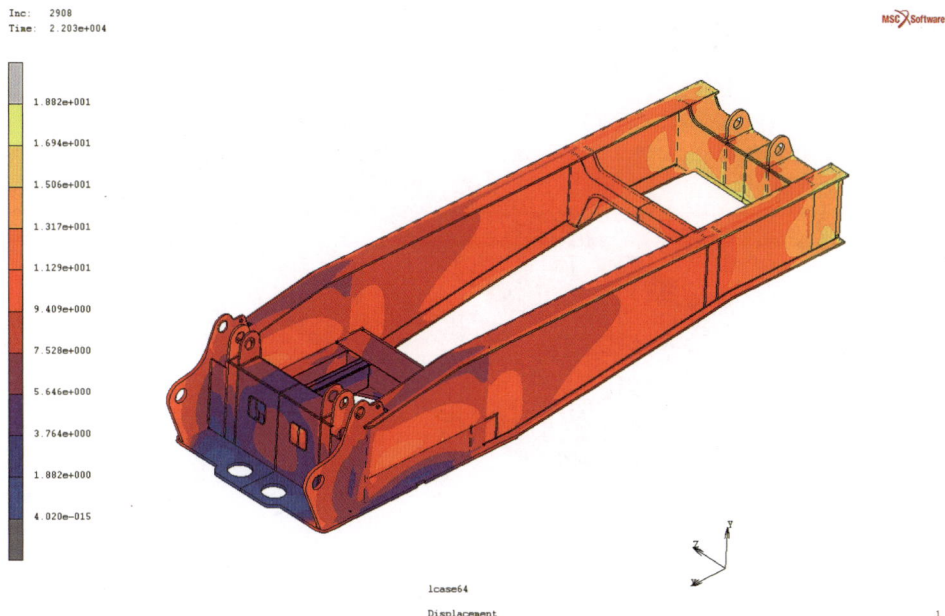

图 7-60 大小中边焊接顺序下的整体变形

z 方向焊接变形：-4.49275mm、-2.76352mm、1.66051mm、4.46372mm、-2.79346mm。

参考点 1 的焊接变形以 y、z 方向变形为主，x 方向变形较小。参考点 2、4 的变形较复杂，x、y、z 三个方向均存在一定的变形。参考点 3 的焊接变形以 x、y 方向变形为主，z 方向变形较小。而参考点 5 变形则以 x 方向的收缩为主，y、z 方向变形较小。

大小中边焊接顺序下的变形结果表明，先进行大、中、小组件的焊接，再对侧板组件进行焊接，可以极大程度地降低焊接变形。计算结果显示，转台结构最大的焊接变形降低约 25%，且各耳板处的变形均有显著的改善。

7.4.2 分段焊接顺序优化

在长直焊缝焊接过程中，由于长时间热输入作用，焊缝发生了明显的塑性变形，如果采用连续焊接顺序，则焊缝的塑性变形会积累到较高的程度，从而导致焊后残余变形很大。为了减小连续焊接造成的塑性变形累积，在实际焊接过程中，常常采用分段焊接顺序来代替整段焊接顺序。

如图 7-61 所示，转台构件的两侧由外耳板 1、立板 2 和立板 3 组成。耳板 1、立板 2 和立板 3 通过双侧角接焊缝与底板相连。在之前的焊接顺序中，先将耳板 1、立板 2 和立板 3 与底板焊接，然后再焊接大端、中端、小端三个组件。由前面的分析可得，外耳板 1、立板 2 和立板 3 与底板的焊接是引起转台结构变形的主要因素，因此有必要对这种连续的长直焊缝进行分段焊接，具体的焊接顺序为立板 2—外耳板 1—大端—立板 3—小端—中端。

图 7-62 所示为分段焊接顺序下的变形，最大变形为 23.66mm，主要集中在小段底板处。耳板处变形分布不均匀，最大变形为 9.5~14.3mm。各组件变形程度从大到小依次为小端、侧板边、中端、大端。

采样点变形情况如下所述。

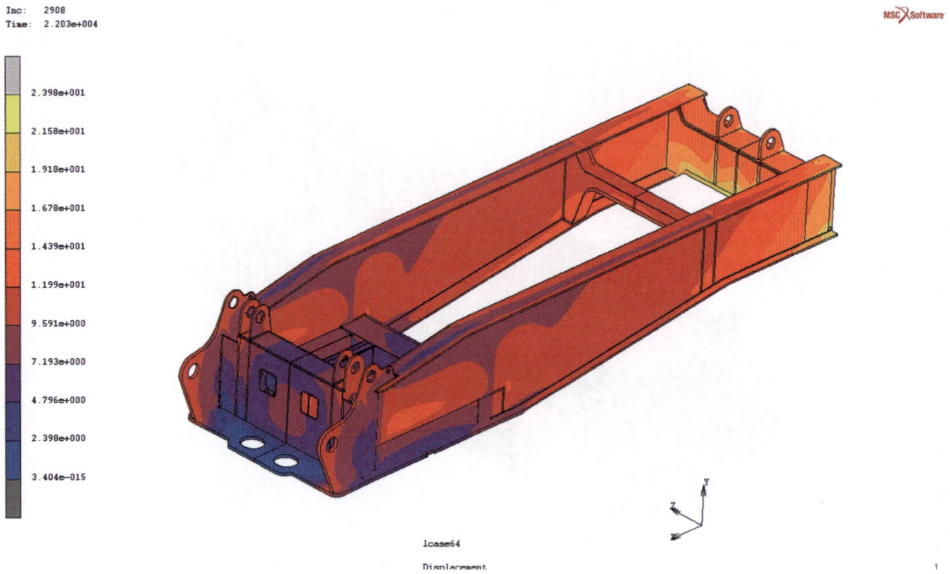

图 7-61　侧板焊接顺序分段

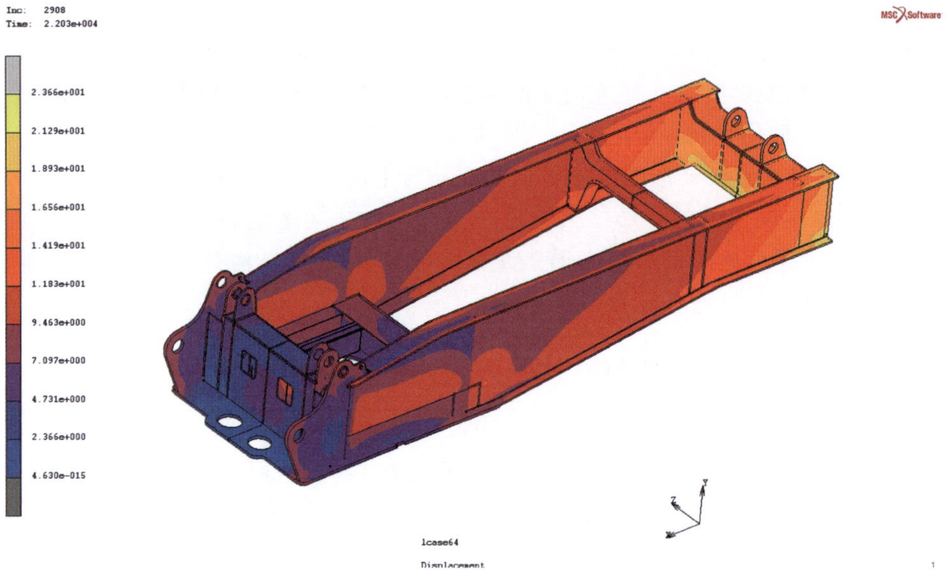

图 7-62　分段焊接顺序下的整体变形

总体焊接变形：8.4125mm、9.748mm、7.99885mm、7.35166mm、14.6048mm。

x 方向焊接变形：0.857337mm、5.32128mm、3.89202mm、1.25907mm、13.1854mm。

y 方向焊接变形：－7.57099mm、－5.28673mm、－6.88395mm、－5.97566mm、－5.6303mm。

z 方向焊接变形：－3.56602mm、－6.22559mm、1.20209mm、4.09306mm、－2.78293mm。

参考点 1、2、3、4 的变形趋势与之前焊接顺序的焊接变形相同，但是采样点的变形数据表明，较连续焊接顺序而言，采用分段焊接顺序时转台结构各处的变形程度发生了明显改善。

1 点的总体变形降低 28.7%，x、y、z 三方向变形分别降低 44.4%、30.5%、16.8%；

2 点的总体变形降低 18.7%，x、y、z 三方向变形分别降低 21.9%、32.5%、$-3.3%$；

3 点的总体变形降低 28.8%，x、y、z 三方向变形分别降低 34.7%、27.2%、$-3.4%$；

4 点的总体变形降低 26.5%，x、y、z 三方向变形分别降低 61.8%、29.7%、0.8%；

5 点的总体变形降低 1.3%，x、y、z 三方向变形分别降低 3.1%、$-23.1%$、1.3%。

由以上分析可知，采用分段焊接，各耳板总体变形降低较明显，其中 x、y 方向变形降低尤为突出，1 处 z 向变形改善较大，而 2、3、4 处变形改善不明显。

7.4.3　长短焊接顺序优化

转台结构中存在众多长短不一的焊缝组，这些焊缝组的施焊顺序关系着转台结构件最终的应力和变形分布。为考察长短焊缝焊接顺序对转台结构焊后残余变形的影响，在整体组件焊接顺序相同的前提下，计算先焊组件内部短焊缝再对长焊缝施焊的焊后残余变形，并将结果与拼点顺序施焊结果进行对比。

图 7-63 所示为先短后长焊接顺序下的变形，最大变形为 18.49mm，主要集中在小段底板处。耳板处变形分布不均匀，最大变形为 7.4～12.9mm。各组件变形程度从大到小依次为小端、侧板边、中端、大端。

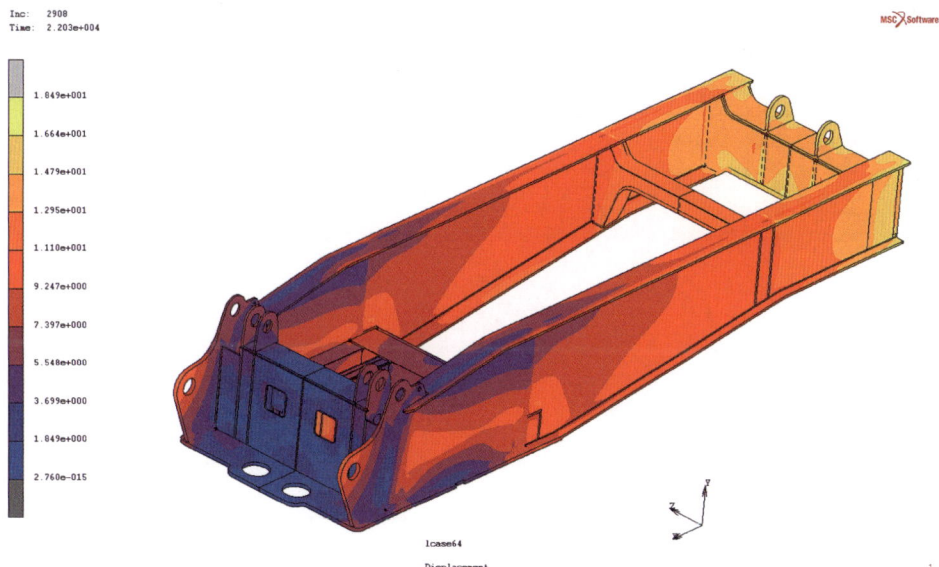

图 7-63　先短后长焊接顺序下的整体变形

采样点变形情况如下所述。

总体焊接变形：9.04984mm、9.16332mm、7.39558mm、7.0839mm、18.2079mm。

x 方向焊接变形：0.808587mm、5.5126mm、2.42189mm、-0.516226mm、15.766mm。

y 方向的焊接变形：-5.34727mm、-4.3064mm、-5.36467mm、-4.50299mm、-2.56254mm。

z 方向焊接变形：-9.93083mm、-0.928962mm、2.46462mm、5.0259mm、-4.1454mm。

参考点 1、2、3、4 的变形趋势与之前焊接顺序的焊接变形相同,但是采样点的变形数据表明,较连续焊接顺序而言,采用先短后长焊接顺序时转台结构件各处的变形程度发生了明显改善。

1 点的总体变形降低－4.5％,x、y、z 三方向变形分别降低 －3.3％、45.5％、31.1％;

2 点的总体变形降低 29.2％,x、y、z 三方向变形分别降低 12.5％、40.4％、66.3％;

3 点的总体变形降低 36.6％,x、y、z 三方向变形分别降低 54.1％、36.3％、48.4％;

4 点的总体变形降低 26.1％,x、y、z 三方向变形分别降低 81.5％、39.8％、12.6％;

5 点的总体变形降低 19.7％,x、y、z 三方向变形分别降低 19.8％、15.3％、48.4％。

由以上分析可知,采用先短后长焊接,各耳板总体变形降低较明显,1 处 x 向变形有一定程度的加剧,但 x、z 方向均有显著改善,2、3、4、5 处变形改善较明显。

本例利用 Marc 对典型工程机械结构焊接过程进行了有限元建模与仿真,获取了转台结构焊接过程残余应力与变形的相关规律,给出了工艺优化结论。

7.5 本章小结

本章重点介绍了典型工程机械结构焊接过程的建模与仿真过程,主要包括有限元模型的设置、仿真的实现方法及操作步骤,给出了焊接过程中不同方向上的应力场和变形分布云图,优化了焊接顺序。通过本章的讲述,相信读者能够认识到 MSC. Marc 在求解工程问题中的优势并掌握求解方法。

第8章

典型航天结构激光焊接过程建模与仿真案例分析

8.1 需求介绍

在航天领域,飞行器结构对减重提出了迫切需求,而铝合金蒙皮-桁条结构作为航天领域的关键轻质结构,其应用越来越广泛。但是,受限于铝合金的焊接性相对较差且大型薄壁复杂舱体的蒙皮-桁条结构十分复杂,目前大部分铝合金蒙皮-桁条结构都采用铆接来实现其制造。然而,传统的铆接技术目前面临着大量新的挑战,这主要是由铆接技术本身所具有的缺点导致的。目前大型铝合金构件铆接生产急需解决的问题是:①铆接为手工操作,劳动强度大、质量不稳定;②凸出的铆钉头给飞行器热控处理带来困难;③大量铆钉的存在导致无法实现进一步减重;④铆接工艺容易产生多余物;⑤铆接操作的噪声污染影响人体健康,进而影响产品质量稳定。上述问题的存在是铆接生产工艺本身固有的特性所致,而采用焊接技术替代铆接工艺则可很好地解决上述问题。

如图 8-1 所示,相比加壁板和铆接壁板,焊接壁板具有结构简捷、连接平整的特点。

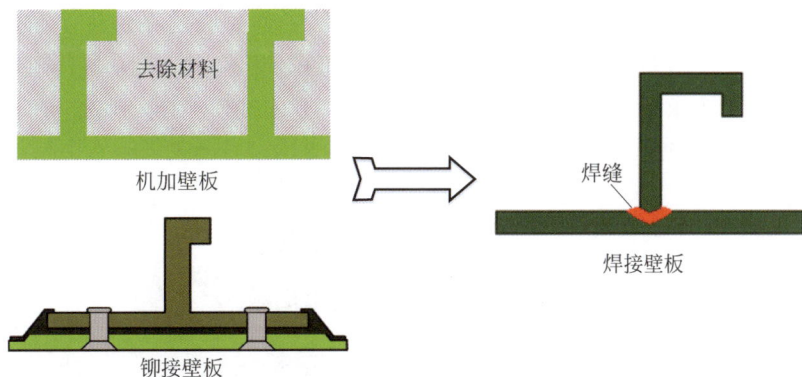

图 8-1　机加壁板、铆接壁板与焊接壁板示意图

因此,在航天大型复杂薄壁舱体制造方面,铝合金蒙皮-桁条焊接结构将是未来大型复杂薄壁舱体制造的发展趋势,而激光焊接是此类材料和结构的理想连接工艺技术。在国外航空领域,已经实现铝合金蒙皮-桁条激光焊接结构的应用。应用结果表明,激光焊接结构

替代铆接,在相同的结构刚度下,焊接结构相对于铆接结构,质量可减少约 20%,并且成本降低近 25%。与铆接壁板、机加壁板相比,蒙皮-桁条激光焊接壁板具有诸多优点:减重效果显著、气密性好、疲劳性能高、生产效率高。而且激光焊接也更容易实现自动化、柔性化制造。

8.2 铝锂合金蒙皮-桁条结构火箭贮箱双激光束双侧同步焊接过程

8.2.1 问题描述

新一代铝锂合金材料逐渐走向成熟和国产化,作为一种高比强度材料,在航空航天领域具有广泛的应用前景。例如,随着新一代运载火箭、载人航天工程、探月工程等国家重大航天工程的开展,飞行器的机动性、速度、承载能力、可靠性等指标逐渐提高。新型高比强度材料(铝锂合金)和复杂结构(如大尺寸薄壁件)被大量采用。在我国载人航天系统("神舟"飞船、目标飞行器、空间实验室、空间站等)、深空探索系统(探月、火星探测等)、天基运载器系统(轨道机动运载器(OMV)、轨道转移运载器(OTV)等)等航天器的制造方面,由于减重的需求越来越迫切,大型薄壁铝锂合金的应用领域逐渐扩大。特别是对于非密封舱体,普遍采用铝锂合金的蒙皮-桁条骨架结构。

如图 8-2 所示,为铝锂合金蒙皮桁条焊接结构件,多属于薄壁结构,焊接应力和变形复杂,对焊接工艺要求较高。焊接工艺的仿真主要针对焊接温度场、残余应力和焊后变形等几个方面,通过仿真对不同的工艺组合进行预测,从而在节省试验成本、缩短研发周期、提高构件质量的同时优化出合理的焊接工艺参数,以达到改善焊接结构的制造质量、提高其性能的目标,以满足航天产品服役条件对铝锂合金焊接结构的要求。然而,航天结构通常具有形状复杂、多品种、小批量生产、服役状态独特等特点。为此,在保障计算精度的前提下,采用几何清理和适当简化构建有限元模型;测量铝锂合金这一新型材料的物性参数、考虑铝锂合金激光焊接过程中相变对应力的影响,将航天特种服役条件作为外加载荷参数化,并构建双激光束双侧同步焊接(DLBSW)专用热源模型,基于经典有限元仿真软件 MSC. Marc 开发精确求解平台,开展热力耦合求解。上述过程,对于形成铝锂合金蒙皮-桁条焊接残余应力与变形仿真的定量研究方法,具有显著的铺垫意义。

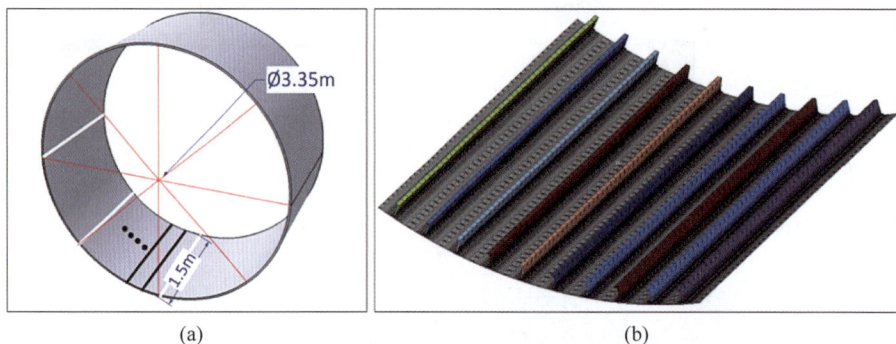

(a)   (b)

图 8-2 航天贮箱筒段蒙皮-桁条结构

(a) 三维结构件;(b) 八分之一网格模型

本章对大型客机机身壁板的模拟仿真进行研究,对目前应用于焊接应力与变形的仿真预测及控制的 3D 实体单元进行改进。本章充分利用壳单元模型网格数量少、计算量小等优点进行高精度、高效率激光焊接残余应力与变形仿真,致力于解决大型薄壁结构计算时间长、计算不准确、计算难收敛等问题。随后建立双激光束双侧同步焊接热源模型并对蒙皮-桁条的试片件、典型件及模拟段结构进行有限元分析。

本章基于前述激光焊接原理,主要针对典型航空结构激光焊接过程的建模过程与仿真过程进行演示,其中采用壳单元模型对其进行优化计算。

8.2.2 铝锂合金蒙皮-桁条三桁条典型件结构双激光束双侧同步焊接有限元建模

同单桁条试片件一样,对于典型件三桁条模拟段的双激光束双侧同步焊接仿真研究,也需建立一个计算精度与计算效率兼顾的有限元模型,以保证后续仿真过程的顺利进行。建模的步骤主要包括几何模型建立、有限元网格划分、材料参数获取、初始条件与边界条件设置,以及载荷工况加载等方面。

1. 三桁条典型件的网格划分

建立一个可靠的有限元网格模型是保证计算精度与计算效率的前提,因此需基于实物件建立三维几何模型,进行三桁条模拟段的有限元网格划分。这里的三桁条模拟段的三维几何模型如图 8-3 所示,该模型与实物件的比例为 1∶1,能有效地为其有限元网格模型建立提供几何基准。

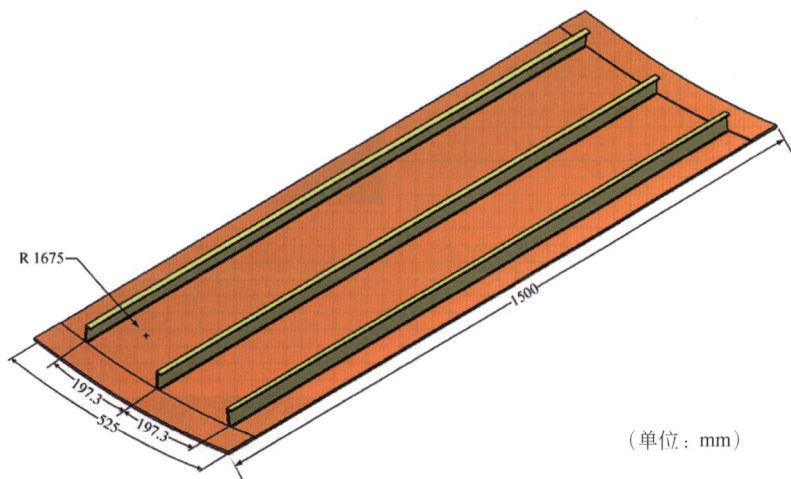

（单位：mm）

图 8-3 三桁条典型件的几何模型

本例中模型为 T 型结构,可使用前述 T 型结构的网格划分方法,本章不再赘述。需要注意的是,壳单元的网格模型没有厚度,即可参照 2D 网格画法。同时为了保证所划分的网格能够很好地描绘出双激光束焊接的特点,网格尺寸应该在保证计算量不过大的情况下尽量小。可通过 Marc 载入模型,如图 8-4 所示。

基于几何模型建立有限元网格模型之前,需对几何模型去除非关键部位的几何特征,并且根据焊后凸台几何变化进行几何模型简化,从而保证网格划分过程的顺利进行。几何

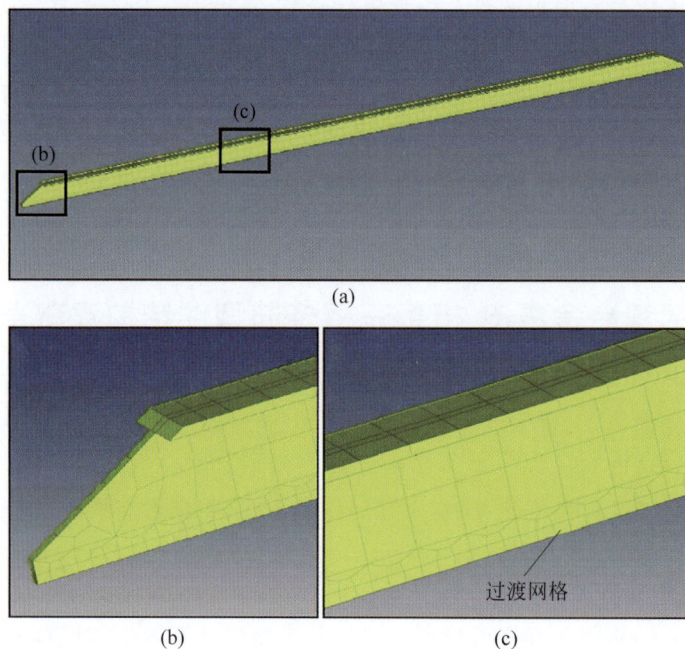

图 8-4　三桁条典型件的桁条网格模型

简化之后,对三桁条典型件采取分块网格划分的策略。在保证计算结果准确度的前提下,对模型网格进行简化,节省计算时间。

　　将三根桁条与蒙皮分别进行网格划分,首先建立桁条网格模型,如图 8-4 所示,为单桁条的有限元网格模型。采用过渡网格的方式对近焊缝区的网格进行细化,对远离焊缝区的网格进行粗化,从而在保证计算精度的同时提高计算效率。基于单桁条网格模型,对其余桁条采用相同的网格划分方法,完成网格模型的建立,如图 8-5 所示,为典型件的所有桁条网格模型及其空间分布情况。

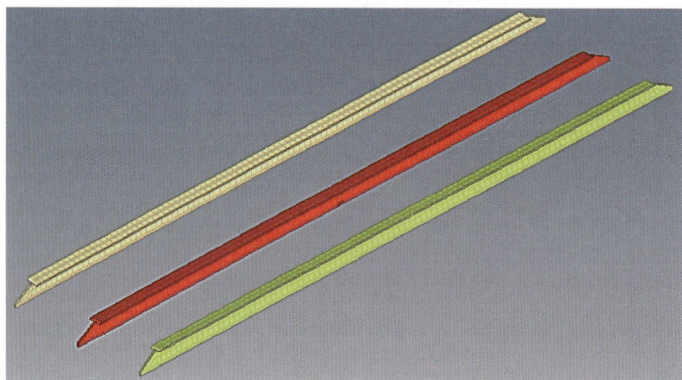

图 8-5　三桁条典型件的所有桁条网格模型

　　随后建立蒙皮部分的网格模型,在沿焊缝方向,将蒙皮分为焊接区与非焊接区进行有限元网格划分,并采取过渡网格的方式来控制网格数量。如图 8-6 所示,为模拟段的蒙皮网格划分情况,图 8-6(a)、(b)分别为焊接区网格与非焊接区网格,最终的蒙皮有限元网格模型如图 8-7 所示。

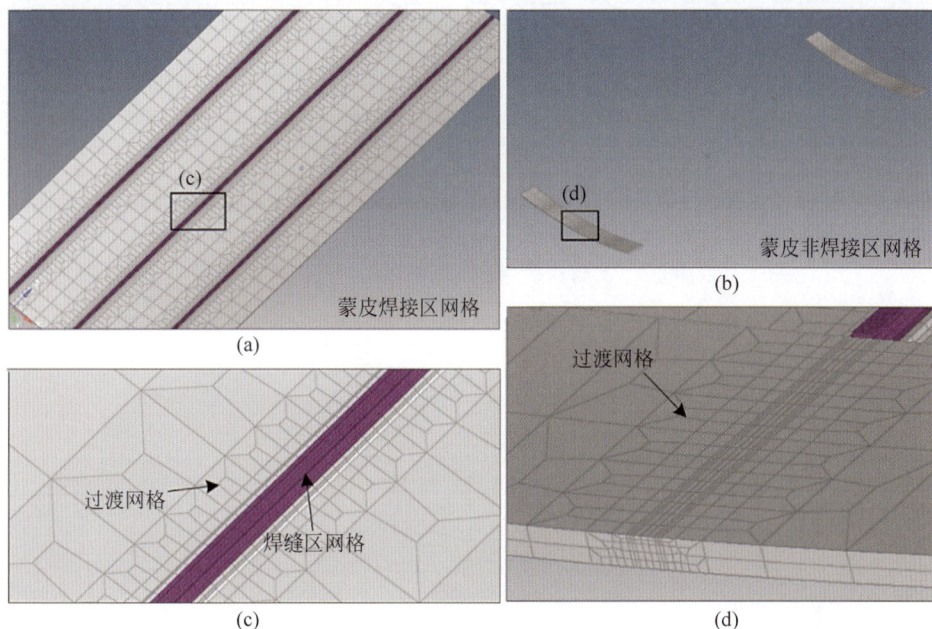

图 8-6 三桁条典型件的蒙皮网格划分

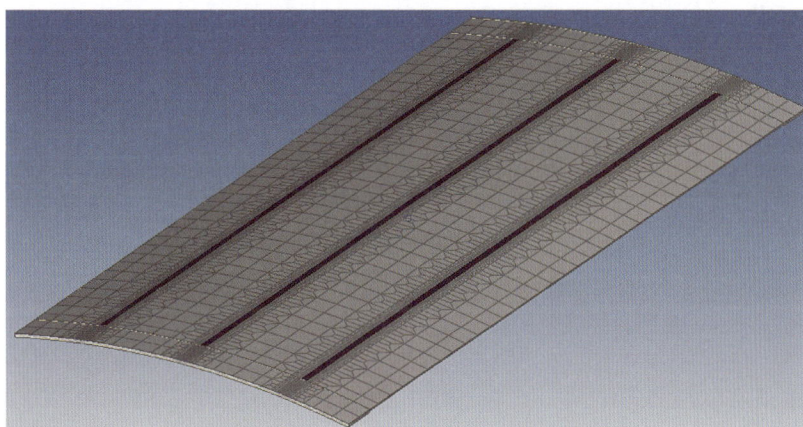

图 8-7 三桁条典型件的蒙皮网格模型

通过以上步骤,分别建立了模拟段的桁条网格模型与蒙皮网格模型,将建立的桁条网格模型与蒙皮网格模型进行整合,消除两者网格节点的容差,得到如图 8-8 所示的三桁条典型件双激光束双侧同步焊接的最终有限元网格模型。

2. 材料特性定义

2195 铝锂合金各温度下的物理性能参数同 6.2.1 节。

本模型中所使用的材料为铝合金,MSC. Marc 自带的材料库中没有该材料的数据,因此只能通过添加表格以及数据进行定义。分别将热导率、杨氏模量、比热容、屈服强度、延伸率加入 MSC. Marc 中,整个过程命令流如下:

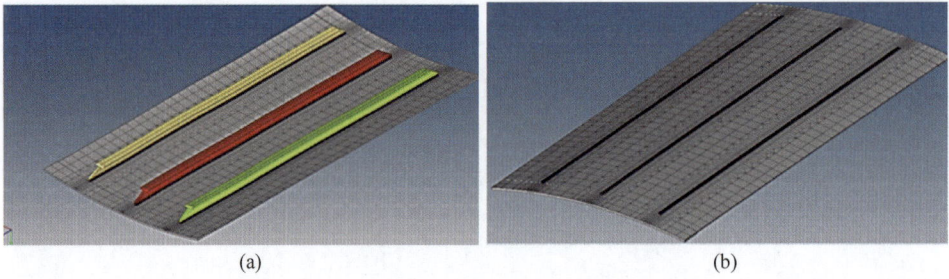

(a)   (b)

图 8-8　三桁条典型件的最终有限元网格模型

```
MAIN
TABLES & COORD. SYST.
NEW
INDEPENDENT VARIABLE
Table1   /热导率/
ADD(0 174.534 100 171.741 300 149.401 500 131.25 1000 127.759 3000 219.215)
ENTER
OK
NEW
INDEPENDENT VARIABLE
Table2   /杨氏模量/
ADD(0 75134 100 33434.63 300 24042.88 500 4057.236 1000 75.134 3000 75.134)
ENTER
OK
NEW
INDEPENDENT VARIABLE
Table3   /比热容/
ADD(0 86300 100 98123 300 114347 500 190809 1000 2589000 3000 2589000)
ENTER
OK
NEW
INDEPENDENT VARIABLE
Table4   /屈服强度/
ADD(0 387.60 100 377.52 300 281.01 500 18.99 1000 0.38 3000 0.38)
ENTER
OK
NEW
INDEPENDENT VARIABLE
Table5   /延伸率/
ADD(0 0.0000222 100 0.000011877 300 0.000010545 500 0.000010878 1000 0.00002886 3000
0.00002886)
ENTER
OK
MATERIAL PROPERTIES
NEW
FINITE STIFFNESS REGION
STANDARD
MASS DESITY        2.85e-009
SHOW PROPERTIES    THERMAL
K                  174.534     TABLE   Table1
SPECIFIC HEAT      8.63e+008   TABLE   Table3

SHOW PROPERTIES    STRUCTURAL
```

```
YONG'S MODULUS        75134      TABLE   Table2
POISSON'S RATIO       0.3
PLASTICITY
YIELD STRESS  387.6   TABLE    Table4
YRDIR1        0.7895
YRDIR2        0.7895
YRDIR3        0.7895
YRSHR1        0.7895
YRSHR2        0.7895
YRSHR3        0.7895
OK
THERMAL EXPANSION   2.22e-005   TABLE   Table5
OK
(ELEMENTS)               ADD
ALL:EXISTING
OK
```

3. 几何特性定义

对于特殊的壳单元需要定义其几何特性,选择三维壳结构分析,对所有壳单元进行添加。

```
MAIN
GEOMETRIC PROPERTIES
NEW
D         SHELL
CONSTANT ELEMENT THICKNESS   2
ELEMENTS ADD  (选择所有的壳单元)
OK
```

4. 初始条件设定

1）焊接路径设定

确立合理的初始条件,是进行准确数值模拟的先决条件,也是进行仿真的重点。首先需设置焊接路径,其次设置初始温度及应力情况。

将三桁条典型件的网格模型导入有限元分析软件之后,需对其设置焊接路径。如图 8-9 所示,为该模型的焊接路径具体设置及分布情况。由于双激光束双侧同步焊接蒙皮与桁条时,在二者连接处形成的焊接熔池相互贯穿,最终冷却后形成一条焊缝,因此在设置焊接路径时仅需对每一处桁条-蒙皮连接部分设置一条焊缝,并在两侧分别设置一条焊接路径,以模拟实际焊接情况。

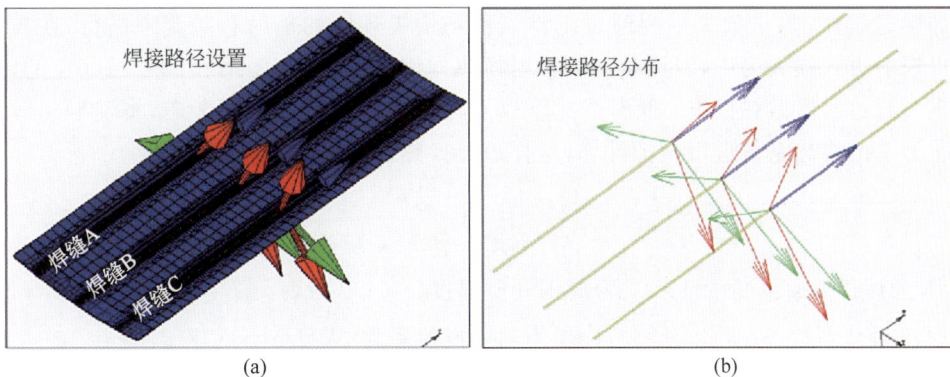

(a)   (b)

图 8-9 三桁条典型件的焊接路径设置

2）初始温度

三桁条典型件有限元模型假设焊前无需预热，考虑到实际焊接情况，初始温度取周围环境温度，即室温25℃，初始应力状态为无应力状态，施加对象为构件所有单元节点。具体设置如图8-10所示。

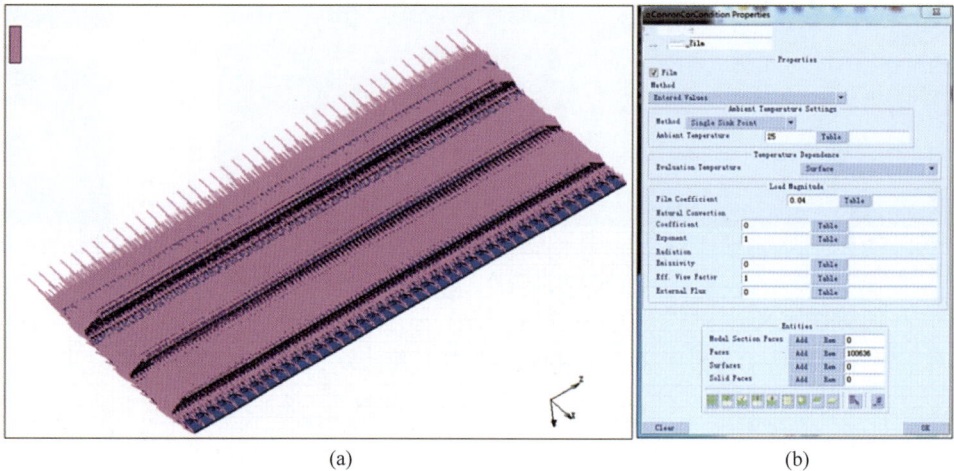

（a）   （b）

图 8-10　三桁条典型件初始温度设置

焊前试件处于零应力状态，只需要对初始温度条件进行设置，仿真系统默认的初始温度条件为0℃。相应的命令流如下：

```
MAIN
INITIAL CONDITIONS
NEW(TEMPERATURE)
TEMPERATURE        25
(NODES)            ADD
ALL:EXISTING
OK
```

5. 边界条件设定

焊接边界条件主要包括换热边界条件、热源边界条件以及位移约束条件。

1）换热边界条件

焊接过程中，热量散失主要通过工件表面与周围环境的辐射和对流来进行，在高温区主要以辐射方式损失为主，温度越高则辐射换热作用越强，一般是大于 $600\sim700\text{K}$ 的区域，辐射损失超过对流散热损失；低温情况下以对流为主。为计算方便考虑，将辐射和对流系数转化为总的换热系数进行模拟计算，这样边界换热而损失的热能可表示为

$$Q_{\text{s}} = \beta(T - T_0) \tag{8-1}$$

$$\beta = \beta(\beta_{\text{e}} + \beta_{\text{c}}) \tag{8-2}$$

其中，T 为焊件表面温度（℃）；T_0 为周围介质温度（℃）；β 为表面换热系数（W/（m² · ℃））；β_{e} 为对流换热系数（W/（m² · ℃））；β_{c} 为辐射换热系数（W/（m² · ℃））。

严格地说，对流换热系数还与焊件的部位有关，因为焊件不同部位周围气体流动特性不一样，但要测出不同部位的对流换热系数是很困难的，所以一般不予考虑。此外，与材料

的其他物理性能参数一样,换热系数也随温度的变化而变化。在计算时,将辐射和对流系数转化为总的换热系数进行模拟计算,可以将热辐射和对流简化为一个合理的常数施加在有限元模型上。三桁条典型件具体的换热边界条件设置如图 8-11 所示。

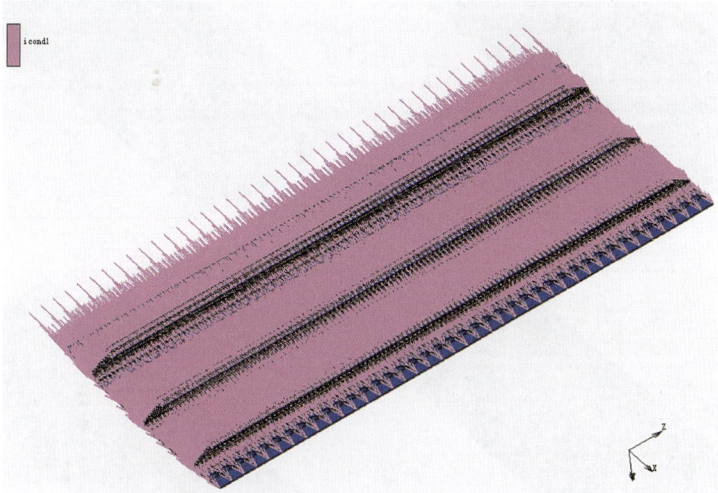

图 8-11　三桁条典型件换热边界设置

2）热源边界条件

三桁条典型件采用的焊接热源与单桁条试片件一致,也为高斯组合热源。由于三桁条典型件共 3 条焊缝,6 条焊接路径,因此,热源边界条件的添加较为复杂,需对每一条焊接路径分别添加热源边界条件,以保证焊接模型过程中的热源加热作用与实际情况相符。如图 8-12 与图 8-13 所示,分别为各焊缝的面热源与体热源边界条件加载情况。

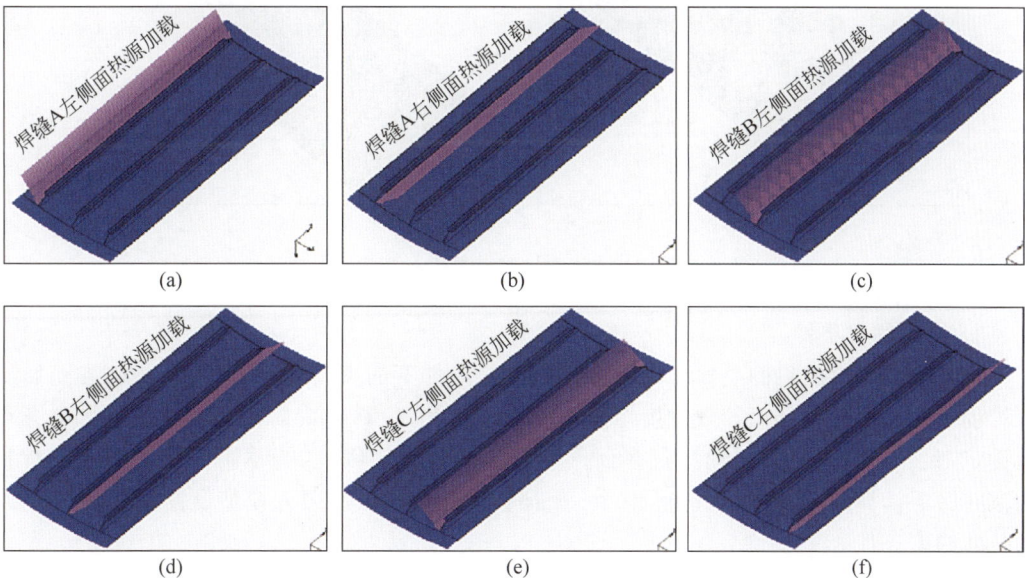

(a)　　　　　　　　　(b)　　　　　　　　　(c)

(d)　　　　　　　　　(e)　　　　　　　　　(f)

图 8-12　三桁条典型件的面热源边界条件加载

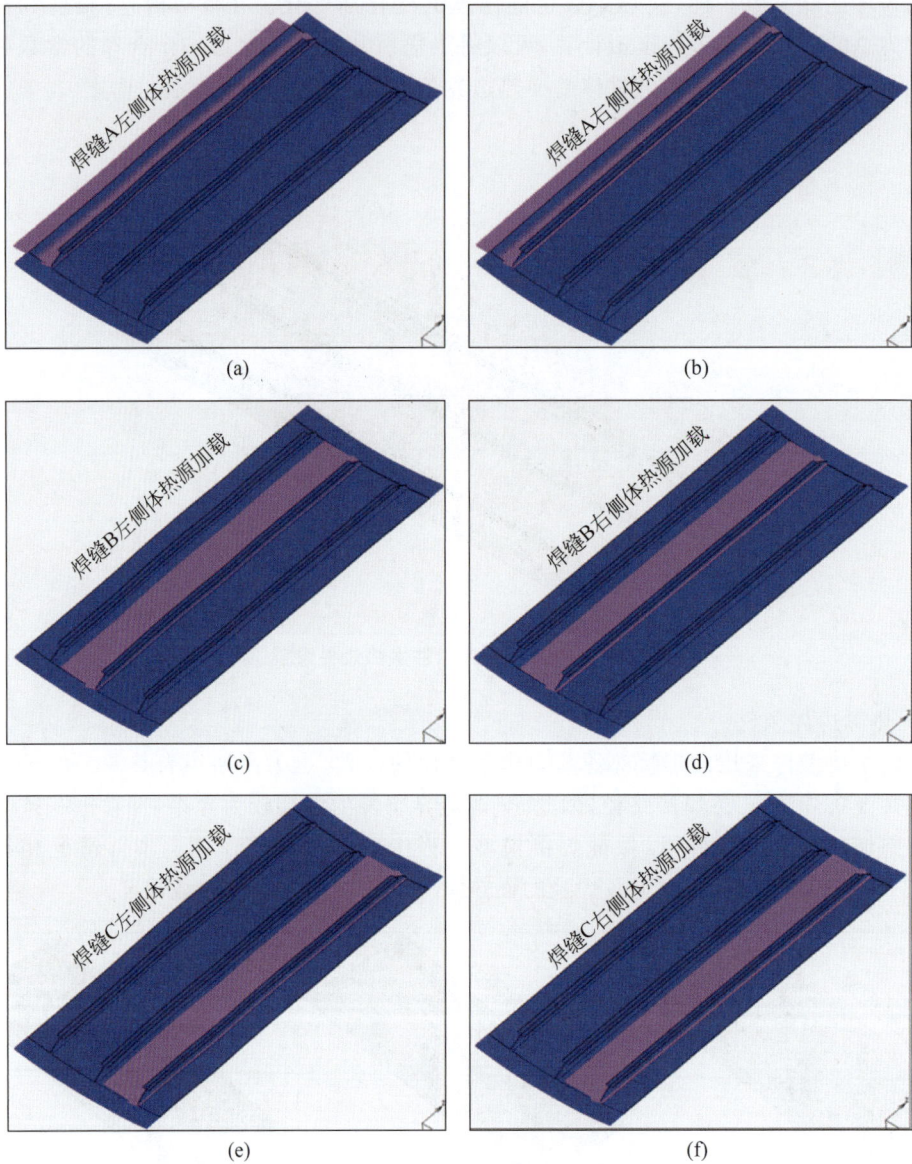

(a)

(b)

(c)

(d)

(e)

(f)

图 8-13　三桁条典型件的体热源边界条件加载

3）位移约束条件

设定位移约束的目的是模拟焊件在实际焊接条件下的夹持状态，并防止模型在仿真计算过程中发生刚性位移而导致刚度矩阵不收敛。因此，位移约束需根据实际工件装夹条件而设定，此外还应避免施加约束过多而产生过约束现象。因此，为尽可能地模拟实际焊接约束并保证计算的顺利进行，这里针对三桁条典型件模拟段有限元模型设置如图 8-14 所示的位移约束条件。

由于激光热源模型采用的是"高斯面热源＋高斯体热源"的复合热源形式，因此在边界条件定义时对应定义一个面热源和一个体热源。此外还需定义对流换热边界条件，其命令流如下所述。

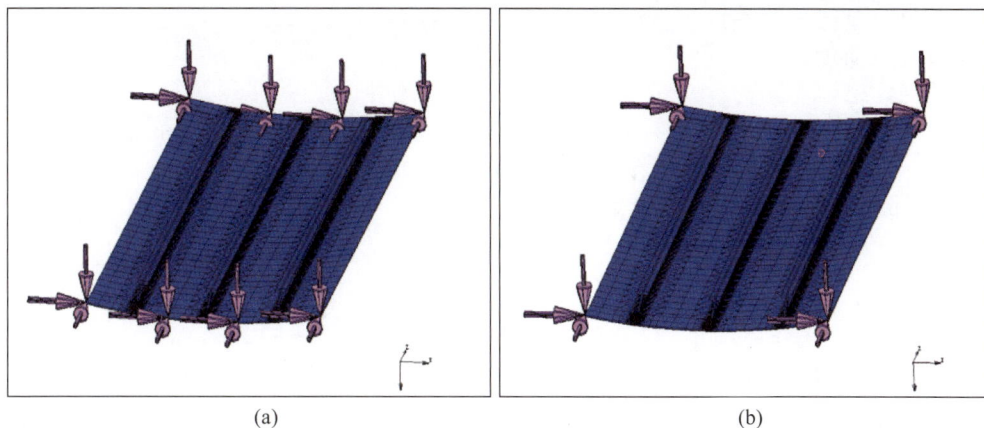

(a)   (b)

图 8-14 三桁条典型件的位移约束条件设置

对流换热边界条件如下：

```
BOUNDARY CONDITIONS
NEW
NAME FACE_FILM
THERMAL
FACE_FILM
FILM
AMBIENT TEMPERATURE    25
FILM COEFFICIENT    0.04
FACES     Add(All Surfaces)
OK
```

添加的界面如图 8-15 所示。

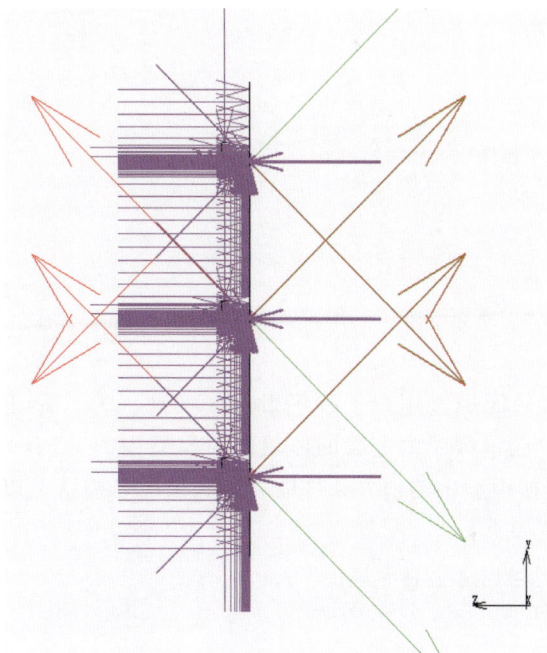

图 8-15 对流换热边界条件设定

面热源边界条件如下:

```
BOUNDARY CONDITIONS
NEW
FACE WELD FLUX
NAME fflux
FLUX
USER SUB.FLUX (通过子程序定义热流密度)
VELOCITY      166-17
OK
FACES Add
RETURN
```

添加的位置如图 8-16 所示,对三个焊缝区域分别进行加载。

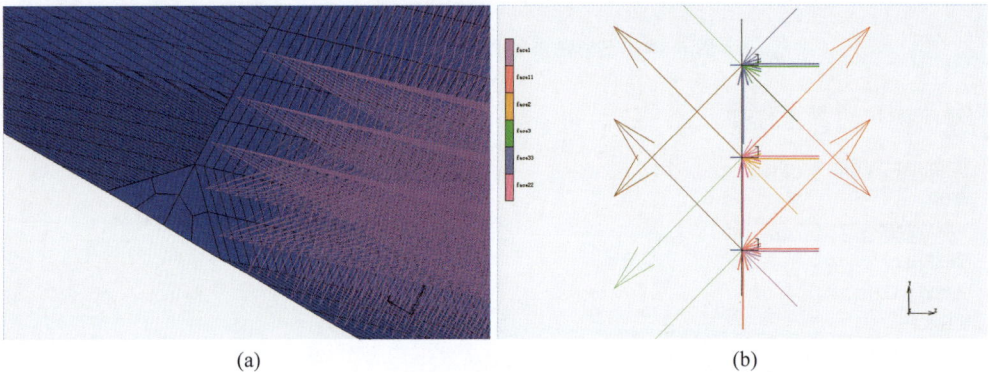

(a)   (b)

图 8-16   面热源设定

体热源边界条件如下:

```
BOUNDARY CONDITIONS
NEW
VOLUME WELD FLUX
NAME vflux
FLUX
USER SUB.FLUX (通过子程序定义热流密度)
VELOCITY      166-17
OK
ELEMENTS Add
RETURN
```

添加的位置如图 8-17 所示,对三个焊缝区域分别进行加载。

6. 子程序定义

本例中双激光焊接热源通过用户子程序 flux.f 实现。为了保证子程序中定义的面热源与模型中的 fflux 对应、子程序中定义的体热源与模型中的 vflux 对应,需要在子程序中声明公共块 bclabel,这样模型中的边界条件的名称和工况名称就可以在子程序汇总直接调用。本例中的子程序流如下:

```
Subroutine flux (f,temflu,mibody.time)
dimension mibody(*),temflu(*),welddim(*)
     real a,Qs,rs,pi,Qv,H,b,rv,Q,aa
      real q1,q2,q3,x0,y0,z0,x,y,z
```

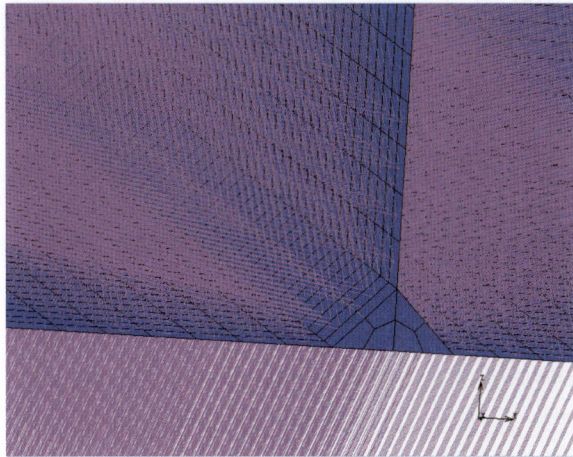

(a)

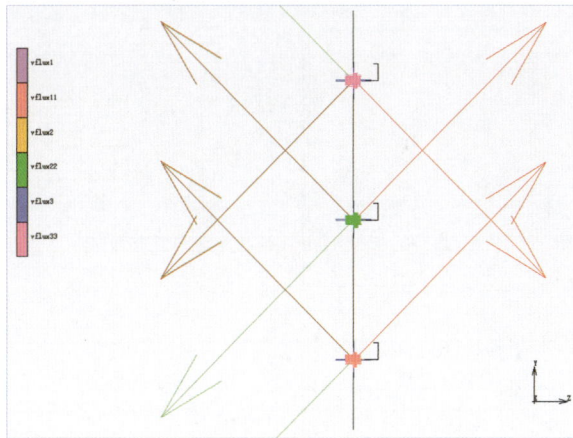

(b)

图 8-17　体热源设定

```
    x = temflu(1)
    y = temflu(2)
    z = temflu(3)
Q = 4300; aa = 0.99; Qs = Q * aa * 0.5; Qv = Q * aa - Qs
a = 0.8; rs = 2.7
H = 3.6; b = 0.1; rv = 1.0; pi = 3.14
if (bcname. eq. 'fflux1') then
        f = (a * Qs/(pi * rs * rs)) * exp( - 1 * a * (x * x + z * z)/(rs * rs))
if (bcname. eq. 'vflux1') then
        q1 = (6 * Qv * (H - b * y))/(pi * rv * rv * H * H * (2 - b))
        q2 = ( - 3) * (x * x + z * z)
        q3 = (rv * rv)
        f = q1 * exp(q2/q3)
return
end
```

7. 载荷工况定义

焊接分析工况设置主要包括对每个焊接工况进行相应的热源、换热、约束条件加载,以及工况时间、时间步长的设置。在进行瞬态分析时,应对每个工况分析时间划分时间步长,即将整个焊接过程的时间分为若干个小区间,从而对每一个小区间的温度场和应力应变场进行迭代计算。时间步长的设置会对模拟计算的精度产生影响,采用不同步长则计算出的结果也大有不同。时间步长越小,计算精度越高,计算时间也越长,同时,对于计算机的性能要求也更高。反之,步长越大,计算时间越短,但每一步的温度变化较大,计算结果精度下降,甚至造成计算结果不收敛。

这里将激光焊接过程分为加热和冷却两部分。对每条焊缝进行焊后短时间冷却,再焊接下一条焊缝,以贴合实际焊接过程。针对三桁条典型件采用的工艺参数为:焊接功率 $4300\mathrm{W}$(单侧激光),焊接速度 $2.5\mathrm{m/min}$ 以及激光入射角度 $30°$。各焊缝的工况时间 $t=$ 焊缝长度/焊接速度,时间步方法采用固定时间步长,步数根据工况时间进行而定。冷却过程具有冷却速度随焊件温度的降低而减小的特点,因此时间步方法可采用温度自适应的方式,以保证计算效率。图 8-18 为三桁条典型件的某一个焊接工况和分析任务的设置。

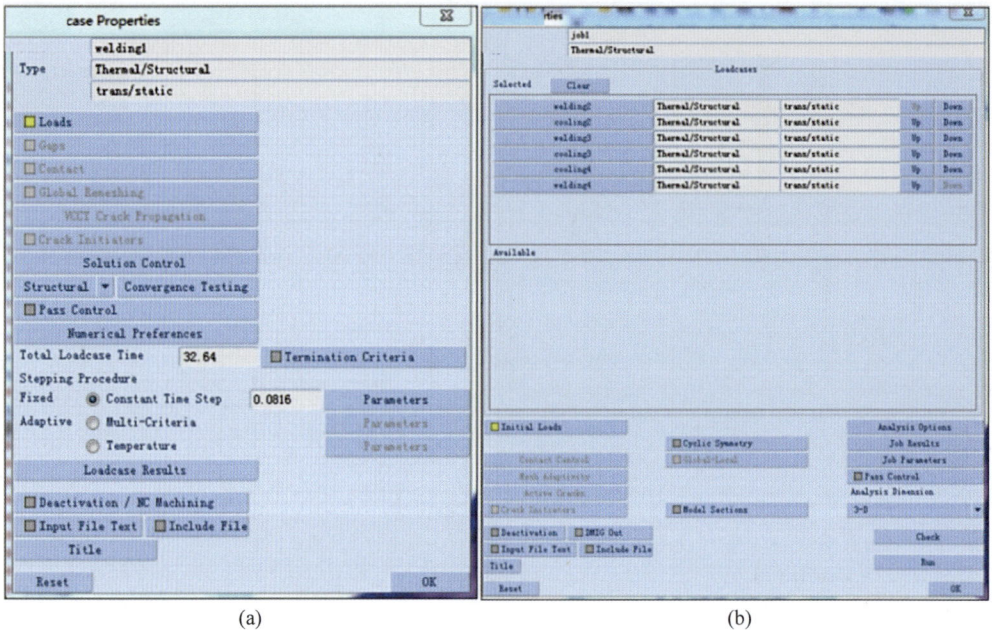

(a)   (b)

图 8-18 三桁条典型件焊接工况及分析任务设置

本例中只进行焊接热过程的分析,焊接时间为 $7.196\mathrm{s}$,时间步的设置大致保证单位补偿焊接热源移动的距离与网格尺寸的匹配。工况设置的命令流如下:

```
MAIN
LOADCASES
NEW
TRANSIENT/STATIC
TOTAL LOADCASE TIME    7.196
CONSTANT TIME STEP  PARAMETERS    70
OK
```

8. JOB 定义及提交

定义作业一般需要定义作业类型,并且作业类型必须要与 LOADCASE 的类型保持一致,还要选择输出的结果,计算 LOADCASE,分析维数等。

```
MAIN
ELEMENT TYPES
SHELL/MEMBRANE              (选择壳单元类型)
139                        (选择所有的壳单元)
SOLID
7                          (选择焊缝实体单元)
OK
JOBS
NEW
THERMAL
LCASE1
JOB RESULTS        TEMPERATURE
OK
RUN
USER SUBROUTINE FILE       (选择子程序文件)
SUBMIT
RETURN
```

9. 模拟结果分析

通过有限元求解计算,可以分析激光焊接过程温度场的特点。铝合金材料热传导系数大,散热快,焊接时温度场分布呈椭圆状。在采用激光焊这种能量集中、焊接速度快的焊接方法时,这种现象更加明显,说明激光焊热源的能量集中,同时焊后的热影响区也很窄。

```
MAIN
OPEN POST FILE(RESULTS MENU)
CONTOUR BANDS
SCALAR PLOT:SCALAR
Temperature
OK
PLOT:NODES(OFF)(关闭节点显示)
ELEMENTS SETTINGS
EDGES: OUTLINE(on)     (选中)
REDRAW
RETURN
RETURN
SCAN :  (查看第 X 步的结果)
OK
```

1) 不同焊接顺序对焊接变形及残余应力影响结果

如图 8-19 所示,为三种焊接顺序下的三桁条典型件焊后整体变形结果。由其可知,各方案下的变形分布情况较为相似,主要集中在蒙皮纵向两侧。目前进行三种焊接顺序下的应力应变仿真,方案一的焊接顺序为先进行焊缝 A 的焊接,再依次焊接焊缝 B 和 C;方案二的焊接顺序为先依次焊接焊缝 A 和 C,再焊接焊缝 B;方案三的焊接顺序为先进行焊缝 B 的焊接,随后依次焊接其相邻的焊缝 A 和 C。如图 8-19 所示,方案一的最大形变量为 1.918mm,方案二的最大变形量为 1.839mm,方案三的最大形变量为 1.754mm,三种方案中方案一的变形较大,方案三变形量最小。因此,可以得出三桁条典型件的最优焊接顺序为方案三,即先焊接焊缝 B,随后依次焊接其相邻的焊缝 A 和 C。如图 8-20 所示,对比方案一、方案二和方案三的残余应力可以看出,方案三焊后产生的残余应力最大,约为 405.7MPa。

1.918mm 变形集中区

焊接顺序一 "ABC" 焊后整体变形分布

(a)

1.839mm 变形集中区

焊接顺序二 "ACB" 焊后整体变形分布

(b)

1.754mm 变形集中区

焊接顺序三 "BAC" 焊后整体变形分布

(c)

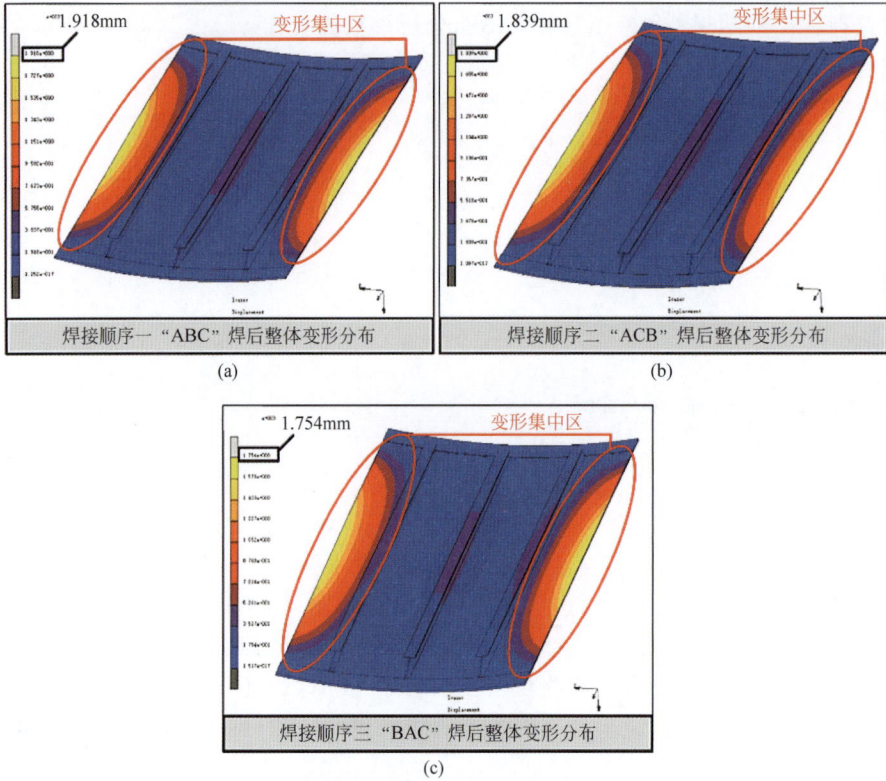

图 8-19　三桁条典型件不同焊接顺序焊后应变

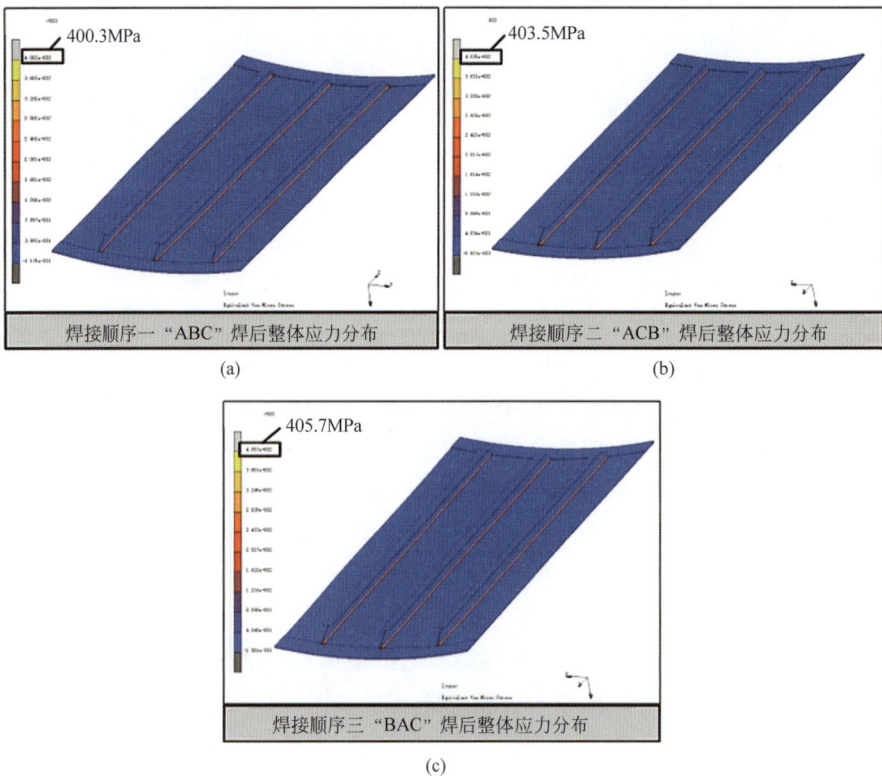

400.3MPa

焊接顺序一 "ABC" 焊后整体应力分布

(a)

403.5MPa

焊接顺序二 "ACB" 焊后整体应力分布

(b)

405.7MPa

焊接顺序三 "BAC" 焊后整体应力分布

(c)

图 8-20　三桁条典型件不同焊接顺序焊后应力分布

2）不同焊接方向对焊接变形及残余应力影响结果

如图 8-21 所示，为四种焊接方向下的三桁条典型件焊后整体变形结果。由其可知，各方案下的变形分布情况较为相似，主要集中在蒙皮纵向两侧。已进行的四种焊接方向下的应力应变仿真，方案一各桁条的焊接方向相同，方案二的焊接方向为将左侧桁条反向，方案三的焊接方向为将中间桁条反向，方案四的焊接方向为将右侧桁条反向。方案一的最大形变量为 1.754mm，方案二的最大变形量为 1.800mm，方案三的最大形变量为 1.733mm，方案四的最大变形量为 1.900mm。四种方案中方案四的变形较大，方案三变形量最小，由此可以得出三桁条典型件的最优焊接方向为将中间桁条反向。如图 8-22 所示，对比方案一、方案二、方案三和方案四的残余应力可以看出，方案三焊后产生的残余应力最大，达到了 406.4MPa。

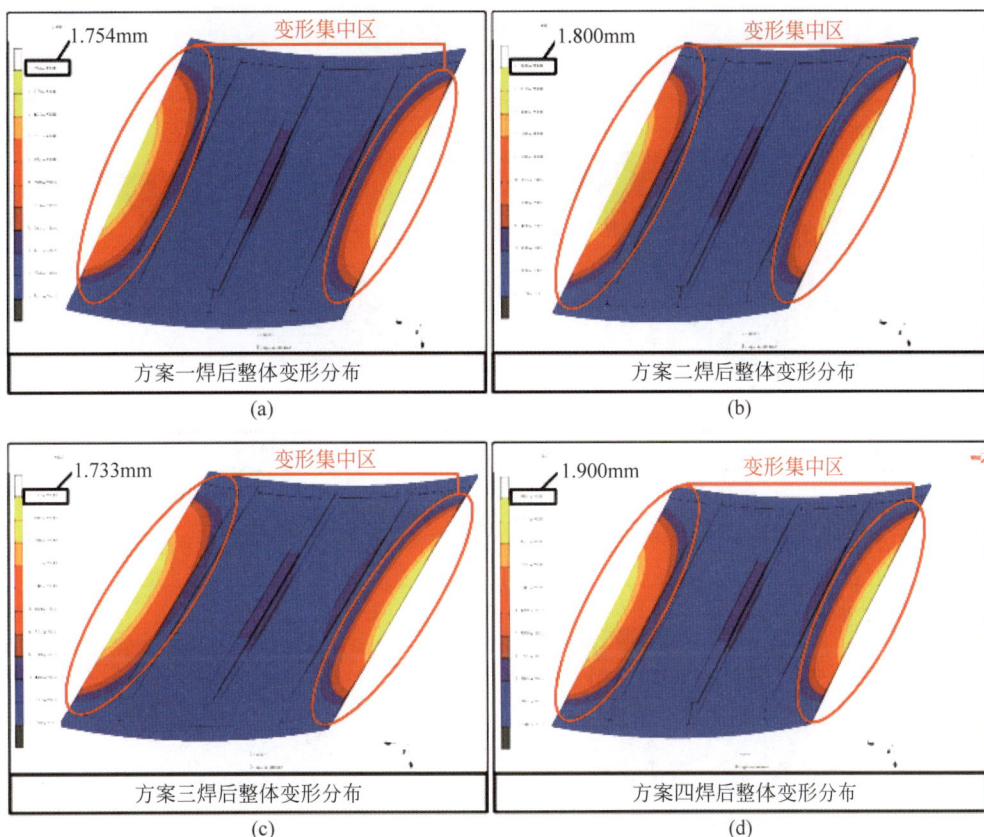

图 8-21　三桁条典型件不同焊接方向焊后应变

3）不同装夹方案对焊接变形及残余应力影响结果

如图 8-23 所示为两种装夹方案下的三桁条典型件焊后整体变形结果。由其可知，各方案下的变形分布情况较为相似，主要集中在蒙皮纵向两侧。对于已进行的两种装夹方案下的应力应变仿真，方案一为较多装夹，方案二为较少装夹。如图 8-23 所示，方案一最大变形量为 1.733mm，方案二的最大变形量为 2.353mm。两种方案中方案二的变形较大，因此可以得出三桁条典型件的装夹方案为方案一。如图 8-24 所示，对比方案一和方案二的残余应力可以看出，方案一焊后产生的残余应力更大，达到了 406.4MPa，方案二产生的残余应力较小约为 335.7MPa。由于方案二焊接过程中产生了较大的变形,残余应力通过变形释放从而减小。而方案一的变形较小,残余应力无法释放。

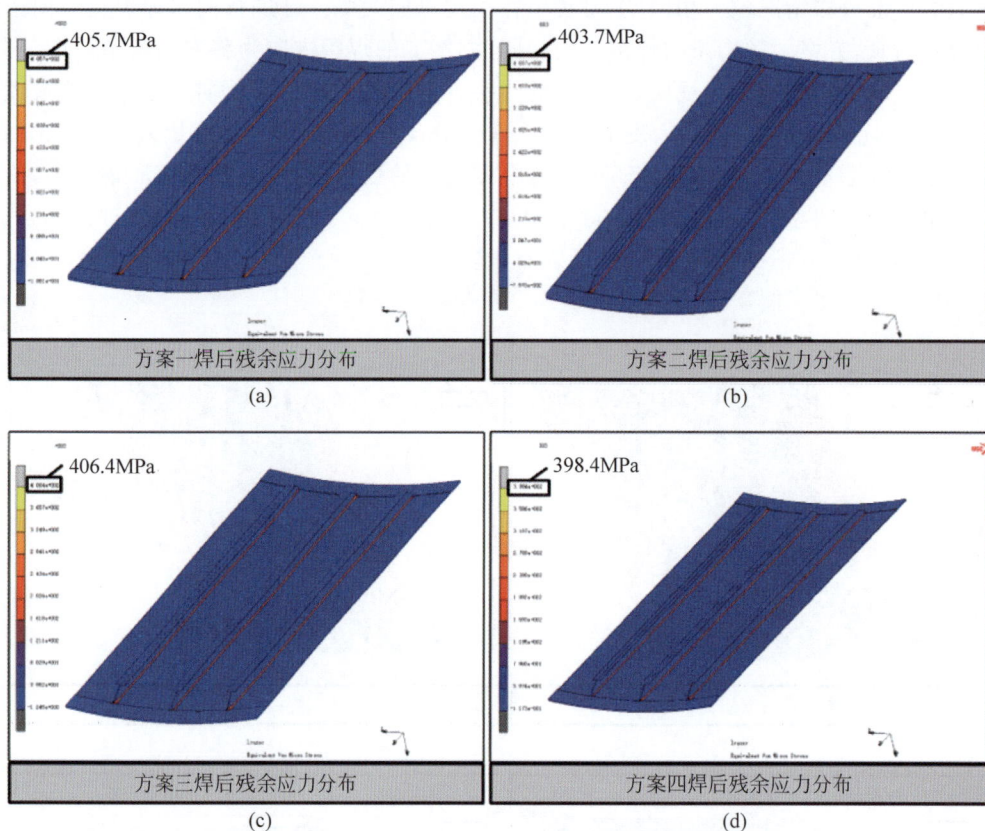

(a) 方案一焊后残余应力分布

(b) 方案二焊后残余应力分布

(c) 方案三焊后残余应力分布

(d) 方案四焊后残余应力分布

图 8-22 三桁条典型件不同焊接方向焊后应力分布

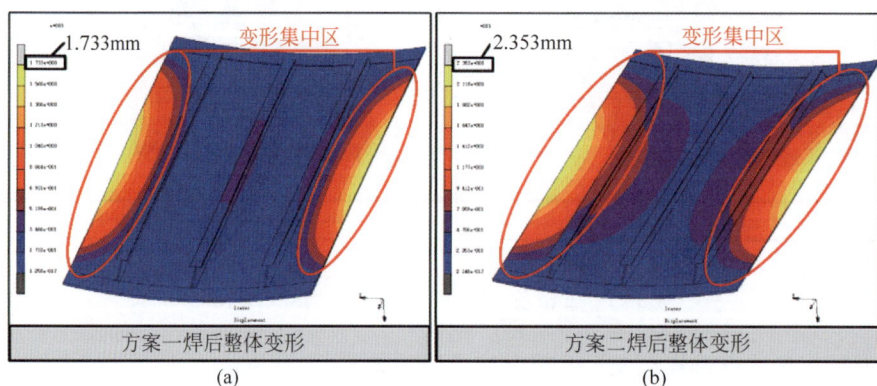

(a) 方案一焊后整体变形

(b) 方案二焊后整体变形

图 8-23 三桁条典型件不同装夹方案焊后应变

通过对三个阶段三桁条筒段件的双激光束双侧同步焊接有限元仿真过程进行分析,获取了可应用于三桁条筒段件的实际焊接过程中的最优焊接顺序、焊接方向及装夹条件,即采用较多的装夹条件下,先进行焊缝 B 的焊接,再依次焊接焊缝 A 和焊缝 C,其中,焊缝 B 反向,焊缝 A 和 C 的焊接方向相同。

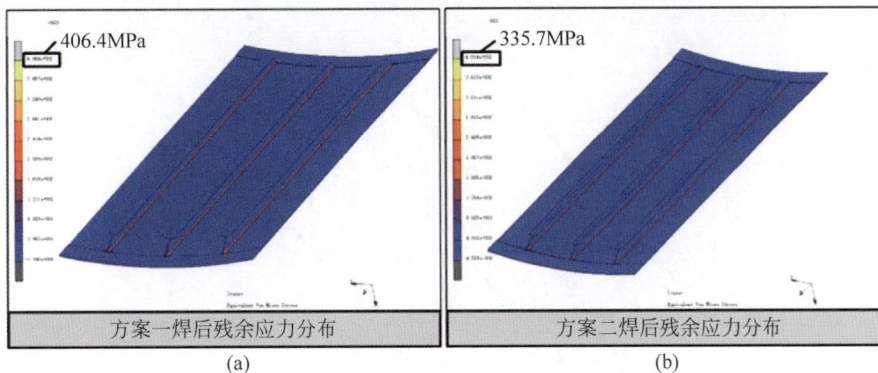

图 8-24 三桁条典型件不同装夹方案焊后应力分布

8.2.3 铝锂合金蒙皮-桁条模拟段结构双激光束焊有限元建模与仿真分析

同单桁条、典型件一样,对于五桁条模拟段的双激光束双侧同步焊接仿真研究,也需建立一个计算精度与效率兼顾的有限元模型,以保证后续仿真过程的顺利进行。建模的步骤主要包括几何模型建立、有限元网格划分、材料参数获取,以及设置初始条件、边界条件及载荷工况等方面。

1. 网格划分

建立一个可靠的有限元网格模型是保证计算精度与效率的前提,因此需基于实物件建立三维几何模型,进行五桁条模拟段的有限元网格划分。这里的五桁条模拟段的三维几何模型如图 8-25 所示,该模型与实物件的比例为 1∶1,能有效地为其有限元网格模型建立提供几何基准。

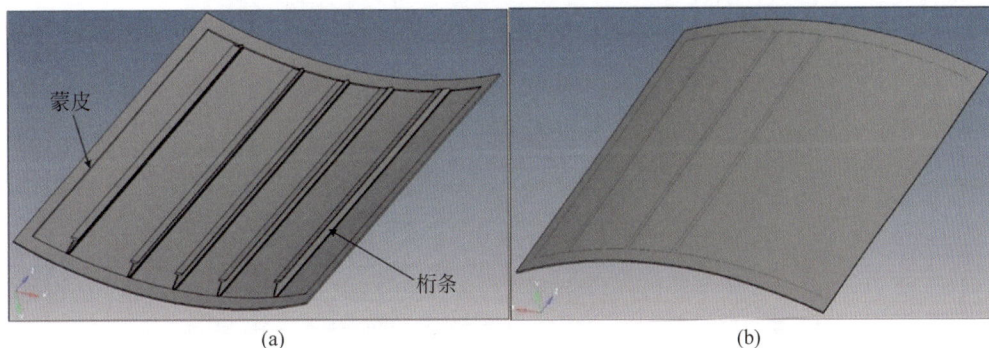

图 8-25 五桁条模拟段的几何模型

基于几何模型建立有限元网格模型之前,需对几何模型去除非关键部位的几何特征,并且根据焊后凸台几何变化进行几何模型简化,从而保证网格划分过程的顺利进行。图 8-26 所示为需要简化的倒圆角几何特征以及桁条两侧小凸台,通过去除倒角和简化凸台,可得到一个用于网格划分的简化几何模型。

几何简化之后,对五桁条模拟段采取分块网格划分的策略。首先建立桁条网格模型。如图 8-27 所示,为单桁条的有限元网格模型。同样地,采用过渡网格的方式对近焊缝区的

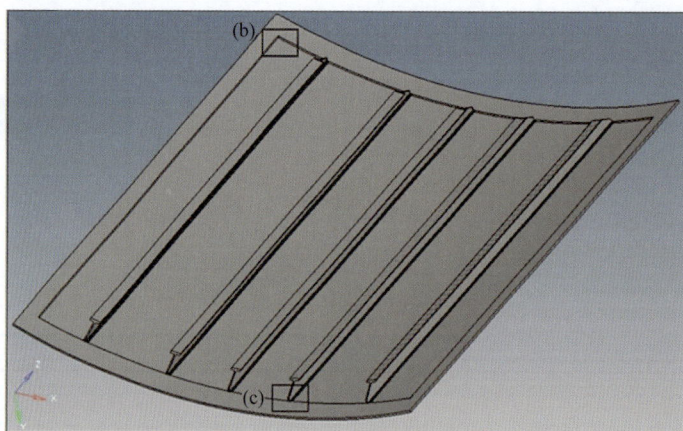

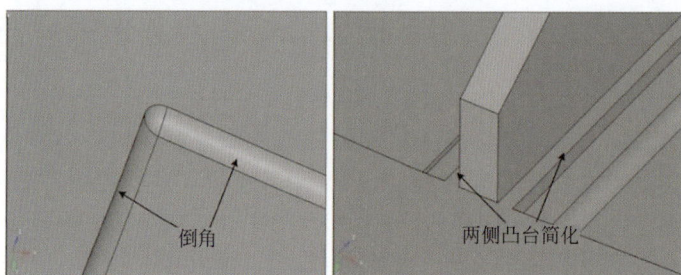

图 8-26 五桁条模拟段的几何清理细节

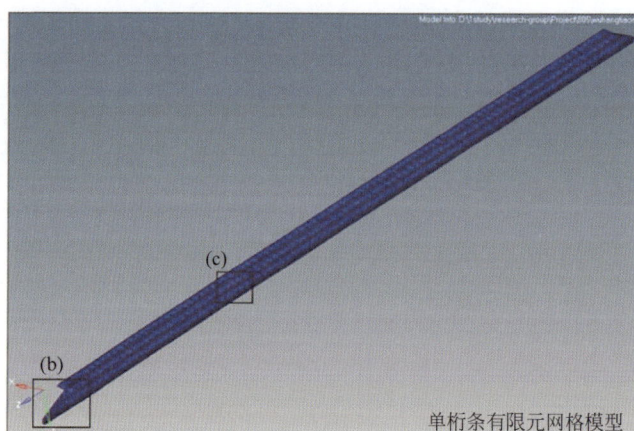

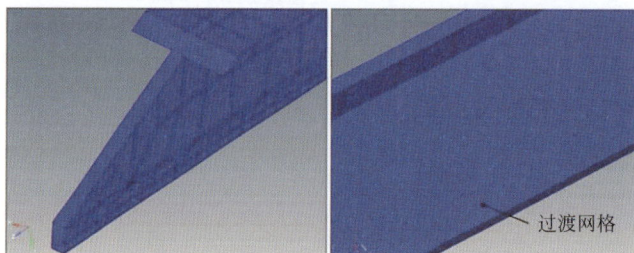

图 8-27 五桁条模拟段的桁条网格模型

网格进行细化,对远离焊缝区的网格进行粗化,对其余桁条采用相同的方法,完成网格模型的建立,如图 8-28 所示,为模拟段的所有桁条网格模型及其空间分布情况。

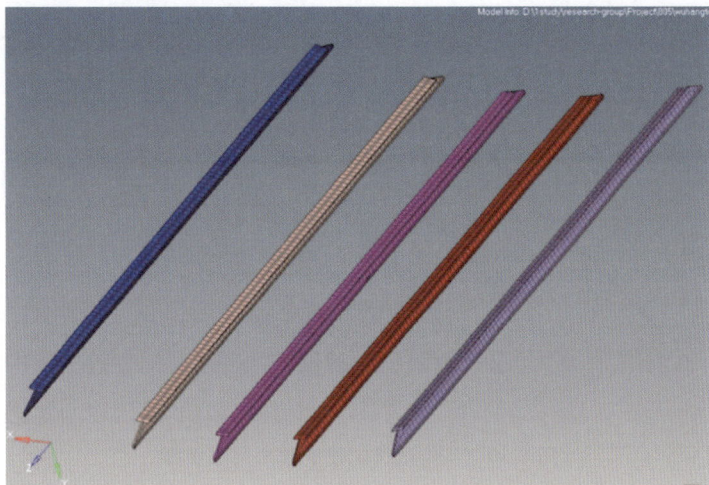

图 8-28 五桁条模拟段的所有桁条网格模型

随后建立蒙皮部分的网格模型,在沿焊缝方向,将蒙皮分为焊接区与非焊接区进行有限元网格划分。如图 8-29 所示,为模拟段的蒙皮网格划分情况,图 8-29(a)和(b)分别为焊接区网格与非焊接区网格,最终的蒙皮有限元网格模型如图 8-30 所示。

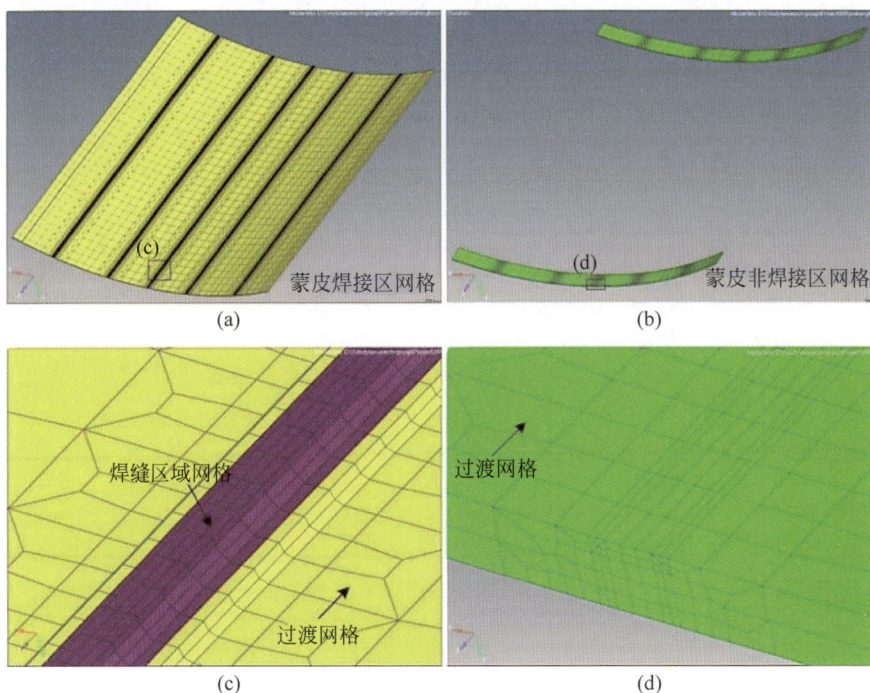

图 8-29 五桁条模拟段的蒙皮网格划分

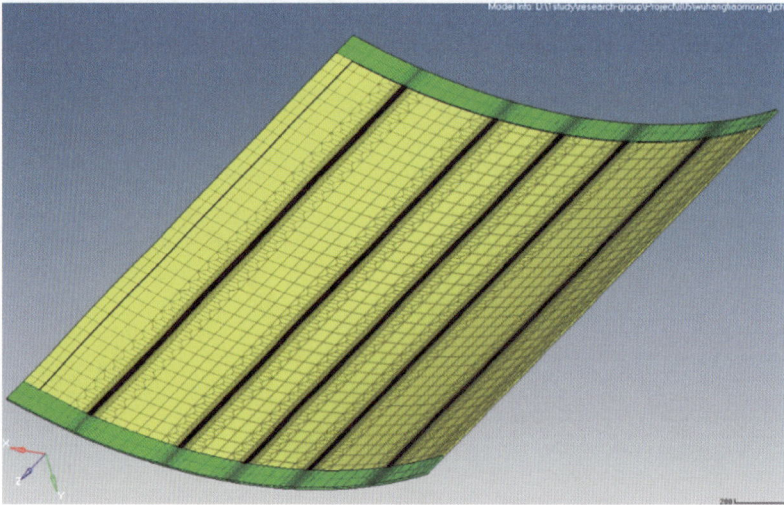

图 8-30 五桁条模拟段的蒙皮网格模型

通过上述步骤,分别建立了模拟段的桁条网格模型与蒙皮网格模型,最终将二者整合,得到如图 8-31 所示的五桁条模拟段有限元网格模型。表 8-1 为网格模型的网格数量,由表可知,网格数量为 118337 个,这极大地提高了计算效率,并且能够获得较为符合实际的计算结果。

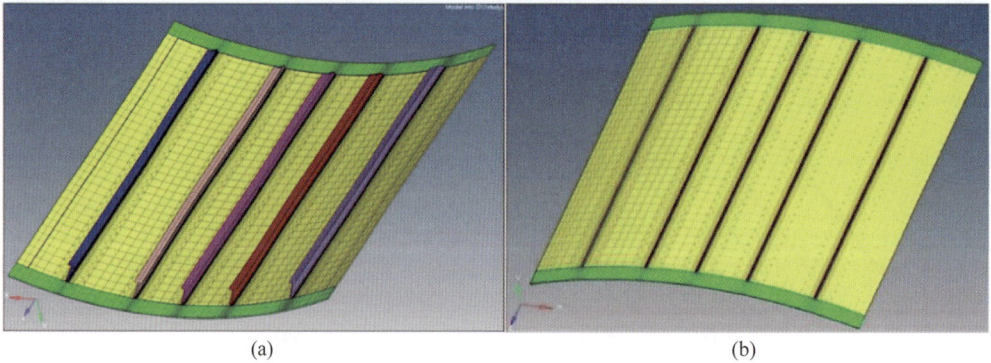

(a)   (b)

图 8-31 五桁条模拟段的最终有限元网格模型

表 8-1 五桁条模拟段的网格数量

单元节点数量	网 格 数 量
159080	118337

2. 材料特性定义

五桁条模拟段的有限元模型依旧采用之前单桁条试片件仿真所用材料物性参数,与本书 6.2 节所示一致。

3. 初始条件设定

确立合理的初始条件,是进行准确数值模拟的先决条件,也是进行模拟的重点。首先需设置焊接路径,其次设置初始温度及应力情况。

1）焊接路径设置

将五桁条模拟段的网格模型导入有限元分析软件之后,需对其设置焊接路径。如图 8-32 所示,为该模型的焊接路径具体设置及分布情况,五桁条模拟段焊接路径的设置方式与三桁条典型件相似。

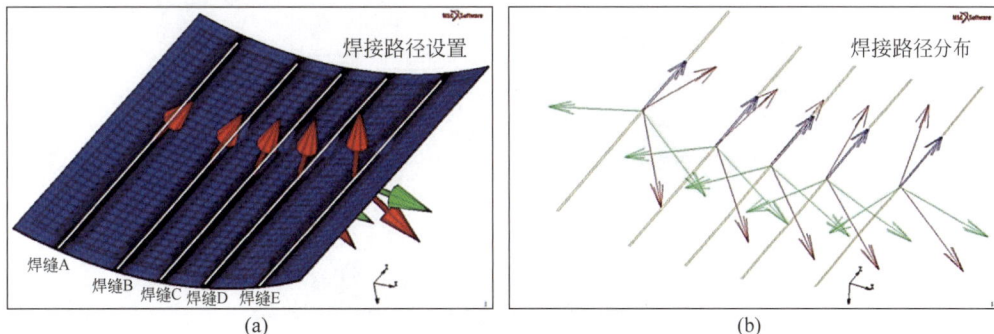

图 8-32 五桁条模拟段的焊接路径设置

2）初始温度设置

与单桁条试片件相同,对五桁条模拟段有限元模型假设焊前无需预热,考虑到实际焊接情况,初始温度取周围环境温度,即室温 25℃,初始应力状态为无应力状态,施加对象为构件所有单元节点。具体设置如图 8-33 所示。

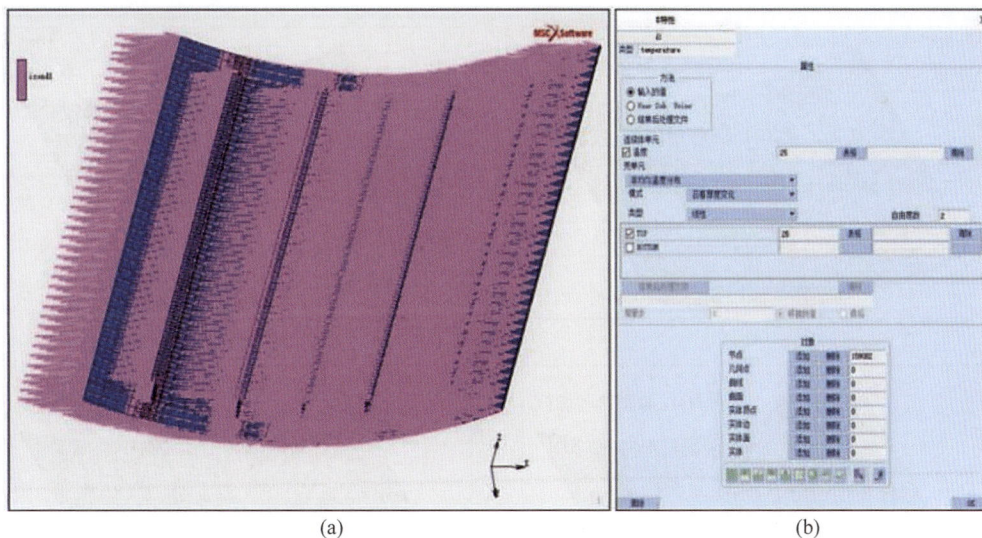

图 8-33 五桁条模拟段的初始温度设置

4. 边界条件设定

焊接边界条件主要包括换热边界条件、热源边界条件以及位移约束条件。

1）换热边界条件

五桁条模拟段具体的换热边界条件设置如图 8-34 所示。

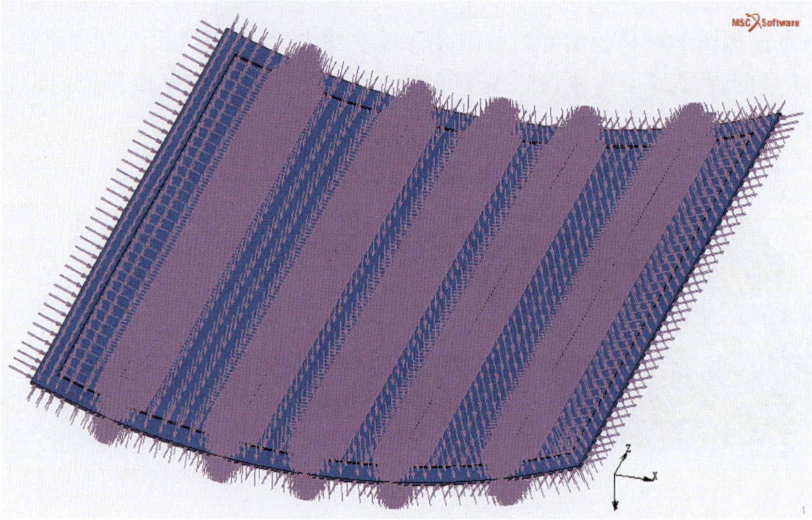

图 8-34　五桁条模拟段的换热边界设置

2）热源边界条件

　　五桁条模拟段采用的焊接热源与单桁条试片件一致,也为高斯组合热源。由于五桁条模拟段共 5 条焊缝,10 条焊接路径,因此热源边界条件的添加较为复杂,需对每一条焊接路径分别添加热源,如图 8-35 所示,为各焊缝的面热源与体热源边界条件加载情况。

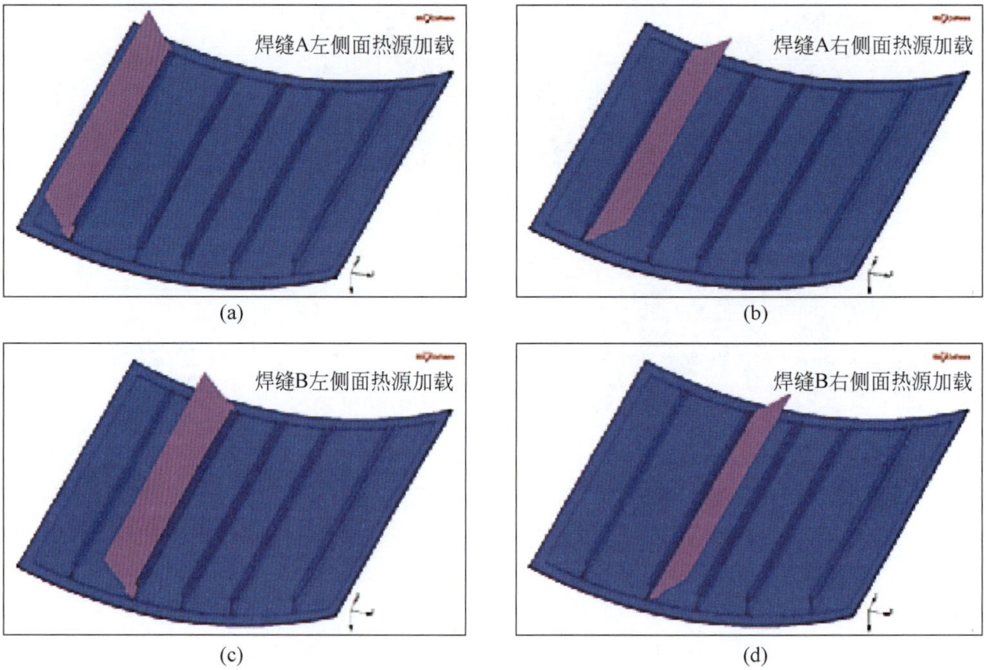

(a)

(b)

(c)

(d)

图 8-35　五桁条模拟段的面热源和体热源边界条件加载

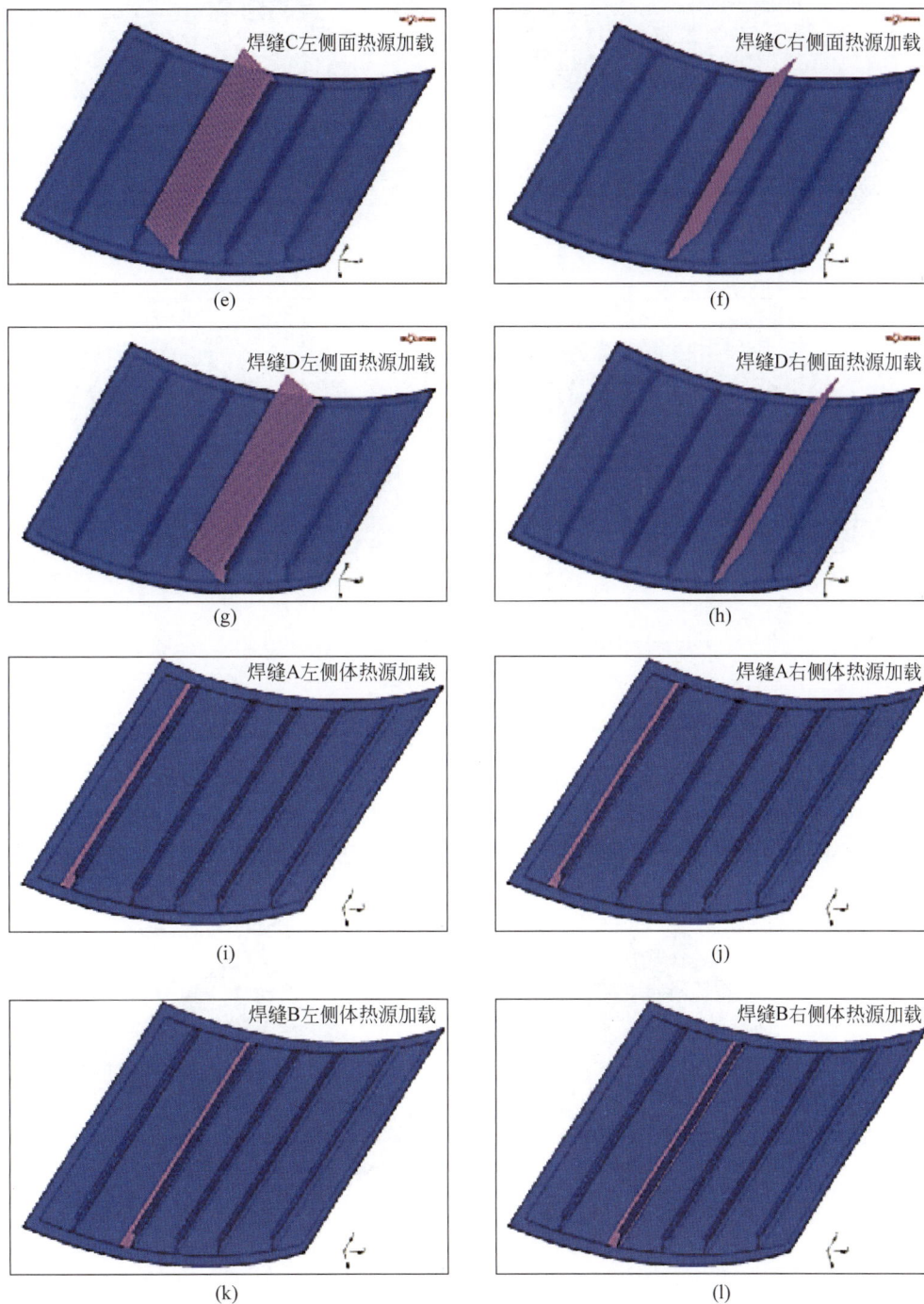

(e)

(f)

(g)

(h)

(i)

(j)

(k)

(l)

图 8-35 （续）

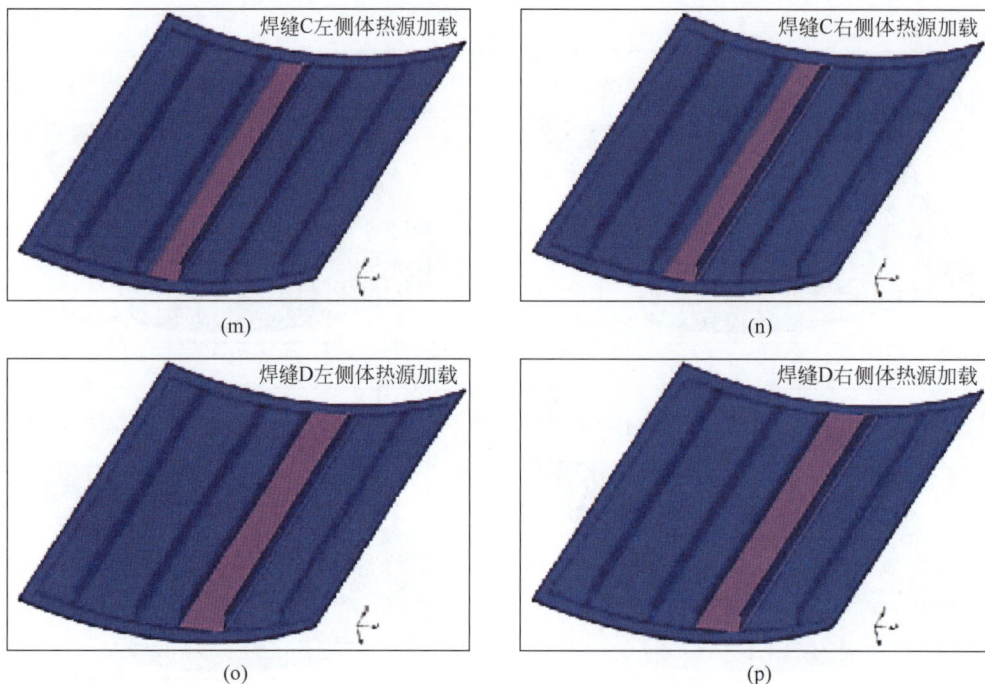

图 8-35 （续）

3）位移约束条件

设定位移约束的目的是模拟焊件在实际焊接条件下的夹持状态，并防止模型在仿真计算过程中发生刚性位移而导致刚度矩阵不收敛。因此，位移约束需根据实际工件装夹条件而设定，并应避免施加的约束过多而产生过约束现象。因此，为尽可能地模拟实际焊接约束并保证计算的顺利进行，针对五桁条模拟段有限元模型设置如图 8-36 所示的位移约束条件。

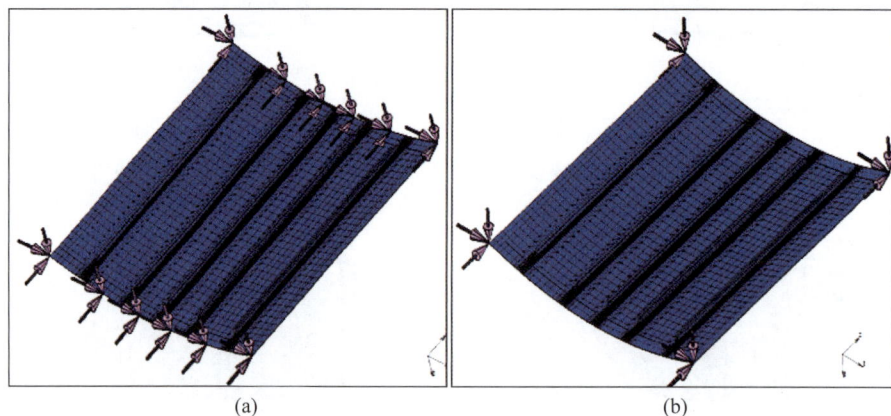

图 8-36　五桁条模拟段的位移约束条件设置

5. 焊接工况设置

将激光焊接过程分为加热和冷却两部分，各焊缝的工况时间 $t =$ 焊缝长度/焊接速度，时间步方法采用固定时间步长，步数根据工况时间进行而定。冷却过程具有冷却速度随焊件温度的降低而减小的特点,因此时间步方法可采用温度自适应的方式,以保证计算效率。图 8-37 为五桁条模拟段的某一个焊接工况和分析任务的设置。

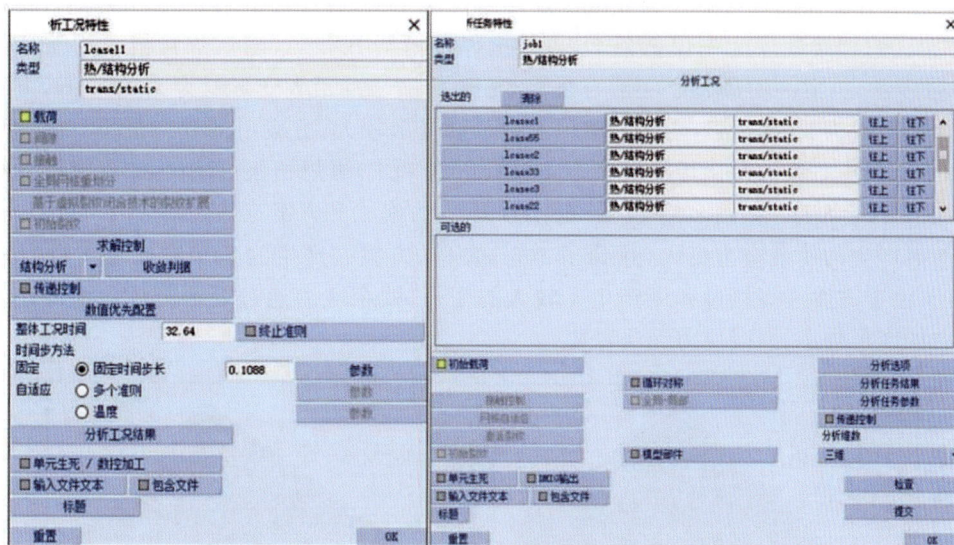

图 8-37　五桁条模拟段的焊接工况及分析任务设置

6. 模拟结果分析

1）不同焊接顺序对焊接变形及残余应力影响结果

如图 8-38 所示,为三种焊接顺序下的五桁条模拟段的焊后整体变形结果。由其可知,

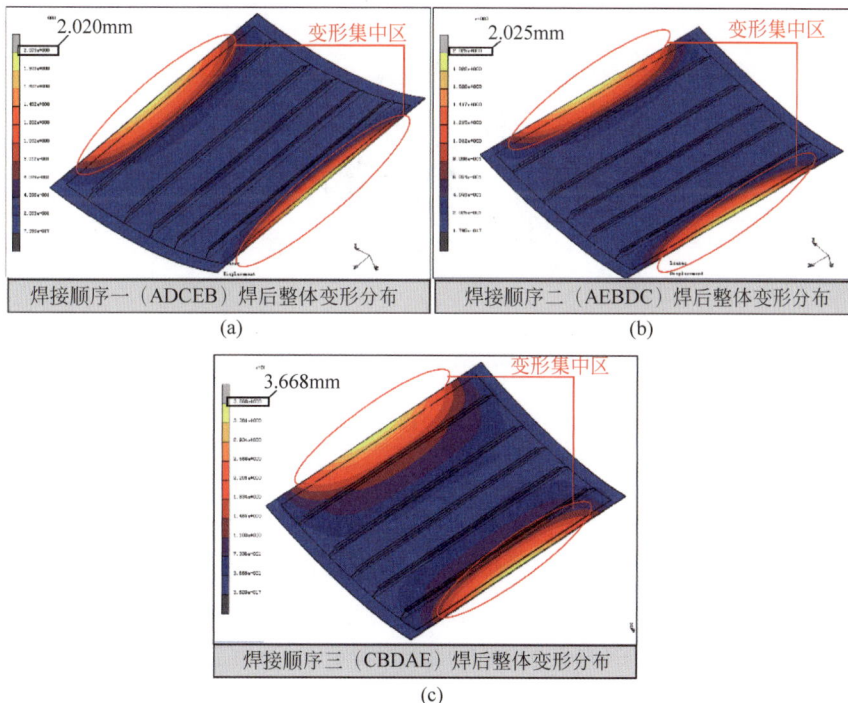

图 8-38　五桁条模拟段的焊后应变

各方案下的变形分布情况较为相似,主要集中在蒙皮纵向两侧。已进行三种焊接顺序下的应力应变仿真,方案一焊接顺序为先焊桁条 A 和 E,再焊桁条 C,随后依次焊接其相邻的桁条 B 和 D;方案二的焊接顺序为先依次焊接桁条 A 和 C,再焊接桁条 E 和 D,随后焊接桁条 B;方案三的焊接顺序为先焊桁条 D,再依次焊接桁条 B 和 A,随后焊接桁条 C 和 E。如图 8-38 所示,方案一的最大形变量为 2.020mm,方案二的最大变形量为 2.025mm,方案三的最大变形量为 3.668mm,三种方案中方案三的变形较大,方案一的变形最小。因此可以得出,五桁条模拟段的最优焊接顺序为先焊桁条 A 和 E,再焊桁条 C,随后依次焊接其相邻的桁条 B 和桁条 D。如图 8-39 所示,对比方案一、方案二和方案三的残余应力可以看出,方案二焊后产生的残余应力更大,达到了 406.2MPa,方案一产生的残余应力较小约为 395.8MPa。由于方案三焊接过程中产生了较大的变形,残余应力通过变形释放从而减小。而方案二的变形较小,残余应力无法释放。

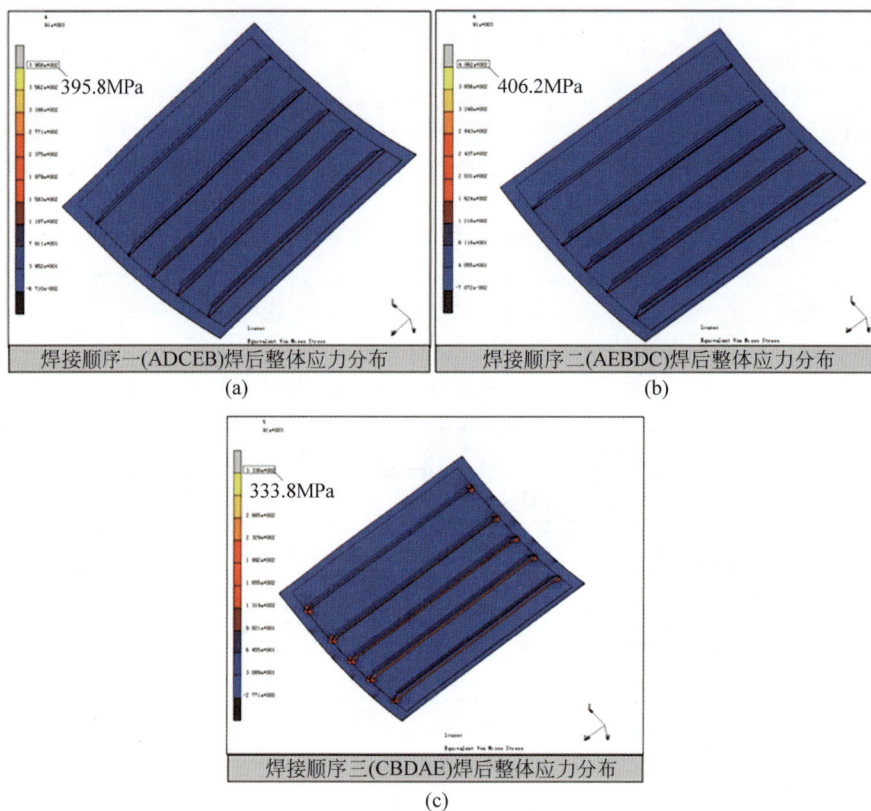

焊接顺序一(ADCEB)焊后整体应力分布
(a)

焊接顺序二(AEBDC)焊后整体应力分布
(b)

焊接顺序三(CBDAE)焊后整体应力分布
(c)

图 8-39　五桁条模拟段的焊后应力分布

2)不同焊接方向对焊接变形及残余应力影响结果

如图 8-40 所示,为三种焊接方向下的五桁条模拟段的焊后整体变形结果。由其可知,各方案下的变形分布情况较为相似,主要集中在蒙皮纵向两侧。已进行的三种焊接方向下的应力应变仿真,方案一各焊缝的焊接方向相同,方案二的焊接方向为除焊缝 A 和 E 以外,将焊缝 B、C 和 D 反向,方案三的焊接方向为改变焊缝 B、D 焊接方向,其余焊缝不变。如图 8-40 所示,方案一的最大形变量为 2.020mm,方案二的最大变形量为 2.003mm,方案三的最大变形量为 2.012mm。三种方案中方案一的变形较大,方案二的变形最小,因此可以得出五桁条模拟段的焊接方向为方案二,即将焊缝 B、C 和焊缝 D 反向。如图 8-41 所示,对比方案一、方案二和方案三的残余应力可以看出,方案二焊后产生的残余应力更大,达到了406.7MPa,方案一产生的残余应力较小约为 395.8MPa,方案三产生的残余应力约为406.2MPa。由于方案二焊接过程中产生了较大的变形,残余应力通过变形释放从而减小。而方案一的变形较小,残余应力无法释放。

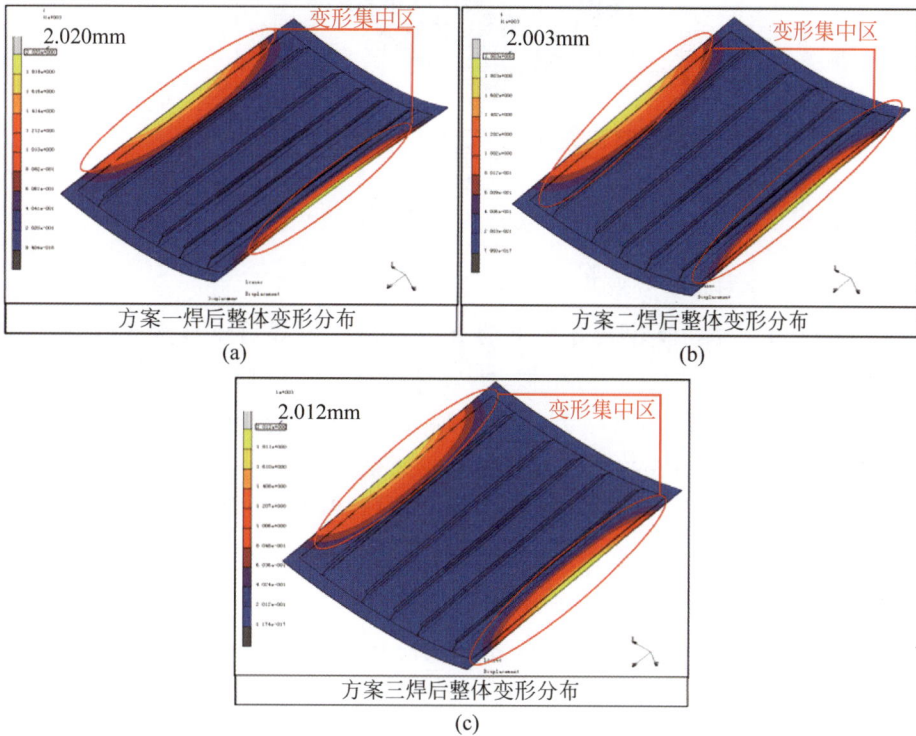

图 8-40 五桁条模拟段的不同焊接方向焊后应变

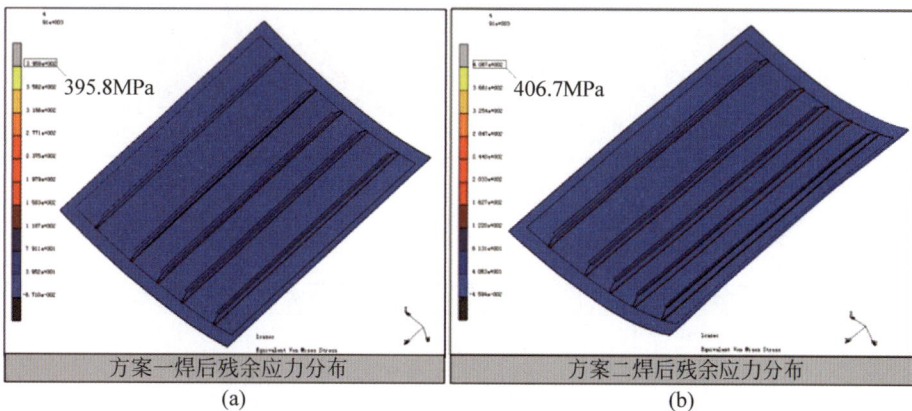

图 8-41 五桁条模拟段的不同焊接方向焊后应力分布

方案三焊后残余应力分布

(c)

图 8-41　（续）

3）不同装夹方案对焊接变形及残余应力影响结果

如图 8-42 所示，为两种装夹方案下的五桁条模拟段焊后整体变形结果。由其可知，各方案下的变形分布情况较为相似，主要集中在蒙皮纵向两侧。已进行的两种装夹方案下的应力应变仿真，方案一为较多装夹，方案二为较少装夹。如图 8-42 所示，方案一最大变形量为 2.003mm，方案二的最大变形量为 3.614mm。两种方案中方案二的变形较大，因此可以得出五桁条模拟段的装夹方案为方案一较多装夹。如图 8-43 所示，对比方案一和方案二的残余应力可以看出，方案一焊后产生的残余应力更大，达到了 395.8MPa，方案二产生的残余应力较小约为 335.7MPa。由于方案二焊接过程中产生了较大的变形，残余应力通过变形释放从而减小。而方案一的变形较小，残余应力无法释放。

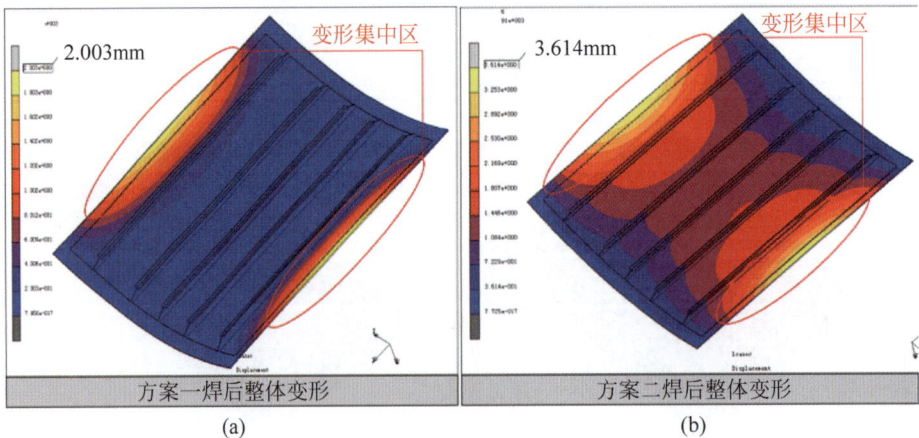

方案一焊后整体变形　　　　方案二焊后整体变形

(a)　　　　　　　　　　　(b)

图 8-42　五桁条模拟段的不同装夹方案焊后应变

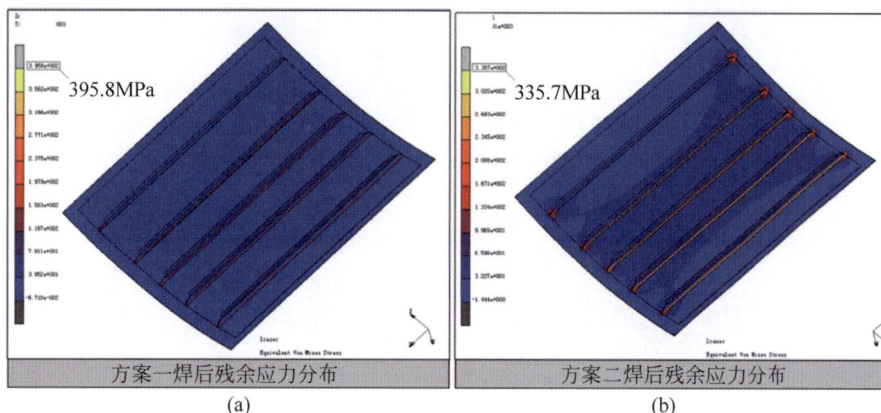

図 8-43　五桁条模拟段的不同装夹方案焊后应力分布

8.3　铝合金蒙皮-桁条结构推进舱双激光束双侧同步焊接过程

8.3.1　问题描述

铝合金因为其卓越的性能,例如高比强度,低密度,良好的延展性和韧性,以及优异的耐腐蚀性,在航空航天领域中得到广泛的应用。由于航空航天领域对结构减重的迫切需求,铝锂合金蒙皮-桁条轻质结构的连接问题亟待解决。尽管铆接技术已经广泛用于蒙皮-桁条结构的连接,但其仍存在效率低、成本高等不可避免的缺点,且铆钉的存在也会严重增加机身的质量,不符合航空航天轻量化的需求。针对此问题,2003 年,法国空中客车公司(Airbus France)提出了双激光束双侧同步焊接(DLBSW)技术,并将其成功应用于蒙皮-桁条 T 型结构的连接,已实现 T 型结构壁板的批量生产。

然而,国内对 DLBSW 过程中的残余应力演变和性能变化研究尚且不足,特别是焊接过程中凝固、相变和收缩所引起的残余应力变化是焊接工程研究领域中极为重要的问题。当工件受到外部服役载荷时,在焊接残余应力与外部载荷的共同作用下,缺陷生长的速度增加,极大地缩短了焊接结构的疲劳寿命。本节案例主要采用建模仿真方法,开展了某航天飞行器的蒙皮-桁条结构推进舱铝锂合金 DLBSW 残余应力与变形分析。

8.3.2　蒙皮-桁条结构有限元建模

这里针对铝锂合金蒙皮-桁条试片件、典型件和模拟段,构建了铝锂合金蒙皮-桁条结构 DLBSW 有限元模型,为后续热源模型的校核,以及焊接过程温度场、应力场和变形的有限元仿真奠定了基础。

其中,飞行器推进舱的蒙皮-桁条结构试片件是由一根桁条和蒙皮组成,详细尺寸如图 8-44 所示;典型件是由三根桁条和蒙皮组成,详细尺寸如图 8-45 所示;模拟段是由七根桁条和一块带曲率的蒙皮组成,详细尺寸如图 8-46 所示。

1. 网格划分

根据实际焊接件的尺寸,这里首先采用三维建模软件构建了铝锂合金蒙皮-桁条结构试

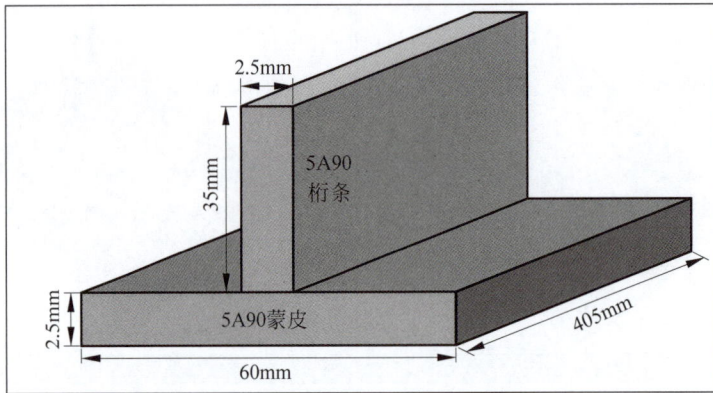

图 8-44　蒙皮-桁条结构推进舱铝锂合金试片件详细尺寸

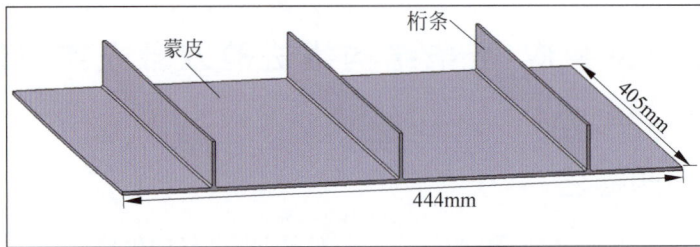

图 8-45　蒙皮-桁条结构推进舱铝锂合金典型件详细尺寸

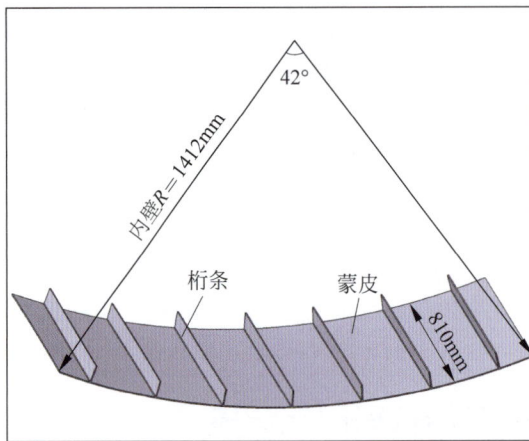

图 8-46　蒙皮-桁条结构推进舱铝锂合金模拟段详细尺寸

片件、典型件和模拟段的三维几何模型,然后利用专业的网格划分软件对铝锂合金蒙皮-桁条结构试片件、典型件和模拟段进行有限元网格划分。在网格划分时,为了平衡结果的精确度和计算效率,在焊缝区域和远离焊缝区域采用不同粗细的网格进行划分。对铝锂合金蒙皮-桁条结构试片件进行有限元网格划分,划分结果如图 8-47 所示。

　　采用相同的方法对蒙皮-桁条结构典型件进行有限元网格划分,蒙皮-桁条结构典型件的网格划分结果如图 8-48 所示。

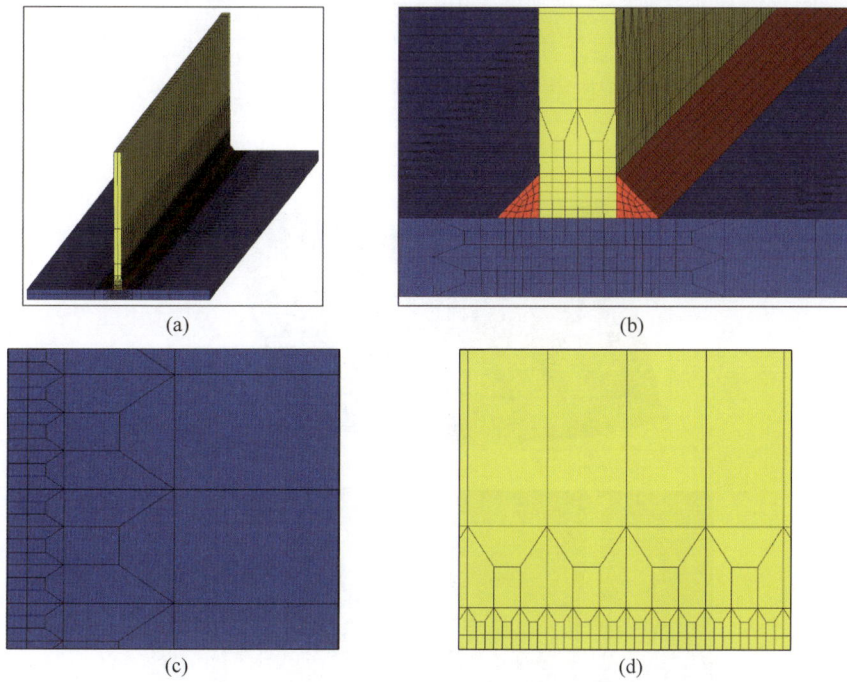

图 8-47　试片件网格模型

（a）整体视图；（b）焊缝网格局部放大图；（c）蒙皮网格；（d）桁条网格

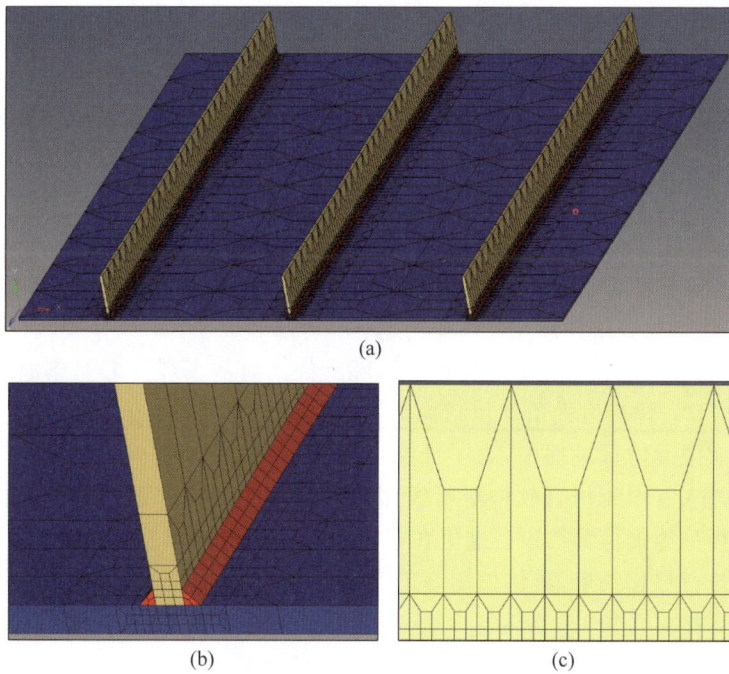

图 8-48　典型件网格模型

（a）整体视图；（b）焊缝网格局部放大图；（c）桁条网格

模拟段网格模型具体划分结果如图 8-49 所示。模拟段包含 7 根桁条,并且模拟段的蒙皮是一个圆弧面,在进行网格划分时难度较大。除此之外,由于模拟段的整体尺寸较大,即使采用 3∶1 的过渡网格划分技术进行划分,网格节点数仍达 20 多万个,网格单元数达 14 多万个。

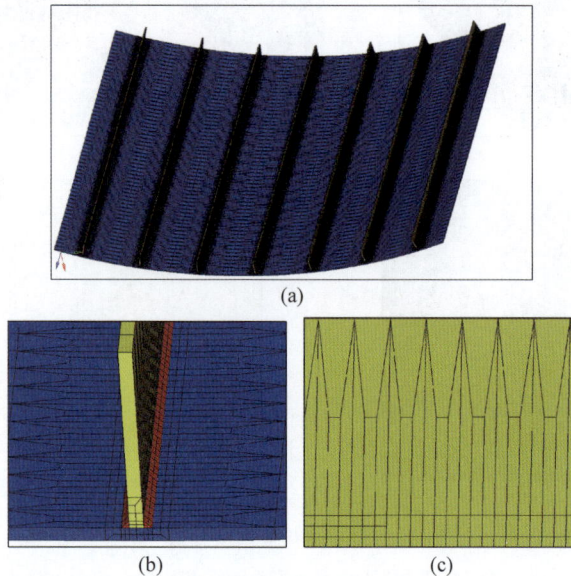

图 8-49　模拟段网格模型
(a) 整体视图;(b) 焊缝网格局部放大图;(c) 桁条网格

2. 材料特性定义

材料的热物理性能参数是开展仿真研究的基础,在开展有限元仿真前,必须在有限元仿真软件内输入的热物理性能参数有杨氏模量、屈服强度、热膨胀、热导率、比热容等。本试验中铝锂合金在低温下的热物理性能参数直接通过试验测试获得,而高温下的热物理性能参数则通过外推法处理获得。详细的 5A90 铝锂合金热物理性能参数如图 8-50 所示,杨氏模量和屈服强度随着温度升高而降低,热膨胀系数和热导率随着温度升高先降低后升高。

3. 初始条件和边界条件设定

初始条件是指焊接开始前焊件所处的环境条件。通常视焊件的初始温度与环境温度一致,即室温 25℃。焊接边界条件包括换热边界条件、位移约束边界条件以及焊接热源的加载。在焊接有限元仿真过程中,为了计算方便,统一把热对流系数和热辐射系数转换为总的换热系数输入有限元仿真软件进行模拟计算。结合试验过程中焊件的真实装夹情况对焊件有限元模型施加位移约束。这里在充分考虑蒙皮-桁条结构件 DLBSW 的特点后,对蒙皮的四个角进行位移约束,具体如图 8-51 所示。因此在焊接过程中,桁条可以通过自由地变形来释放焊接应力。

这里采用 Fortran 语言编写了符合激光焊接的热源模型子程序,加载到有限元模型中进行分析计算。这里加载的热源模型由两部分组成,一部分是面热源模型,另一部分是体热源模型。将面热源和体热源模型进行组合,形成复合热源模型,能很好地实现对激光焊接件的有限元仿真。

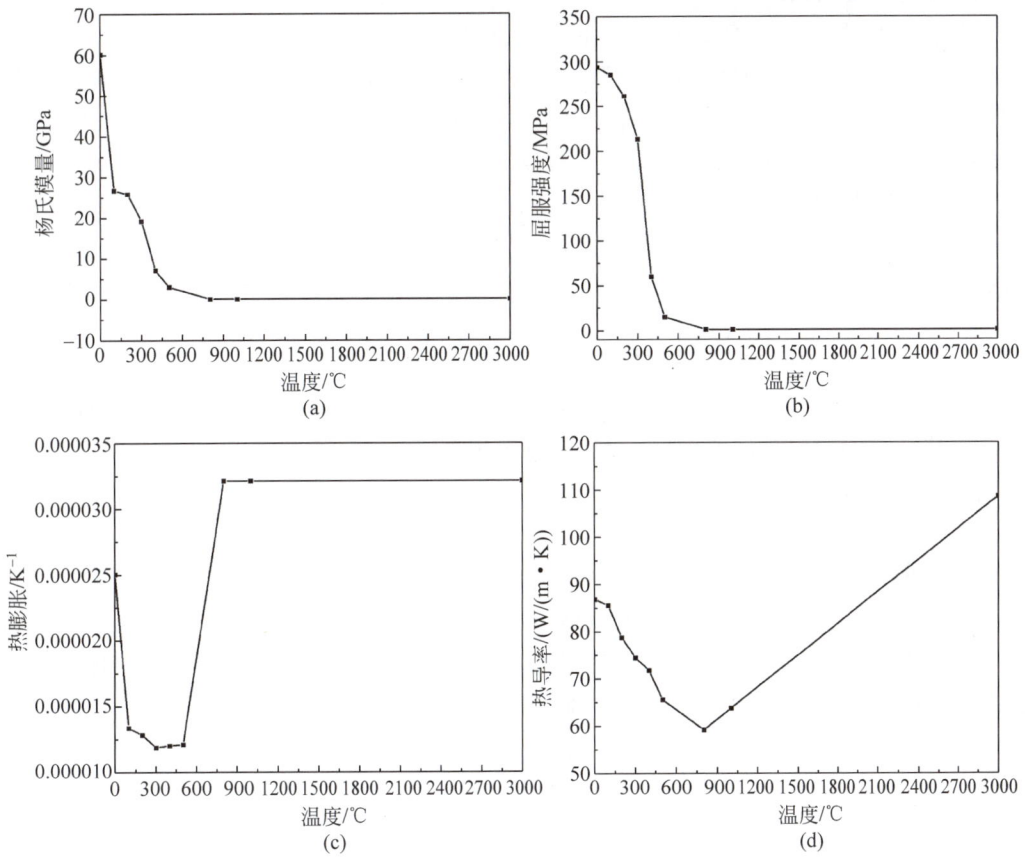

图 8-50　5A90 铝锂合金的热物理性能参数

（a）不同温度下的杨氏模量；（b）不同温度下的屈服强度；（c）不同温度下的热膨胀系数；（d）不同温度下的热导率

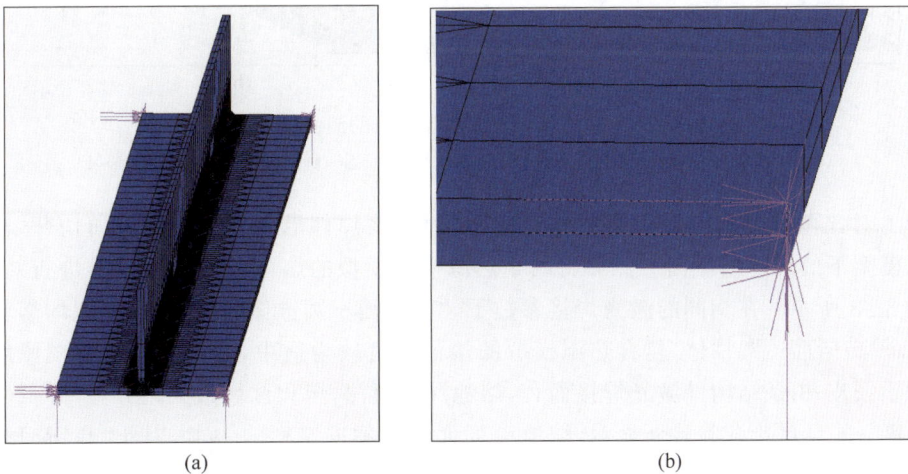

图 8-51　焊件的位移约束

（a）整体视图；（b）局部放大图

4. 载荷工况设定

焊接过程有限元仿真的载荷工况主要分为焊接工况和冷却工况。焊接工况是指把初始条件、边界条件以及热源模型加载到焊接工件上，然后根据焊接速度和焊缝长度设置好焊接时间，从而进行焊接有限元仿真。由于焊接过程中温度场的分布具有瞬时性，因此在选择分析方法时，应选择瞬态分析。

在焊接工况分析结束后，软件自动进入冷却工况分析。冷却工况需取消热源模型的加载，只保留初始条件、换热边界条件和位移约束边界条件。当焊接工件冷却至初始条件设置的环境温度后，计算自动终止，标志着整个焊接过程有限元仿真顺利完成。

8.3.3 蒙皮-桁条结构试片件热机耦合模拟结果

在开展温度场仿真前，首先选择合适的热源模型，调整热源模型参数，并采用实际焊接结果对热源进行校核，提高温度场仿真结果的准确性。

1. 热源模型选择

1) 不同热源模型温度场对比

图 8-52 为"高斯面＋圆锥体"复合热源和"高斯面＋圆柱体"复合热源在不同时刻的温度场模拟结果对比图。可以发现，熔池前方的等温线较为密集，后方的等温线较为稀疏。"高斯面＋圆柱体"复合热源模拟的温度场，其等温线比较平滑。"高斯面＋圆锥体"复合热源模拟的温度场，其等温线比较曲折。除此之外，两种热源模型模拟的温度场形貌相差不大。

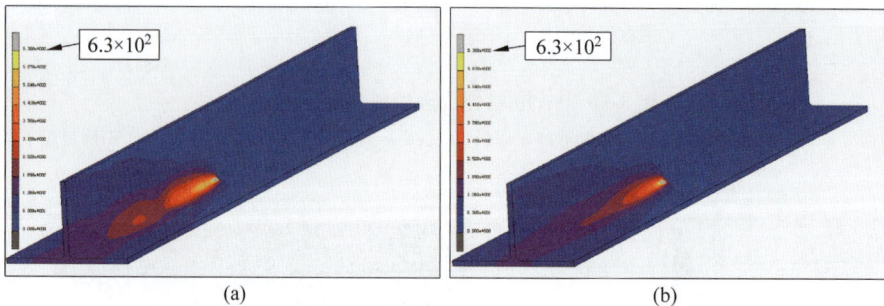

图 8-52 $t=5s$ 时两种热源模型对应的温度场模拟结果

(a)"高斯面＋圆锥体"复合热源模拟结果；(b)"高斯面＋圆柱体"复合热源模拟结果

为了对比两种复合热源模拟的焊缝熔池形貌，将焊件沿垂直于焊接方向切开，截取不同热源模型下的焊缝横截面。然后将两个热源模型模拟的熔池形貌各取一半进行对比，具体如图 8-53 所示。在相同的激光焊接参数下，"高斯面＋圆锥体"复合热源模拟的熔池深度较深；而"高斯面＋圆柱体"复合热源模拟的熔池深度较为适中，熔深大概为蒙皮厚度的一半。对于蒙皮-桁条结构件激光焊接而言，熔池深度过深，熔化区域过大，会严重降低蒙皮的力学性能；并且焊接试验验证显示，熔池深度大约为蒙皮厚度的一半，因此"高斯面＋圆柱体"复合热源模拟的熔池深度更符合实际的焊接结果。

综合对比两种热源的模拟结果发现，"高斯面＋圆柱体"热源模拟的熔池形貌和温度分布更接近实际的焊接情况。因此，这里选择"高斯面＋圆柱体"热源模型开展后续的焊接有

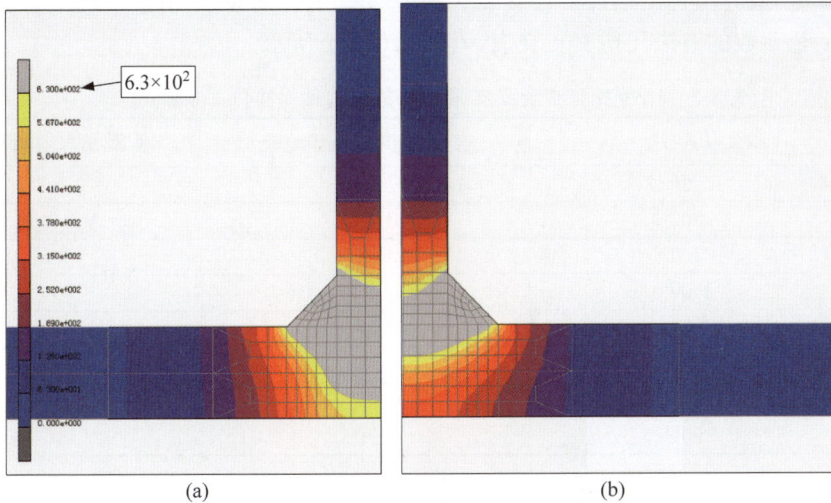

图 8-53 不同热源模拟的熔池形貌对比图

（a）"高斯面＋圆锥体"复合热源模拟的熔池；（b）"高斯面＋圆柱体"复合热源模拟的熔池

限元仿真。

2）热源模型校核

将仿真的激光功率、焊接速度和激光入射角度等工艺参数设置为与对比研究一致的 2500W、35mm/s 和 35°，然后调整热源模型参数，进行焊接有限元仿真。通过热源模型校核，获得了较好的热源模型参数，在该参数下的仿真结果与试验结果对比如图 8-54 所示。试验结果和模拟结果基本一致，说明该热源模型的参数是最优的，此时的热源模型能够较好地模拟蒙皮-桁条结构件 DLBSW 的热效应。

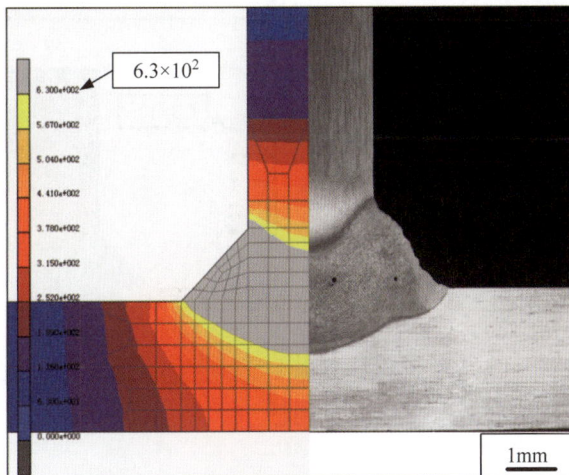

图 8-54 试验结果与模拟结果对比图

2. 温度场模拟结果

在焊接过程中，焊接参数如激光功率、焊接速度、激光入射角度，对温度场、应力场以及焊后变形的影响较大。为了获得高质量的焊接接头，需要对比研究不同焊接工艺参数下焊缝的成形质量,最终筛选出最优的焊接工艺参数。这里针对蒙皮-桁条结构试片件,设计了不同焊接工艺参数的有限元仿真正交表,具体如表 8-2 所示。

表 8-2　5A90 铝锂合金蒙皮-桁条结构试片件焊接仿真参数正交表

编号	激光功率 P/W	焊接速度 $v/(\mathrm{mm/s})$	激光入射角度 α
9	2500	35	35°
10	2500	40	40°
11	2500	45	25°
12	2500	50	30°
13	2900	35	40°
14	2900	40	35°
15	2900	45	30°
16	2900	50	25°

共开展 8 组焊接工艺参数仿真,每组焊接工艺参数下的熔池形貌及温度场仿真结果如图 8-55 所示。

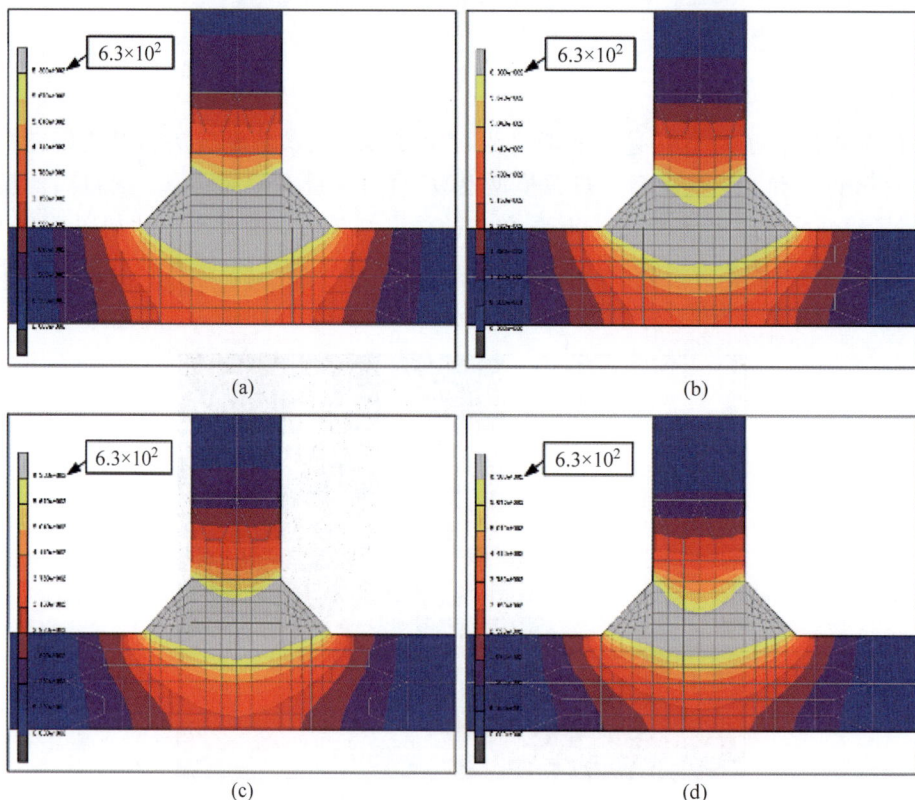

(a)　(b)　(c)　(d)

图 8-55　不同焊接工艺参数下的熔池形貌及温度场仿真结果

(a) $P=2500\mathrm{W}$, $v=35\mathrm{mm/s}$, $\alpha=35°$; (b) $P=2500\mathrm{W}$, $v=40\mathrm{mm/s}$, $\alpha=40°$; (c) $P=2500\mathrm{W}$, $v=45\mathrm{mm/s}$, $\alpha=25°$;

(d) $P=2500\mathrm{W}$, $v=50\mathrm{mm/s}$, $\alpha=30°$; (e) $P=2900\mathrm{W}$, $v=35\mathrm{mm/s}$, $\alpha=40°$; (f) $P=2900\mathrm{W}$, $v=40\mathrm{mm/s}$, $\alpha=35°$;

(g) $P=2900\mathrm{W}$, $v=45\mathrm{mm/s}$, $\alpha=30°$; (h) $P=2900\mathrm{W}$, $v=50\mathrm{mm/s}$, $\alpha=25°$

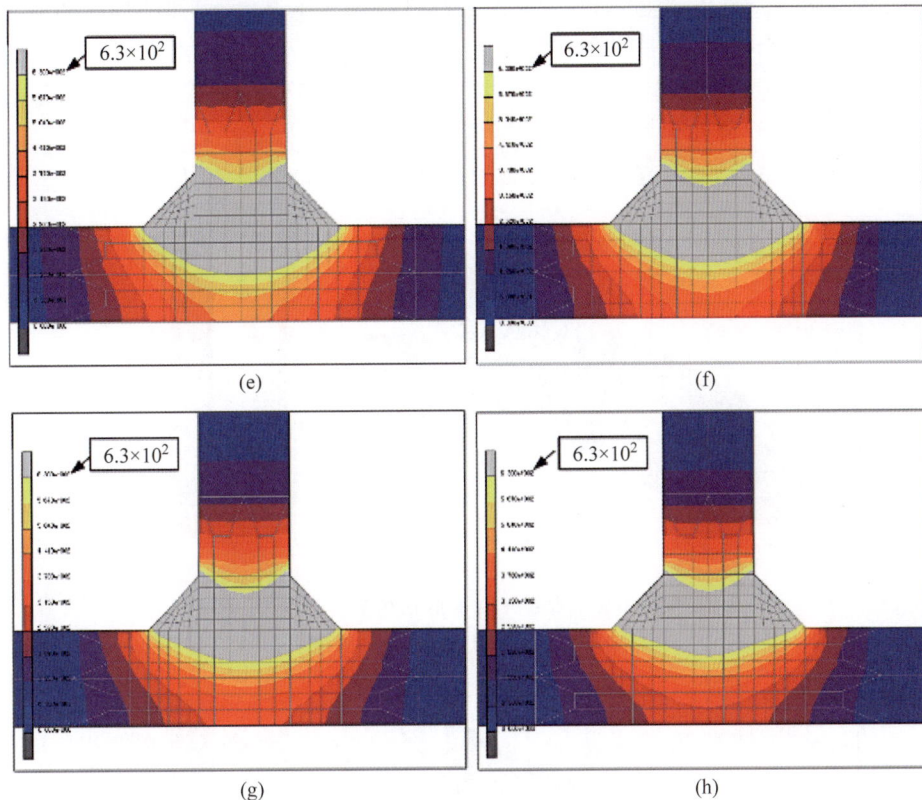

图 8-55 （续）

由图 8-55 可知,当激光功率为 2500W 和 2900W 时,桁条左右两侧的熔池贯通,没有出现未焊透的现象。综合对比上述各焊接工艺参数的温度场仿真结果,并结合实际焊接接头的焊缝形貌,得出最优焊接工艺参数为：激光功率 2500W,焊接速度 35mm/s,激光入射角度 35°。

3. 应力与变形模拟结果

这里在热弹塑性理论的基础上,采用试片件温度场仿真得出的最优焊接工艺参数,开展单桁条结构件的应力变形仿真,并通过试验对仿真结果进行验证。同时,开展单桁条在不同焊接工艺参数下的应力变形仿真。

根据温度场模拟结果可知,当激光功率为 2500W、焊接速度为 35mm/s、激光入射角度为 35°时,仿真的熔池形貌最好,最符合实际焊接结果。因此,这里重点讨论在该焊接工艺参数下,蒙皮-桁条结构试片件的应力仿真结果,并将仿真的残余应力与实际测试的残余应力进行比较,以对应力仿真的结果进行验证。通过有限元仿真,得到该焊接参数下不同时刻的等效 Mises 应力,仿真结果如下。

图 8-56 显示,焊接开始 0.5s 时,应力主要集中分布在熔池周围和装夹的角点处,最大应力值为 97.93MPa,而焊件未焊一端的应力值较小。图 8-57 显示,焊接开始 5s 时,应力主要集中分布在焊缝和装夹的角点处,焊缝处的应力值最大,达到 190.6MPa。图 8-58 显示,焊接开始 11.57s 时,应力仍主要集中分布在焊缝和装夹的角点处,焊缝处的应力值仍然最

大,达到 204.3MPa。图 8-59 显示,当焊接结束焊件冷却至室温后,焊件的焊缝和四个装夹角点处有大量的残余应力,焊缝处的残余应力最大,为 243.9MPa,远离焊缝和装夹角点处的残余应力很小。综合上述应力的演化规律可以看出,随着焊接过程的进行,熔池逐渐向前移动,应力逐渐在焊缝处积累,应力值逐渐增加,应力主要分布在焊缝和装夹角点处;焊接结束焊件冷却至室温后,焊缝和装夹角点处仍分布有大量的残余应力。

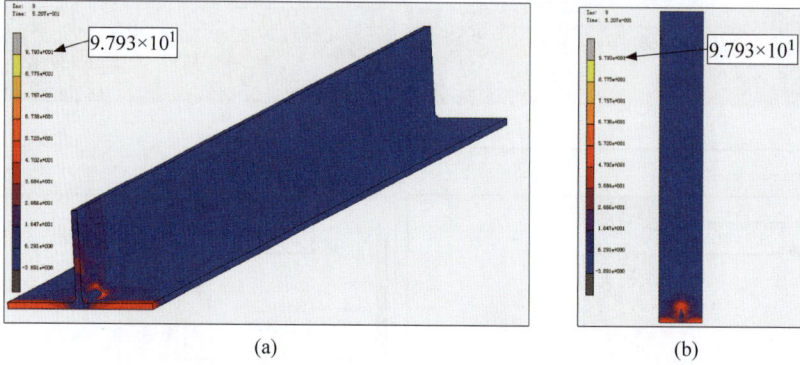

(a)   (b)

图 8-56 焊接开始 0.5s 时的应力分布

(a)试片件侧视图;(b)试片件背面

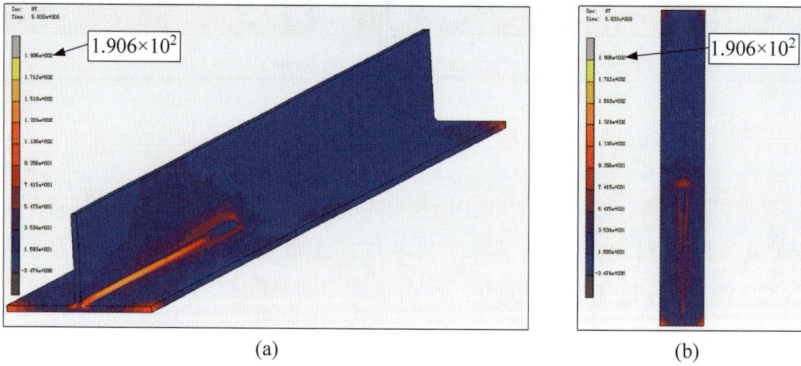

(a)   (b)

图 8-57 焊接开始 5s 时的应力分布

(a)试片件侧视图;(b)试片件背面

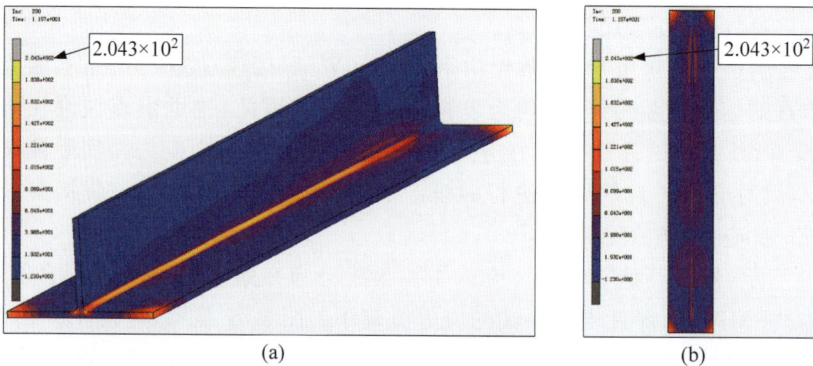

(a)   (b)

图 8-58 焊接开始 11.57s 时的应力分布

(a)试片件侧视图;(b)试片件背面

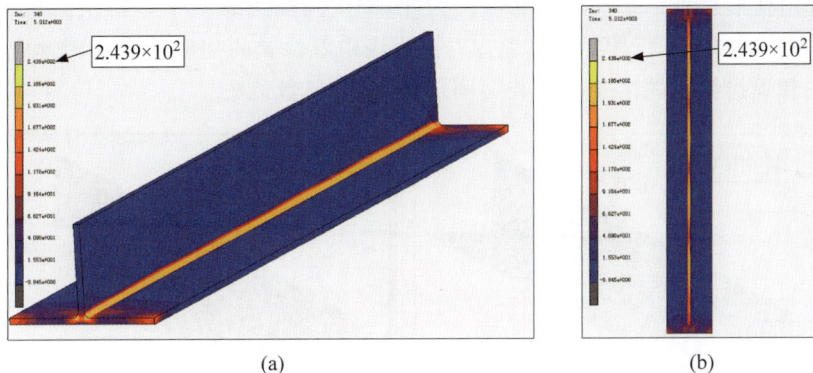

图 8-59　焊接结束焊件冷却后的残余应力分布

(a) 试片件侧视图；(b) 试片件背面

　　为了研究垂直于焊缝截面上不同位置的残余应力，这里提取了焊件中部位置截面上，不同路径的残余应力分布曲线。如图 8-60(a) 所示，路径 1 位于蒙皮的上表面，路径 2 位于蒙皮的背面。图 8-60(b) 显示了路径 1 和路径 2 上不同位置的残余应力值。可以看出，在路径 1 上，桁条中心的残余应力值低于桁条两侧焊缝的残余应力值，桁条两侧焊缝处的残余应力值最高，达到了 222.476MPa，远离焊缝位置的残余应力较低，且整个试片件残余应力的分布大致关于桁条中心线对称。路径 2 显示了蒙皮背面不同位置的残余应力分布，残余应力最高处位于蒙皮中心位置，残余应力值达到了 205.197MPa，蒙皮中心两侧的残余应力值，随着与焊缝距离的增加而逐渐降低。

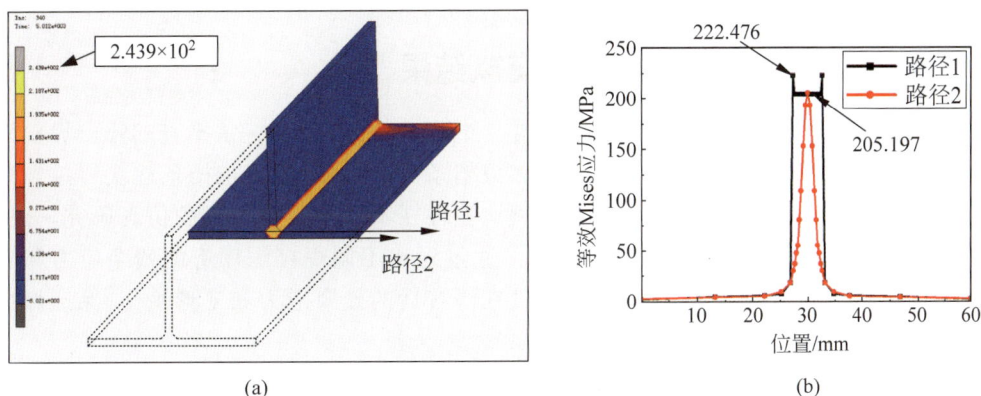

图 8-60　焊件中部不同路径上的残余应力分布

(a) 路径位置示意图；(b) 不同路径上的残余应力分布曲线

　　当激光功率为 2500W、焊接速度为 35mm/s、激光入射角度为 35°时，焊件在不同时刻的变形仿真结果如图 8-61 所示。通过焊接件在不同时刻的变形仿真结果可以看出，焊接开始后，随着熔池的向前移动，焊件的变形量逐渐增大；当焊接结束开始冷却时，由于焊件的温度逐渐降低，焊件的变形开始收缩减小，最后冷却结束时，焊件的最大变形量仅为 0.2426mm。

　　在焊接过程中蒙皮两侧受热产生一定量的热膨胀，由于蒙皮的四个角被装夹固定住，不能通过自由变形来抵消材料的热膨胀。因此,蒙皮两侧边缘由于热膨胀的累积而出现拱曲变形。图 8-61 中的仿真结果显示,蒙皮右侧边缘中部位置的变形量最大,大约为 0.22mm,焊接起始端和焊接终止端由于受到装夹固定作用,变形量最小。

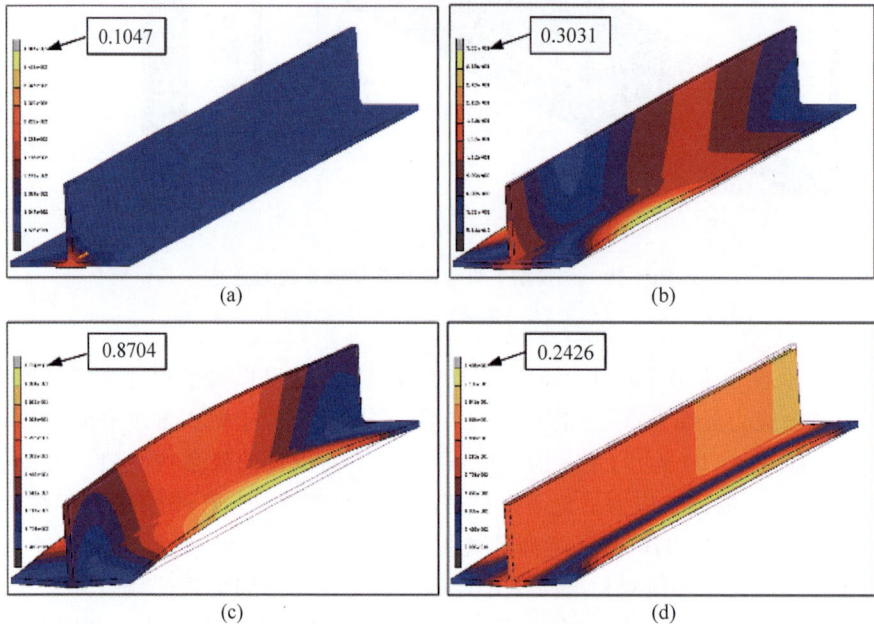

图 8-61 焊接件在不同时刻的变形仿真结果(×10 倍显示)
(a) $t=0.5s$;(b) $t=5s$;(c) $t=11.57s$;(d) 焊接结束冷却后

8.3.4 典型件结构热机耦合模拟结果

根据飞行器的设计要求,蒙皮-桁条结构典型件是由三根桁条和一块平直的蒙皮焊接而成。在焊接过程中,由于设备受限,无法做到多根桁条同时焊接,需要把桁条逐次焊接到蒙皮上。因此,这里利用有限元仿真的手段,开展典型件在不同焊接顺序下的仿真研究,分析典型件在不同焊接顺序下的应力和变形演化。通过对比不同焊接顺序下的残余应力和变形大小,筛选出最优的焊接顺序,使焊接结构件在焊接后的残余应力和变形最小,保证焊接结构件在服役过程中的安全可靠性。

1. 不同焊接顺序对残余应力影响结果

初步设定了四种焊接顺序开展仿真研究。第一种焊接顺序为同向顺序焊接,第二种焊接顺序为首尾相连焊接,第三种焊接顺序为外侧对称焊接,第四种焊接顺序为中心对称焊接。这四种焊接顺序对应的示意图如图 8-62 所示。

采用单桁条仿真和试验验证的最优工艺参数(激光功率为 2500W,焊接速度为 35mm/s,激光入射角度为 35°)开展典型件在不同焊接顺序下的应力场和变形的仿真。通过仿真结果筛选出典型件的最优焊接顺序,为七桁条模拟段的焊接顺序优化奠定基础。

在焊接结束后的冷却过程中,随着温度的逐渐降低,材料会发生进一步的变形。由于不同区域的温度不同,其收缩量也会有差异,收缩不一致又会导致应力的改变。因此,只有分析焊接件冷却后的最终残余应力值及其分布情况是否符合要求,才能判断该焊接件是否

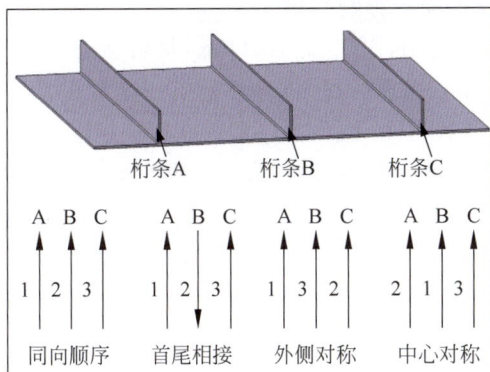

图 8-62　典型件不同焊接顺序示意图

可以被安全使用。对于具有三根桁条的典型件而言,不同焊接顺序下其最终残余应力的大小和分布也不同,典型件在上述四种不同焊接顺序下的最终残余应力对比结果如图 8-63 所示。四种不同焊接顺序下的残余应力都主要集中分布在桁条两侧的焊缝处。典型件在第一种焊接顺序下的最终残余应力为 236MPa,在第二种焊接顺序下的最终残余应力为 236.4MPa,在第三种焊接顺序下的最终残余应力为 234.8MPa,在第四种焊接顺序下的最终残余应力为 237.1MPa。对比结果显示,典型件采用第三种焊接顺序,即外侧对称焊接时的残余应力最小。

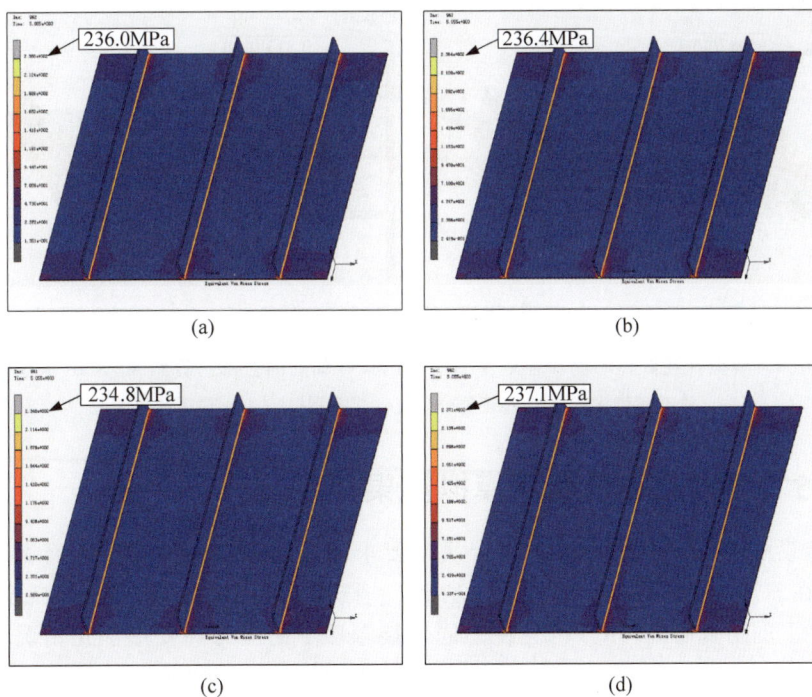

图 8-63　四种不同焊接顺序下的焊件残余应力仿真结果
(a) 焊接顺序 1；(b) 焊接顺序 2；(c) 焊接顺序 3；(d) 焊接顺序 4

MSC.Marc有限元分析及其激光焊接过程实现

2. 不同焊接顺序对焊接变形影响结果

在焊接结束后的冷却过程中，由于温度的降低，材料会逐渐收缩，焊件的变形量也会随之逐渐减小。但当焊件冷却至室温后，焊件仍然会有一定程度的变形。不同的焊接顺序下该变形量也会有所不同。如图 8-64 展示了典型件在焊接结束冷却后，不同焊接顺序下的变形对比。典型件在焊接冷却后，左右两侧边缘的中间位置发生拱曲变形，桁条位置向下凹陷。由于桁条对结构的强化作用，典型件中间桁条位置的变形较小。在四种焊接顺序中，焊接顺序 3 对应的变形最小，最大变形量为 0.3087mm；焊接顺序 1 对应的变形最大，最大变形量为 0.3183mm。最终焊接变形由大到小的顺序为：焊接顺序 1＞焊接顺序 2＞焊接顺序 4＞焊接顺序 3。综上所述，典型件采用外侧对称焊接，即先焊接外侧的桁条，最后焊接中间的桁条，这样能有效控制焊后变形。

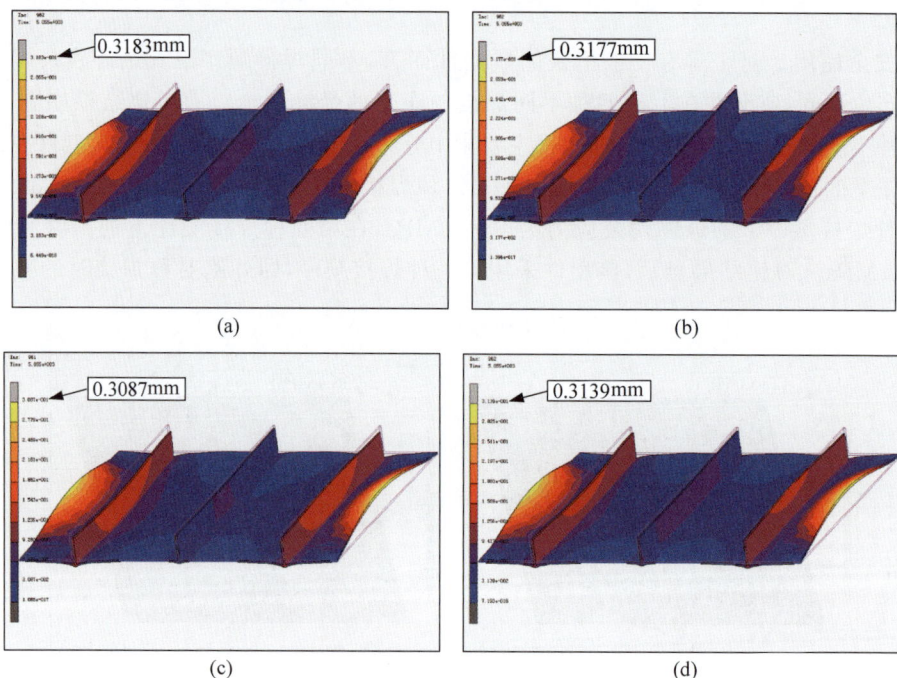

图 8-64　典型件在四种不同焊接顺序下焊接结束冷却后的变形仿真结果（×80 倍显示）

（a）焊接顺序 1；（b）焊接顺序 2；（c）焊接顺序 3；（d）焊接顺序 4

8.3.5　模拟段热机耦合模拟结果

飞行器蒙皮-桁条结构模拟段的焊接质量要求相较于试片件与典型件而言更加严格。因此，这里在前述试片件和典型件的研究基础上，采用有限元仿真的方法，开展模拟段在不同焊接顺序下的仿真研究，并分析其在不同焊接顺序下的应力和变形演化情况，以达到预测其残余应力和变形的目的。最终，获取最优的焊接顺序，保证模拟段在服役过程中的可靠性。

1. 不同焊接顺序对残余应力影响结果

基于典型件焊接顺序优化的仿真结果，开展外侧对称焊接、中心对称焊接以及交叉焊接顺序下模拟段的应力变形仿真研究。外侧对称焊接即先焊接模拟段外部两侧的桁条，依次向中间焊接,最后焊接模拟段中间的桁条,如图 8-65 中的焊接顺序 1 所示。中心对称焊接即先焊接模拟段中间的桁条,然后再依次向外侧焊接模拟段外部两侧的桁条,如图 8-65 中的焊接顺序Ⅱ所示。交叉焊接即桁条之间相互交叉进行焊接,如图 8-65 中的焊接顺序Ⅲ和焊接顺序Ⅳ所示。

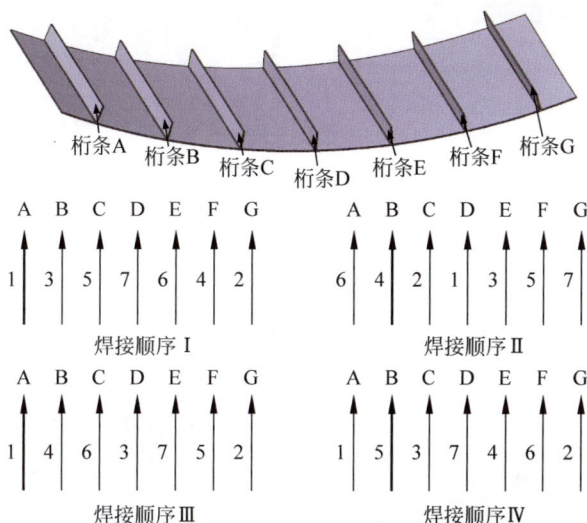

图 8-65　模拟段的四种焊接顺序示意图

通过有限元热机耦合仿真,得到模拟段在焊接结束冷却后的残余应力分布情况。其中,模拟段在第一种焊接顺序下的应力场仿真结果如图 8-66 所示。焊接结束焊件冷却后,焊缝是残余应力的主要集中位置,远离焊缝的蒙皮和桁条上残余应力很小。这是因为焊接时焊缝处金属发生了固液转化,高温时膨胀严重,而冷却后又发生剧烈地收缩。模拟段在第Ⅰ种焊接顺序下,焊接冷却后的最大残余应力为 230.9MPa。

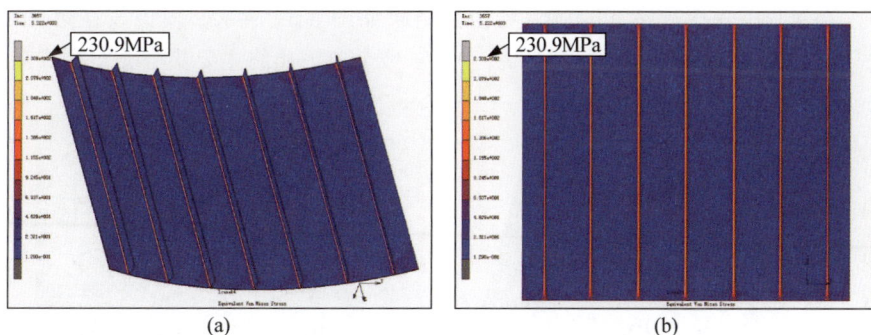

图 8-66　模拟段在第Ⅰ种焊接顺序下的焊后残余应力
(a) 侧视图；(b) 蒙皮背面

模拟段在第Ⅱ种焊接顺序下的应力场仿真结果如图 8-67 所示。模拟段在第Ⅱ种焊接顺序下,其焊接冷却后的最大残余应力为 231.2MPa。残余应力也主要集中分布在焊缝处,远离焊缝的蒙皮和桁条上残余应力很小。

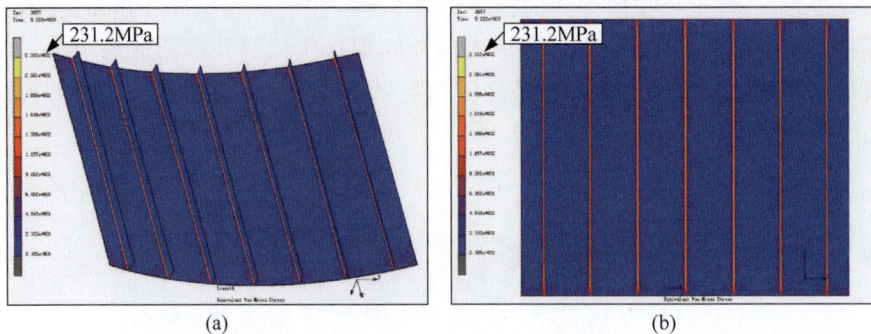

图 8-67　模拟段在第Ⅱ种焊接顺序下的焊后残余应力
(a) 侧视图；(b) 蒙皮背面

模拟段在第Ⅲ种焊接顺序下的应力场仿真结果如图 8-68 所示。模拟段在第Ⅲ种焊接顺序下，其焊接冷却后的最大残余应力为 230.1MPa，残余应力仍主要集中分布在焊缝处。

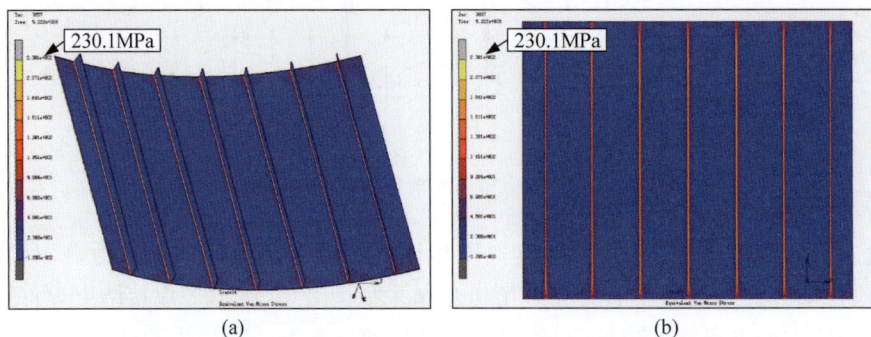

图 8-68　模拟段在第Ⅲ种焊接顺序下的焊后残余应力
(a) 侧视图；(b) 蒙皮背面

模拟段在第Ⅳ种焊接顺序下的应力场仿真结果如图 8-69 所示。模拟段在第Ⅳ种焊接顺序下，其焊接冷却后的最大残余应力为 233.7MPa，残余应力始终主要集中分布在焊缝处。

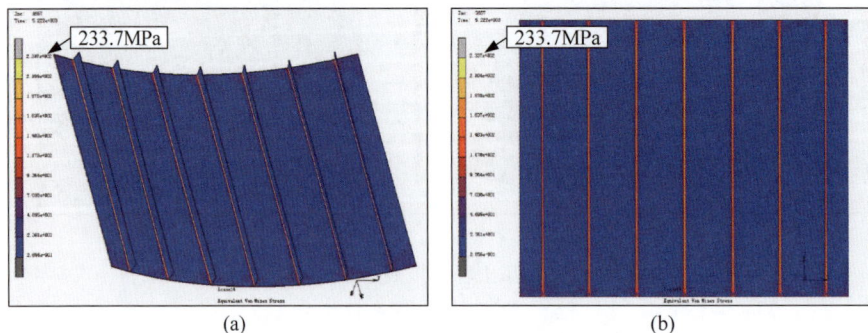

图 8-69　模拟段在第Ⅳ种焊接顺序下的焊后残余应力
(a) 侧视图；(b) 蒙皮背面

对比分析模拟段在上述四种焊接顺序下的焊后最大残余应力发现，采用焊接顺序Ⅲ时的残余应力值最小，为 230.1MPa；采用焊接顺序Ⅳ时的残余应力值最大，为 233.7MPa。

残余应力由大到小的顺序为：焊接顺序Ⅳ＞焊接顺序Ⅱ＞焊接顺序Ⅰ＞焊接顺序Ⅲ。由此可以发现，当采用"1463752"的交叉焊接顺序时，可以有效控制模拟段的焊后残余应力。

2. 不同焊接顺序对焊接变形影响结果

为了分析焊接顺序对模拟段焊后变形的影响，本节截取了不同焊接顺序下模拟段在 xyz 三个方向及整体的变形分布情况。其中，在第Ⅰ种焊接顺序下，模拟段的焊后变形分布情况如图 8-70 所示。在该焊接顺序下，模拟段在 x 方向的最大变形量为 0.1406mm，在 y 方向的最大变形量为 0.6816mm，在 z 方向的最大变形量为 0.07262mm。由此可以看出，模拟段在 y 方向上的变形最大，在 z 方向上的变形最小。模拟段的整体变形显示，最大变形位于模拟段两侧边缘的中间位置，该位置发生了向上的拱曲变形，最大变形量为 1.967mm。模拟段中间区域由于多根桁条的加强作用，结构刚度大，焊后变形较小。

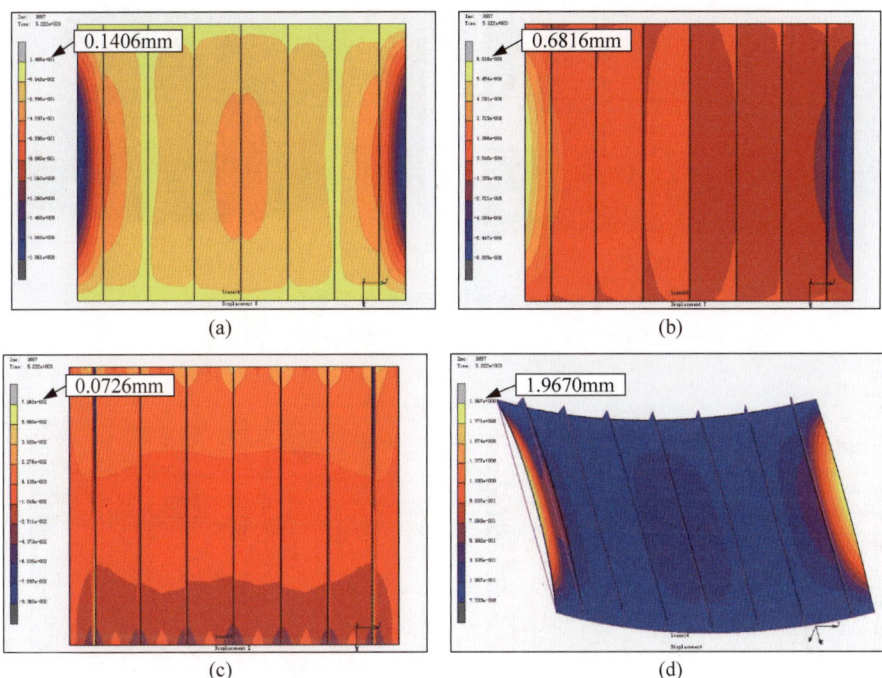

图 8-70 模拟段采用焊接顺序Ⅰ时的焊后变形（×20 倍显示）
（a）x 轴向变形；（b）y 轴向变形；（c）z 轴向变形；（d）整体变形

图 8-71 显示，模拟段采用第Ⅱ种焊接顺序时，在 x 方向上的最大变形量为 0.1205mm，在 y 方向上的最大变形量为 0.6296mm，在 z 方向上的最大变形量为 0.07471mm。模拟段在 y 方向上的变形仍然最大，在 z 方向上的变形仍然最小。整体变形显示，最大变形仍位于模拟段两侧边缘的中间位置，最大变形量为 1.855mm。模拟段中部由于具有多根桁条加强，焊后变形较小。

图 8-72 显示，模拟段采用第Ⅲ种焊接顺序时，在 x 方向上的最大变形量为 0.1411mm，在 y 方向上的最大变形量为 0.6478mm，在 z 方向上的最大变形量为 0.07216mm。模拟段的整体变形显示，最大变形处始终位于模拟段两侧边缘的中间位置，最大变形量为 1.872mm，模拟段中部的焊后变形始终较小。

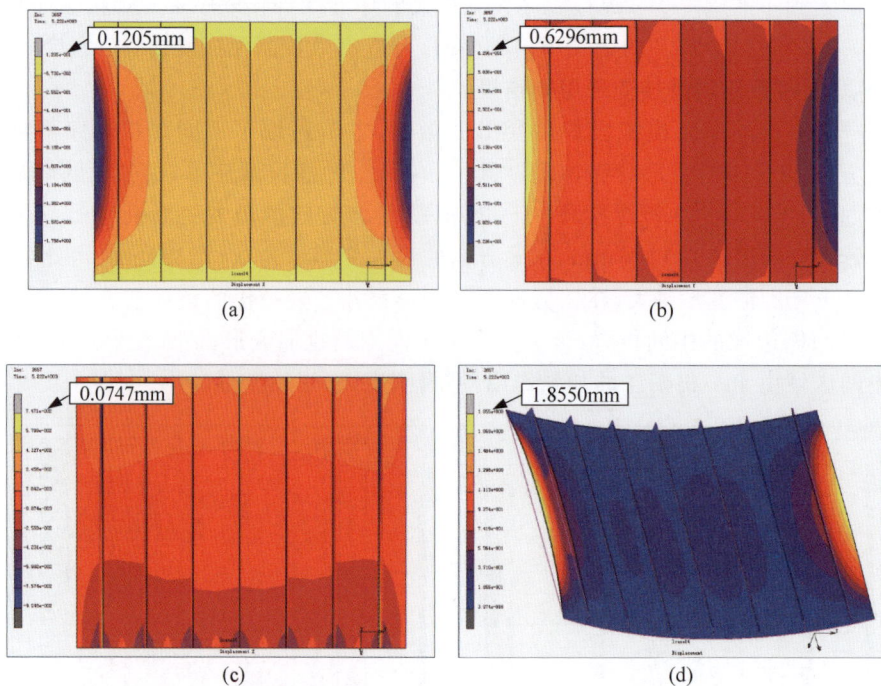

(a)   (b)

(c)   (d)

图 8-71　模拟段采用焊接顺序 Ⅱ 时的焊后变形（×20 倍显示）

（a）x 轴向变形；（b）y 轴向变形；（c）z 轴向变形；（d）整体变形

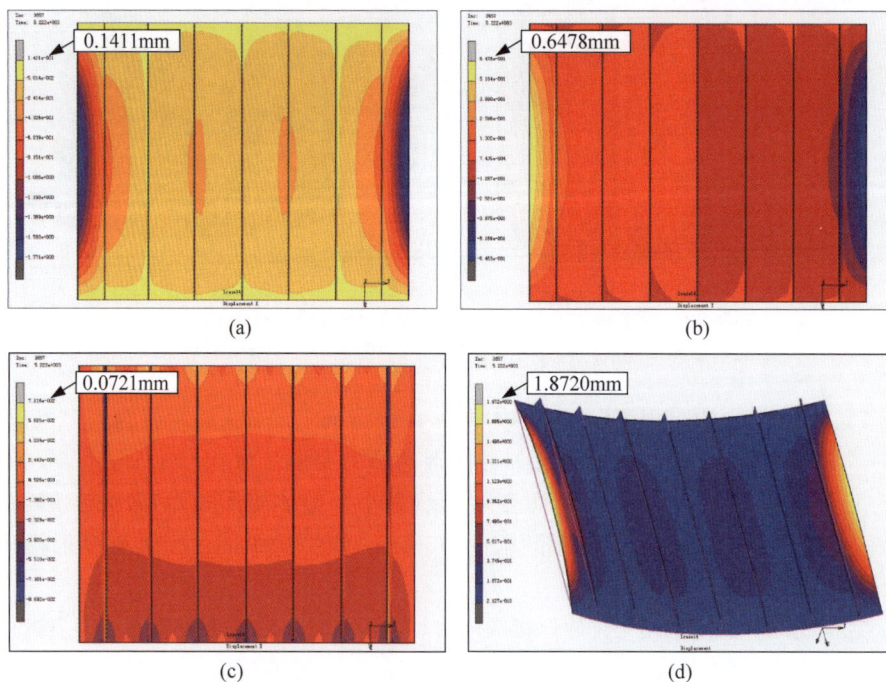

(a)   (b)

(c)   (d)

图 8-72　模拟段采用焊接顺序 Ⅲ 时的焊后变形（×20 倍显示）

（a）x 轴向变形；（b）y 轴向变形；（c）z 轴向变形；（d）整体变形

图 8-73 显示,模拟段采用第Ⅳ种焊接顺序时,在 x 方向上的最大变形量为 0.1541mm,在 Y 方向上的最大变形量为 0.6318mm,在 z 方向上的最大变形量为 0.07192mm。模拟段的整体变形显示,最大拱曲变形量为 1.834mm。模拟段中部由于多根桁条的加强作用,焊后变形仍然较小。综合上述结果,整理了四种焊接顺序下,模拟段在 xyz 三个方向及整体的最大变形量如表 8-3 所示。

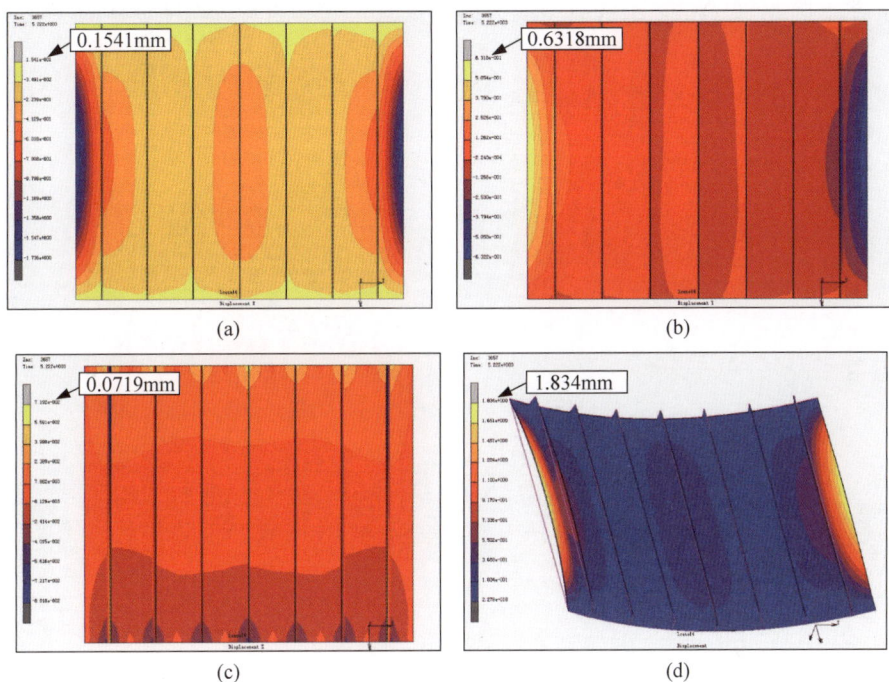

图 8-73　模拟段采用焊接顺序Ⅳ时的焊后变形(×20 倍显示)

(a) x 轴向变形;(b) y 轴向变形;(c) z 轴向变形;(d) 整体变形

表 8-3　模拟段在四种焊接顺序下的焊后变形对比

焊接顺序	x 轴向变形/mm	y 轴向变形/mm	z 轴向变形/mm	整体变形/mm
Ⅰ	0.1406	0.6816	0.07262	1.967
Ⅱ	0.1205	0.6296	0.07471	1.855
Ⅲ	0.1411	0.6478	0.07216	1.872
Ⅳ	0.1541	0.6318	0.07192	1.834

表 8-3 显示,采用第Ⅳ种焊接顺序时,模拟段的整体焊后变形最小,为 1.834mm;采用第Ⅰ种焊接顺序时,模拟段的整体焊后变形最大,为 1.967mm。模拟段焊后整体变形由大到小的顺序是:焊接顺序Ⅰ>焊接顺序Ⅲ>焊接顺序Ⅱ>焊接顺序Ⅳ。由此可以发现,当采用交叉焊接顺序"1537462"时,可以有效地减小模拟段的焊后变形。

8.4　本章小结

本章重点介绍了典型航天多桁条曲面结构激光焊接过程的建模与仿真过程，给出了焊接过程中不同焊接顺序下的温度场和应力应变场分布云图。相信读者通过对本章的学习，能够了解并掌握 MSC. Marc 求解典型航天结构双激光束双侧同步焊接过程的实现方法。

第9章

激光增材制造过程建模与仿真案例分析

9.1 Invar 合金激光熔化沉积过程温度场有限元仿真分析

9.1.1 问题描述

Invar 合金因其具有极低的热膨胀系数而被广泛应用于精密结构和航空复合材料模具的制造,激光熔化沉积(LMD)技术因其独有特性,在形状复杂的 Invar 合金精细结构成形及模具修复方面具有显著优势。这里针对沉积结构的特征化几何模型,结合沉积过程中粉末与激光束的相互作用,构建 Invar 合金 LMD 过程宏观温度场有限元模型。基于 MSC.Marc 平台利用有限元分析的方法对 Invar 合金 LMD 过程中的温度场进行仿真分析。

9.1.2 有限元模型建立

LMD 过程十分复杂,涉及众多工艺参数,如激光功率、离焦量、激光光斑直径、激光扫描速度、送粉率和粉末粒度等。在实际问题的求解过程中,由于动态过程十分复杂,难以完全模拟多方面的因素,在确定不对计算结果造成太大误差的前提下,对建立的 LMD 有限元分析模型作一定的简化,如下所示:

(1) 经典传热理论适用于激光与材料的相互作用;

(2) 材料为各向同性材料,忽略温度对材料密度的影响;

(3) 忽略粉末进入熔池的过程,直接研究粉末进入熔池后的过程;

(4) 忽略外界气体物质对入射激光的输入影响;

(5) 由于激光加热时间极短,忽略熔池内液体的流动对温度场的影响;

(6) 工件的初始温度设置为室温 20℃。

1. 几何模型建立

本例的几何模型是在 Invar 合金基体上进行 LMD 后形成的试样,其主要由平板基体和粉末沉积层两部分组成。基体板材尺寸为 $100mm \times 50mm \times 19mm$,由于通过有限元模拟软件对不同工艺参数下的熔池温度场进行求解是一个计算量比较大的过程,因此为了减小计算量,提高计算效率,本例简化了基体的几何模型,尺寸设置为 $40mm \times 30mm \times 19mm$,如图 9-1 所示。

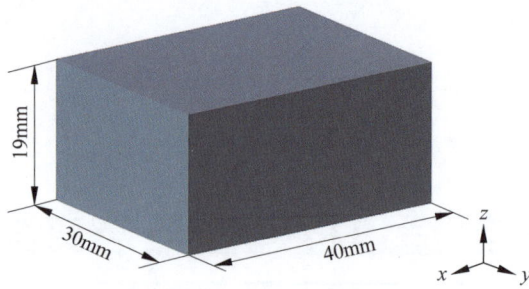

图 9-1 基体几何模型

根据 LMD 过程中的实际情况,本例采用半圆形对沉积层横截面形状进行拟合。沉积层几何模型的尺寸参数包括沉积层宽度和高度,本例中几何模型的建立如图 9-2～图 9-4 所示。

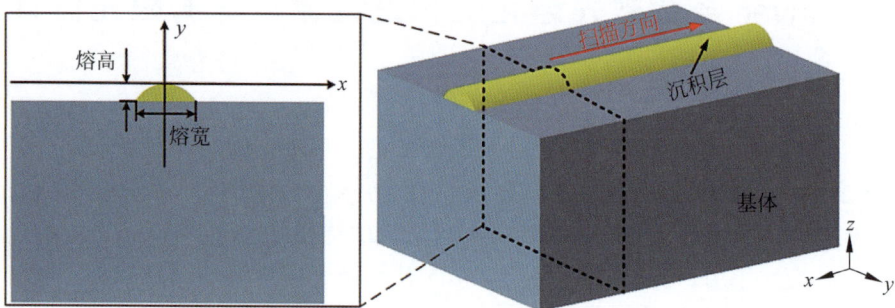

图 9-2 单道单层沉积层几何模型

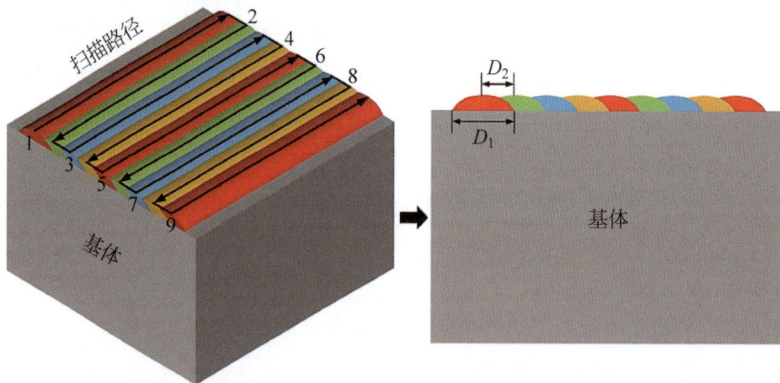

图 9-3 单层多道沉积层几何模型

LMD 过程中,后沉积层对前沉积层有明显的热影响,使得前沉积层发生部分重熔,相邻沉积层之间存在重合区域,该区域的大小可以用搭接系数进行描述,本例中采用的搭接系数为 0.5。

2. 网格划分

对建立的几何模型进行网格划分是生成计算所需节点和单元的必然过程,是有限元分

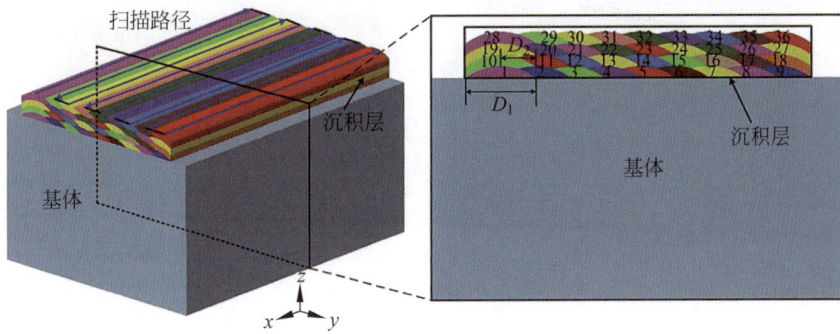

图 9-4　多层多道沉积层几何模型

析过程中十分重要的一个环节。在有限元计算过程中,单元的尺寸和数量在很大程度上决定着有限元计算精度和效率。采用较密的网格可以显著提高计算结果的精确性,但是会大大增加计算量。采用较疏的网格可以显著减少计算量,但是会对计算精度有着不可忽视的影响。因而本书采用疏密结合的网格划分方法对几何模型进行网格划分,以保证计算的效率及精确度。熔覆层采用较密的网格划分,基体采用较疏的网格划分。

在 LMD 过程中,沉积层及附近的区域是发生反应的区域,属于重点研究区域,因此在该区域采用较密的网格划分,其他区域未参加反应或者受影响很小,采用较疏的网格划分。单层单道沉积结构的网格划分结果如图 9-5 所示,最小的网格尺寸为 0.25mm×0.25mm×0.25mm,最大的网格尺寸为 2mm×2mm×2mm。单层多道沉积结构网格划分结果如图 9-6 所示,采用多级过渡的网格划分方法,其中最小的网格尺寸为 0.2mm×0.2mm×0.2mm,最大的网格尺寸为 2.5mm×2.5mm×2.5mm。多层多道沉积结构的网格划分结果如图 9-7 所示,最小的网格尺寸为 0.5mm×0.5mm×0.5mm,最大的网格尺寸为 5mm×5mm×5mm。

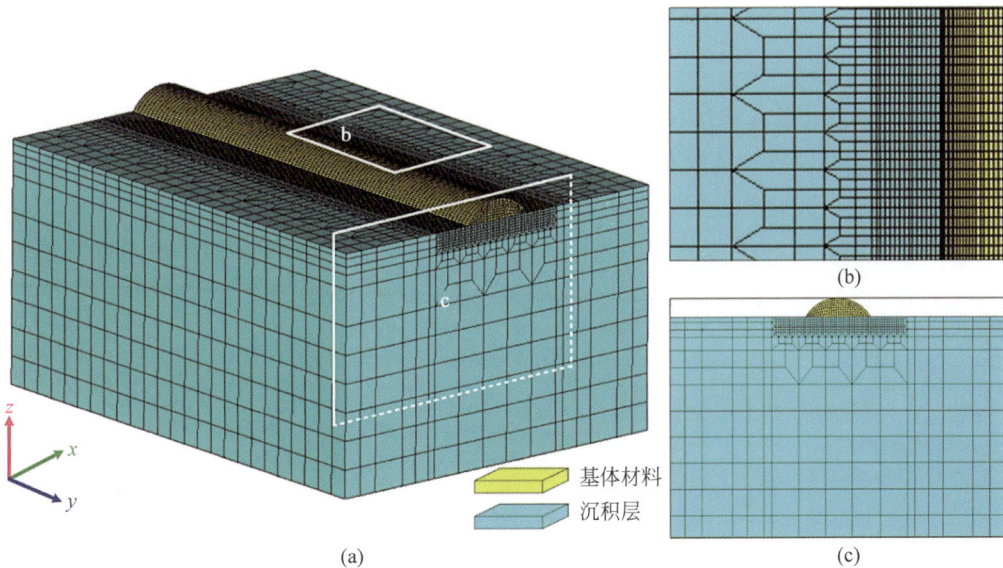

图 9-5　单层单道沉积结构网格划分

(a) 单层单道三维网格划分;(b),(c) 单层单道二维平面网格划分

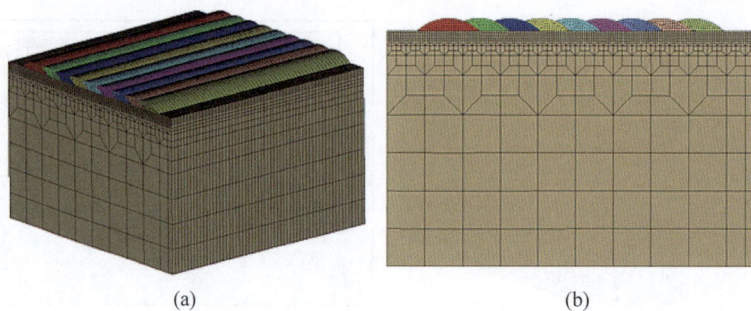

(a)   (b)

图 9-6　单层多道沉积结构网格划分

（a）单层多道整体网格划分；（b）单层多道横截面网格划分

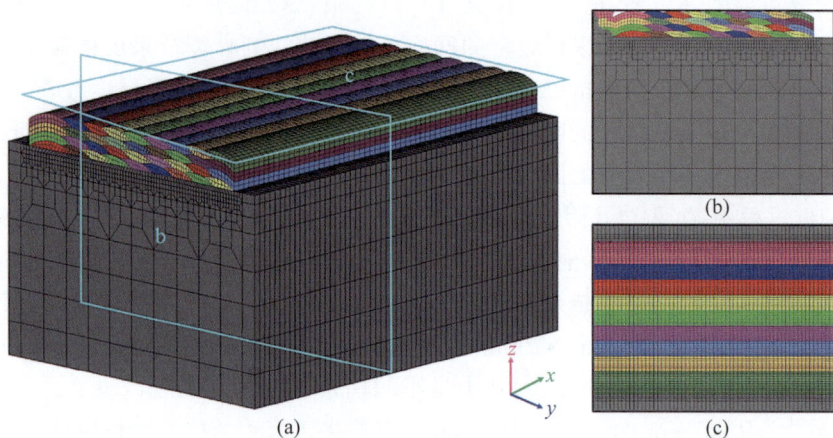

图 9-7　多层多道沉积结构网格划分

（a）多层多道三维网格划分；（b），（c）多层多道二维平面网格划分

3. 材料特性定义

在对 LMD 过程温度场进行计算时，涉及的热物理性能参数包括材料的密度、比热容及热导率等。材料热物理性能参数与温度场结果的计算精度密切相关，合理的材料热物理性能参数是保证有限元计算过程收敛的必要条件。

本例中采用 MSC.Marc 软件的表格功能对材料特性随温度变化的多段线性关系进行定义（图 9-8）。

Table 创建过程命令流如下：

```
TABLE & COORDSYST: TABLES
NEW: 1 INDEPENDENT VARIABLE
NAME:THERMAL              定义热导率
TYPE: temperature        表格主要定义热导率随温度的变化关系
ADD                      输入材料参数
OK
```

本例采用的基体材料与沉积粉末均为 Invar 合金，其密度随温度的变化甚微，可以作为常数处理，而其比热容和热导率随温度变化明显，如图 9-9 为 Invar 合金热物理性能参数随温度的变化曲线。

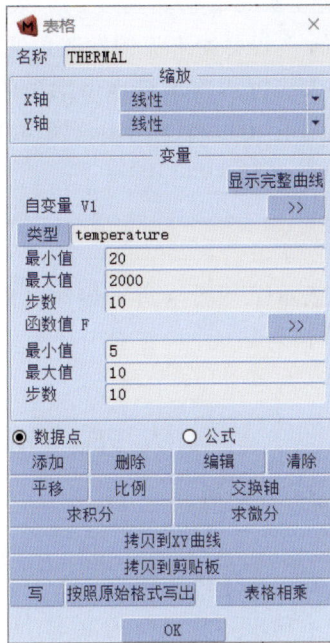

图 9-8 表格定义界面

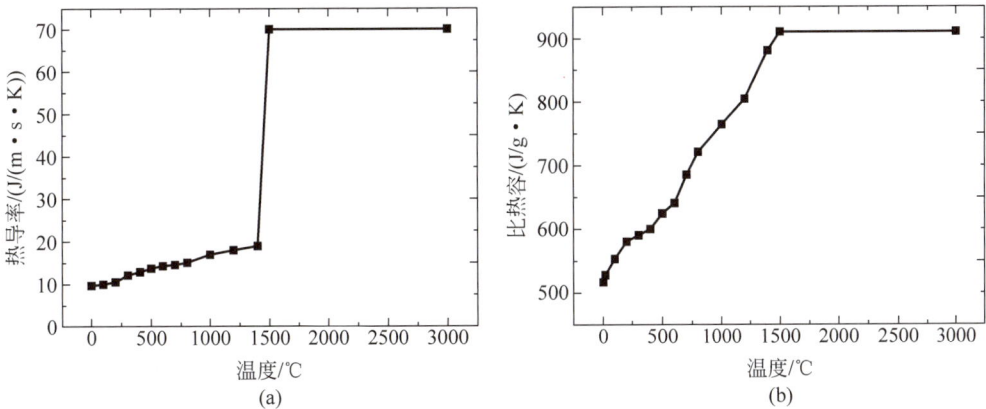

图 9-9 Invar 合金热物理性能参数

（a）Invar 合金热导率；（b）Invar 合金比热容

4. 初始条件定义

在对 LMD 过程温度场进行有限元分析时，初始条件主要是指材料的初始温度分布。LMD 过程中，沉积粉末与基体表层由于激光能量的作用，温度升高并发生固-液转变。在同轴送粉激光熔化沉积过程中，激光束首先与粉末流作用，激光束穿过粉末流到达基体的能量比例为

$$\mu = \exp\left[-\frac{3(1-\alpha)hV_F}{2\pi V_0 r_p \rho_p (r_b^2 + r_b h \tan\theta)}\right] \tag{9-1}$$

其中，α 表示材料对激光的吸收系数；h 表示送粉头与基体表面间的垂直距离；V_F 表示粉

末输送速率；V_0 表示粉末离开送粉头时的初始速度；r_p 表示粉末颗粒的半径；ρ_p 表示材料的密度；r_b 表示送粉头的半径；θ 表示粉末流的发散角度。

本例 LMD 有限元模型主要关注沉积粉末进入熔池后的温度场分布，为了反映粉末进入熔池之前激光与粉末颗粒的相互作用，设置粉末沉积层的初始温度为

$$T(x,y,z,0) = T_b \tag{9-2}$$

基体的初始温度为

$$T(x',y',z',0) = T_a \tag{9-3}$$

其中，T_a 为环境温度。$T_b - T_a$ 表示沉积粉末进入熔池之前的温度增加值，考虑粉末颗粒在与激光相互作用过程中会向外辐射热能，并与周围环境发生热对流而导致能量散失，根据粉末颗粒能量守恒方程：

$$\rho C_p \frac{\partial T}{\partial t} = \frac{3}{4\pi r_p^3}(E - E_R - E_C) \tag{9-4}$$

于是，沉积粉末到达熔池之前的温度增加值：

$$T_b - T_a = \frac{3h}{4\pi r_p^3 \rho_p C_p V_0}(E - E_R - E_C) \tag{9-5}$$

其中，C_p 表示材料比热容；E 表示粉末颗粒吸收的能量；E_R 表示粉末颗粒向外辐射的能量；E_C 表示粉末因对流而损失的能量，其中，

$$E = \pi r_p^2 \alpha \sigma_x \tag{9-6}$$

$$E_R = 4\pi r_p^2 \varepsilon \sigma T^4 \tag{9-7}$$

$$E_C = 4\pi r_p^2 H\left(\frac{T}{2}\right) \tag{9-8}$$

式中，σ_x 表示激光功率密度；ε 表示全发射系数；σ 表示斯特藩-玻尔兹曼（Stefan-Boltzmann）常量；H 表示对流换热系数。

在本例中，初始条件设定如图 9-10 所示，定义命令流如下：

```
MAIN
  INITIAL CONDITIONS
  NEW(THERMAL)
  TEMPERATURE
  ENTER VALUES              勾选此选项
  TEMPERATURE(TOP)    20    设定试件的初始温度为20℃
  NODES
  ADD
    ALL: EXIST
  OK
```

5. 焊接路径及填充金属定义

焊接路径的加载与填充金属路径的加载方式有很多，Msc. Marc 支持的方法包括节点、曲线、矢量和用户自定义路径等方式。本例中采用节点及辅助节点的方式进行焊接路径的设定。其设定如图 9-11 和图 9-12 所示。

6. 沉积粉末生死单元定义

LMD 过程中，沉积粉末从送粉头连续送出并在激光照射下沉积到基体表面形成沉积层，随着送粉头不断向前移动，沉积层逐渐变长。LMD 过程是粉末材料动态沉积到基体并

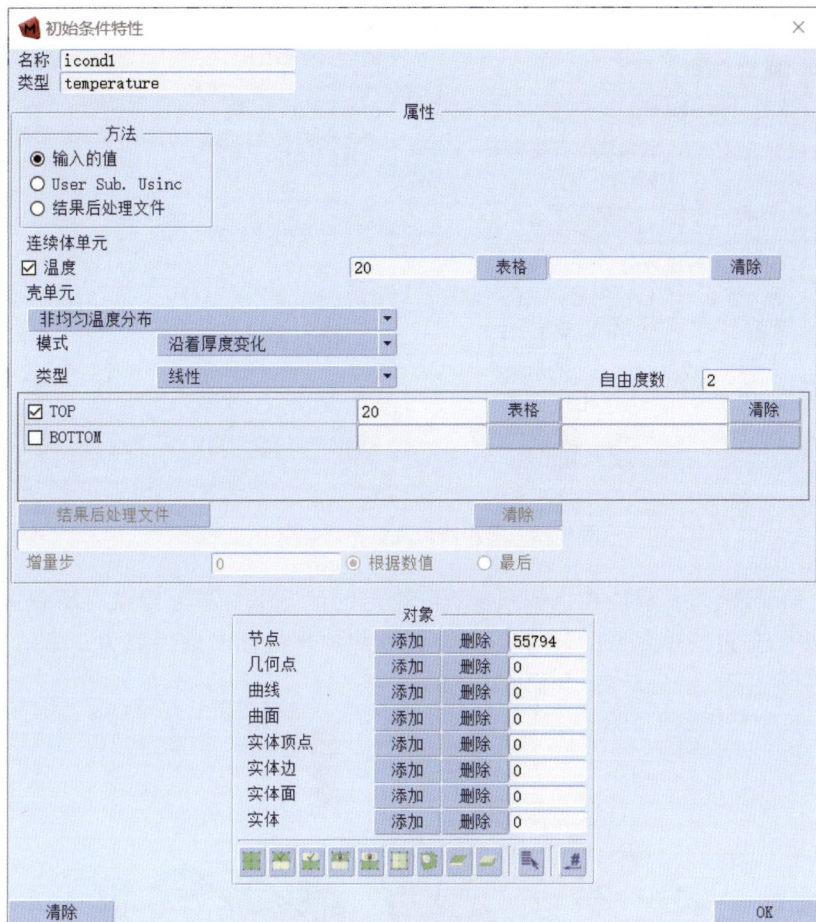

图 9-10　初始条件定义界面

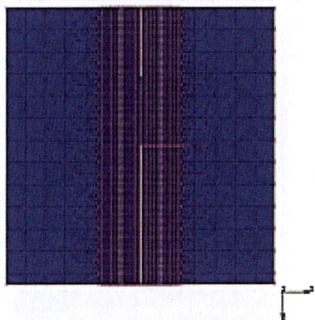

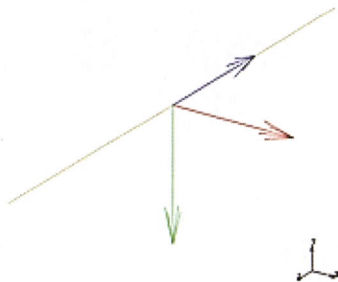

图 9-11　焊接路径的设定

与基体实现冶金结合的过程,在温度场计算过程中考虑材料的动态添加时能够获得更为精确的模拟结果。为了实现沉积层的动态变化过程,这里采用"生死单元"技术对有限元模型进行相应处理。"生死单元"技术将所要实现动态添加单元的初始状态设置为"死",即这些单元在计算的初始状态是被隐藏的,这主要是通过将这些"死"单元的热物理性能参数设置

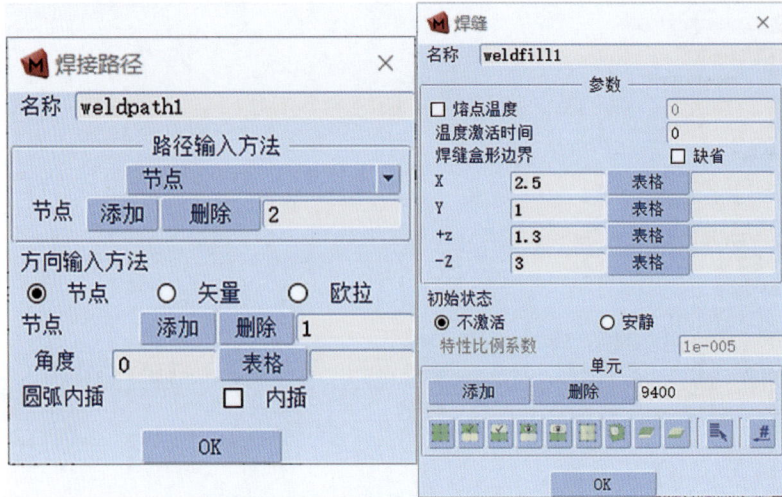

图 9-12　焊接路径及沉积层加载界面

为很小的值而实现,这样就能在保证刚度矩阵稳定的情况下将单元隐藏。随着送粉头的移动,将激光束扫描过的单元激活,即将这些单元的热物理性能参数恢复为正常值,从而实现单元由"死"到"生"的状态转变,如图 9-13 所示。

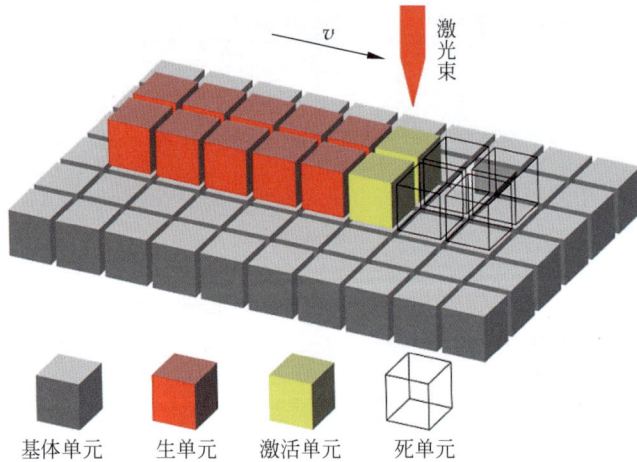

图 9-13　生死单元技术

7. 边界条件定义

1) 传热过程描述

LMD 过程是一个快热快冷的过程,由于激光能量的作用,沉积粉末在下落过程中大部分由固态转变为液态,未熔化的部分温度明显升高。另外,基体表层材料因激光照射吸收能量而发生固-液转变,与沉积粉末共同形成液态熔池。高温熔池及未熔化的基体材料与周围环境由于巨大的温差而进行强烈的热交换,随着激光束向前推移,熔池的位置不断移动,激光束后方的熔池将迅速冷却凝固,LMD 过程中的温度场分布随时间的推移而不断变化。LMD 过程中的传热过程可以用下式描述:

$$\rho C_p \frac{\partial T}{\partial \tau} = \left[\frac{\partial}{\partial x} \left(\lambda_x \frac{\partial T}{\partial x} \right) + \frac{\partial}{\partial y} \left(\lambda_y \frac{\partial T}{\partial y} \right) + \frac{\partial}{\partial z} \left(\lambda_z \frac{\partial T}{\partial z} \right) \right] + \bar{Q} \tag{9-9}$$

式(9-9)是三维非线性瞬态热传导微分方程；$\rho C_p \dfrac{\partial T}{\partial \tau}$ 表示微元升温所需要的热量；$\dfrac{\partial}{\partial x} \left(\lambda_x \dfrac{\partial T}{\partial x} \right)$、$\dfrac{\partial}{\partial y} \left(\lambda_y \dfrac{\partial T}{\partial y} \right)$ 和 $\dfrac{\partial}{\partial z} \left(\lambda_z \dfrac{\partial T}{\partial z} \right)$ 分别表示在 x、y 和 z 方向上输入离散单元体的热量。式中，ρ 表示沉积材料的密度；C_p 表示材料的比热容；λ_x、λ_y 和 λ_z 分别表示材料在 x、y 和 z 方向上的热导率；$\bar{Q}$ 表示激光束提供的热量。对于各向异性材料而言，$\lambda_x \neq \lambda_y \neq \lambda_z$，为了模型的简化，将沉积材料处理为各向同性材料，则 $\lambda_x = \lambda_y = \lambda_z = \lambda$，于是式(9-9)可以重新表述为

$$\rho C_p \frac{\partial T}{\partial \tau} = \left[\frac{\partial}{\partial x} \left(\lambda \frac{\partial T}{\partial x} \right) + \frac{\partial}{\partial y} \left(\lambda \frac{\partial T}{\partial y} \right) + \frac{\partial}{\partial z} \left(\lambda \frac{\partial T}{\partial z} \right) \right] + \bar{Q} \tag{9-10}$$

2）热源模型选取

LMD 过程中的能量是由激光束唯一提供，目前对激光热源的描述主要采用旋转高斯体热源和双椭球热源模型，二者均属于典型的体热源模型，本例中采用双椭球热源模型进行模拟（图 9-14）。

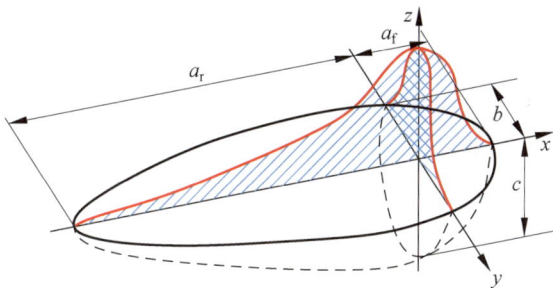

图 9-14 双椭球热源模型热流密度空间分布

LMD 过程中，激光扫描速度较快，熔池形状存在明显的后拖，即熔池前方的体积小于熔池后方的体积，前后并非对称分布。因此，本例选取双椭球热源模型表征激光束的热作用。

3）热边界条件设定

本例中，热边界条件设定包括单元面对流设定以及焊接体积热流设定。单元面对流设定如图 9-15 和图 9-16 所示。焊接体积热流设定如图 9-17 所示。

8. 载荷工况定义

本例中，载荷工况定义包括增材过程的定义以及冷却过程的定义两部分，其定义界面如图 9-18 和图 9-19 所示。

9. 作业定义及提交

定义作业一般需要定义作业类型，作业类型必须与 LOADCASE 的类型保持一致。选择输出的结果，计算和分析 LOADCASE 的维数等。本例中以一个热分析作业的设置为例进行介绍。如图 9-20 和图 9-21 所示。

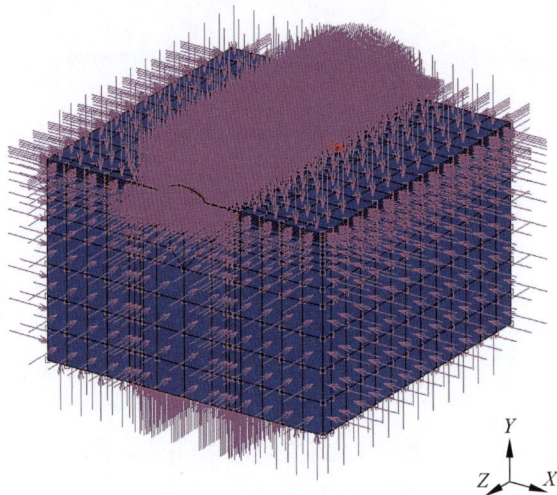

图 9-15　单元面对流设置示意图

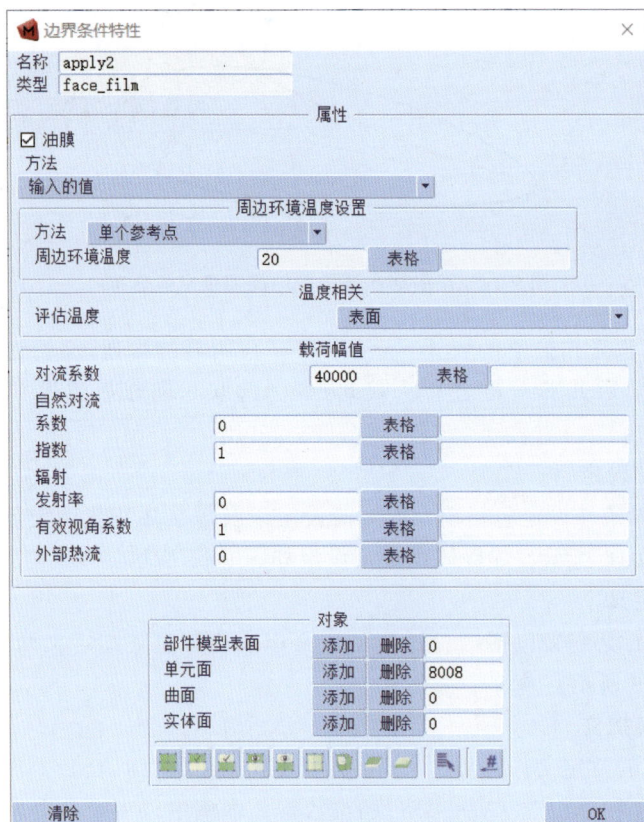

图 9-16　单元面对流设置界面

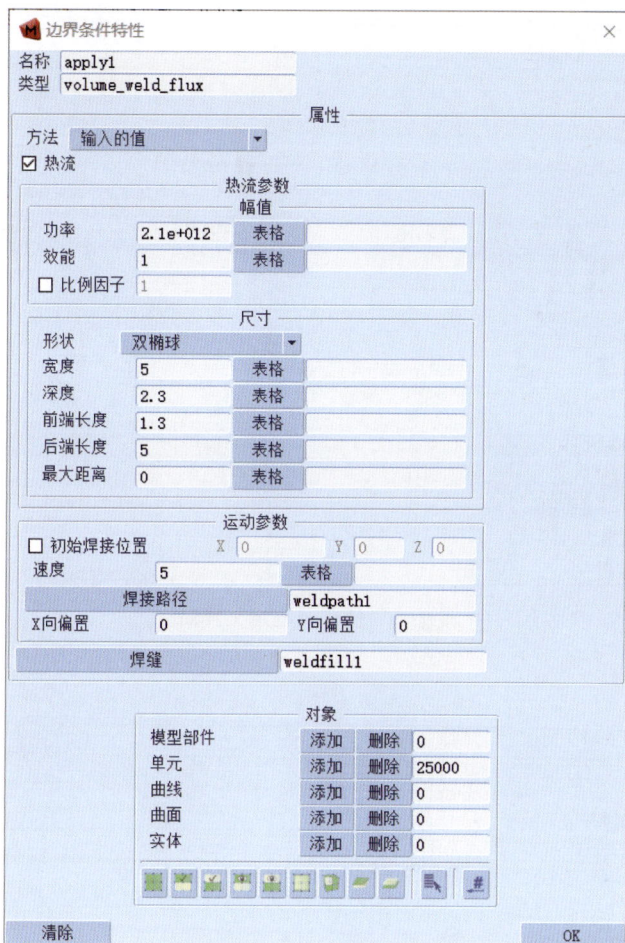

图 9-17 焊接体积热流设置界面

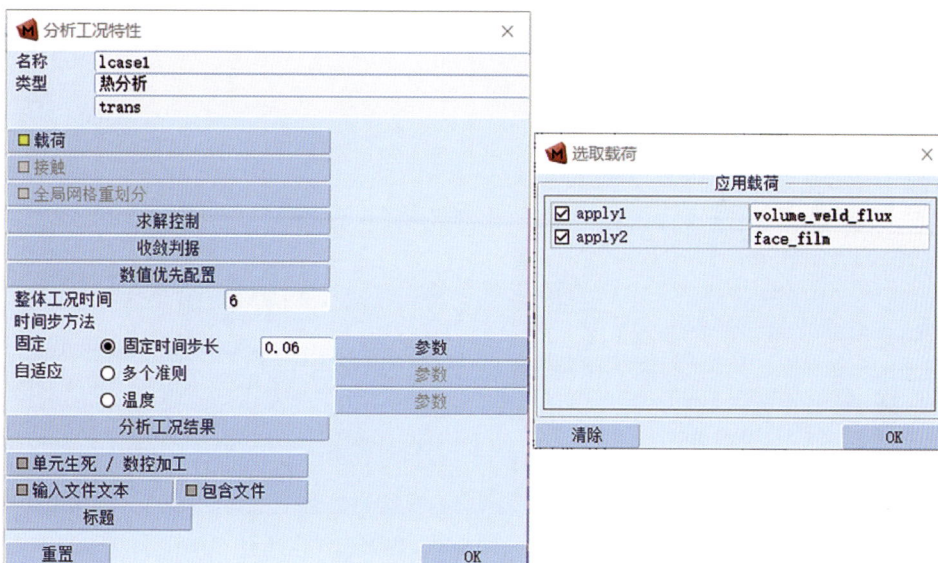

图 9-18 LMD 过程定义界面

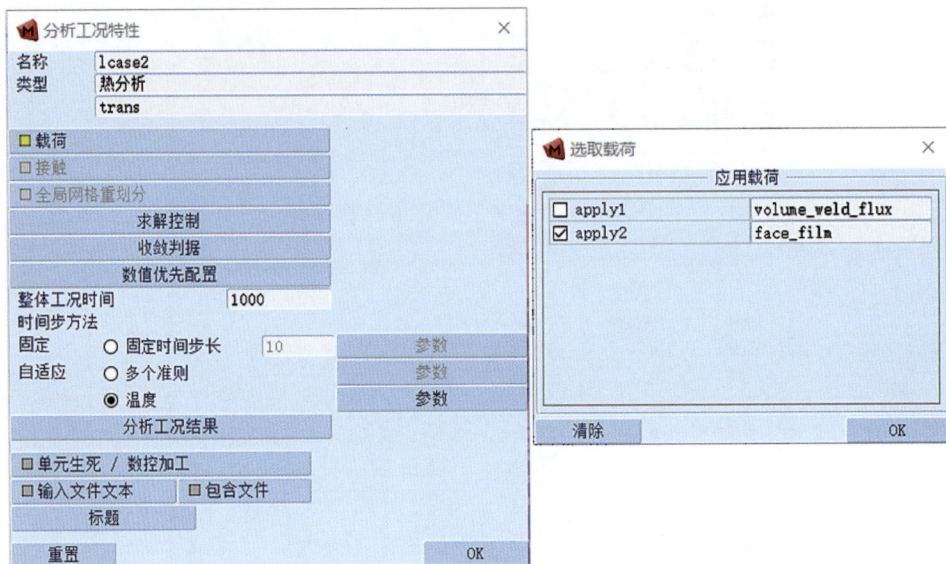

图 9-19　冷却过程定义界面

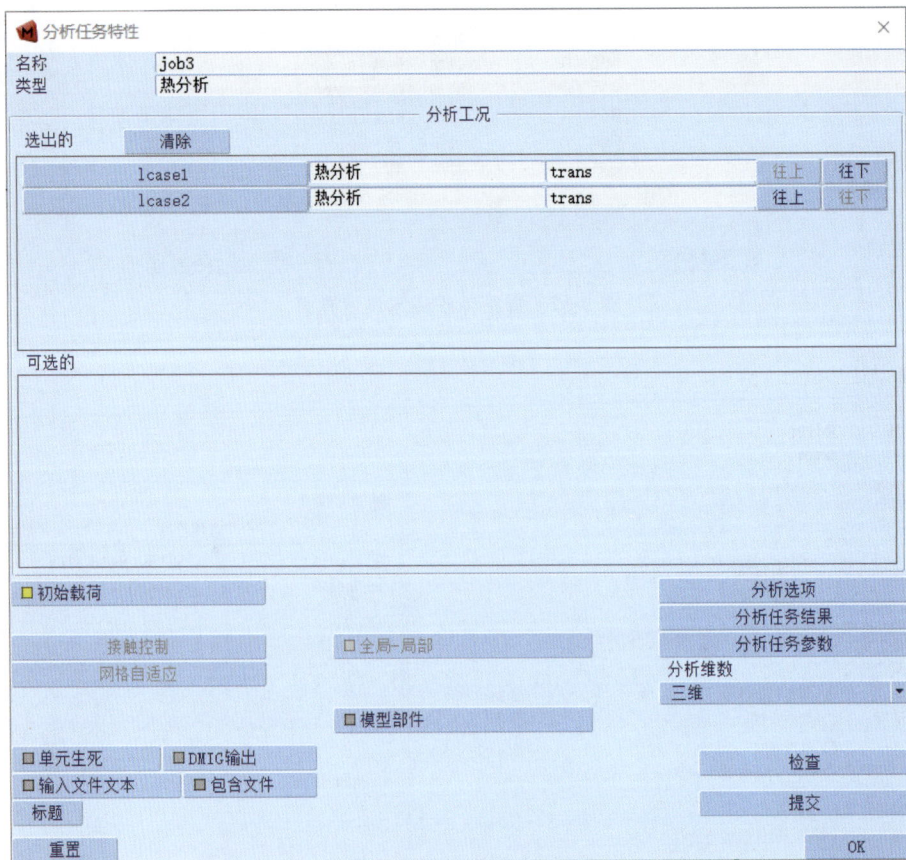

图 9-20　作业定义界面

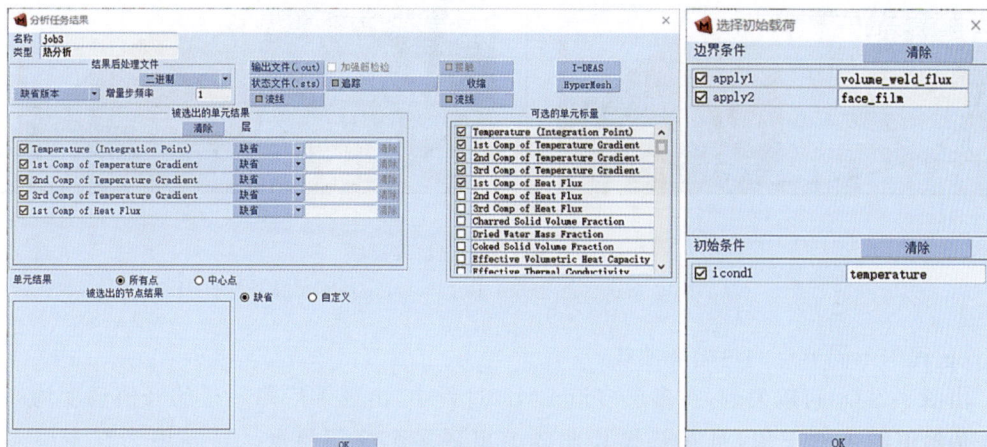

图9-21　分析任务结果及初始载荷加载界面

作业定义及提交的命令流如下：

```
JOBS
   NEW(THERMAL/STRUCTUAL)
   AVAILABLE
   Lcases1
   Lcases2              按照熔覆顺序选择所有的工况
   INITIAL LOADS        选择初始载荷
   ANALYSIS OPTIONS
      PLASTICITY PROCEDURE:
      LARGE STRAIN ADDITIVE
      LUMPEDMASS & CAPACITY
   OK
JOB RESULTS
   Temperature          输出温度场
OK
CHECK                   检查模型
RUN                     提交作业进行运算
```

9.1.3　温度场结果与分析

基于前述所建立的有限元模型，用 MSC.Marc 软件进行有限元模拟分析 LMD 温度场的变化。

1. 温度场校核

为了减小宏观温度场模拟结果的误差，提高与实际熔池中温度场分布的拟合程度，采用实验结果对温度场结果进行校核验证。温度场仿真结果与实验结果的对比如图 9-22 所示。对比可以发现，两组工艺参数下熔池形貌及尺寸的模拟结果均与实验结果吻合良好，该模型能够准确地反映工艺参数对熔池形貌的影响特点。

2. 多层多道 LMD 热循环过程

本例以多层多道 LMD 热循环过程为例，对模拟结果进行分析。

首先，本例探究了多层多道 LMD 过程中不同节点所经历的热过程变化，本例在第一层每一道选择了 9 个节点，具体的节点选择如图 9-23（a）和（b）所示，图 9-23（c）为多层多道

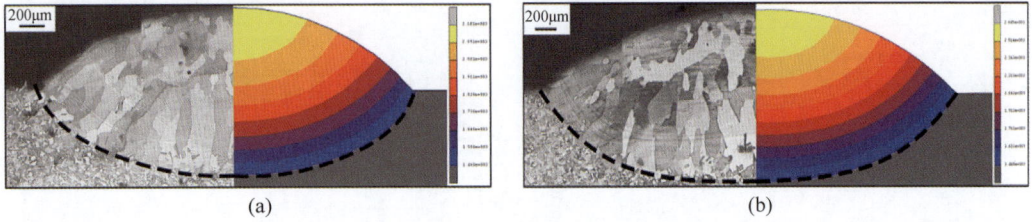

图 9-22　LMD 温度场结果校核

(a) 1700W,5mm/s,0.8g/s；(b) 2100W,5mm/s,0.8g/s

LMD 过程中不同节点的热循环曲线。

　　由图 9-23(c)可以发现,在多层多道 LMD 过程中,出现了后每一道的峰值温度均高于前一道峰值温度的现象,且在热循环曲线上出现多个峰值温度。这是因为在多层多道 LMD 过程中,后一层的熔化沉积会使前一层的沉积层重熔,使得第一层每道沉积层的温度还未完全降到初始温度又继续升温,从而热量不断累积。

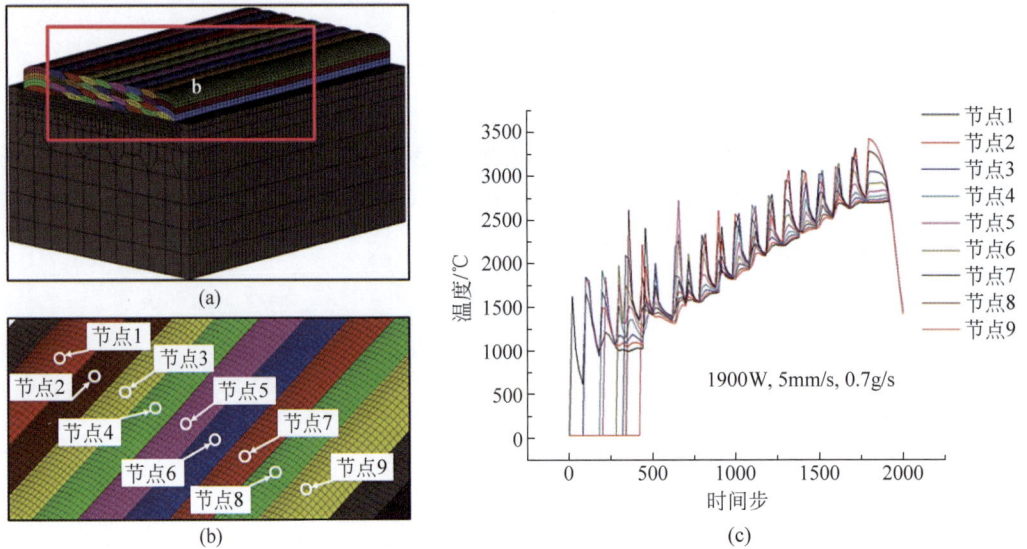

图 9-23　多层多道 LMD 过程不同节点的热循环曲线

　　其次,本例探究了 LMD 过程中单一节点在不同功率下的热循环曲线,如图 9-24(c)所示,节点的选择如图 9-24(a)和(b)所示。

　　由图 9-24(c)可得,随着激光功率的增加,材料的峰值温度增加,这是由于在沉积层长度、道数和层数保持不变的情况下,激光功率的增加意味着热流密度的增加,单位材料吸收的能量增加,导致材料的峰值温度增加。

　　最后,本例探究了不同层之间的热循环过程变化规律,这里选择了同一道不同层在同一水平位置的四个节点,具体的节点选择如图 9-25(a)和(b)所示,四个不同位置节点的热循环曲线如图 9-25(c)所示。

　　从图 9-25(c)看出,对应节点 1、节点 2、节点 3 和节点 4 处的峰值温度分别为 1765.72℃,2633.37℃,2703.3℃和3588.99℃,且每一个节点的热循环曲线上均有多个温度起伏的存在,这是由沉积层不断重熔所产生的热累积导致的。

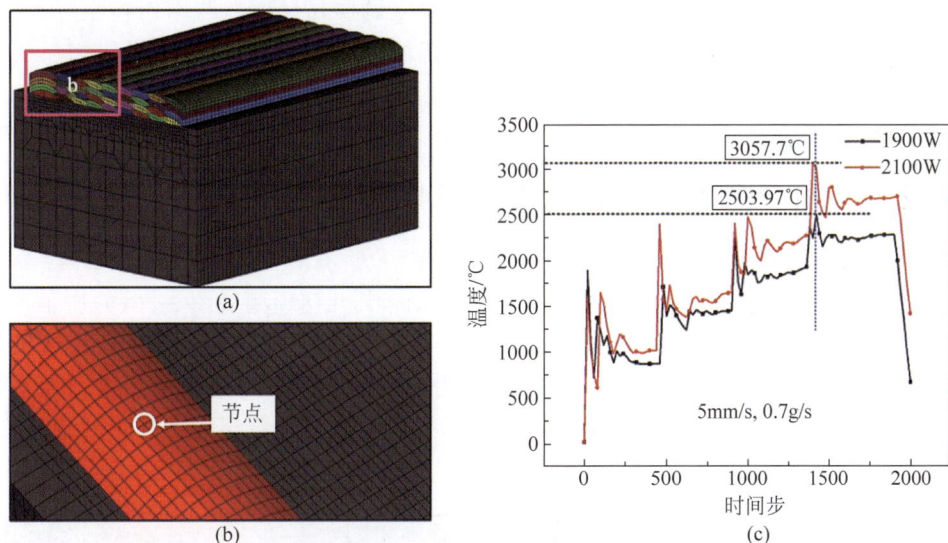

图 9-24 不同激光功率下多层多道 LMD 过程同一节点的热循环曲线

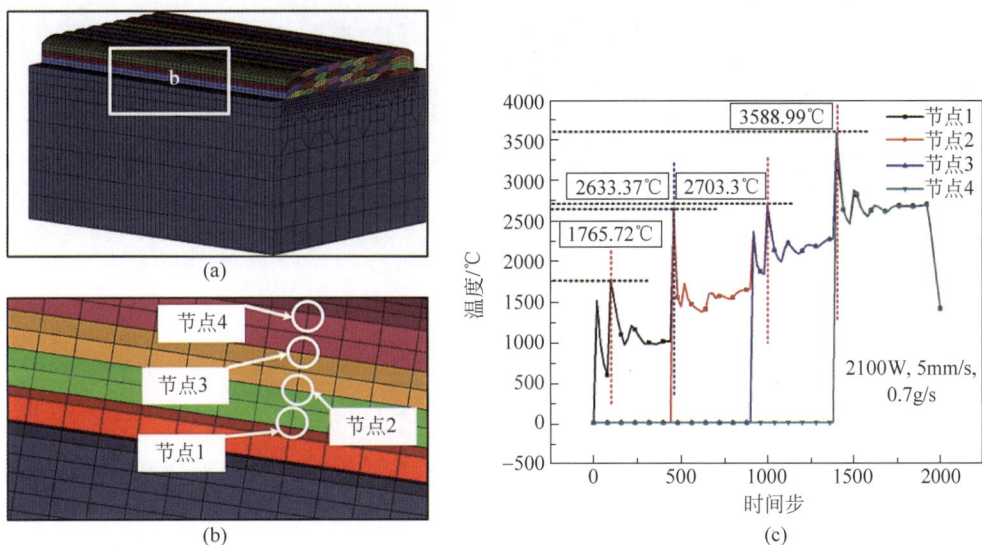

图 9-25 多层多道 LMD 过程不同节点的热循环曲线

9.2 TC4 表面激光熔覆 FeCoCrNi 合金过程温度场有限元仿真分析

9.2.1 问题描述

高熵合金作为一种新型多主元合金材料,因其具有高熵效应、晶格畸变效应、缓慢扩散效应等,能够显著改善材料表面性能,可以有效解决目前飞机襟翼滑轨 TC4 钛合金结构因磨损而失效的问题。本节针对高熵合金激光熔覆过程,建立 FeCoCrNi 高熵合金激光熔覆有限元模型,并对其温度场进行仿真求解。通过建立试样几何模型与网格模型,编写与激光熔覆过程相拟合的激光热源模型子程序,定义基体与熔覆层材料属性,设置初始条件与边界条件,最终得到 TC4 表面激光熔覆高熵合金层的有限元模型,利用有限元模拟软件进行 FeCoCrNi 高熵合金激光熔覆温度场仿真分析。

9.2.2 高熵合金激光熔覆有限元模型建立

1. 几何模型建立

本例基体几何模型尺寸为 $50\text{mm}\times10\text{mm}\times6\text{mm}$,其几何模型如图 9-26(a)所示。除基体结构尺寸之外,熔覆层横截面形貌也是激光熔覆层的重要特征之一。在激光熔覆过程中,液态熔池的表面形状主要受熔池表面张力的控制,因此冷却后的熔覆层横截面主要表现为上凸的近圆弧形或者抛物线形状。本例采用二次曲线对熔覆层横截面形状进行拟合,得到的熔覆层几何模型如图 9-26(b)所示。

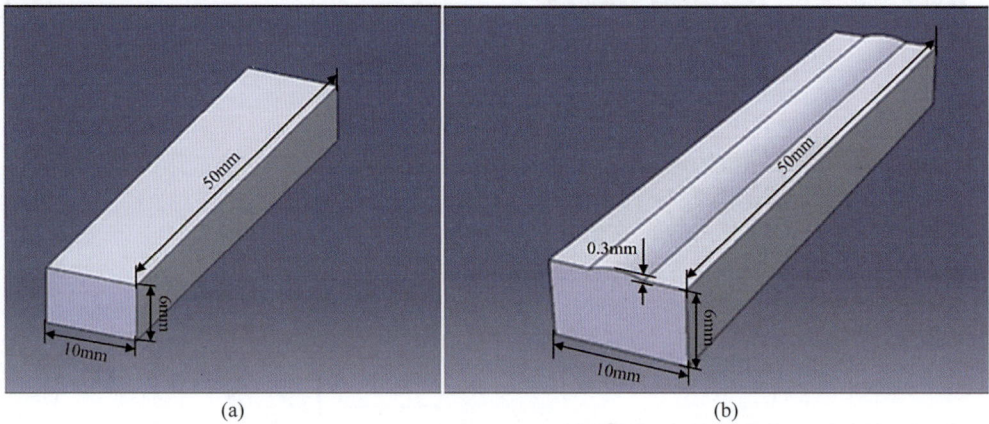

图 9-26 几何模型

(a)基体几何模型;(b)熔覆层几何模型

2. 网格划分

本例在试样内部不同区域进行适配性网格划分,并采用过渡网格划分方法以保证计算准确性的同时兼顾计算效率,熔覆层及其附近区域属于核心研究区域,为了保证此处的计算精度,采用较密的网格对其进行划分。在远离熔覆层的基体上采用较疏的网格进行划分,以满足试样的计算效率。其涉及的过渡网格划分方法如图 9-27 所示。

单道熔覆层结构的网格划分结果如图 9-28 所示,熔覆层及其附近区域网格尺寸较小,为 $0.5\text{mm}\times0.5\text{mm}\times0.2\text{mm}$。远离熔覆层区域网格尺寸较大,为 $1\text{mm}\times1\text{mm}\times1\text{mm}$。对其进行 4:2 网格过渡。

随着激光工艺参数的变化,熔池尺寸也会发生变化,因此不能用上述网格模型对后续不同工艺参数下的温度场进行模拟。所以在后文的计算中需要建立新的模型。基体模型+粉层模型如图 9-29 所示,该模型适用于多种工艺参数下的温度场模拟。

3. 材料特性定义

在激光熔覆过程中,基体表面与预置粉末受激光热作用而熔化,并在熔池内部强烈对

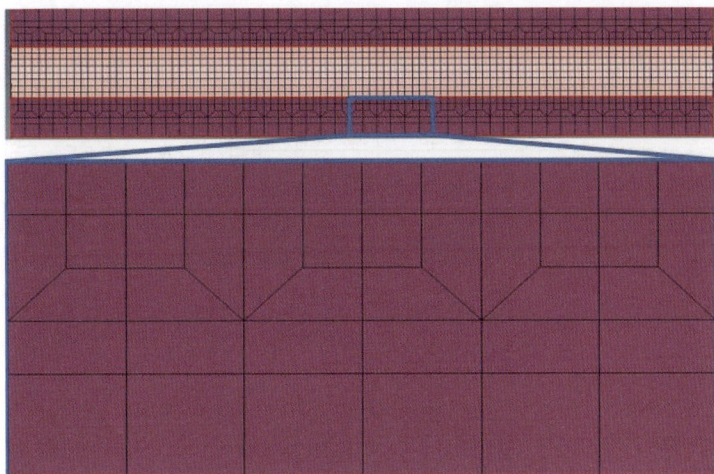

图 9-27　过渡网格划分方法

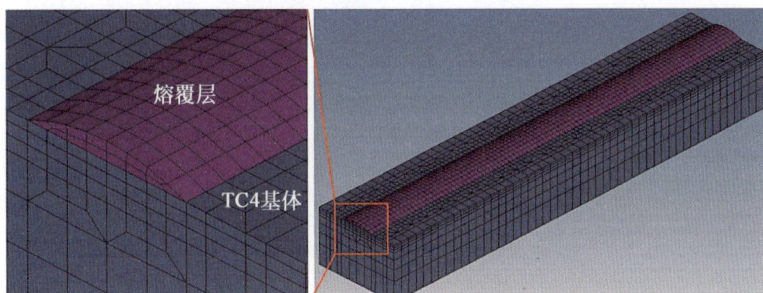

图 9-28　高熵合金熔覆层网格划分结果

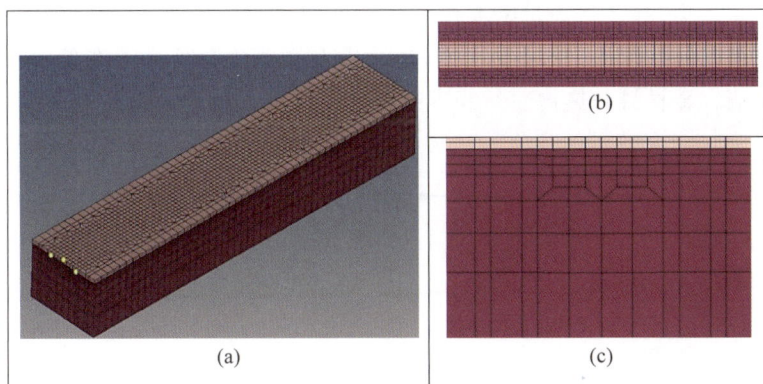

图 9-29　不同工艺参数下的高熵合金激光熔覆试样网格模型

（a）熔覆式样网格模型；（b）熔覆式样网格模型俯视图；（c）熔覆式样网格模型主视图

流作用下发生混合,进而凝固形成熔覆层,其具体成分很难界定。为了简化计算,本例中假设熔覆层材料与粉末材料具有相同的热物性参数。

本例中采用 MSC. Marc 软件的表格功能对材料特性随温度变化的多段线性关系进行定义。表格定义界面如图 9-30 所示。

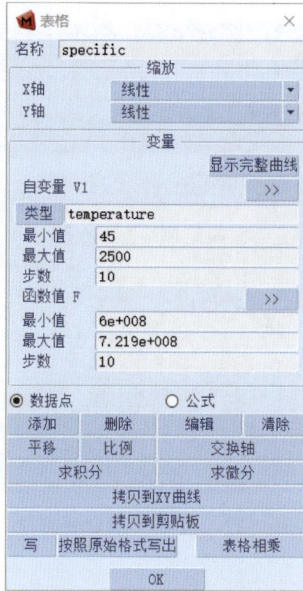

图 9-30 表格定义界面

Table 创建过程命令流如下：

```
TABLE & COORDSYST: TABLES
NEW: 1 INDEPENDENT VARIABLE
NAME:THERMAL              定义导热系数
TYPE: temperature        表格主要定义导热系数随温度的变化关系
ADD                      输入材料参数
OK
```

本例采用的基体材料为 TC4 钛合金，熔覆层材料为 FeCoCrNi 高熵合金，两种材料的密度随温度变化甚微，在此将质量密度作为常数处理。TC4 钛合金低温下的热导率与比热容根据实验测得，高温参数由于测量难度较大，借助插值法与外推法在低温参数的基础上进行推导。高熵合金材料的热物性参数皆由实际测试结果得到。图 9-31 和图 9-32 分别为 TC4 钛合金及高熵合金随温度变化的热物性参数曲线。

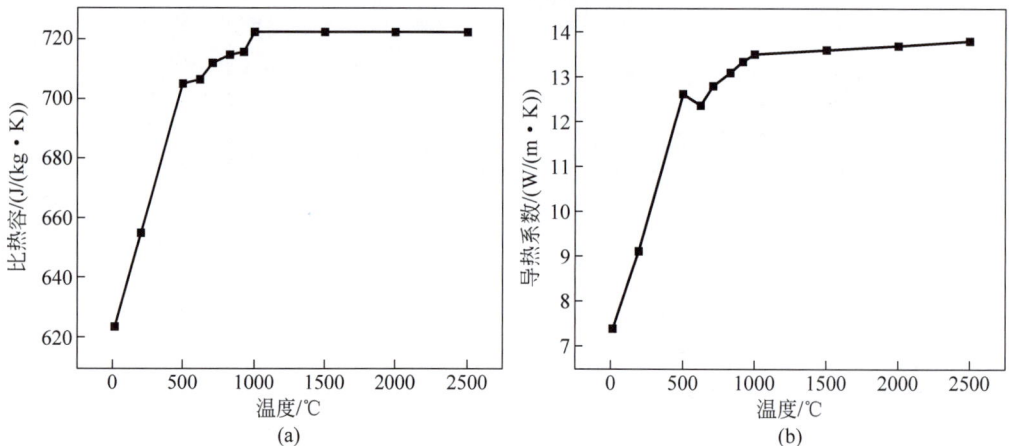

(a)   (b)

图 9-31 TC4 热物性参数变化曲线

（a）比热容；（b）导热系数

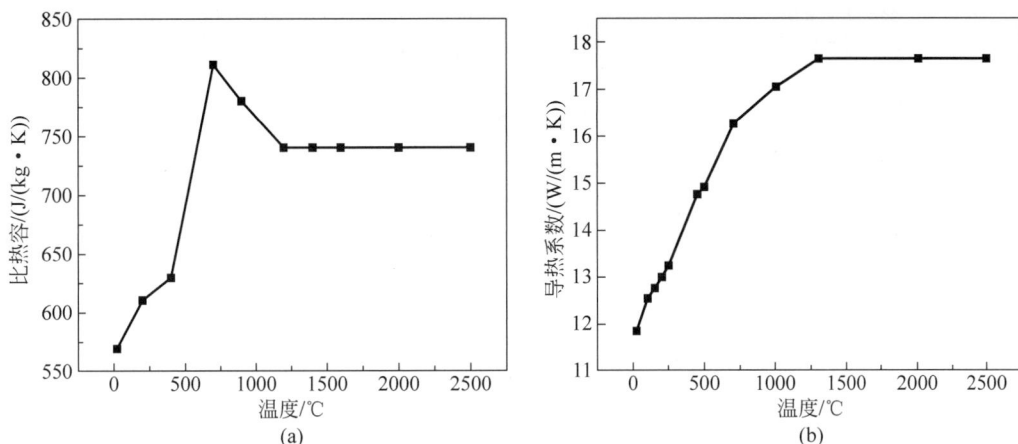

图 9-32　FeCoCrNi 高熵合金热物性参数变化曲线

（a）比热容；（b）导热系数

4. 初始条件定义

初始条件包括热状态和力学状态。一般情况下只需考虑温度这一初始条件（图 9-33），默认的初始温度条件为 0℃。在本例中设置初始条件为室温 20℃。

初始条件定义命令流如下：

```
MAIN
  INITIAL CONDITIONS
  NEW(THERMAL)
    TEMPERATURE
    ENTER VALUES          勾选此选项
    TEMPERATURE(TOP) 20   设定试件的初始温度为20℃
    NODES
  ADD
  ALL: EXIST
  OK
```

5. 熔覆路径及填充金属定义

本例中皆为直线型的熔覆路径，采用节点及辅助节点的方式进行熔覆路径的设定。其熔覆路径及加载界面的定义如图 9-34 和图 9-35 所示。

6. 边界条件定义

激光作为熔覆过程中的唯一热源，熔池位置随激光束的移动而不断变化，致使动态熔池的形貌与静态情况下存在显著差异。热源模型的选取直接影响熔池尺寸与形貌，进而对熔池内部温度场的分布起决定性作用。目前针对激光热源，主要采用高斯旋转体热源和双椭球热源，具体如 9.1 节中所述。

本例选用双椭球热源模型对激光熔覆中的热作用进行表征。

在激光熔覆及其冷却过程中，边界条件主要包括基体上施加的激光热源、熔覆层与环境介质的热对流，激光熔覆冷却过程主要依赖于熔覆层与空气的热对流以及熔覆层的热辐射。其中，能量的损失以前述的对流为主，因此为简化计算，这里将热辐射折算为等效对流

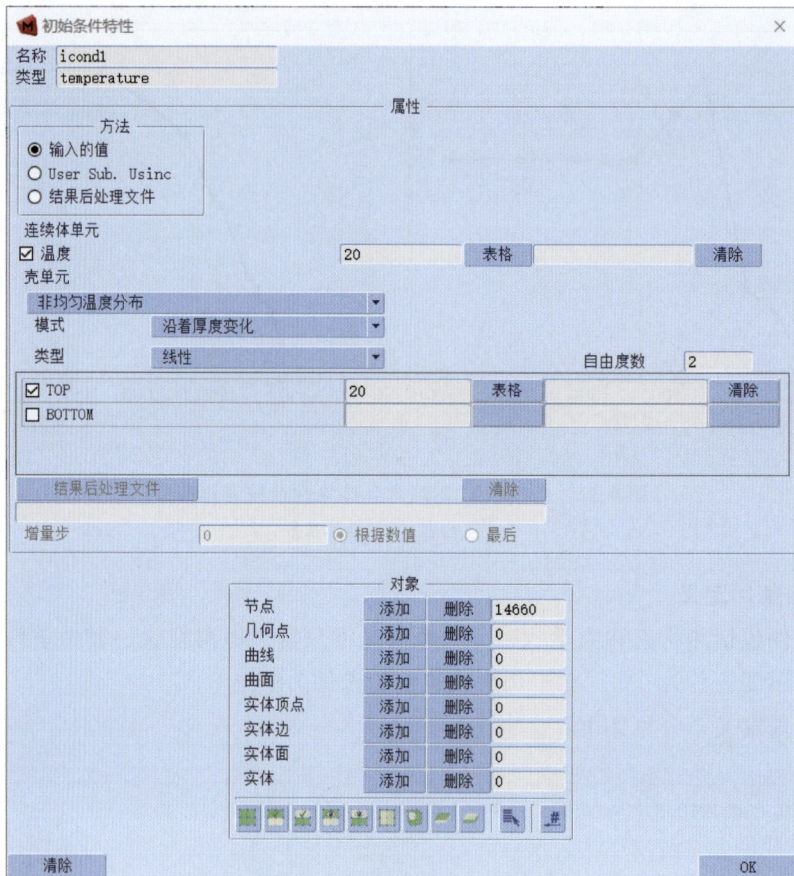

图 9-33　初始条件定义界面

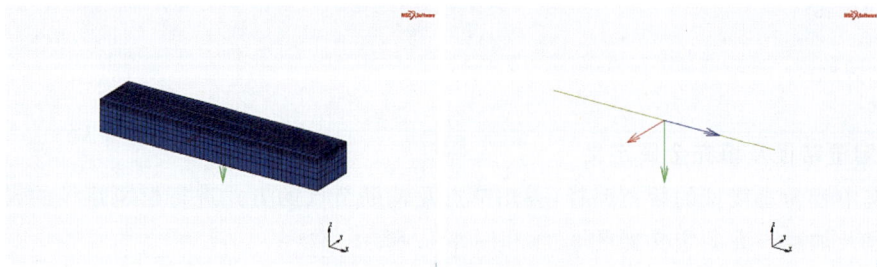

图 9-34　熔覆路径的设定

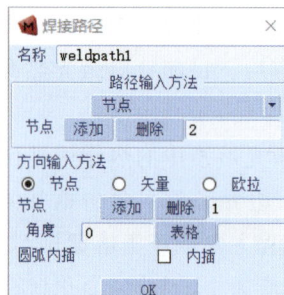

图 9-35　熔覆路径加载界面

换热系数,而涉及的单元面对流定义结果如图 9-36(a)所示,熔覆体积热流的定义单元如图 9-36(b)所示。涉及的单元面对流定义结果如图 9-37 所示,熔覆体积热流定义单元如图 9-38 所示。

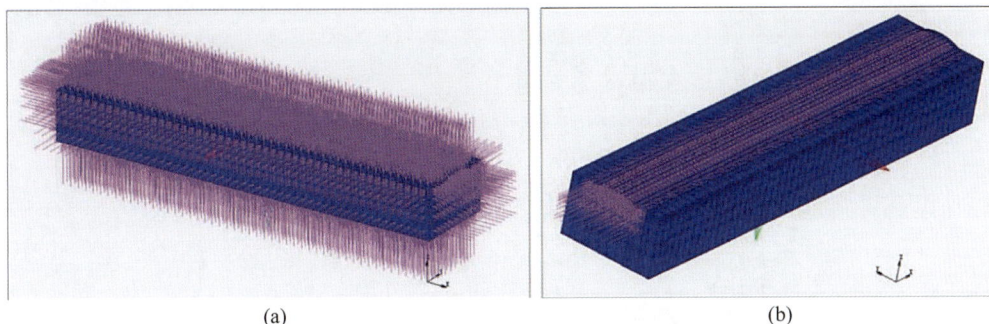

图 9-36　高熵合金激光熔覆过程初始条件定义结果
(a) 单元面对流；(b) 熔覆体积热流

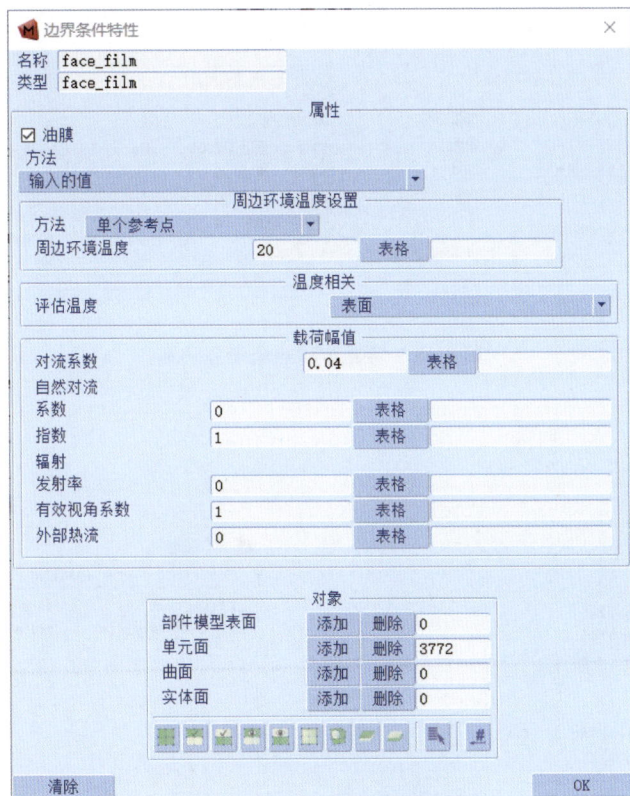

图 9-37　单元面对流设置界面

7. 载荷工况定义

本例中,载荷工况定义包括熔覆过程的定义以及冷却过程的定义两部分,其定义界面如图 9-39 和图 9-40 所示。

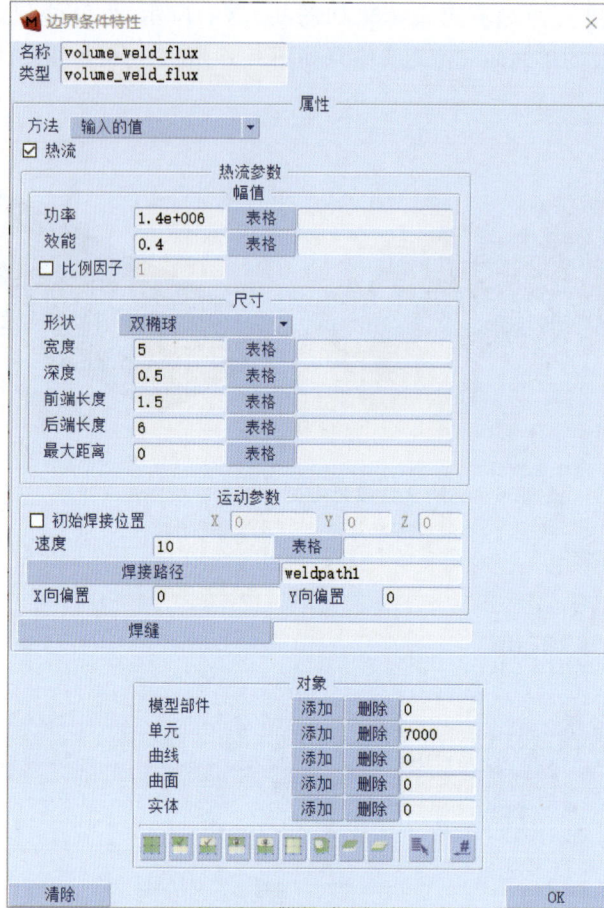

图 9-38　熔覆体积热流设置界面

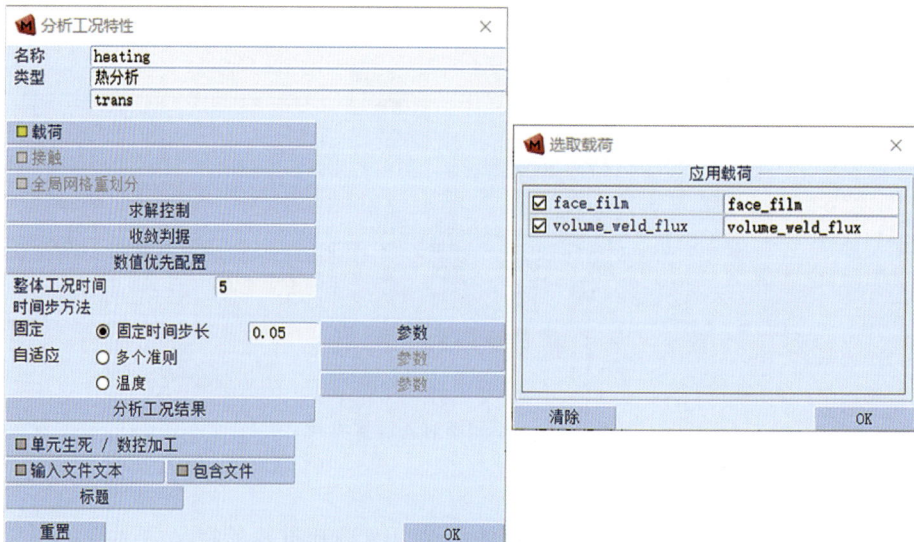

图 9-39　熔覆过程定义界面

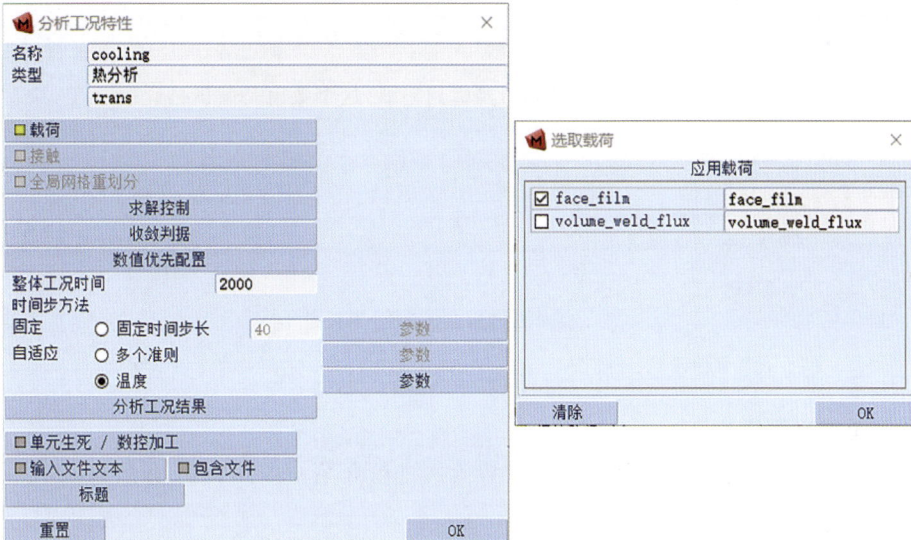

图 9-40　冷却过程定义界面

熔覆过程命令流定义如下：

```
LOADCASES
NEW (TRANS/STATIC)                    选择热机耦合算法
LOADS                                 根据实际情况选择需要的载荷,通常默认全选,如果载荷比较
                                      多,可以用界面上的 CLEAR 按钮去除所有的选择,之后再选择需
                                      要的载荷
OK
  CONVERGENCE TESTING                 计算收敛检查
  DISPLACEMENTS                       位移检查准则,最精确
  RELATIVE DISPLACEMENT TOLERANCE
    0.1                               一般取默认值,值越小计算越精确,但是有时收敛困难,反之则
                                      相反。一般建议不超过 0.2
  MAX ERROR IN TEMPERATURE ESRIMATE
    30
  TOTAL LOADCASE TIME                 定义工况对应的时间,计算方法为 $t =$ 焊缝长度 $l$/焊接速度 $v$
    5
  CONSTANT TIME STEP                  定义时间步长
  PARAMETERS
  ♯ STEPS
  100
  OK
OK
```

冷却过程定义命令流如下：

```
NEW (QUASI.ATATIC)
  LOADS
  CONVERGENCE TESTING                 计算收敛检查
  DISPLACEMENTS                       位移检查准则,最精确
  RELATIVE DISPLACEMENT TOLERANCE
    0.1
```

```
MAX ERROR IN TEMPERATURE ESRIMATE
   30
TOTAL LOADCASE TIME
   2000                                    2000s冷却到室温,这个数值是大概估计的,可以多给但不能
                                           少给
ADAPTIVE: TEMPERATURE
PARAMETERS
MAX ♯ INCREMENTS
   500
INITIAL TIME STEP
   1                                       探测增量步的时间步长是1s
   OK
OK
```

8. 作业定义及提交

这里结合加热过程以及冷却过程的设置为例进行介绍。如图 9-41 和图 9-42 所示。

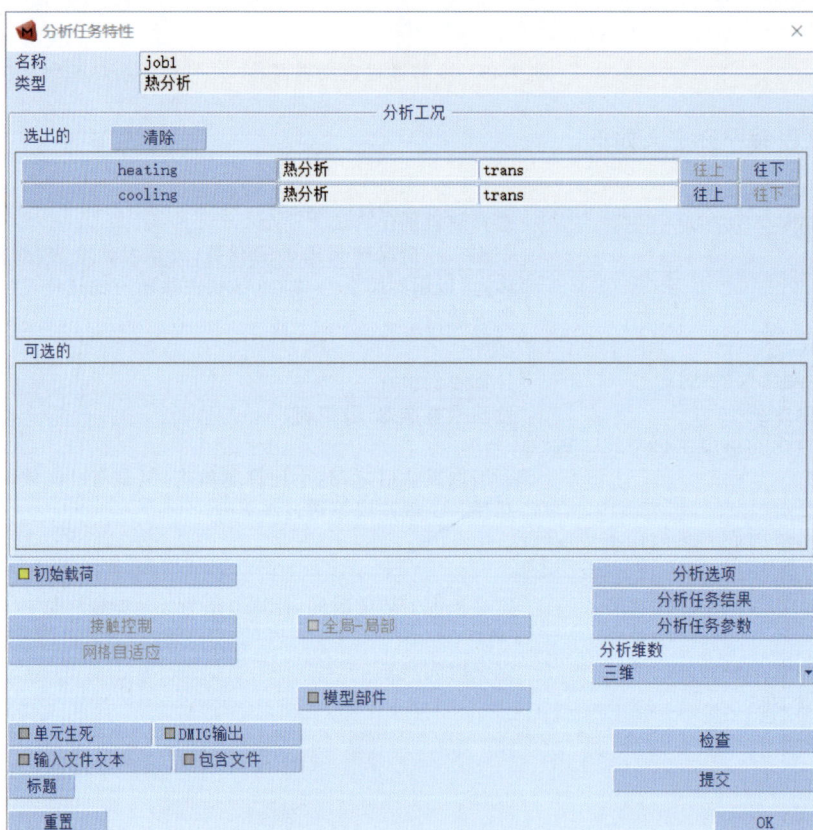

图 9-41　作业定义界面

9.2.3　温度场结果与分析

1. 热源模型校核

双椭球热源的热流密度是由多个参数决定。在相同激光熔覆参数下,热源参数的差异

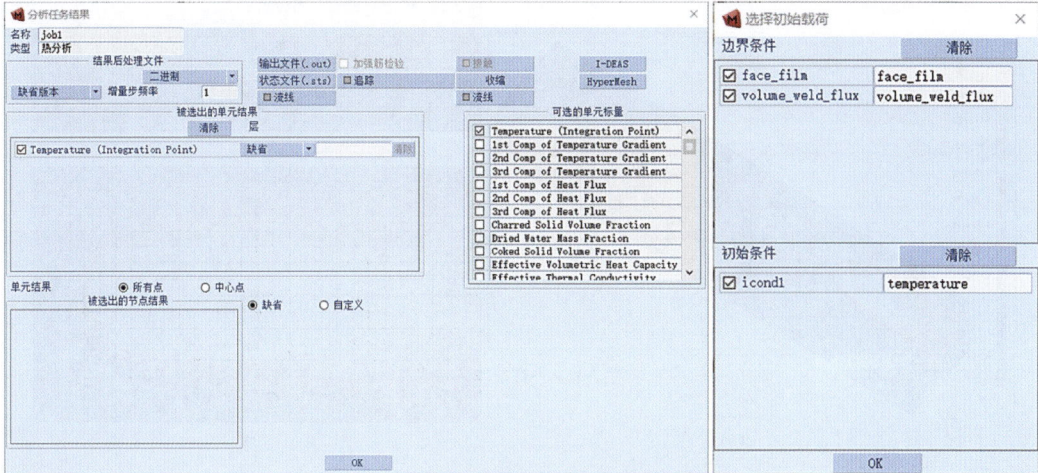

图 9-42　分析任务结果及初始载荷加载界面

也会导致温度场结果相差甚远。因此在数值计算开展前,需要对涉及的热源模型进行校核,通过调整热源宽度、深度、前端长度与后端长度等参数来获得与熔覆层吻合良好的熔池形貌,从而确保温度场模拟结果的准确性。

熔覆层横截面形貌与温度场分布结果对比如图 9-43 所示,可以发现熔池形貌尺寸的模拟结果与实验结果吻合良好,因此认为所建立的热源模型适用于本例涉及的高熵合金激光熔覆层温度场仿真计算。

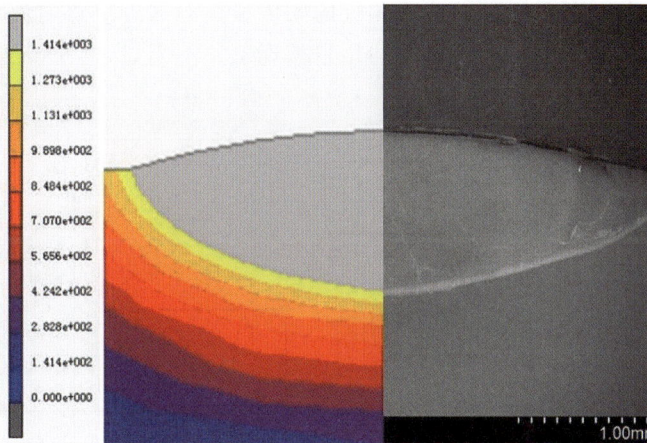

图 9-43　高熵合金激光熔覆层模拟结果与实验结果对比图

2. 高熵合金激光熔覆过程温度场分析

高熵合金激光熔覆过程中,粉末与基体表面经受高能激光束的热作用,被快速熔化进而凝固形成熔覆层,因此试样内部不同位置不同时刻存在差异化的温度梯度。选取激光功率为 1400 W、扫描速度为 8 mm/s 工艺条件下激光熔覆过程作为后续温度场仿真的研究对象,具体温度分布结果如图 9-44 所示。

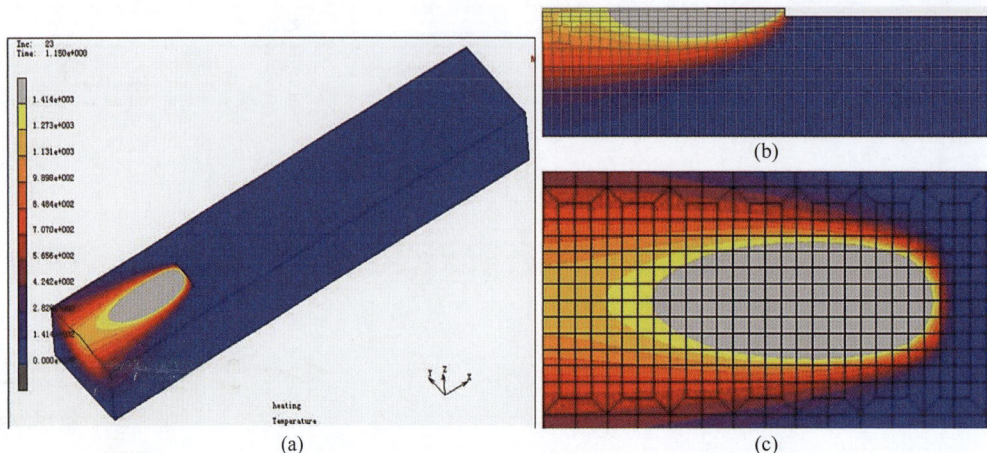

图 9-44　高熵合金激光熔覆过程 $t = 1.15s$ 时的熔池形态
（a）三维温度场仿真结果；（b）熔池侧视图；（c）熔池俯视图

　　选取时间为 1.15s 时的熔覆层温度分布进行分析。由图 9-44 的温度场分布情况可知，由于热源的快速移动，熔池形状并非静止时的圆形，其温度场呈前短后长的分布形态，光斑中心温度为熔池内部最高温度点。熔覆层的等温线与温度梯度呈现不均匀分布，熔池前端等温线密集，具有更大的温度梯度。熔池后端等温线相对稀疏，温度梯度较小，整体呈现椭球形分布。

　　提取激光扫描方向上不同位置节点处的温度曲线，如图 9-45 所示。可以发现熔池中心的节点温度有非常相似的热循环曲线和相近的阈值。热源靠近节点时温度迅速升高，热源远离节点时温度迅速下降。同时本例中的热累积现象并不明显，这主要是由扫描速度过快导致的。

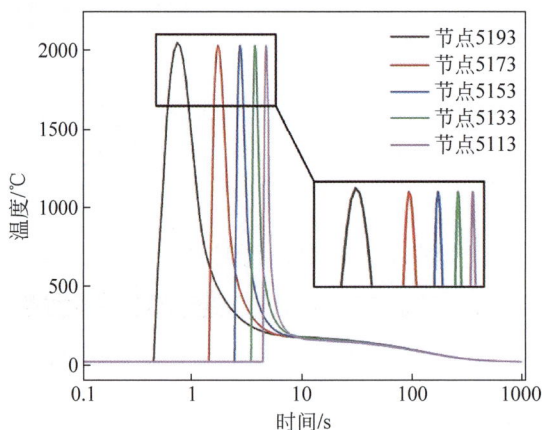

图 9-45　激光扫描方向上不同位置节点处的温度曲线

　　图 9-46 为熔覆层冷却过程中不同时刻的温度分布云图。由图可知，随着热源的消失，熔池迅速缩小并逐渐消失，结构件整体温度逐渐降低，温度梯度依次减小直至室温。

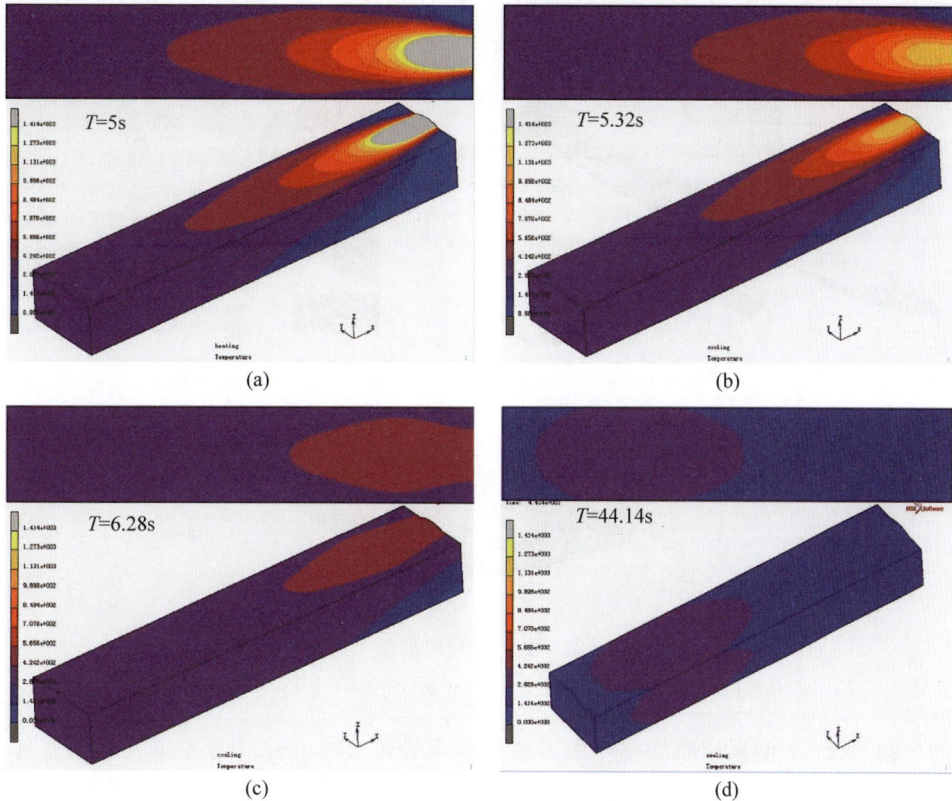

图 9-46 高熵合金激光熔覆试样冷却过程中不同时刻的温度场分布结果

(a) $T=5s$; (b) $T=5.32s$; (c) $T=6.28s$; (d) $T=44.14s$

9.3 飞机典型零件表面激光熔覆微-纳米耦合仿生层过程有限元仿真分析

9.3.1 综述

1. 问题描述

民用飞机在服役过程中,飞机结构要遭受疲劳载荷、各种腐蚀环境和离散源载荷等所造成的损伤,这些损伤都可能导致飞机缝翼机构可靠性的降低。襟、缝翼是飞机上重要的增升机构,滚轮和滑轨构成的运动副是襟、缝翼机构可靠性的薄弱环节,其主要的失效模式有磨损过度、滑轨断裂和卡阻等,如图 9-47 所示。如果发生这些故障,则会导致滚轮与滑轨间的出现滚动摩擦磨损失效。基于对飞机襟翼缝翼滑轨典型失效形式的分析,针对飞机部分零件需要高耐磨、高强度、长寿命(疲劳)等服役性能需求,采用结构仿生的方法设计耦合仿生单元体。本节针对 TC4 钛合金激光熔覆过程建立有限元模型,并对其温度场进行仿真求解。

2. 仿生单元体与仿生结构层设计

针对飞机部分零件需要高耐磨、高强度、长寿命(疲劳)等服役性能需求,结合耐磨生物

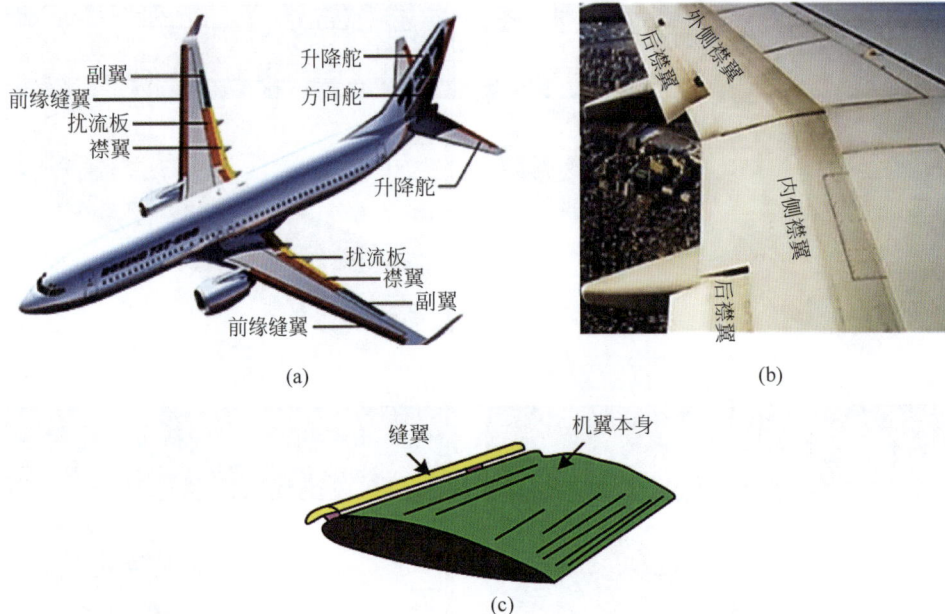

(a)

(b)

(c)

图 9-47　飞机翼面图
（a）襟翼位置及其他翼面位置；（b）后缘襟翼布局图；（c）前缘缝翼的剖面图

原型的形态耦元,本例采用结构仿生的方法设计耦合仿生单元体。考察单元体与基体表层连结形式对抗疲劳与磨损的影响时,我们通过对生物耦合特性的研究发现,蜣螂头部凸包、贝壳、蜻蜓翅膀脉络的形状分别相似于桩钉、堤坝和网格的分布形态,如图 9-47 所示。因此我们设计了五种单元体与表层的联结形式,如图 9-48 所示。当单元体以棒状形式嵌入表层时,称这种结构为桩钉式,见图 9-48(a)。当单元体以长条状形式嵌入表层时,称这种结构为堤坝式,见图 9-47(b)。当单元体以长网格形式嵌入表层时,称这种结构为网格式,见图 9-48(c)。图 9-48(d)为桩钉-堤坝耦联仿生结构体,图 9-48(e)为桩钉-网格耦联仿生结构体。

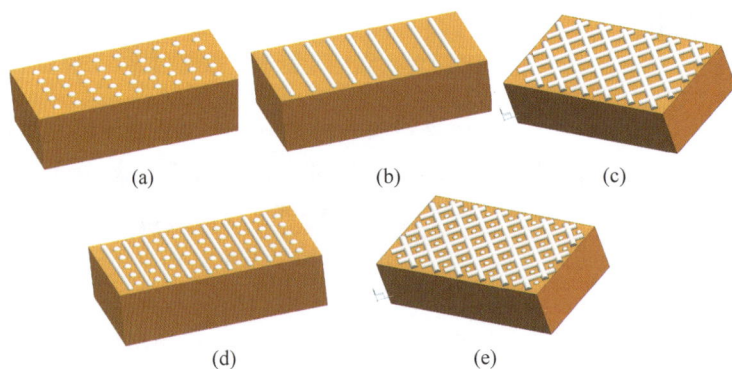

(a)　　　　　　　(b)　　　　　　　(c)

(d)　　　　　　　(e)

图 9-48　仿生单元体
（a）桩钉式；（b）堤坝式；（c）网格式；（d）桩钉-堤坝式；（e）桩钉-网格式

9.3.2　激光熔覆 TC4/WC 复合层有限元模型建立

1. 激光熔覆 TC4/WC 复合层几何模型构建

本例使用三维几何建模软件 CATIA 按照 1∶1 的尺寸比例构建激光熔覆 TC4/WC 复合层的几何模型,飞机襟翼滑轨的长、宽和高的最大尺寸分别为 400mm、40mm 和 6mm。为了便于计算,取其一半长度进行模拟计算,即模型尺寸为 200mm×40mm×6mm。不同仿生层几何建模完成后模型如图 9-49 所示。

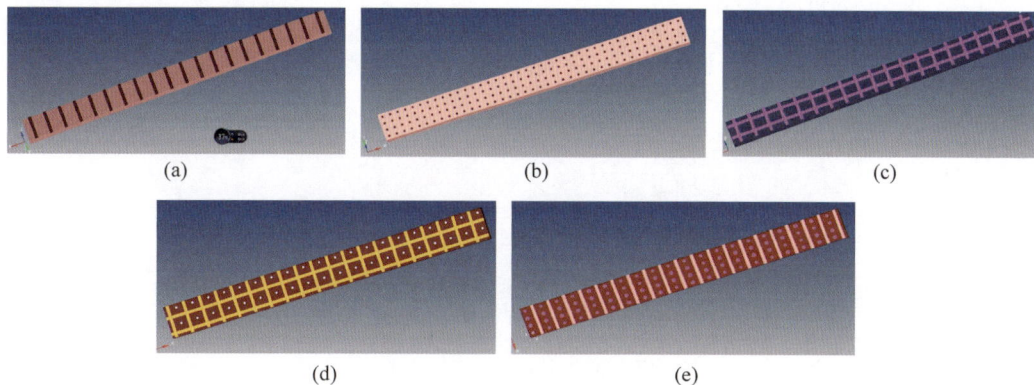

图 9-49　飞机襟翼滑轨用 TC4 表面仿生层几何模型

(a) 堤坝式；(b) 桩钉式；(c) 网格式；(d) 桩钉-网格式；(e) 桩钉-网格式

2. 激光熔覆 TC4/WC 复合层网格划分

对于本例中所涉及的激光熔覆 TC4/WC 复合层,复合层附近的应力应变是研究关注的重点。因此,采用疏密网格过渡的方式进行划分,即熔覆层与热影响区部分采用较细网格,远离熔池部分则采用较粗网格,这在保证计算精度的同时提高了模拟效率。按照此划分原则,对激光熔覆 TC4/WC 复合层几何模型进行网格划分,划分后的结果如图 9-50 所示。

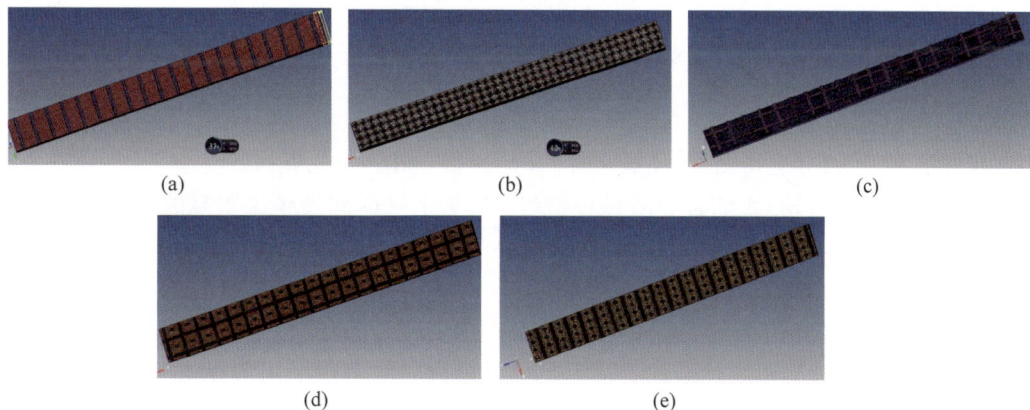

图 9-50　激光熔覆 TC4/WC 复合层网格模型

网格划分完成后,需要对网格质量进行检查,以确保所建立的网格模型能够使数值模拟计算顺利进行。首先检查网格的角度和长度等,确保不符合条件的网格其畸变不能太严重；检查雅可比值，确保网格类型为真正的六面体型。检查网格模型是否还有自由边，删除剩余的自由边。

3. 材料特性定义

本例中采用的材料为 TC4 钛合金，采用商业软件对材料高温参数进行模拟。采用 MSC.Marc 软件的表格功能对材料特性随温度变化的多段线性关系进行定义（图 9-51）。

Table 创建过程命令流如下：

```
TABLE & COORDSYST: TABLES
NEW: 1 INDEPENDENT VARIABLE
NAME:THERMAL              定义热导率
TYPE: temperature         表格主要定义热导率随温度的变化关系
ADD                       输入材料参数
OK
```

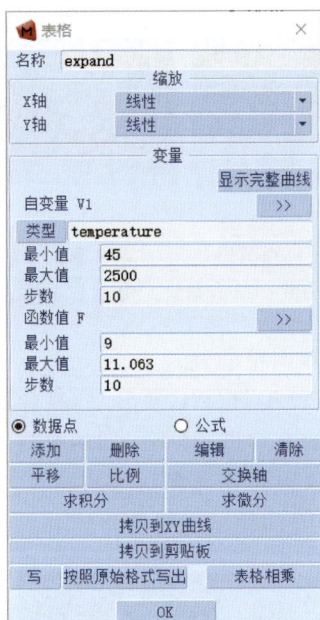

图 9-51　表格定义界面

其力学性能参数（抗拉强度、屈服强度、弹性模量）如图 9-52 所示。

从图中可以看出，TC4 钛合金的材料物理性能参数随时间发生了明显的变化。各数据点之间用线段连接，表示数据点之间的材料物理性能参数采用线性插值获得。

4. 熔覆路径定义

熔覆路径的加载包括热源路径的加载与填充粉末路径的加载。实际计算过程中，路径加载一般采用节点和矢量相结合的方式。热源移动方向的路径采用节点加载，只需通过确定起始和终止的两个节点，即可描述热源在全路径上的移动。熔深方向，即激光指向方向，一般采用矢量方式，用矢量指向来描述激光的指向。熔宽方向一般与热源移动方向及熔深方向垂直，由 MSC.Marc 软件自动计算生成。熔覆路径如图 9-53 所示，其中绿色箭头代表熔池深度方向，蓝色代表激光前进方向，红色表示熔池的宽度方向（注意，焊缝设置时需将初始状态设为不激活）。

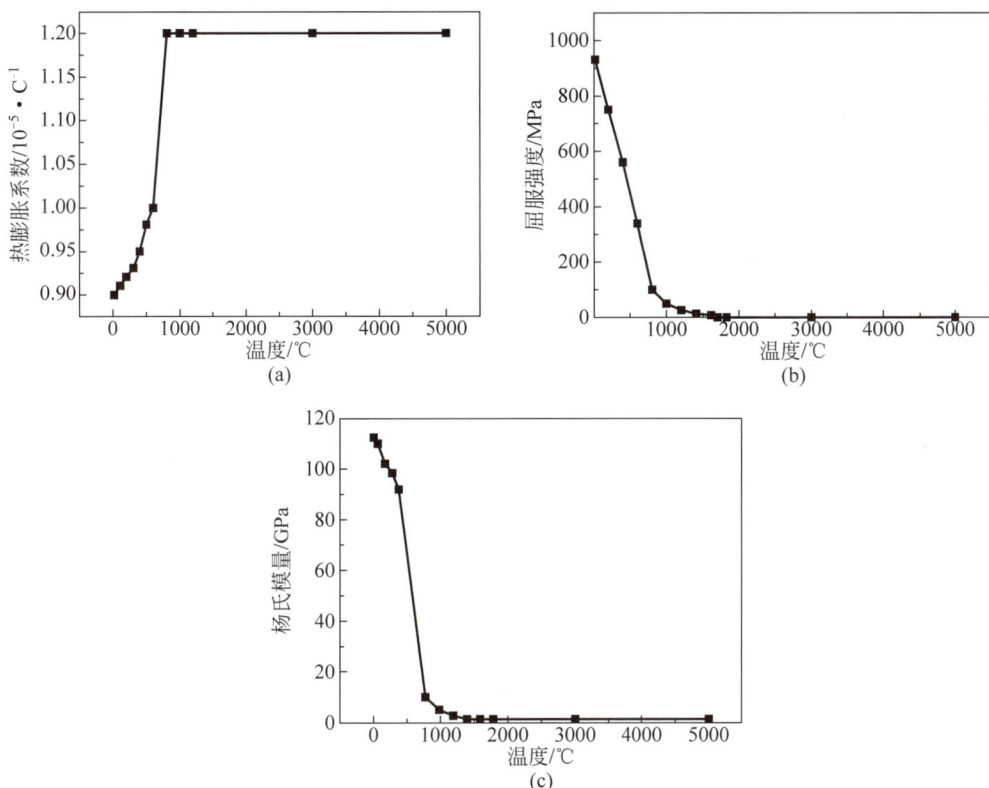

图 9-52　不同温度下的 TC4 物性参数

（a）热膨胀系数；（b）屈服强度；（c）杨氏模量

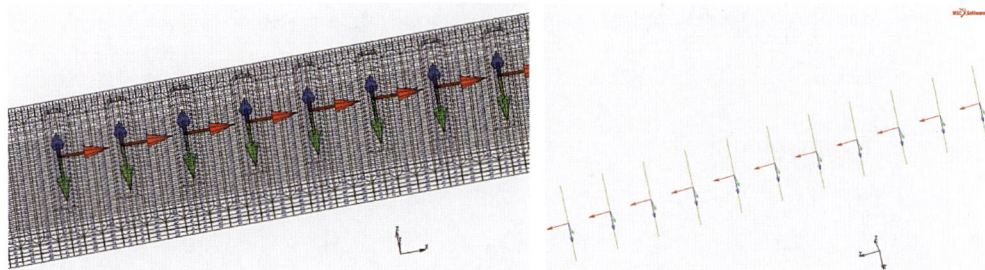

图 9-53　熔覆路径示意图

本例共设定 20 条熔覆路径(图 9-54)。

5. 初始条件和边界条件设定

本例中,采用数值模拟的方法求解激光熔覆 TC4/WC 复合层过程中的温度、应力以及应变的实质,就是利用有限元方法求解描述这些物理状态的微分方程。要使得所求解的问题获得定解,就必须根据具体条件给定相应的初始条件和边界条件。

1）初始条件

初始条件是指工件开始导热的瞬时温度的分布。在进行应力应变场计算之前,将熔覆前状态设置为不受应力作用,环境温度为 20℃(图 9-55)。

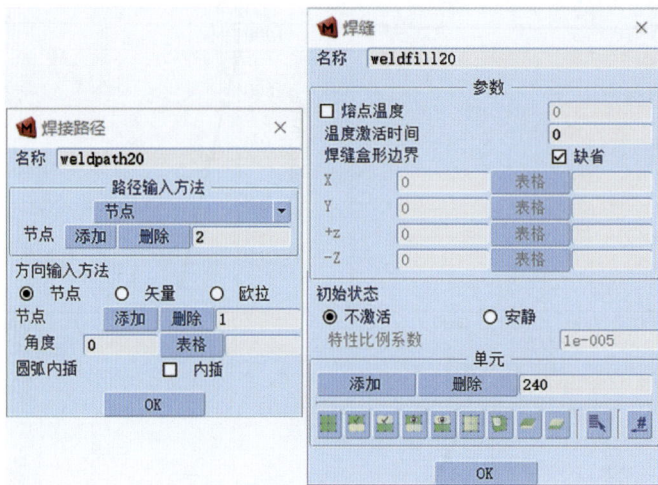

图 9-54　熔覆路径及焊道加载界面

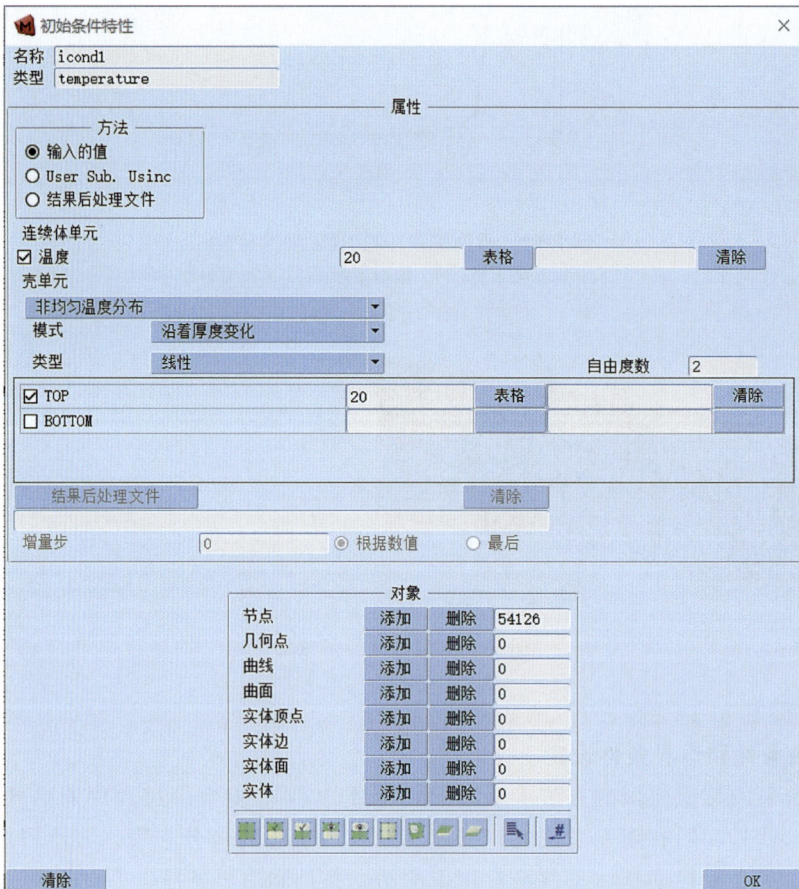

图 9-55　初始条件定义界面

在本例中,初始条件定义命令流如下:

```
MAIN
  INITIAL CONDITIONS
  NEW(THERMAL)
    TEMPERATURE
    ENTER VALUES              勾选此选项
    TEMPERATURE(TOP) 20       设定试件的初始温度为 20℃
    NODES
    ADD
      ALL: EXIST
    OK
```

2)边界条件

激光熔覆选用的热源模型通常是高斯热源模型,但是本书选用的激光光斑直径为 4mm,能量集中程度低,导致了高斯热源模型计算结果误差较大,因此选用双椭球热源模型,其结构如图 9-56 所示,由前后两个半椭球体组成。熔覆体积热流设置界面如图 9-57 所示。

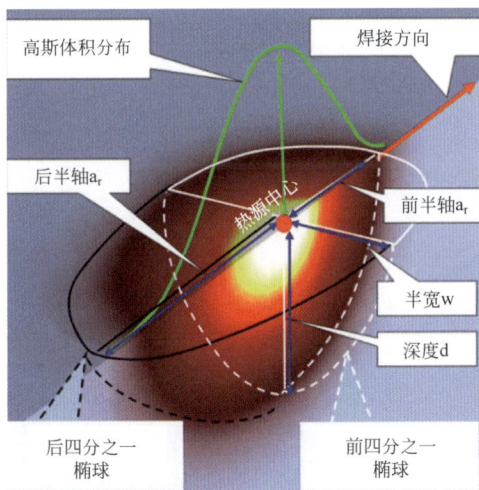

图 9-56　双椭球热源模型

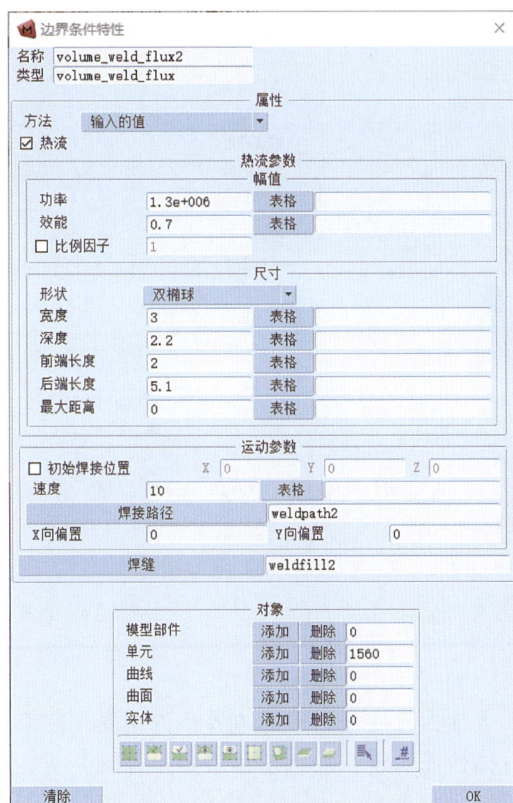

图 9-57　熔覆体积热流设置界面

激光熔覆过程中,测出不同部位的对流换热系数较为困难,为计算方便考虑,本例将辐射和对流系数转化为总的换热系数进行模拟计算,且其对模拟结果的影响很小。单元面对流设置示意图及设置界面如图 9-58 和图 9-59 所示。

图 9-58   单元面对流设置示意图

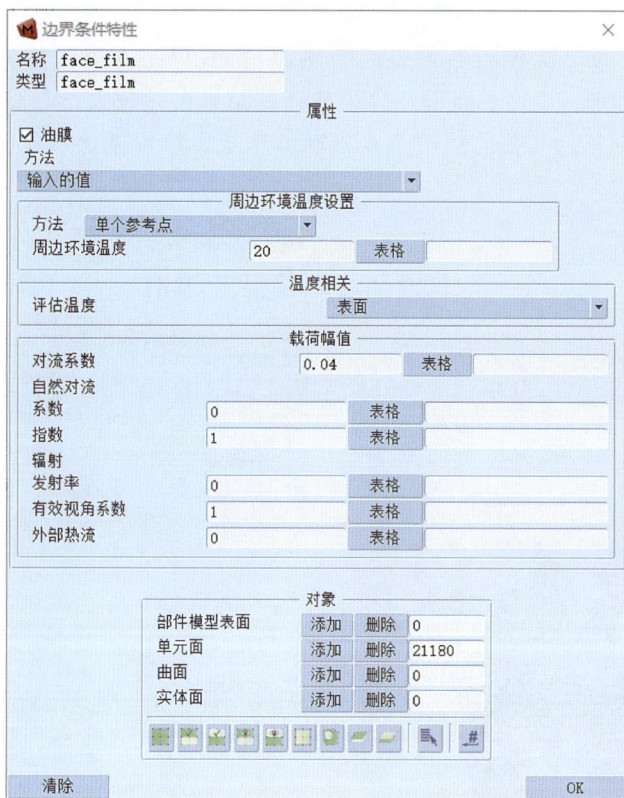

图 9-59   单元面对流加载界面

3）装夹位置的选择

应力应变分析中的边界条件主要是约束工件的自由度,这要根据所模拟的工艺过程的具体情况而定。加载位移边界条件既要防止在有限元计算过程中产生刚体位移,又不能严重阻碍加热和冷却过程中的应力自由释放和自由变形。基于此原则,本例中激光熔覆TC4/WC 复合层采用如图 9-60 所示的约束模式,图 9-61 为位移约束加载界面。

6. 载荷工况定义

本例中,载荷工况定义包括激光熔覆过程的定义以及冷却过程的定义两部分,一共 21个工况定义,其定义界面如图 9-62 和图 9-63 所示。

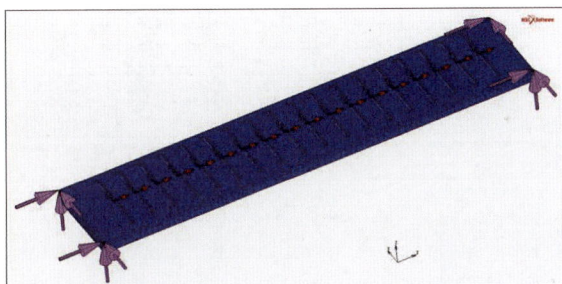

图 9-60　TC4 钛合金试件约束形式

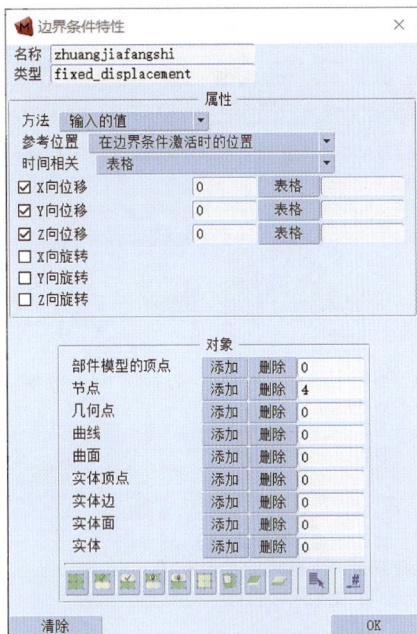

图 9-61　位移约束加载界面

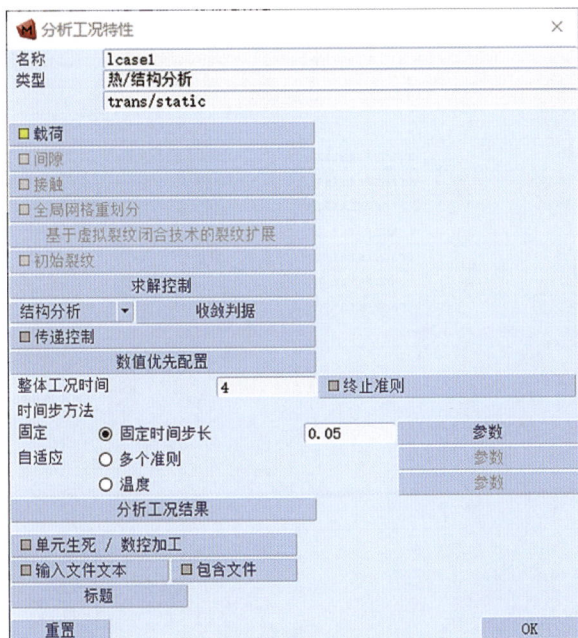

图 9-62　熔覆过程定义界面

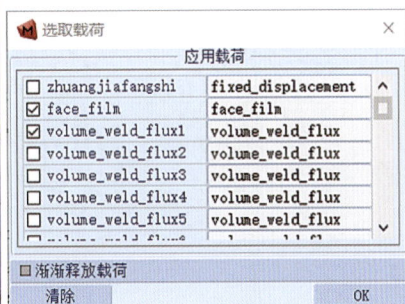

7. 作业定义及提交

本例中一共定义了四个热/结构作业分析，以其中一个作业的设置为例进行介绍。如图 9-64 和图 9-65 所示。

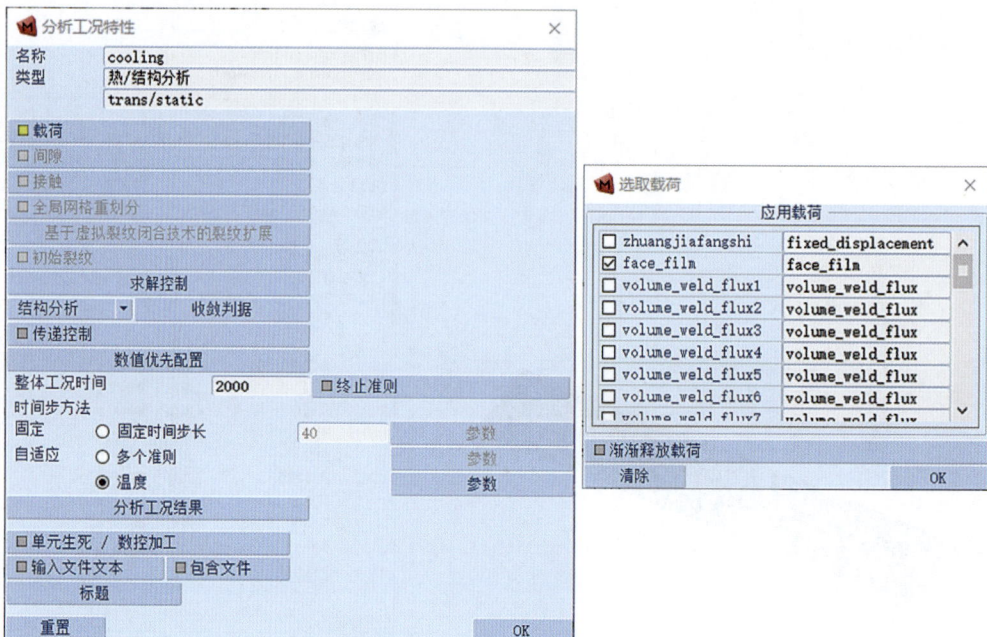

图 9-63　冷却过程定义界面

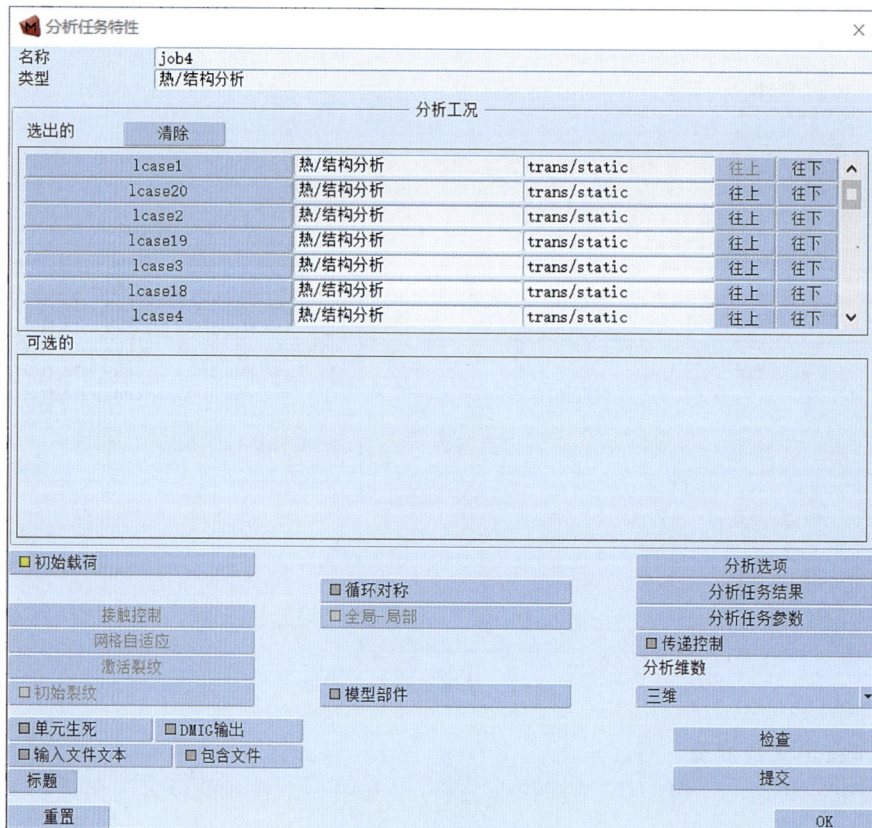

图 9-64　作业定义界面

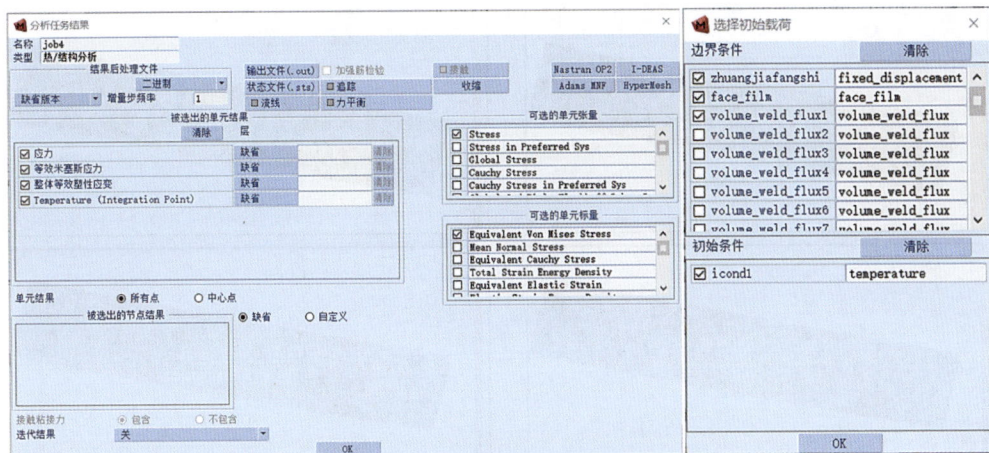

图 9-65　分析任务结果及初始载荷加载界面

9.3.3　应力场和变形模拟结果与分析

这里通过对激光熔覆 TC4/WC 复合层过程的有限元模型进行数值模拟,获得了其在激光熔覆过程中的应力以及变形的模拟结果。

本例对四种熔覆顺序下仿生层的模拟结果进行了对比,其等效应力场分布如图 9-66 所示。结果显示,应力主要集中在熔覆层与装夹点处,且基本呈对称分布,其中装夹点处的应力值最大。所有方案中仅有方案一的应力最大,其他的三个方案其应力值区别很小,具体的最大应力值排序为:方案一>方案三>方案二>方案四。从等效应力看,采用方案四最为合适。

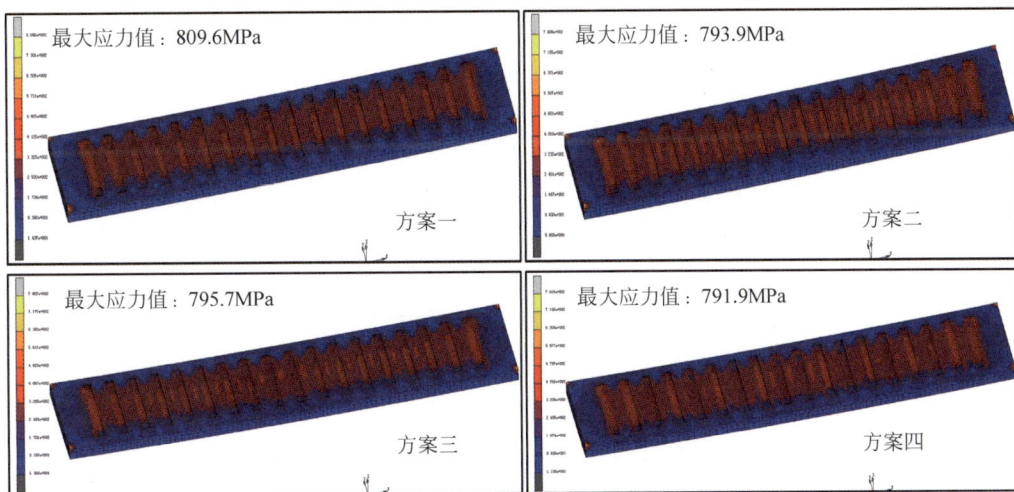

图 9-66　仿生层不同制备顺序下的应力场分布

四种仿生条纹制备顺序下的仿生层变形如图 9-67 所示,发现变形主要集中在远离装夹点的区域,且呈对称分布。在激光熔覆过程中,未约束区域发生了自由变形,因而变形量较大,且变形主要集中在基体上。变形量具体排列顺序为:方案二<方案四<方案一<方案三。

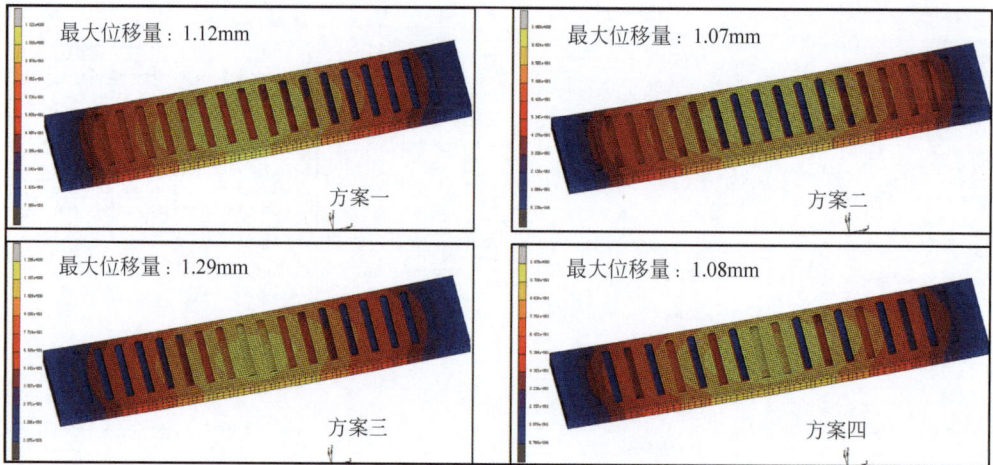

图 9-67　仿生层不同制备顺序下的位移分布

综合比较,先两边再中间的仿生条纹制备顺序中,交替仿生条纹制备顺序要比逐步仿生条纹制备顺序能更有效地控制残余应力与变形。

9.4　本章小结

本章主要讲述了 MSC.Marc 软件的生死单元技术在激光增材制造仿真计算中的优势,分别对单层单道和多层多道激光熔化沉积、不同材料激光熔覆,以及表面仿生结构激光增材过程进行了详细介绍,给出了不同工艺过程中的温度场、应力应变场分布云图。

参 考 文 献

［1］ 秦太验,徐春晖,周喆.有限元法及其应用[M].北京:中国农业大学出版社,2011.

［2］ 李亚智,赵美英,万小朋.有限元法基础与程序设计[M].北京:科学出版社,2004.

［3］ 李人宪.有限元法基础[M].北京:国防工业出版社,2004.

［4］ 王贵君,隋红军,刘建明.有限元法基础[M].北京:中国水利水电出版社,2011.

［5］ 尹飞鸿.有限元法基本原理及应用[M].北京:高等教育出版社,2018.

［6］ 张国瑞.有限元法[M].北京:机械工业出版社,1991.

［7］ 孙菊芳.有限元法及其应用[M].北京:北京航空航天大学出版社,1990.

［8］ 廖日东.有限元法原理简明教程[M].北京:北京理工大学出版社,2009.

［9］ 陈火红.Marc非线性有限元分析标准教程[M].北京:人民邮电出版社,2024.